每时每课 给你新机会

互联网 UI 设计师

北京课工场教育科技有限公司 编著

Photoshop 入门到创意

——UI 设计师成长第一步

内 容 提 要

本教材针对零基础的小白人群，采用案例或任务驱动的方式，从入门到精通，全面系统地介绍Adobe公司出品的经典设计软件——Photoshop，详细介绍了各种图片的处理工具，以及图标、按钮、Logo、特效字的设计方法和技巧，最后带领你尝试进行独立的创意设计，完成商业海报、游戏网站项目的设计，为从事设计工作打下良好的功底。

相对市面上的同类教材，本套教材最大的特色是，提供各种配套的学习资源和支持服务，包括：视频教程、案例素材下载、学习交流社区、作业提交批改系统、QQ群讨论组等，请访问课工场UI/UE学院：kgc.cn/uiue。

图书在版编目（CIP）数据

Photoshop入门到创意 ：UI设计师成长第一步 / 北京课工场教育科技有限公司编著. -- 北京 ：中国水利水电出版社，2016.3（2019.9重印）
（互联网UI设计师）
ISBN 978-7-5170-4163-4

Ⅰ. ①P… Ⅱ. ①北… Ⅲ. ①图象处理软件 Ⅳ. ①TP391.41

中国版本图书馆CIP数据核字(2016)第045616号

策划编辑：祝智敏　　**责任编辑**：杨庆川　　**封面设计**：梁　燕

书　　名	互联网UI设计师 Photoshop入门到创意——UI设计师成长第一步
作　　者	北京课工场教育科技有限公司　编著
出版发行	中国水利水电出版社 （北京市海淀区玉渊潭南路1号D座 100038） 网　址：www.waterpub.com.cn E-mail：mchannel@263.net（万水） sales@waterpub.com.cn 电　话：（010）68367658（发行部）、82562819（万水）
经　　售	北京科水图书销售中心（零售） 电　话：（010）88383994、63202643、68545874 全国各地新华书店和相关出版物销售网点
排　　版	北京万水电子信息有限公司
印　　刷	雅迪云印（天津）科技有限公司
规　　格	184mm×260mm　16开本　28.75印张　629千字
版　　次	2016年3月第1版　2019年9月第4次印刷
印　　数	9001—12000册
定　　价	89.00元

案例欣赏

神秘巨石阵

美少女图像

立方体骰子

给按钮做美容

倾斜的画

超炫光斑壁纸

日历精灵

2011年中国网页设计师大赛

设计师大赛

给小丑换装

给小狗治病

修饰工具制作

案例欣赏

雨过天晴

从黄昏到黎明

怀旧效果

菊花

海浪

给手机做壁纸

黄昏的UFO

闪光的手表

文字工具

楼盘广告

形象页制作

案例欣赏

制作化妆品广告

购物流程指示图

魔法水晶球

绘制精美的可回收图标

山水如画

银色渐变IE图标

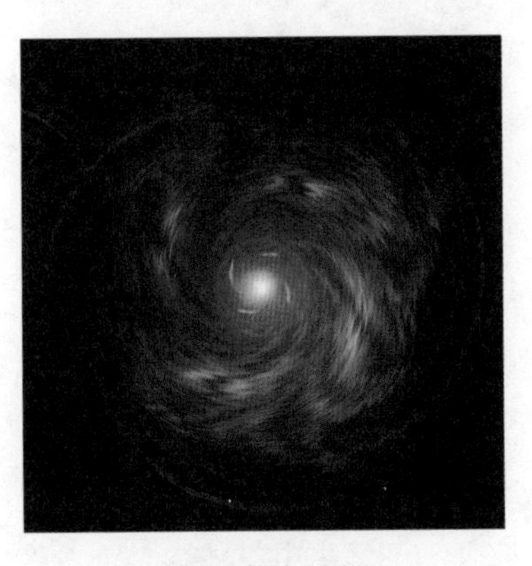

彩色特效壁纸

小牛造型

疑问的红

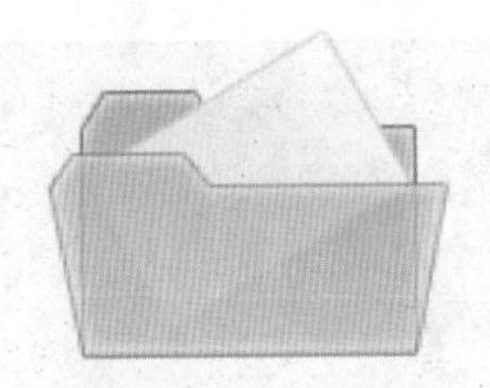

自制网络文件夹图标

制作漂亮的下载图标

制作Download按钮

案例欣赏

制作磨砂金属按钮

制作大众LOGO

制作宝马LOGO

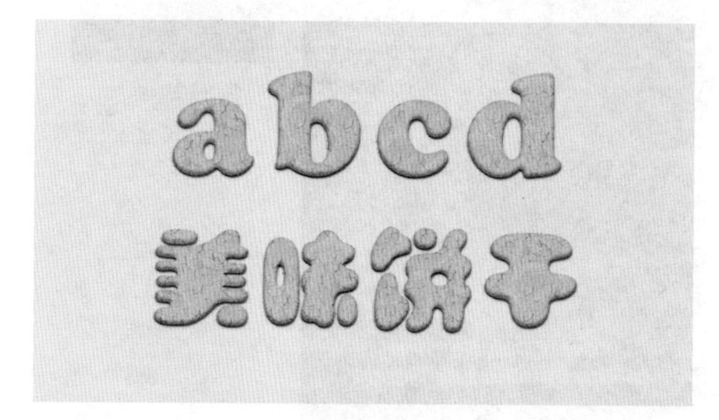

饼干特效字

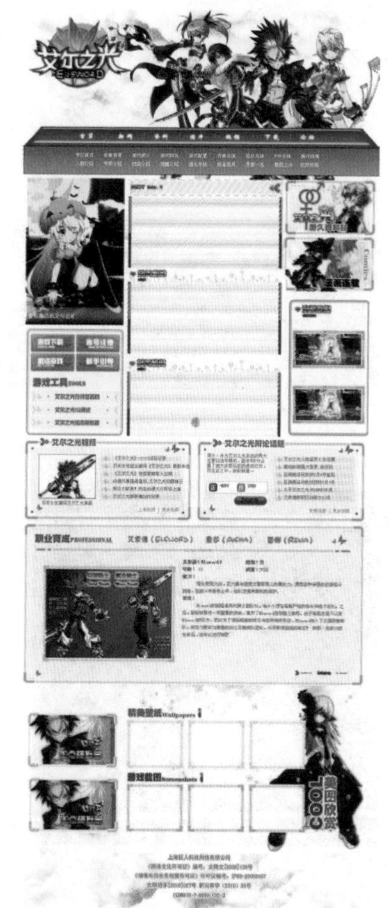

艾尔之光

制作金属质感文字

酒瓶中的车

天空之城特效字

变形金刚字体

互联网UI设计师系列

编 委 会

前言

随着移动互联技术的飞速发展，“互联网+”时代已经悄然到来，这自然催生了各行业、企业对UI设计人才的大量需求。与传统美工、设计人员相比，新“互联网+”时代对UI设计师提出了更高的要求，传统美工、设计人员已无法胜任。在这样的大环境下，这套“互联网UI设计师”系列教材应运而生，它旨在帮助读者朋友快速成长为符合“互联网+”时代企业需求的优秀UI设计师。

这套教材是由课工场（kgc.cn）的UI/UE教研团队研发的。课工场是北大青鸟集团下属企业北京课工场教育科技有限公司推出的互联网教育平台，专注于互联网企业各岗位人才的培养。平台汇聚了数百位来自知名培训机构、高校的顶级名师和互联网企业的行业专家，面向大学生以及需要“充电”的在职人员，针对与互联网相关的产品、设计、开发、运维、推广和运营等岗位，提供在线的直播和录播课程，并通过遍及全国的几十家线下服务中心提供现场面授以及多种形式的教学服务，且同步研发出版最新的课程教材。

课工场为培养互联网UI设计人才设立了UI/UE设计学院及线下服务中心，提供各种学习资源和支持，包括：

- 现场面授课程
- 在线直播课程
- 录播视频课程
- 案例素材下载
- 学习交流社区
- 作业提交批改系统
- QQ讨论组（技术、就业、生活）

以上所有资源请访问课工场UI/UE学院：kgc.cn/uiue。

■ 本套教材特点

（1）课程高端、实用——拒绝培养传统美工。

➢ 培养符合“互联网+”时代需求的高端UI设计人才，包括移动UI设计师、网页UI设计师、平面UI设计师。

➢ 除UI设计师所必须具备的技能外，本课程还涵盖网络营销推广内容，包括：网络营销基本常识、符合SEO标准的网站设计、Landing Page设计优化、营销型企业网站设计等。

➢ 注重培养产品意识和用户体验意识，包括电商网站设计、店铺设计、用户体验、交互设计等。

➢ 学习W3C相关标准和设计规范，包括HTML5/CSS3、移动端Android/iOS相关设计规范等内容。

（2）真实商业项目驱动——行业知识、专业设计一个也不能少。

➢ 与知名4A公司合作，设计开发项目课程。

➢ 几十个实训项目，涵盖电商、金融、教育、旅游、游戏等行业。

➢ 不仅注重商业项目实训的流程和规范，还传递行业知识和业务需求。

（3）更时尚的二维码学习体验——传统纸质教材学习方式的革命。

➢ 每章提供二维码扫描，可以直接观看相关视频讲解和案例效果。

➢ 课工场UI/UE学院（kgc.cn）开辟教材配套版块，提供素材下载、学习社区等丰富的在线学习资源。

■ 读者对象

（1）初学者：本套教材将帮助你快速进入互联网UI设计行业，从零开始，逐步成长为专业UI设计师。

（2）设计师：本套教材将带你进行全面、系统的互联网UI设计学习，传递最全面、科学的设计理论，提供实用的设计技巧和项目经验，帮助你向互联网方向迅速转型，拓宽设计业务范围。

课工场出品（kgc.cn）

课程设计说明

本课程目标

学员学完本书后，能够熟练使用Photoshop对图像进行简单处理，会制作一些常见的Photoshop特效，能使用Photoshop制作网页，包含icon图标、按钮、Logo、特效字等，对相关设计原则有一定的了解，并能临摹优秀效果，为后续的课程做准备。

训练技能

- 熟悉Photoshop的基本功能、操作环境。
- 掌握Web图像存储格式的概念。
- 能够熟练掌握选区、修饰、绘画、文字工具以及图层、图层样式、图层混合模式、蒙版等基本功能的使用。
- 会使用滤镜、色彩调整、通道等高级功能处理图像的特效。
- 对常见设计元素（如icon图标、按钮、Logo、特效字）的设计原则有一定的认识，并能临摹优秀效果。
- 能在教员的带领下分析并临摹制作出较复杂的企业网站效果图。

本课程设计思路

本课程共16章，分为Photoshop概述、Photoshop的功能介绍、元素设计、图片创意设计及综合应用五部分，具体安排如下。

- 第1章为Photoshop概述——主要介绍网站制作流程、Photoshop软件的界面及最基本的操作。
- 第2～9章为Photoshop的功能介绍——包括Photoshop中图像的基本编辑方法、Photoshop主要工具和命令的具体使用。
- 第10～13章为元素设计部分——介绍icon图标、按钮、Logo、特效字的制作方法，进行审美培养并介绍相关设计原则，通过临摹优秀效果的设计元素，进一步提高使用Photoshop工具的熟练度。

- 第14～15章为图片创意设计——介绍创意的地位及重要性、创意的产生方法。通过对案例的深层次分析掌握创意设计的方法和技巧，并灵活应用到项目中。
- 第16章为综合应用——通过对优秀网页的临摹，将之前所学的知识综合应用起来。

教材章节导读

- 本章简介：学习本章内容的原因以及本章内容简介。
- 理论讲解：以案例为导向，强调学完本章能干什么或解决哪些问题。
- 实战案例：含多个上机实练案例，训练学员操作的熟练度、规范度。
- 本章总结：本章的内容概括，学完本章应重点掌握的内容。
- 本章作业：本章课后作业包含选择题、理论问答题和操作实践题。

教学资源

- 学习交流社区
- 案例素材下载
- 作业讨论区
- 相关视频教程
- 学习讨论群（搜索QQ群：课工场-UI/UE设计群）

详见课工场UI/UE学院：kgc.cn/uiue（教材版块）。

关于引用作品的版权声明

为了方便学校课堂教学，促进知识传播，使学员学习优秀作品，本教材选用了一些知名网站、公司企业的相关内容，包括：企业Logo、网站设计等。为了尊重这些内容所有者的权利，特在此声明，凡在本教材中涉及的版权、著作权、商标权等权益均属于原作品版权人、著作权人、商品权人。

为了维护原作品相关权益人的权益，现对本教材中选用的主要作品的出处给予说明（排名不分先后）。

序号	选用的网站、作品或Logo	版权归属
1	Adobe公司Logo	Adobe公司
2	淘宝部分图片	淘宝网
3	昵图网部分图片	昵图网
4	Google网部分图片	Google网
5	www.dzyy123.com	www.dzyy123.com
6	立顿奶茶Logo及包装图片	立顿奶茶
7	宝马公司Logo	宝马公司
8	苹果公司Quick Time播放器Logo	苹果公司
9	NIKE公司Logo	NIKE公司
10	FIAT公司Logo	FIAT公司
11	苹果公司Logo	苹果公司
12	中国银行Logo	中国银行
13	《后天》电影海报	20世纪福克斯公司
14	大众旗下品牌轿车广告	大众汽车公司
15	标致汽车Logo	标致汽车公司
16	Microsoft公司部分图片	Microsoft公司
17	68ps.com部分图片	PS联盟网
18	动感地带海报	中国移动通信
19	《FINDING NEMO》海报	迪斯尼
20	ATI公司Logo	ATI公司
21	雪铁龙汽车Logo	雪铁龙公司
22	柯达公司Logo	柯达公司
23	国家电网Logo	国家电网
24	Skype公司Logo	Skype公司

由于篇幅有限，以上列表中可能并未全部列出所选用的作品。在此，衷心感谢所有原作品的相关版权权益人及所属公司对职业教育的大力支持！

2016年3月

目录

第 1 章

基础知识

NO
CHIPPING

第 4 章 77

Photoshop图像修饰工具

第 5 章 色彩调整与校正 99

129

第6章

图层与蒙版

文字工具

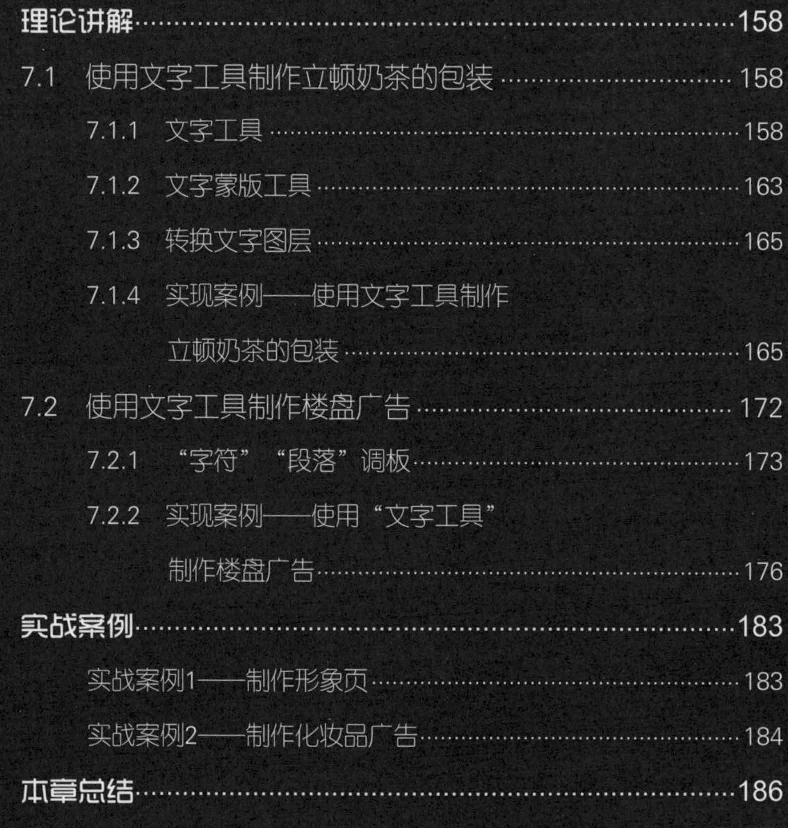

191

第8章

路径、形状工具与选区

215

第9章

滤镜与通道

263
第 10 章
图标设计

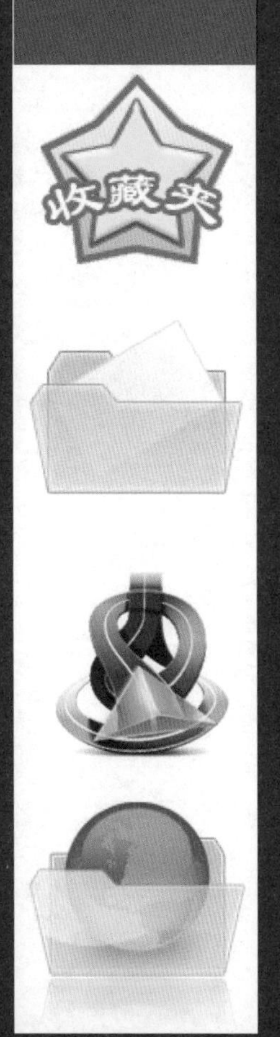

289

第 11 章 按钮设计

311

第 12 章 Logo设计

国家电网公司
STATE GRID CORPORATION OF CHINA
CITROËN

339
第 13 章
就等你出头!
天空
之
城
GOLF 高尔夫

特效字设计

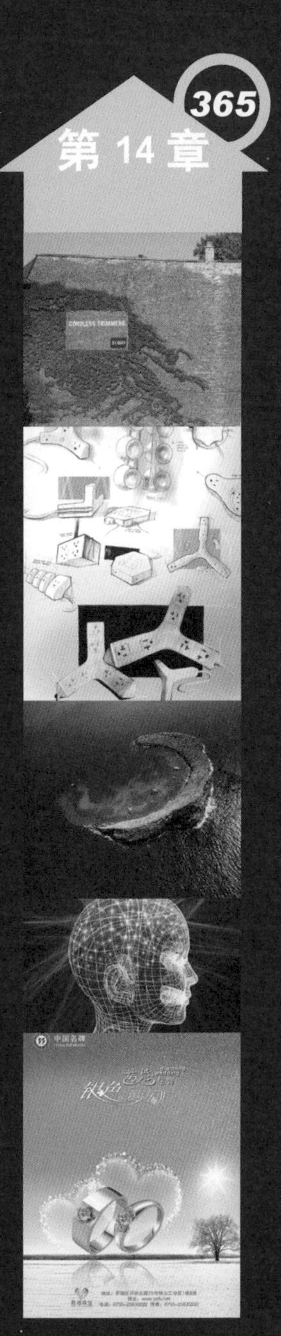

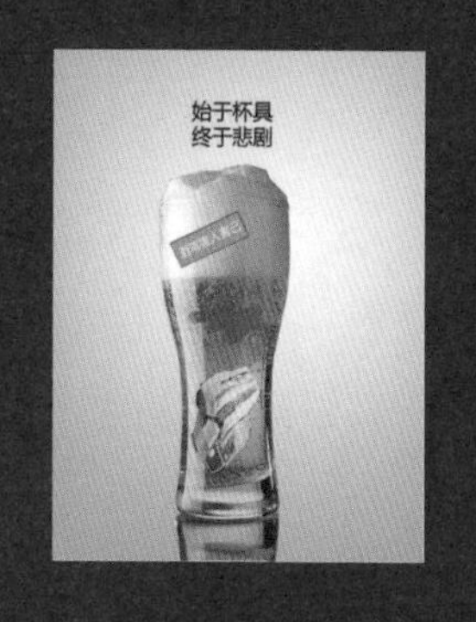

项目综合案例

第1章

基础知识

本章目标

完成本章内容以后，您将：

- 掌握常用的图片文件格式。
- 掌握常用的色彩模式。
- 掌握拾色器的使用。
- 会使用Photoshop保存不同格式的文件。

本章素材下载

- 请访问课工场UI/UE学院：kgc.cn/uiue（教材版块）下载本章需要的案例素材。

本章简介

Photoshop 是 Adobe 公司推出的图像编辑、网页制作和图像合成及特效制作软件。它横跨平面与网页多媒体的设计领域，是一种全球标准的图像编辑解决方案。

作为专业的图像编辑软件，Photoshop 是网页设计师和平面设计师最常用的工具之一。在网页设计方面主要是对网页图像进行处理及制作，包括网站版式设计、导航按钮制作、GIF 动画制作等。

网站访问量决定了其生存的空间，而决定这一切的根源在于网站设计及其开发过程。网站的设计及开发过程也称为网站的设计流程，如图 1.1 所示。

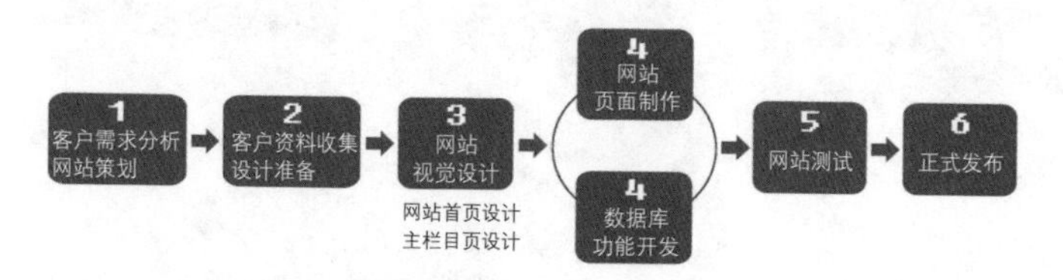

图 1.1　网站设计流程图

根据在网站设计过程中针对的侧重内容不同，可以将其划分为三个阶段。

- 准备阶段（需求分析、总体设计、素材整理）。
- 实施阶段（网页设计、程序开发、测试、发布）。
- 维护阶段（需求变更、设计变更、程序变更、测试、重新发布）。

网站设计实际上就是设计整个网站的蓝图，即主页、其他网页及网页间的关系。先设计网站的整体结构再绘制草图。利用 Photoshop 设计效果图，正是处在整个流程第 3 步——网站视觉设计上。那么怎样使用 Photoshop 来设计网页呢？在了解了 Photoshop 制作网页这一环节在网站设计流程中的地位之后，本章将先介绍 Photoshop 中一系列常见的位图文件格式和图像色彩模式，然后介绍 Photoshop 操作面板布局以及基本操作。

理 论 讲 解

1.1　转换色彩模式给紫藤女孩变色

素材准备

“素材 - 紫藤女孩 .jpg”如图 1.2 所示。

完成效果

完成效果分别如图 1.3 和图 1.4 所示。

图 1.2　素材 - 紫藤女孩 .jpg（RGB 模式）

图 1.3　素材 - 紫藤女孩（CMYK 模式）

图 1.4　素材 - 紫藤女孩（灰度模式）

案例分析

在网页设计中，要处理大量的图片素材，无论是处理单张图片还是设计一个复杂的网页，Photoshop 都是首选工具。该案例将素材图片由 RGB 色彩模式转换为 CMYK 色彩模式和灰度模式。要在 Photoshop 中实现该效果，需要经过打开文件、转换图像的色彩模式、存储文件等基本操作。相关理论讲解如下。

1.1.1　Photoshop 软件介绍

Adobe 是全球最大、最多元化的软件公司之一，代表产品包括 Photoshop、Illustrator、Indesign 等。

Photoshop 是一款功能强大的图形处理软件，被称为"图像元老"。它集图像编辑、网页制作、图像合成和特效制作于一身，横跨平面与多媒体设计领域，是一种全球标准的图像编辑解决方案。使用 Photoshop 绘制或处理后的图像效果，颜色鲜明、形象生动，能够带给观者很好的视觉效果，如图 1.5 和图 1.6 所示。

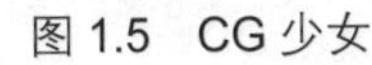

图 1.5　CG 少女

图 1.6　星空图

在网页设计方面，Photoshop 主要是对网页图像进行处理及制作，包括网站版式设计、导航按钮制作、GIF 动画制作等。网站的视觉设计决定了网站整体的页面风格和展示效果，而一个设计精美、独具个性、能够给人留下深刻印象的网站，也必然会得到用户的认可。例如在日常生活和工作中，经常会使用的 Google 搜索、淘宝购物等，如图 1.7 和图 1.8 所示。

Google 是一个全球互联网搜索引擎；淘宝网是近年来年轻潮人最爱的购物网站。两个网页风格迥异，一简一繁，却各自拥有大量的用户群，这和它们各自的内容、功能、针对的消费人群以及设计风格等有关。但是，无论简单还是复杂的页面，都是由网页的基本元素构成的，而这些网页元素均可以使用 Photoshop 工具进行制作和处理，最终组合成一个多彩炫目的网页。

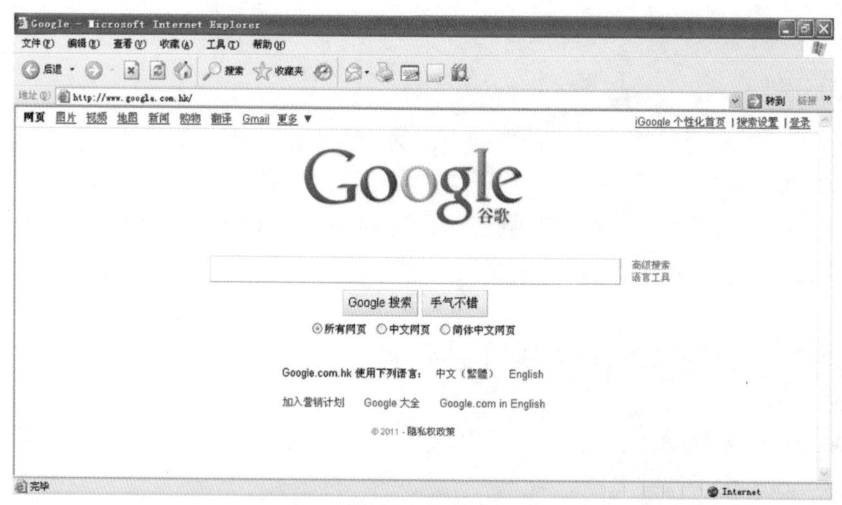

图 1.7　Google 主页

图 1.8　淘宝主页

1.1.2 图片文件的格式

在日常的生活中存在多种不同类型的图片文件格式，不同格式的图片文件所呈现出来的视觉效果不同。在网页设计过程中，经常使用的图片格式有三种。

- GIF（.gif）：支持背景透明；可以将单帧的图像组合起来轮流播放每一帧而成为动画；支持图形渐进，可以让浏览者更快地知道图像的概貌；支持无损压缩。GIF 格式的缺点是只有 256 种颜色，这对于高质量的图像来说是不够的。
- JPEG（.jpg）：支持上百万种颜色，压缩比相当高，且图像质量受损不太大，适合于照片；但经过压缩的 JPEG 图像一般不适合打印，在备份重要文件时也最好不要使用 JPEG。
- PNG（.png）：一种新型 Web 图像格式，结合了 GIF 的良好压缩功能和 JPEG 的无限调色板功能。

除了以上三种应用比较广泛的图片格式外，在日常工作中，还有其他几种常用到的图片文件格式，分别为 BMP、PSD、TIFF。这些格式的图片文件通常应用于专业性较高的场合。

不同格式图像的展示效果不同，各自的适用场合也有所不同，见表 1-1。

表 1-1　常用图片文件格式比较

文件类型	优点	缺点
GIF	适用于网页； 支持背景透明； 支持动画； 支持图形渐进； 支持无损压缩	只有 256 种颜色
JPEG	适用于网页； 支持上百万种颜色； 有损压缩，文件小，质量好	有损压缩不可恢复； 不支持背景透明； 不支持动画； 不支持图形渐进
PNG	适用于网页； 良好压缩功能； 无限调色板功能	不支持动画
PSD	适合印刷； 便于再次编辑	文件太大，不适用于网页
BMP	使用广，支持模式较多； 无压缩	文件太大，不适用于网页
TIFF	多种程序支持； 有图层，可修改压缩	文件太大，且兼容性差，不适用于网页

1.1.3 色彩模式介绍

在使用 Photoshop 设计网页的过程中，需要应用和处理各种色彩模式的图片素材。只有了解了不同的颜色模式，才能精确地描述、修改和处理色调，才能把网页设计得更加美观。

在实际工作中应用的色彩模式主要有以下几种。

1. RGB 色彩模式

RGB 色彩模式是屏幕显示的最佳模式，它由三种基本颜色组成：R（红）、G（绿）、B（蓝），在屏幕上出现的颜色都是由改变这三种基本颜色的比例值形成的。

2. CMYK 色彩模式

CMYK 颜色分别表示 Cyan（青）、Magenta（洋红）、Yellow（黄）、Black（黑），在印刷中代表四种颜色的油墨。CMYK 色彩模式是用于制作高质量彩色出版物的印刷油墨的颜色模式。

3. Lab 色彩模式

Lab 色彩模式是一种独立于设备存在的色彩模式，不受任何硬件性能的影响。Lab 中的数值描述正常视力的人能够看到的所有颜色。由于其能表现的颜色范围最大，因此在 Photoshop 中，Lab 颜色模式是从一种颜色模式转变到另一种颜色模式的中间形式。

4. 灰度模式

灰度模式在图像中使用不同的灰度级。在 8 位图像中，最多有 256 级灰度。灰度图像中的每个像素都有一个 0（黑色）到 255（白色）之间的亮度值。要将彩色图像转换成高品质的黑白图像，Photoshop 会扔掉原图像中所有的颜色信息，被转换像素的灰度级（色度）表示原像素的亮度。

转换图像色彩模式的具体方法如下。

（1）选择菜单“文件”→“打开”，在“打开”对话框的“查找范围”中选择本章素材“素材 - 麦兜 .jpg”，如图 1.9 所示。

（2）单击“确定”按钮，打开素材图片，如图 1.10 所示。

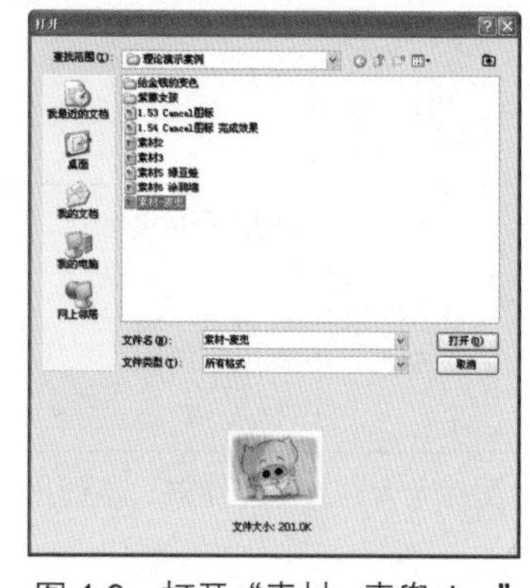

图 1.9 打开“素材 - 麦兜 .jpg”

图 1.10 素材 - 麦兜 .jpg

(3)选择菜单“图像”→“模式”，可以看到如图 1.11 所示的“模式”子菜单选项，在其中显示有打勾的“RGB 颜色”，就是当前图像的色彩模式。

(4)在“模式”子菜单中选择“CMYK 颜色”，弹出询问对话框，如图 1.12 所示。

(5)单击“确定”按钮，图像的色彩模式转换为 CMYK 色彩模式，如图 1.13 所示。

(6)选择菜单“文件”→“存储为”(Shift+Ctrl+S)，弹出“存储为”对话框，将名称改为“素材 - 麦兜 CMYK”，如图 1.14 所示。

(7)单击“确定”按钮，保存文件。

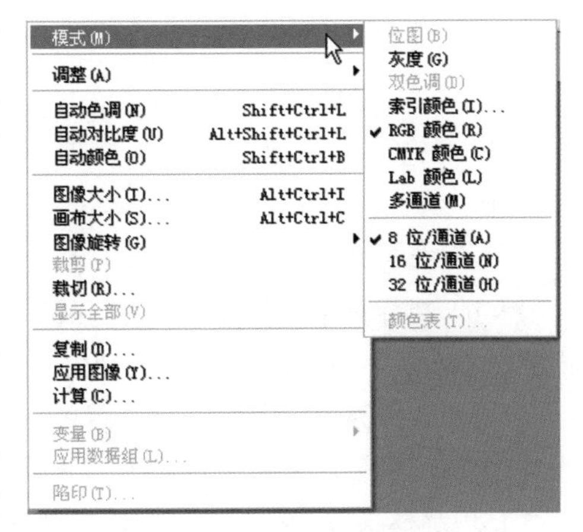

图 1.11 “模式”子菜单命令

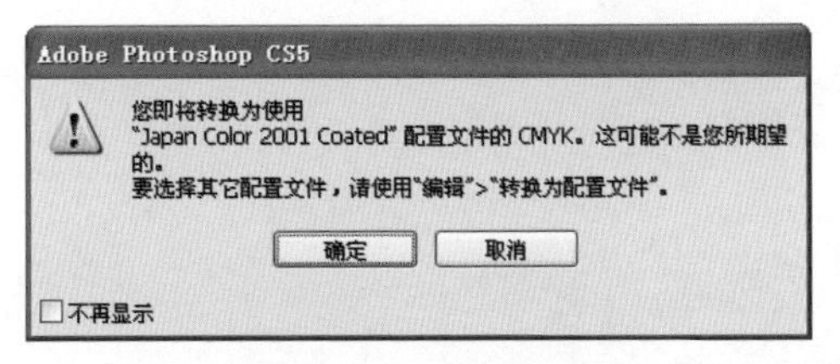

图 1.12 询问对话框

图 1.13 转换图像为 CMYK 色彩模式

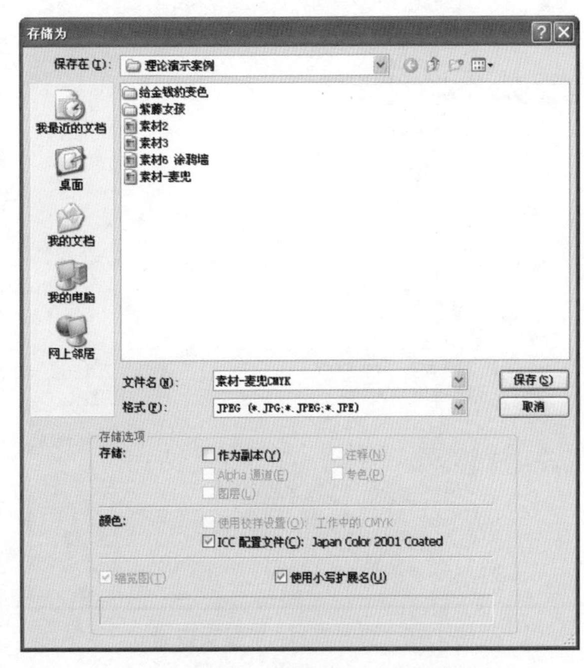

图 1.14 “存储为”对话框

1.1.4 实现案例——转换色彩模式给紫藤女孩变色

结合上节的内容，在此案例的操作中，掌握如何转换图片的色彩模式。

素材准备

“素材 - 紫藤女孩 .jpg”如图 1.2 所示。

完成效果

完成效果分别如图 1.3 和图 1.4 所示。

思路分析

- 打开文件。
- 转换文件的色彩模式。
- 保存文件。

实现步骤

（1）选择菜单“文件”→“打开”（Ctrl+O），在“打开”对话框中选择本章素材图片“素材 - 紫藤女孩 .jpg”，如图 1.15 所示。单击“确定”按钮，打开素材文件。

（2）选择菜单“图像”→“模式”→“CMYK 颜色”，在弹出的询问对话框中单击“确定”按钮，将图像转换为 CMYK 色彩模式，效果如图 1.16 所示。

（3）选择菜单“文件”→“存储为”（Shift+Ctrl+S），将名称改为“素材 - 紫藤女孩（CMYK 模式）”，单击“确定”按钮，保存文件。

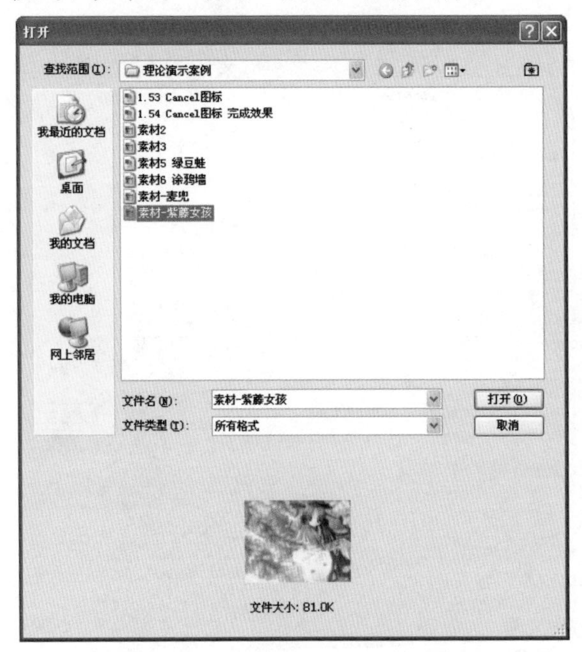

图 1.15　打开素材 - 紫藤女孩 .jpg

图 1.16　转换为 CMYK 色彩模式

（4）选择菜单“图像”→“模式”→“灰度”，弹出询问对话框，如图 1.17 所示。

图 1.17　询问对话框

（5）单击“确定”按钮，图片的色彩模式转换为灰度模式，效果如图 1.18 所示。

图 1.18　转换为灰度模式

RGB 色彩模式是屏幕显示的最佳模式，CMYK 色彩模式则是用于制作高质量彩色出版物的印刷油墨的色彩模式。两种色彩模式在计算机屏幕上看起来差别不是很明显，但应用的场合有所不同。

（6）选择菜单“文件”→“存储为”（Shift+Ctrl+S），将名称改为“素材 - 紫藤女孩（灰度模式）”，单击“确定”按钮，保存文件。

图像在进行色彩模式转换时会损失一些颜色信息；当彩色图像转换成灰度图像以后，Photoshop 会扔掉原图像中所有的颜色信息，灰度图像将不能再转换为彩色图像。

1.2　使用辅助工具制作彩旗图案

完成效果

完成效果如图 1.19 所示。

图 1.19　彩旗图案

素材准备

该案例中我们绘制了一面彩旗。实现如图 1.19 所示效果，主要使用了参考线、矩形选框工具和拾色器等工具。相关理论讲解如下。

1.2.1　Photoshop操作面板

到目前为止，我们已经了解了很多关于 Photoshop 软件的相关知识，那么到底 Photoshop 是什么样子呢？下面就通过对操作面板的讲解来认识一下 Photoshop 吧。

Photoshop 是一个可视化的操作工具，提供了一个强大的、集合了很多工具及菜单的操作面板，通过操作面板可以基本实现文件的处理操作。当 Photoshop 启动后，首先展示的就是操作面板，如图 1.20 所示。

图 1.20 Photoshop 的操作面板

为了方便使用，根据功能和作用的不同，对操作面板又进行了详细划分。接下来先介绍工作区、工具调板、拾色器、颜色调板和辅助工具。

1. 工作区

使用 Photoshop 设计网页时，可以使用调板、菜单栏以及窗口等元素来创建和处理文档和文件，这些元素的任何排列方式统称为工作区。

第一次启动 Photoshop 时工作区是默认设置，可随时根据个人喜好调整工作区。如果想恢复默认设置，通过选择菜单“窗口”→“工作区”→“复位基本功能”来恢复。Photoshop 默认工作区如图 1.21 所示。

其中：

A．菜单栏：位于顶部的菜单栏用于组织菜单里的命令。

B．“工具”调板：包含用于创建和编辑图像、图稿、页面元素等的工具，Photoshop 将相关工具编为一组。

C．文档窗口：显示正在编辑的文件。

D．工具选项栏：显示当前所选工具的选项。

E．停放折叠为图标的调板。

F．调板标题栏：鼠标长按调板标题栏，可移动调板位置。

G．“折叠为图标”按钮。

H．垂直停放的三个调板组。

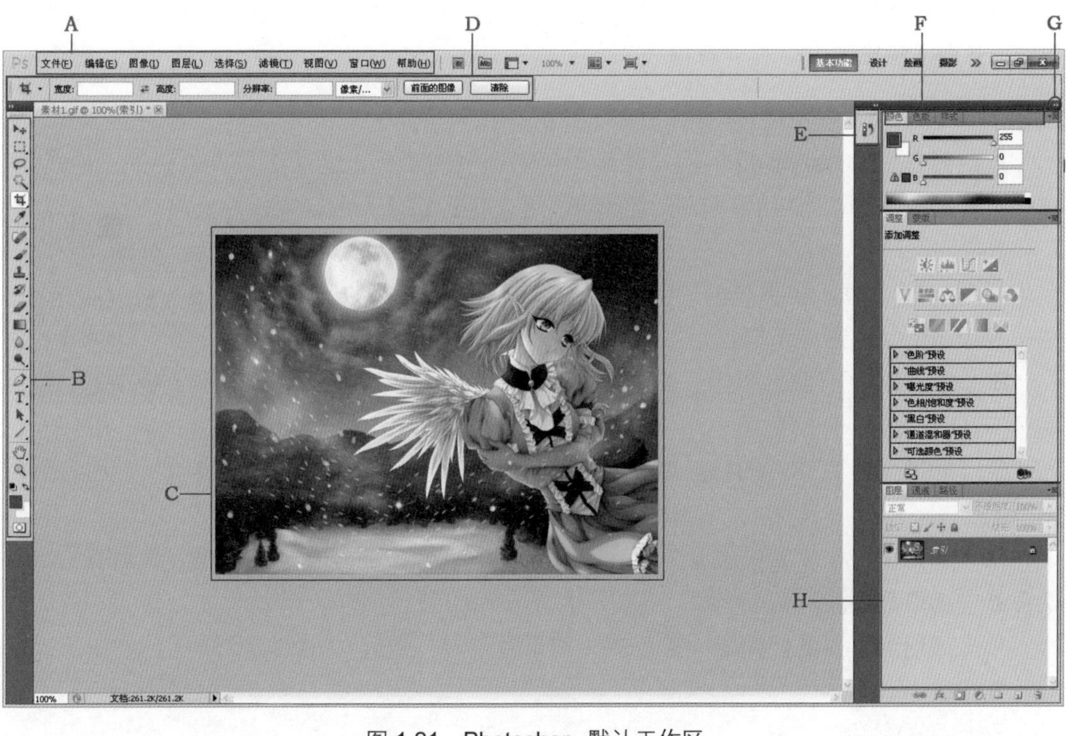

图 1.21 Photoshop 默认工作区

2. 工具调板

启动 Photoshop 时，工具调板将显示在屏幕左侧。默认情况下工具调板显示为垂直方向的单列工具，也可单击调板上方的按钮 进行单 \ 双列间的切换，如图 1.22 和图 1.23 所示。

- 单击工具调板右上方的关闭按钮 可将调板关闭，再次开启需选择菜单“窗口”→“工具”来恢复。
- 工具图标右下角的小黑三角形表示该工具存在隐藏工具，长按鼠标左键可以展开隐藏工具。
- 将指针放在任何工具上，可查看有关该工具的信息，工具的名称将出现在指针下面的工具提示中。

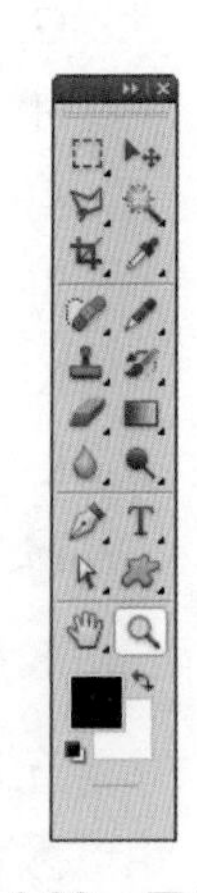

图 1.23 工具调板（双列）

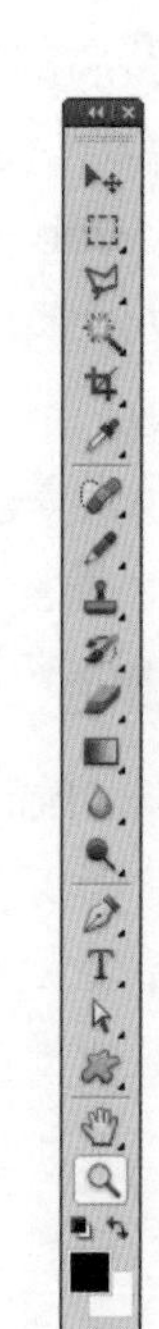

图 1.22 工具调板（单列）

- 可按 Tab 键隐藏 / 显示除菜单栏和文档窗口以外的一切调板。此操作便于全屏观察和编辑文档。
- 按快捷键 F 可将文档在标准屏幕模式、带有菜单栏的全屏模式和全屏模式之间切换。

➢ 通过这些工具，可以对图像进行选择、编辑、注释和查看等操作，还可更改前景色 / 背景色、更改屏幕模式。

3. 拾色器

拾色器是 Photoshop 提供的一种用于色彩选择的工具，借助工具调板中的“前景色”框和“背景色”框，可以实现对拾色器的调用，如图 1.24 所示。

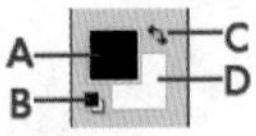

A B C D

图 1.24 “前景色”框和“背景色”框

其中：

A.“前景色”框。要更改前景色，请单击工具调板中的“前景色”框，然后在弹出的拾色器中选取颜色。

B.“默认颜色”(D) 图标。要恢复默认前景色和背景色，请单击工具调板中的“默认颜色”(D) 图标。

C.“切换颜色”(X) 图标。要反转前景色和背景色，请单击工具调板中的“切换颜色”图标。

D.“背景色”框。要更改背景色，请单击工具调板中的“背景色”框，然后在弹出的拾色器中选取颜色。

单击“前景色”框，弹出“拾色器 (前景色)”对话框，如图 1.25 所示。

其中：

E. 拾取的颜色。

F. 原稿颜色。

G. 调整后的颜色。

H.“溢色”警告图标。

I.“非 Web 安全颜色”警告图标。

J.“Web 颜色”选项。

K. 色域。

L. 颜色滑块。

M. 颜色值。

4. “颜色”调板

在使用 Photoshop 对文件色彩进行处理时，除了可以使用拾色器工具外，还可以使用“颜色”调板，对色彩进行细微的调整。

选择菜单“窗口”→“颜色”，将显示当前前景色和背景色的颜色值。使用“颜色”调板中的滑块，可以利用几种不同的颜色模型来编辑前景色和背景色。也可以从显示在调板底部的四色曲线图中的色谱中选取前景色或背景色，如图 1.26 所示。

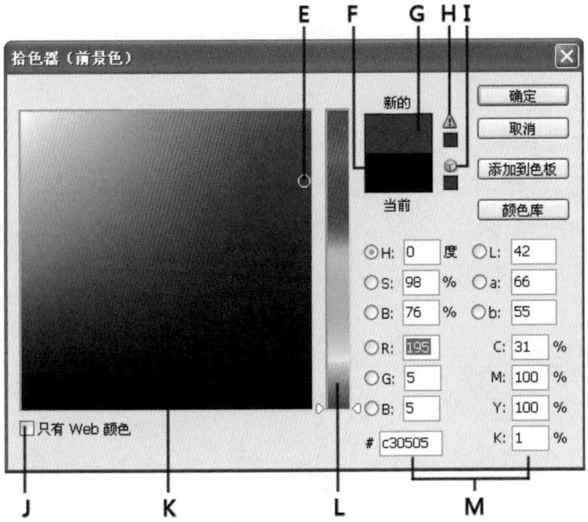

图 1.25 “前景色”框

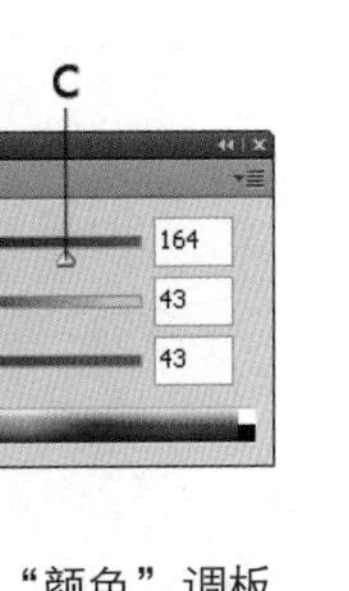

图 1.26 “颜色”调板

其中：

A. 前景色。

B. 背景色。

C. 滑块。

D. 四色曲线图。

5. 辅助工具

标尺、参考线和网格可以帮助确定图形和元素的位置，或者布置图形元素。由于网页设计时对版面分割以及图片的具体尺寸和位置都有一定的要求，所以辅助工具起到了很重要的作用。

图 1.27 显示标尺

（1）标尺

利用标尺可以精确地确定图像或元素的位置，选择菜单“视图”→“标尺”（Ctrl+R），显示或隐藏标尺。如果显示标尺，标尺会出现在当前窗口的顶部和左侧，如图 1.27 所示。当移动指针时，标尺内的标记显示指针的位置。

标尺可以更改测量单位，右击标尺，然后从弹出的快捷菜单中选择一个新单位即可，如图 1.28 所示。

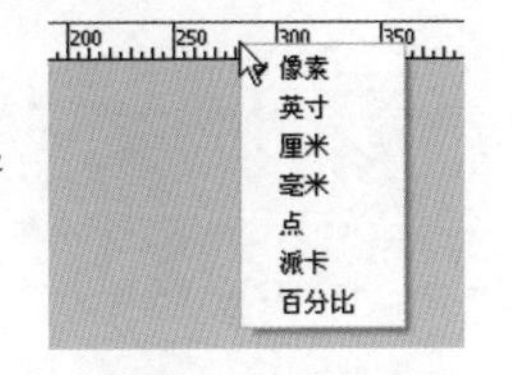

图 1.28 更改标尺的测量单位

（2）参考线

利用参考线和网格也可以精确地确定图像或元素的位置。参考线显示为浮动在图像上方的线条，参考线不会影响图像最终的输出和打印。可以移动和清除参考线，也可以锁定参考线，以防止将它们意外移动。

➢ 创建参考线有以下两种方法。

◆ 选择菜单“视图”→“新建参考线”,在“新建参考线”对话框中,选择“水平”或“垂直”方向，并输入位置，然后单击“确定”按钮，如图 1.29 所示。

◆ 从标尺向画面内拖拽以创建参考线，如图 1.30 所示。

◆ 锁定所有参考线。选择菜单“视图”→“锁定参考线”即可完成。

◆ 移动参考线。在工具调板中选择“移动工具” 将指针放置在参考线上（指针会变为双箭头），按住鼠标左键，拖拽参考线。

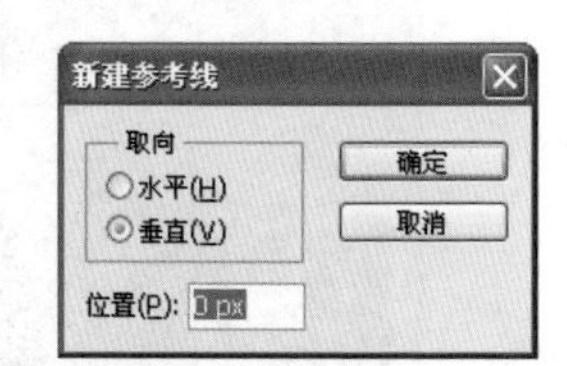

图 1.29 “新建参考线”对话框

➢ 从图像中清除参考线有以下两种情况。

◆ 要清除一条参考线，可将该参考线拖拽到图像窗口之外。

◆ 要清除全部参考线，可选择菜单“视图”→“清除参考线”菜单项。

（3）网格

网格对于对称的布置图形元素很有用。网格在默认情况下显示为水平与垂直交叉排列的线条，也可以显示为点，网格不会影响图像最终的输出和打印。要添加网格，选择菜单“视图”→“显示”→“网格”（Ctrl+’），即可显示网格，如图 1.31 所示。

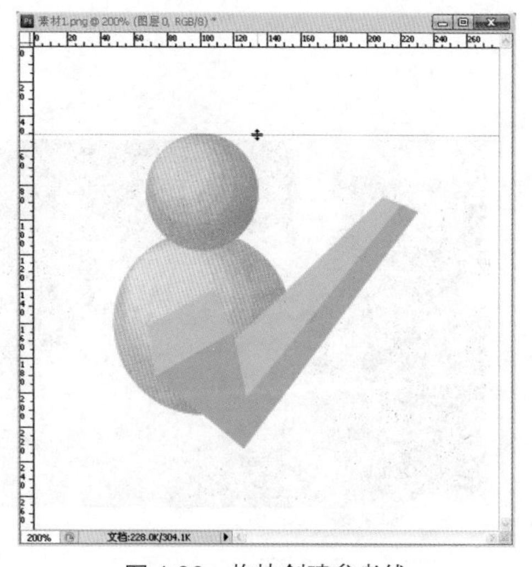

图 1.30 拖拽创建参考线

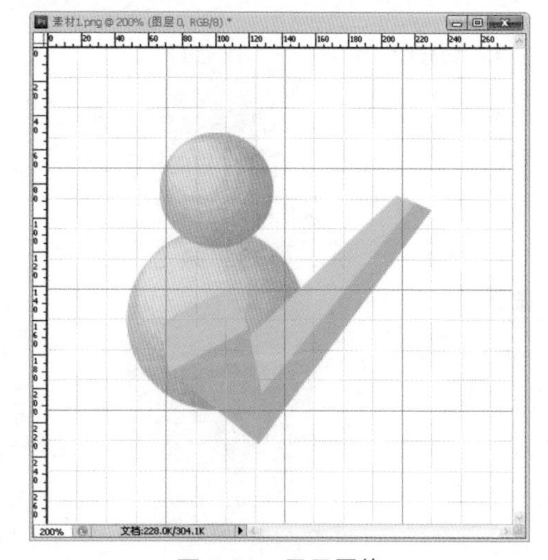

图 1.31 显示网格

1.2.2 Photoshop图像文件的基本操作

在 Photoshop 中，图像文件的基本操作主要包括打开文件、新建文件、保存文件。

1. 打开文件

Photoshop 可以打开和导入很多种格式的图像文件。可用的格式会出现在“打开”对话框、“打开为”对话框或“置入”子菜单中。

（1）打开文件。选择菜单“文件”→“打开”（Ctrl+O），在弹出的对话框中选择要打开的文件名称即可，还可以在“文件类型”文本框中设置按类型查找要打开的文件，如图 1.32 所示。

（2）置入文件。将一些矢量图像或者非 Photoshop 格式的文件导入 Photoshop 时，选择菜单“文件”→“置入”，在弹出的“置入”对话框中可以选择多种文件类型，如图 1.33 所示。

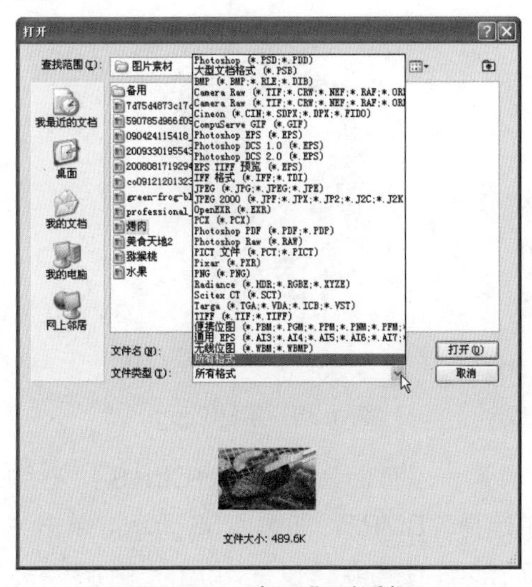

图 1.32 “打开”对话框

图 1.33 “置入”对话框

2. 新建文件

新建文件可根据个人需要设置文档的大小、分辨率以及色彩模式。

选择菜单“文件”→“新建”（Ctrl+N），弹出“新建”对话框，如图 1.34 所示。

其中：

A. 名称：图像的名称，默认的名称是“未标题 -1”；若多次创建文件，默认的名称会依次增加序列号的数值。

B. 预设：可以选取预先设置好的文档大小。

C. 宽度、高度：在文本框中输入具体数值，以设置宽度和高度。

D. 分辨率：一般用于网页的文件分辨率为 72 像素 / 英寸，印刷的文件由于尺寸大小不同，又分为黑白印刷和彩色印刷，分辨率也有所不同，一般要在 150 ~ 300 像素 / 英寸之间。大型喷绘广告的分辨率根据尺寸而定。

E. 颜色模式：一般用于网页的文件，选择 RGB 颜色。

F. 背景内容：选择画布颜色选项，包括以下几项。

➢ 白色：用白色（默认的背景色）填充背景层。

➢ 背景色：用当前的背景色填充背景层。

➢ 透明：使第一个图层透明，没有背景层。

3. 保存文件

Photoshop 没有自动保存功能，处理过的文件一定要及时保存。第一次保存图像时，将会看到“存储为”对话框，指定文件名并从下拉菜单中选择适当格式，以保存文件。具体操作方法如下。

（1）打开素材文件。选择菜单“文件”→“打开”（Ctrl+O），打开本章素材图片“素材 2.jpg”，如图 1.35 所示。

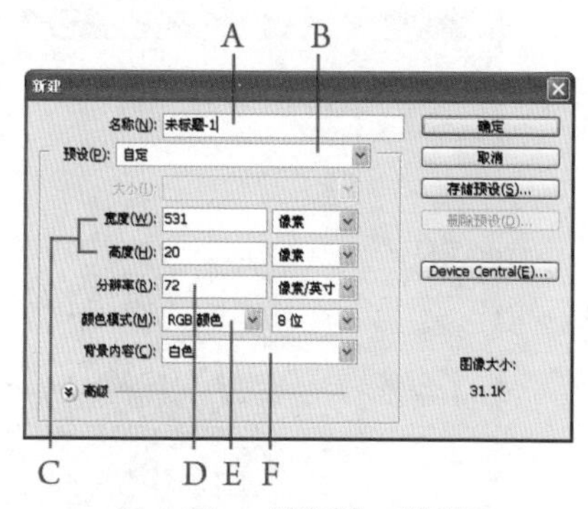

图 1.34 “新建”对话框

图 1.35 素材 2.jpg

（2）另存为 BMP 文件格式。选择菜单“文件”→“存储为”（Shift+Ctrl+S），在弹出的对话框中输入文件名，在“格式”下拉列表中选择“BMP”，如图 1.36 所示。单击“保存”按钮，弹出“BMP 选项”对话框，如图 1.37 所示，使用默认设置，单击“确定”按钮，文件即保存为 BMP 格式。

（3）另存为 PSD 文件格式。再次选择菜单“文件”→“存储为”（Shift+Ctrl+S），在弹出的对话框中输入文件名，在“格式”下拉列表中选择“PSD”，如图 1.38 所示。单击“保存”按钮，文件将保存为 PSD 格式。

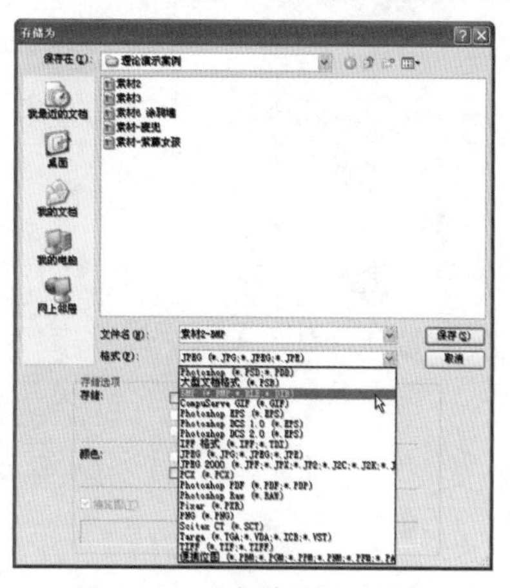

图 1.36 “存储为”对话框

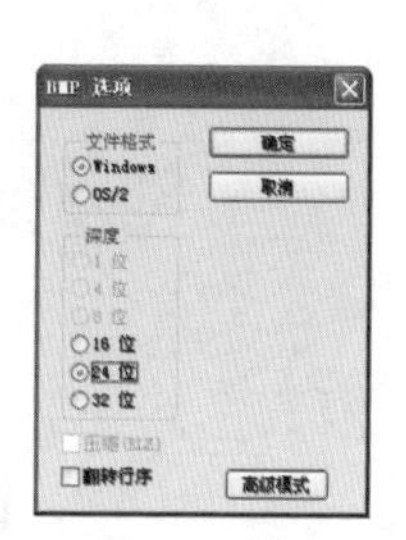

图 1.37 “BMP 选项”对话框

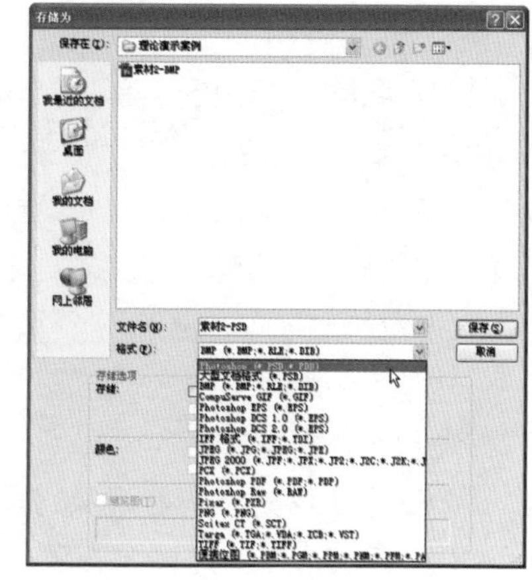

图 1.38 “存储为”对话框

使用 Photoshop 设计网页的过程中，如果熟练运用快捷键，会大大提高效率哦！

➢ 打开文件：Ctrl+O。
➢ 存储：Ctrl+S。
➢ 存储为：Shift+Ctrl+S。
➢ 新建文档：Ctrl+N。
➢ 填充前景色：Alt+Delete。
➢ 填充背景色：Ctrl+Delete。
➢ 取消选择：Ctrl+D。

1.2.3　保存为适合网页使用的格式

（1）按 Ctrl+O 打开本章素材图片“素材 3.jpg”，如图 1.39 所示。

（2）选择菜单“文件”→“存储为 Web 和设备所用格式”（Alt+Shift+Ctrl+S），弹出“存储为 Web 和设备所用格式”对话框，如图 1.40 所示。

图 1.39　素材 3.jpg

图 1.40“存储为 Web 和设备所用格式”对话框

存储为 Web 和设备所用格式的快捷键为：Alt+Shift+Ctrl+S 。

其中：

A. 工具选项栏。

B. 原稿、优化、双联、四联选项卡，可以对比浏览图像的品质。

C. 优化的文件格式和参数设置。

➢ 存储为 GIF 图像时，颜色数目越多，图像质量越高。选中“交错”复选框，文件下载时在浏览器中显示图像的低分辨率版本。选中“交错”使下载时间显得较短，但也会增加文件大小。

- 存储为 JPEG 图像时，通过选择“压缩品质”或修改“品质”的数目来调整 JPEG 图像质量，图像品质数值越大，图像品质越高。
- 存储为 PNG 图像时，无论是 PNG-8 还是 PNG-24，都可以存储为与 GIF 格式一样背景透明的图像。其中存储为 PNG-8 格式的图像是索引颜色模式，存储为 PNG-24 格式的图像是 RGB 色彩模式。

D. 图像大小，可锁定比例改变图像的尺寸。

E. 动画选项。

1.2.4 使用辅助工具制作彩旗图案

在学习了 Photoshop 的基本操作之后，就可以利用辅助工具非常轻松地制作出一面小彩旗了。

完成效果

完成效果如图 1.19 所示。

思路分析

- 新建文件。
- 新建参考线，利用参考线绘制选区。
- 设置前景色以填充选区。
- 保存文件。

实现步骤

步骤 1 新建文件

选择菜单“文件”→“新建”（Ctrl+N），在弹出的对话框中设置文件的大小为 576×384 像素，分辨率为 72，颜色模式为 RGB 颜色，背景内容为白色，如图 1.41 所示。单击“确定”按钮。

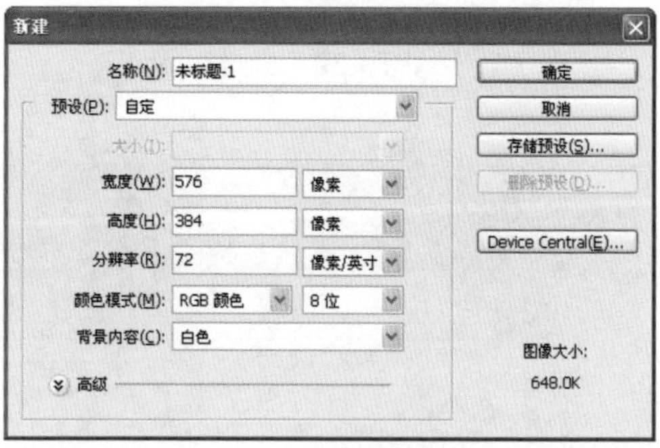

图 1.41 “新建”对话框

步骤 2 创建参考线

（1）选择菜单“视图”→“新建参考线”，在弹出的“新建参考线”对话框中选择“水平”，并设置位置为 128px，如图 1.42 所示。单击“确定”按钮，在文档中创建参考线，如图 1.43 所示。

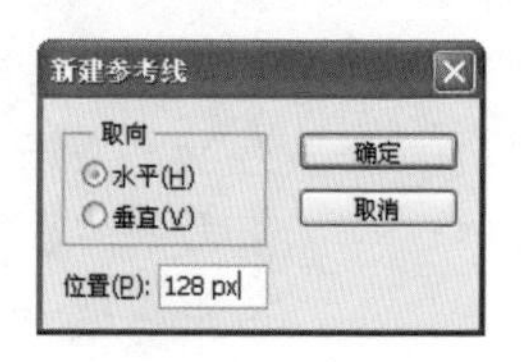

图 1.42 “新建参考线”对话框

（2）选择菜单“视图”→“新建参考线”，在弹出的对话框中选择“水平"，设置位置为 256px，在文档中新建第二条参考线，如图 1.44 所示。

（3）为防止参考线意外移动，选择菜单"视图"→"锁定参考线"。

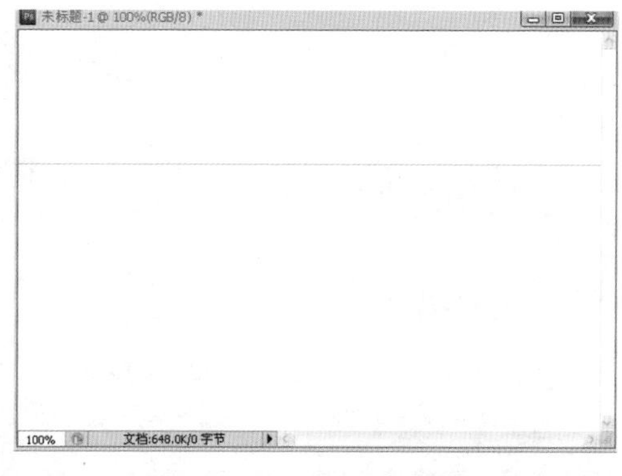
图 1.43　新建参考线

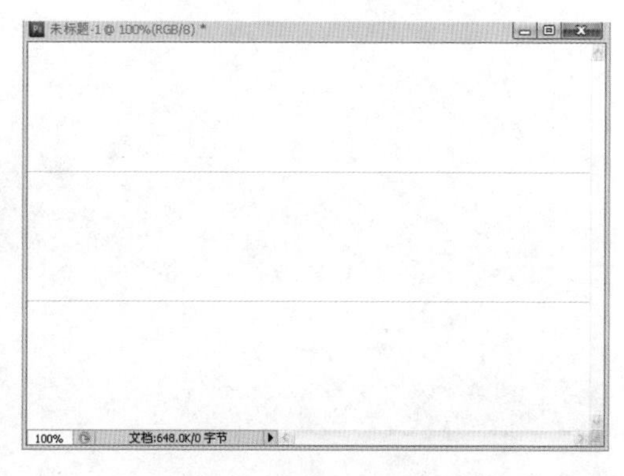
图 1.44　新建第二条参考线

步骤 3　填充颜色

（1）单击"工具"调板中的前景色，在弹出的拾色器中，设置颜色为 #ff0000，将文档填充为前景色（Alt+Delete），如图 1.45 所示。

（2）在"工具"调板中选择"矩形选框工具"（M），在两条参考线之间，紧贴参考线画一个矩形选框，如图 1.46 所示。

（3）设置前景色为 #FFFF00，按 Alt+Delete 快捷键将选区填充为前景色，取消选择（Ctrl+D）的效果如图 1.47 所示。

（4）选择"矩形选框工具"，在第二条参考线下，紧贴参考线画第二个矩形选框，如图 1.48 所示。

（5）设置前景色为 #0000FF，将选区填充为前景色，取消选择，彩旗图案制作完成，最终效果如图 1.49 所示。

步骤 4　保存文件

选择菜单"文件"→"存储为"（Shift+Ctrl+S），在弹出的对话框中输入文件名称"彩旗"，在"格式"下拉列表中选择"PSD"，单击"保存"按钮。

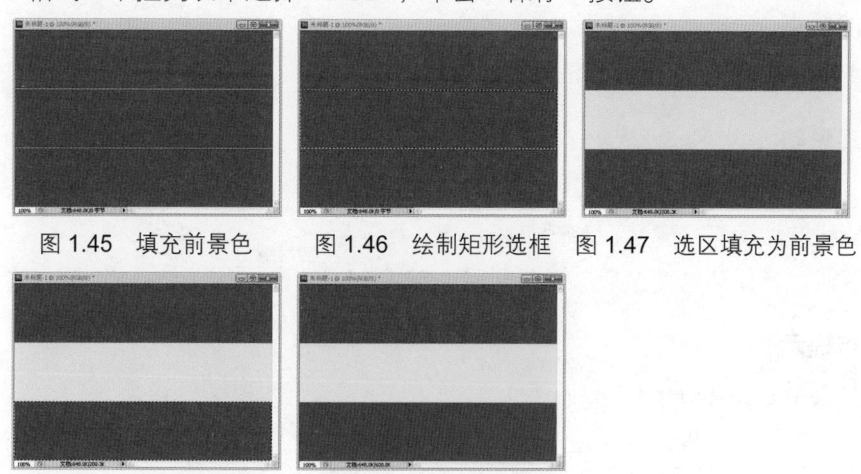
图 1.45　填充前景色　图 1.46　绘制矩形选框　图 1.47　选区填充为前景色

图 1.48　绘制矩形选框　图 1.49　最终效果

实 战 案 例

实战案例 1——面板排排看

需求描述

将工作区设置成指定的面板形式，如图 1.50 所示。

图 1.50　个性化设置工作区

技能要点

掌握 Photoshop 软件面板和工作区的安排。

实现思路

根据理论课讲解的技能知识，完成如图 1.50 所示效果，应从以下两点予以考虑。

- 鼠标点按调板标题栏，移动调板位置。
- 可通过选择菜单“窗口”选择显示 / 隐藏调板。

难点提示

- 注意 Tab 快捷键的使用。
- 若意外关闭调板，可通过“窗口”菜单选择想要恢复的调板，如图 1.51 所示。

图 1.51 “窗口”菜单

实战案例 2——神秘巨石阵

需求描述

在使用 Photoshop 设计网页时，应用照片文件时文件的大小和图片格式如果不符合网页设计标准，必须进行转换。本实战案例将照片素材转存为 JPEG 和 GIF 格式并压缩，如图 1.52 所示。

素材准备

“素材 - 神秘巨石阵 .jpg”如图 1.53 所示。

原图

另存为 JPEG 格式并压缩

另存为 256 色的 GIF 格式

另存为 10 色的 GIF 格式

图 1.52 完成效果

图 1.53 素材 - 神秘巨石阵 .jpg

技能要点

➢ 掌握如何转换图片格式。

➢ 了解不同图片格式的区别。

实现思路

根据理论课讲解的技能知识，完成如图 1.52 所示案例效果，应从以下几点予以考虑。

➢ 网页中常用的图片文件格式回顾。

- GIF。
- JPEG。
- PNG。

➢ 如何实现图片文件格式之间的转换。

难点提示

➢ 在转存为 JPEG 格式并压缩的过程中，在弹出“JPEG 选项”对话框时，可选择品质参数进行压缩，参数越小图像质量越差。对话框右边会出现文件的大小，如图 1.54 所示。

➢ 另存为 GIF 格式并压缩的过程中，在弹出“索引颜色”对话框时，可选择颜色参数，如图 1.55 所示。

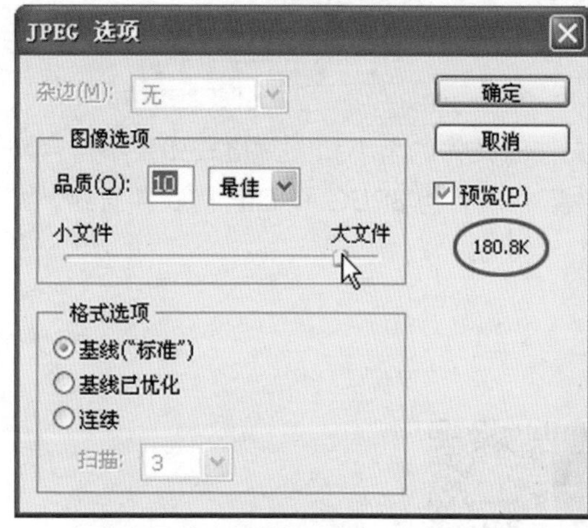

图 1.54 “JPEG 选项”对话框

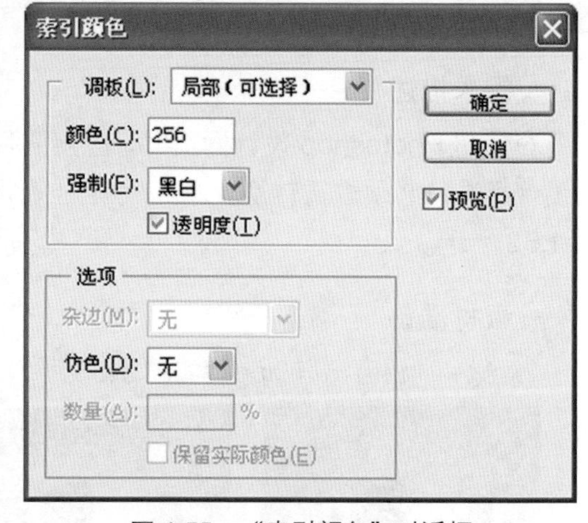

图 1.55 “索引颜色”对话框

实战案例 3——雪糕图标瘦身记

需求描述

将 TIF 格式的“雪糕图标.tif”转换为 PNG 格式，完成效果如图 1.56 所示。前面已经讲过，TIFF 格式的文件包含比较多的色彩信息，甚至包含图层信息，但它的致命缺点就是文件体积较大。本案例素材用图大小为 944KB，通过将图片文件格式转换为 PNG 格式，在不影响外观的情况下，此文件缩小到 75KB，如图 1.57 所示。

素材准备

"雪糕图标 .tif" 如图 1.58 所示。

图 1.56　PNG 格式的图片

雪糕图标	944 KB	TIF 文件
雪糕图标	75 KB	PNG 图像

图 1.57　转换图片文件格式前后大小比较

图 1.58　雪糕图标 .tif

技能要点

- 如何存为 PNG 格式。
- 转换图片文件的格式。

实现思路

根据理论课讲解的技能知识，完成如图 1.56 所示案例效果，应从以下两点予以考虑。

- TIFF 格式和 PNG 格式优、缺点回顾比较。
- 保存图片为 PNG 格式。

实战案例 4——给涂鸦墙改变色彩模式

需求描述

"素材 - 涂鸦墙 .jpg" 如图 1.59 所示，将其 RGB 色彩模式改变成 CMYK 色彩模式，如图 1.60 所示。

图 1.59　素材 - 涂鸦墙 .jpg

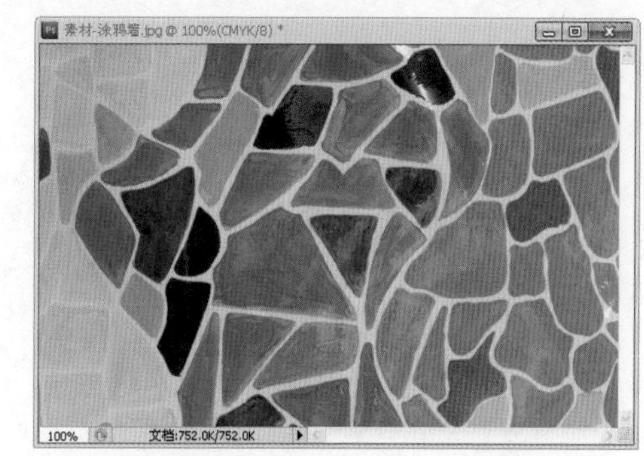

图 1.60　涂鸦墙（CMYK 色彩模式）

技能要点

- 转换色彩模式。
- 了解几种常见色彩模式的概念与区别。

实现思路

- 改变文件的色彩模式。
- 存储为指定的色彩模式。

本章总结

- 本章学习了 Photoshop 工作区的使用。在设计网页时，可以按照个人的习惯，对工作区进行合理的配置。如果找不到某个工具条，可以从菜单栏“窗口”菜单里找到并选中，或选择菜单“窗口”→“工作区”→“基本功能(默认)”以恢复设置。
- 通过本章的学习，了解了网页设计中常用的几种色彩模式，掌握了它们之间的转换。
- 本章学习了 Photoshop 中图像文件的基本操作，主要包括打开文件、新建文件、保存文件。
- 设计网页的过程中要养成随时保存文档的好习惯，因为 Photoshop 没有自动保存功能，一旦意外退出或许会造成不可估量的损失。

参考视频
UIUE 导学

学习笔记

本章作业

选择题

1. 使用Photoshop设计网页效果图，处在网站设计流程中的（　　）步骤。
   A. 网站策划
   B. 网站视觉设计
   C. 网站页面制作
2. 网页设计中常用的三种图片文件格式为（　　）。
   A. JPEG、PNG、PSD
   B. PNG、GIF、PDF
   C. GIF、JPEG、PNG
3. 若不慎关闭工具调板，可选择（　　）操作恢复。
   A. “窗口”→“工具”
   B. “编辑”→“工具”
   C. “图像”→“工具”
4. 按（　　）快捷键，可隐藏/显示除菜单栏和文档窗口以外的一切调板。
   A. W
   B. Tab
   C. Shift
5. Photoshop（　　）自动保存功能。
   A. 有
   B. 无

简答题

1. 网页中有哪些基本元素？
2. 比较几种常见色彩模式的异同。
3. 锁定参考线有什么好处？
4. 尝试给莲花去色，素材如图1.61所示，完成效果如图1.62所示。

图 1.61　素材 - 莲花 .jpg

图 1.62　完成效果

5. 尝试将如图1.63所示PSD格式的“Cancel图标.psd”（大小为808KB）保存成宽度、高度为60像素×60像素，不大于3KB的PNG格式，如图1.64所示。

图 1.63　Cancel 图标 .psd

图 1.64　完成效果

提示

在“存储为 Web 和设备所用格式”对话框中进行压缩，调整图片文件的尺寸大小。

作业讨论区

访问课工场UI/UE学院：kgc.cn/uiue（教材版块），欢迎在这里提交作业或提出问题，你将有机会跟课工场的专家以及共同学习本书的小伙伴一起探讨切磋！

Photoshop基本操作

● 本章目标

完成本章内容以后，您将：

- 熟悉Photoshop操作环境。
- 掌握选区的概念。
- 掌握图像尺寸的调整方法。

● 本章素材下载

- 请访问课工场UI/UE学院：kgc.cn/uiue（教材版块）下载本章需要的案例素材。

本章简介

Photoshop 作为进行图像绘制和处理的工具软件，具有很多强大的功能。要全面掌握并熟练使用这些功能，首先必须对 Photoshop 中的基本操作非常了解，而本章将结合实际应用对基本的操作方法进行详细介绍。

理论讲解

2.1 图像视图的调整

参考视频
Photoshop CS6 入门简介

完成效果

完成效果如图 2.1 所示。

案例分析

在使用 Photoshop 进行图像处理时，经常需要对图像的视图进行放大或者缩小的操作，以便能够从整体或者局部进行图像调整。下面将介绍 Photoshop 提供的缩放工具和抓手工具，以及导航器面板的使用方法，从而实现对图像的缩放及移动操作。

图 2.1　完成效果图

2.1.1　“缩放工具”与“抓手工具”

众所周知，电脑显示器的大小是固定的，而在 Photoshop 中，为了便于观察和操作，有时候需要对视图进行调整。如何调整图像的视图大小？如何调整图像的位置？带着这样的疑问，来介绍两种基本操作工具："缩放工具"和"抓手工具"。

1. "缩放工具"（Z）

在实际应用中，经常会遇到超大尺寸的图片或图像，为了方便观察图片的局部或整体，可以使用"缩放工具"对图片的大小进行调整。简单地说，"缩放工具"相当于用放大镜或缩小镜，仅仅从视觉上改变了图片的大小，但是实际尺寸并没有发生变化。"缩放工具"的应用效果如图 2.1 所示。

在工具调板中，"缩放工具"的图标为，按下键盘的 Z 键可以实现调用缩放工具。其工具选项栏设置如图 2.2 所示。

□调整窗口大小以满屏显示 □缩放所有窗口 □细微缩放 实际像素 适合屏幕 填充屏幕 打印尺寸

图 2.2 缩放工具选项栏

在缩放工具选项栏里，系统默认为选择"放大"按钮，此时在图像上单击，可以放大图像显示比例。

- "调整窗口大小以满屏显示"：选中该复选框，在缩放图像的显示比例时，图像窗口会随图像同时进行缩放，以使图像满屏显示。未选中该复选框时，图像窗口不会随视图一起缩放。
- "缩放所有窗口"：选中该复选框，使打开的所有图像随着当前图像同时进行缩放。
- "细微缩放"：选中该复选框后，在图像窗口中按住鼠标左键，并向左上或者右下拖动就可以放大或缩小视图。
- "实际像素"：单击该按钮，将当前图像按实际像素显示。此时，当前图像窗口左下角的状态栏中，图像的缩放级别为 100%。
- "适合屏幕"：单击该按钮，当前图像将按屏幕大小完全显示。
- "填充屏幕"：单击该按钮，将按照屏幕大小最大限度地缩放当前图像，使图像填满整个屏幕。

2. "抓手工具"（H）

当视图放大后，为了观察不同位置的局部细节，需要借助"抓手工具"进行图像的移动。

在工具调板中，"抓手工具"的图标为，按下键盘的 H 键可以实现"抓手工具"的调用。其工具选项栏如图 2.3 所示。

□滚动所有窗口 实际像素 适合屏幕 填充屏幕 打印尺寸

图 2.3 抓手工具选项栏

"滚动所有窗口"：选中该复选框，当用户打开多个图像文件后，使用"抓手工具"移动当前图像时，其他图像窗口中的视图也会跟着移动，如图 2.4 和图 2.5 所示。

"缩放工具"和"抓手工具"通常是配合使用的，可以归纳为辅助类工具。

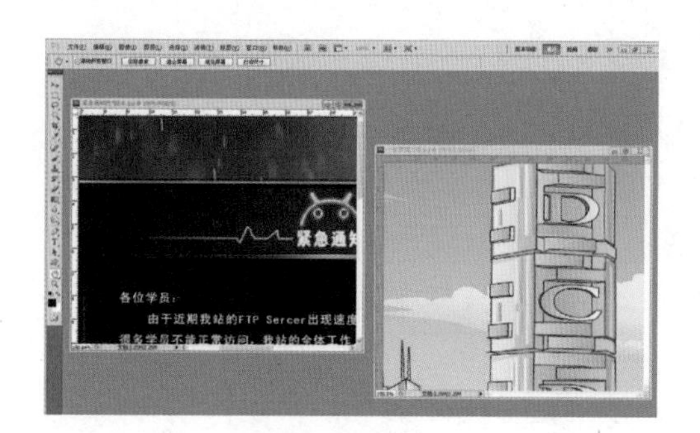

图 2.4　移动之前

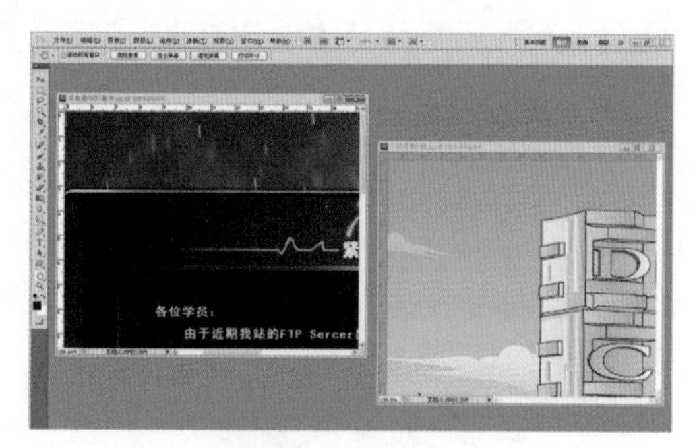

图 2.5　移动之后

2.1.2　使用“缩放工具”和“抓手工具”处理图像

1. 使用“缩放工具”缩放图像

（1）使用 Photoshop 打开需要处理的图像文件，如图 2.6 所示。

图 2.6　打开图像文件

（2）选择工具调板中的“缩放工具”，设置工具选项栏，如图 2.7 所示。

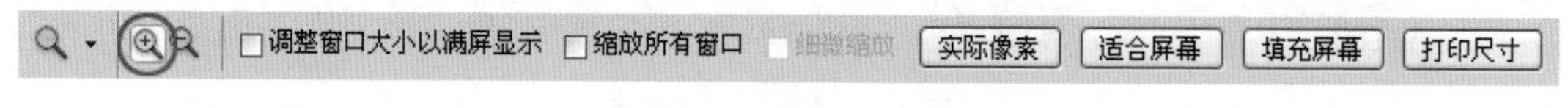

图 2.7　设置工具选项栏

（3）在工具选项栏中选择带有加号的放大镜，或在图像上单击，即可放大视图，如图 2.8 所示。

图 2.8　放大视图

（4）在工具选项栏中选择带有减号的放大镜，或按住 Alt 键，在图像上单击，可以缩小视图。

2. 使用“抓手工具”实现图像的移动

先将图像的视图放大超过满屏大小，选择工具栏中的“抓手工具”（或者按下 H 键），在图像上按住鼠标左键，向右上方拖动鼠标，即可移动图像的视图，如图 2.9 所示。

图 2.9　移动图像视图

2.1.3 实现案例——图像视图的调整

完成效果

完成效果如图 2.1 所示。

操作步骤

对图像视图的缩放和移动也可以使用“导航器”调板，使用方法如下。

（1）选择菜单“窗口”→“导航器”，弹出“导航器”调板，如图 2.10 所示。

（2）拖动滑块或直接输入数值，设置“导航器”调板，如图 2.11 所示。

图 2.10 “导航器”调板

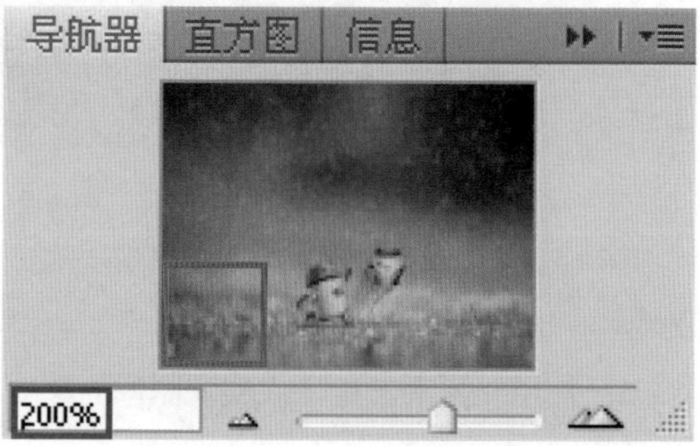

图 2.11 设置“导航器”调板

可以发现视图被放大了。需要说明的是，200% 代表图像视图被放大了两倍，当数值小于 100% 时，视图将会缩小。滑块向左拖动，图像视图会变小；向右拖动，图像视图会变大。图像中红色框表示显示的范围。

（3）在“导航器”调板中的图像红色框处按住鼠标左键，可以移动视图的位置，如图 2.12 所示。

经验总结

调整视图的方式很多，可以根据个人习惯选择使用，还有一种方式也可以改变视图的大小，按住Ctrl键，同时按键盘的“加号”键，视图会放大，按“减号”键，视图会缩小。

在使用任何工具的过程中，按住空格键，可以转换成“抓手工具”，然后按住鼠标左键可以拖动视图。松开空格键，会自动恢复当前工具，免去来回点击切换工具，可以提高效率。

图 2.12　在“导航器”调板中调整视图

2.2 使用“裁剪工具”制作美少女图像

素材准备

“素材 - 美少女 .jpg”如图 2.13 所示。

完成效果

调整后的效果如图 2.14 所示。

图 2.13　素材 - 美少女 .jpg

图 2.14　完成效果

案例分析

生活中常会看到很多图片，有些图片的尺寸偏大或偏小，或者遇到图片倾斜甚至颠倒的情况。这时就需要调整图片的尺寸，并对图片进行裁剪和变换。而要实现这些功能，需要了解在 Photoshop 中关于画布、裁剪工具的相关内容。

2.2.1 画布与图像

1. 画布的概念

画布是用于编辑图像的区域。简单地说，如果将图像比喻成一幅画，那么画布就是作画的画纸。Photoshop 中，每一副图像都承载在相对应的一块画布中。利用“画布大小”命令可以增大或者减少画布的大小。增加画布大小会在原图像周围添加可编辑的空间，一般默认填充背景色。减小画布会裁减掉部分图像。

如图 2.15 所示中，陈旧的黄色就是画布，可以理解为将雪花画在了陈旧的画布上。

2. 调整画布大小

如果图像由于尺寸或者绘制的位置原因，其边缘超出了画布范围，就无法完整地显示图像的内容，如图 2.16 和图 2.17 所示。

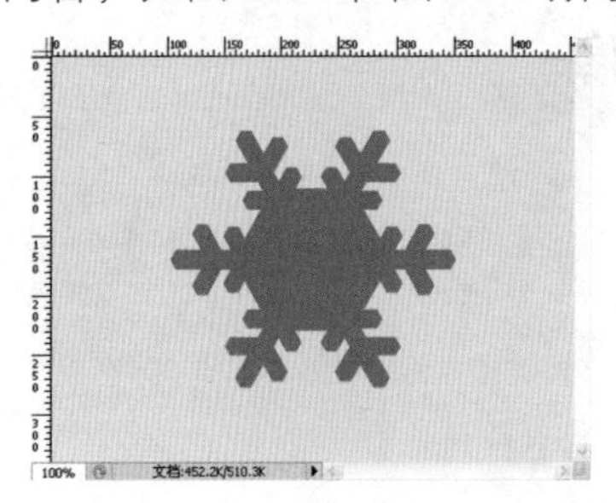

图 2.15　画布与图像

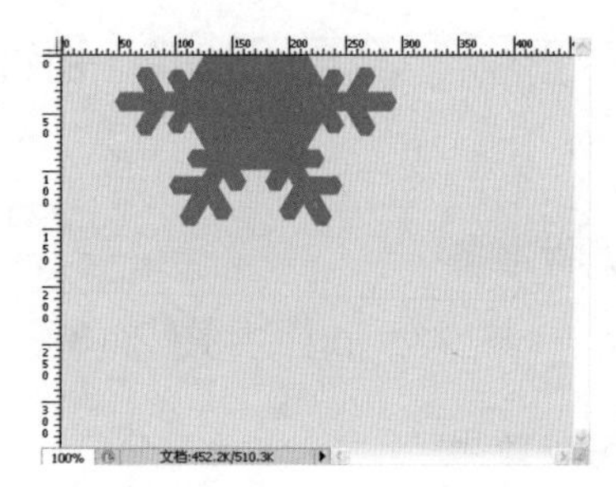

图 2.16　雪花显示不完全（1）

有时候为了达到完整展示图像的效果，可以通过调整画布的大小来解决。

（1）选择菜单“图像”→“画布大小”，弹出“画布大小”对话框，如图 2.18 所示。

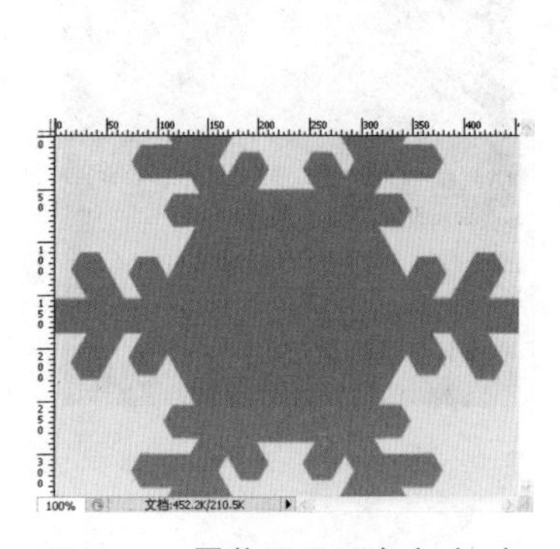

图 2.17　雪花显示不完全（2）

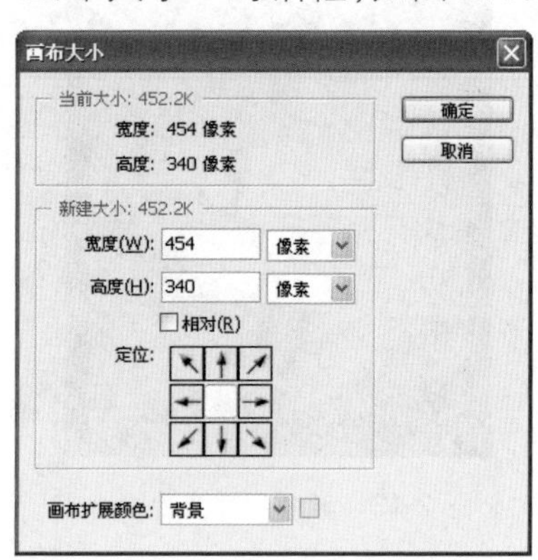

图 2.18　“画布大小”对话框

定位处有九个方格，白色的部分为原始画布位置，箭头为扩展画布的方向。

（2）在对话框的最下端，可以设置扩展的画布部分的颜色，方法是点选对话框最右下端的颜色块，弹出“选择画布扩展颜色”对话框，如图 2.19 所示。

（3）将鼠标指针移动到图像上，单击鼠标左键，吸取画布的颜色，如图 2.20 所示。

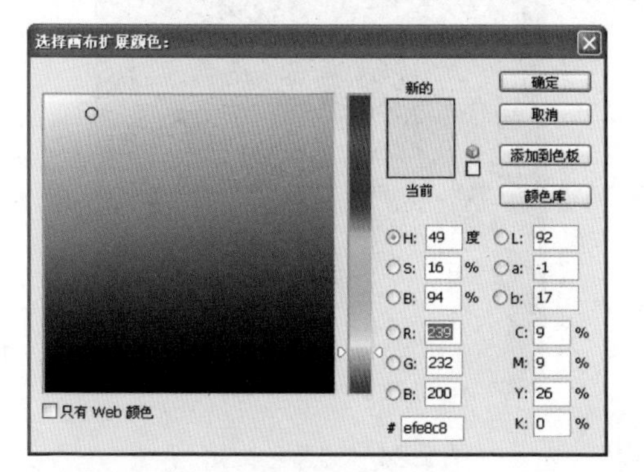

图 2.19 “选择画布扩展颜色”对话框

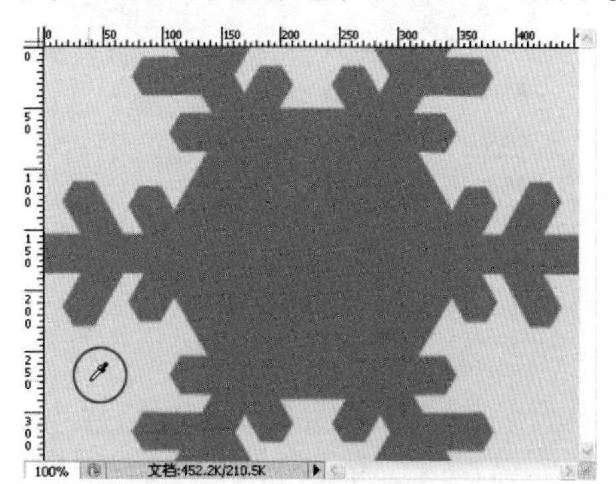

图 2.20 吸取画布颜色

（4）单击“确定”按钮，设置“画布大小”对话框，如图 2.21 所示。

（5）单击“确定”按钮，完成扩展画布的操作，效果如图 2.22 所示。

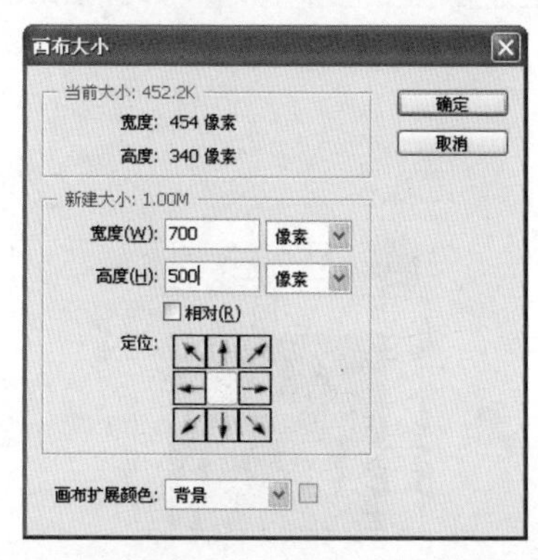

图 2.21 设置“画布大小”对话框

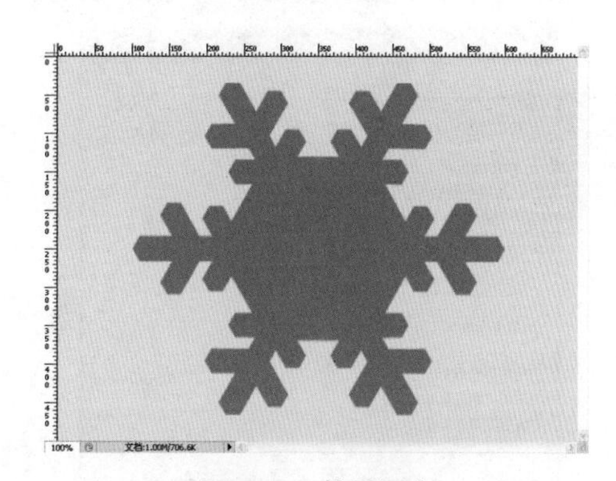

图 2.22 扩展画布

通过这个演示案例可以看出，在 Photoshop 中，修改画布大小不会影响到原有图像的大小，只是扩大画布，可以为画布新增区域填充背景色。而当缩小画布时，超出画布尺寸大小的图像将不会显示在画布中。

3. 调整图像大小

画布可以调整尺寸，同样图像本身也可以进行尺寸的调整。与调整画布不同的是，调整图像大小时，画布会自动跟随图像的尺寸一起变化。

调整图像大小的方法是，选择菜单“图像”→“图像大小”，在弹出的“图像大小”对话框中设置参数，之后单击“确定”按钮即可。“图像大小”对话框如图 2.23 所示。

在图 2.21 和图 2.23 中显示了调整图像尺寸时需要设置的相关参数，其中：

➢ “像素”是数码图片的一种表示尺寸大小的单位。

➢ “分辨率”是单位长度的像素数，代表图像的清晰程度。

例如图 2.24 是一幅蓝色火焰的图片，通过对相关参数的修改就可以实现对图像大小的调整。

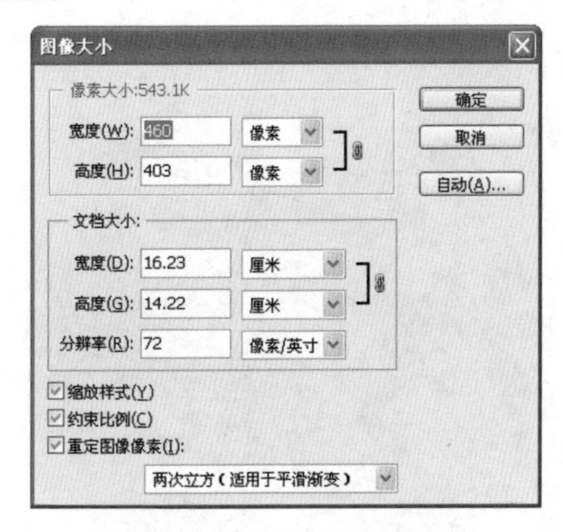

图 2.23 “图像大小”对话框

图 2.24 “蓝色火焰”

（1）选择菜单“图像”→“图像大小”，弹出“图像大小”对话框，修改图像的大小，将新的参数值填写在相关输入项文本框中，如图 2.25 所示。

（2）单击“确定”按钮，可以发现图像的尺寸发生了明显的变化，效果如图 2.26 所示。

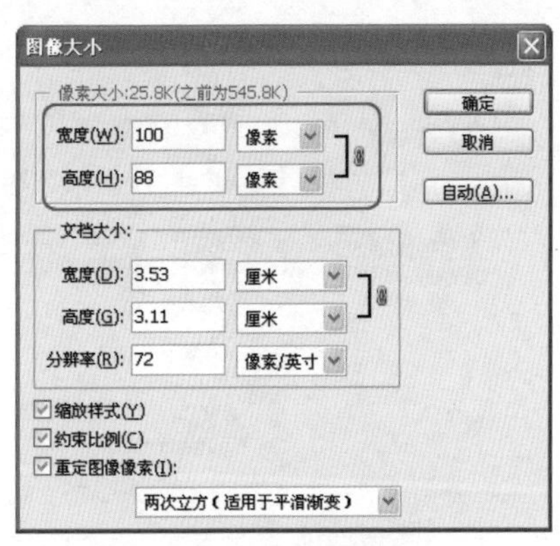

图 2.25 修改图像大小

图 2.26 调整图像大小

2.2.2 图像的旋转

摄影时会因为构图的原因选择横构图或者竖构图，但是导入计算机中后，照片会变“歪”，这时可以应用“图像”菜单中的“图像旋转”命令，让原本“歪”着的照片“正”过来。“图像”菜单如图 2.27 所示。

图像大小 (I)... Alt+Ctrl+I
画布大小 (S)... Alt+Ctrl+C
图像旋转 (G)
裁剪 (P)
裁切 (R)...
显示全部 (V)
复制 (D)...
应用图像 (Y)...

180 度 (1)
90 度 (顺时针) (9)
90 度 (逆时针) (0)
任意角度 (A)...
水平翻转画布 (H)
垂直翻转画布 (V)

图 2.27 “图像”菜单

例如图 2.28 是一幅“歪”着的图，现在应用“图像旋转”命令调整图像，方法为：选择菜单“图像”→“图像旋转”→“90 度 (逆时针)”，效果如图 2.29 所示。

图 2.28 原图

图 2.29 图像旋转

2.2.3 “裁剪工具”

在使用 Photoshop 进行图片处理时，往往需要对图片多余的地方进行剪切，例如图像四周出现白边时需要调用“裁剪工具”来剪切。

“裁剪工具”是 Photoshop 提供的专门用来裁剪图像的工具，在工具调板中设置图标用于调用，快捷方式为 C 键。

“裁剪工具”的应用比较简单，在工具调板中选择“裁剪工具”后，按住鼠标左键，拖出一个矩形选框，框选需要保留的图像，没被框选的部分会变暗，期间可以拖动选框四周的控制点进行选框大小的进一步微调。最终按 Enter 键后，变暗的部分会被裁剪掉，仅保留框选的图像部分，进行裁剪时的效果如图 2.30 所示。

图 2.30 裁剪示意图

2.2.4 实现案例——使用“裁剪工具”制作美少女图像

了解了图像、画布和“裁剪工具”后，就能实现如图 2.14 所示的案例效果了。

素材准备

“素材 - 美少女 .jpg”如图 2.13 所示。

完成效果

完成效果如图 2.14 所示。

思路分析

- 将“歪”的图像“正”过来。
- 使用裁剪工具裁切图像。
- 调整画布大小。

操作步骤

步骤 1 旋转画布

（1）选中图片，按住鼠标左键，将图片拖拽到 Photoshop 中。
（2）选择菜单“图像”→“图像旋转”→“90 度（逆时针）”，效果如图 2.31 所示。

步骤 2 裁剪图片

（1）选择“裁剪工具” ，按住鼠标左键，框选图像，如图 2.32 所示。

图 2.31　图像旋转

图 2.32　框选裁剪区

（2）按 Enter 键，执行裁剪，效果如图 2.33 所示。

步骤 3 调整画布大小

（1）选择菜单“图像”→“画布大小”，弹出“画布大小”对话框，如图 2.34 所示。

图 2.33　执行裁剪后效果

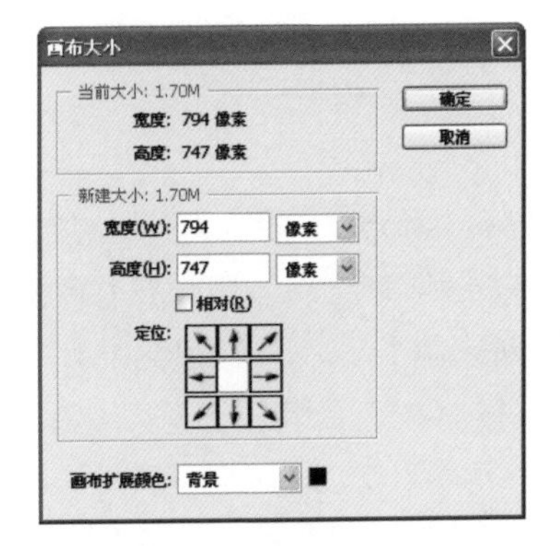

图 2.34　“画布大小”对话框

（2）修改画布的尺寸，设置画布扩展颜色为黑色，如图 2.35 所示。

（3）单击“确定”按钮，完成最终效果，如图 2.36 所示。

图 2.35　修改画布尺寸

图 2.36　最终效果

修改画布大小时，“定位”中的空白方形是指原始图像的位置，箭头指向的方向是画布扩展的方向。

2.3 使用“选区工具”和“自由变换”等命令制作立方体骰子

完成效果

完成效果如图 2.37 所示。

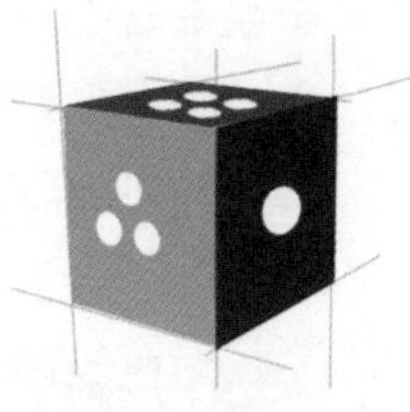

图 2.37　完成效果

案例分析

该案例是一个骰子，要实现该案例，需要绘制选区、填充颜色、变换等操作，相关理论讲解如下。

2.3.1 移动工具

在 Photoshop 中，可以分图层绘图，图层可以理解为一层透明的薄片，一幅图像可以通过很多图层来绘制。当想要移动某一图层上的图像时，就需要使用移动工具来完成。

“移动工具” 是 Photoshop 中最基本的工具，用途是移动图像或图像中的某些元素的位置。在工具调板中移动工具对应的图标为，其调用的快捷方式为按下键盘的 V 键。

使用“移动工具”时，只需要在图像上按住鼠标左键，然后拖拽至合适的位置，松开鼠标左键即可完成元素的移动。

移动工具与抓手工具的区别如下。

- “抓手工具”移动的是图像的视图。
- “移动工具”是移动图像或图像中某一元素的位置。

2.3.2 选区

1. 选区与选区工具

选区就是选择的区域。

选区工具则是用来实现选区操作的工具选择，主要分为以下三种工具类型。

- “选框工具”（M）
- “套索工具”（L）
- “魔棒工具”（W）

2. 绘制选区

选区工具在 Photoshop 中是非常重要的，用途很广泛，几乎贯穿整个设计过程。当需要对图像中某一区域进行修改时，就需要使用选区工具来绘制选区，下面将分别使用三种选区工具，实现选区的绘制与选择。

（1）“选框工具” 。

“选框工具” 的图标为，其调用的快捷方式为按下键盘上的 M 键。“选框工具” 主要用于绘制出几何图形的选区，例如矩形和椭圆形等。当按住 Shift 键时，绘制的选区是正方形和正圆形。选区效果如图 2.38 所示。

（2）“套索工具” 。

“套索工具” 的图标为，其调用的快捷方式为按下键盘上的 L 键。使用 “套索工具” 绘制选区时比较随意，没有固定的形状要求，可以理解为手绘绘制选区的轮廓。选区效果如图 2.39 所示。

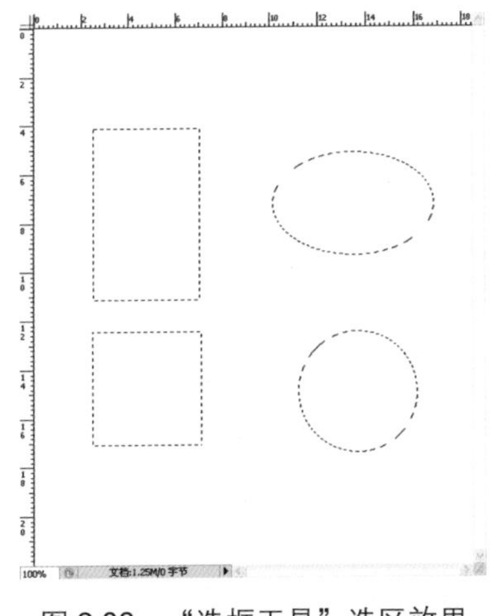

图 2.38 “选框工具”选区效果

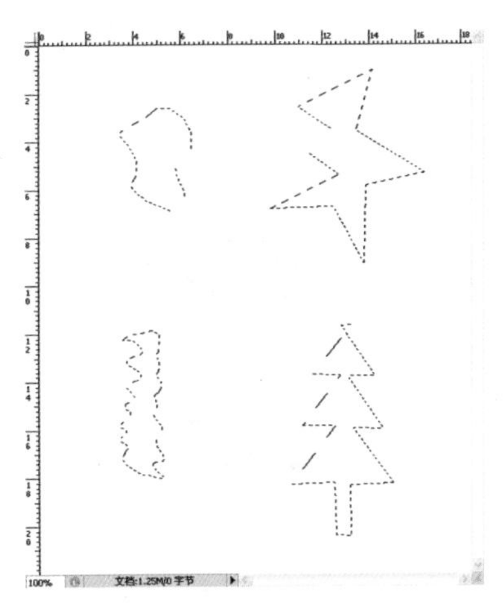

图 2.39 套索工具”选区效果

（3）“魔棒工具” 。

“魔棒工具”是一个特殊的选区工具，它的原理是依据点击的区域的颜色相似性，不用绘制，自动生成选区。“魔棒工具”的图标为，调用时按下键盘上的 W 键即可。

应用“魔棒工具”点选选区时，需要设置容差，容差的值表示颜色的范围，选择“魔棒工具”后，可以在工具选项栏中设置容差的值，如图 2.40 所示。

图 2.40 容差的设置

容差越大，相近颜色被选取的范围越大；容差越小，对颜色相近性要求越高，相应被选取的范围越小。如图 2.41 ~图 2.43 所示，容差分别是 10、30 和 50 的效果。

图 2.41 容差为 10

图 2.42 容差为 30

图 2.43 容差为 50

3. 移动选区

有时绘制的选区位置不尽人意，需要调整选区的位置。选择任意一种选区工具，将鼠标移动到选区内，按住鼠标左键拖动，即可以改变选区的位置。

4. 修改选区和取消选区

选区如图 2.44 所示，如何在选区原有的基础上扩展或收缩选区呢？

修改选区的方式与形式有很多，这里介绍扩展选区和收缩选区。

（1）选择菜单“选择”→“修改”→“扩展”，弹出“扩展选区”对话框，如图 2.45 所示。

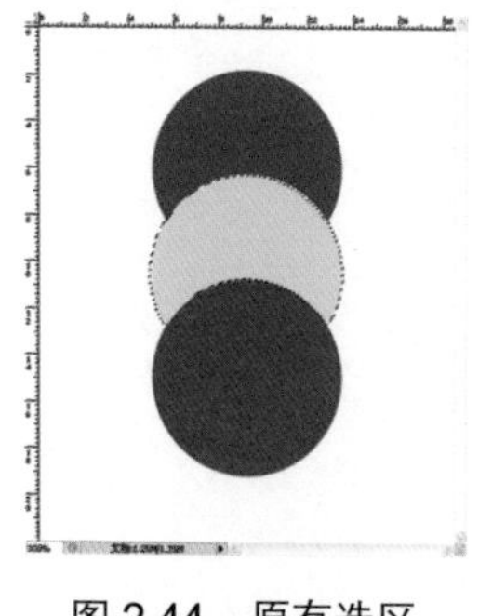

图 2.44　原有选区

图 2.45　“扩展选区”对话框

（2）设置需要扩展的像素值后，单击“确定”按钮，选区将会扩展，如图 2.46 所示。

（3）如果想将除黄色外所有区域设为选区，可以进行选区的反选，方法是选择菜单“选择”→“反向”（Ctrl+Shift+I），效果如图 2.47 所示。

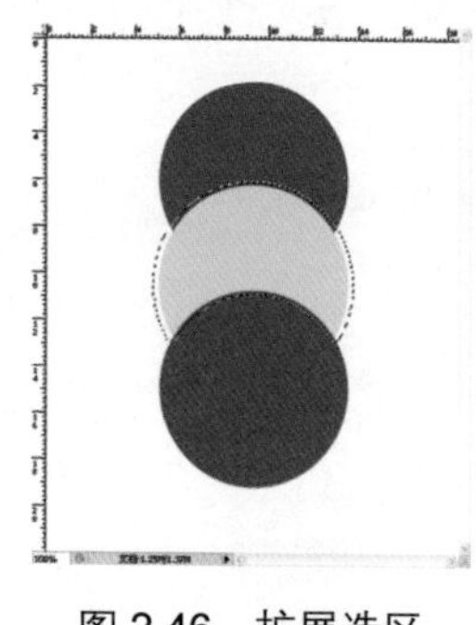

图 2.46　扩展选区

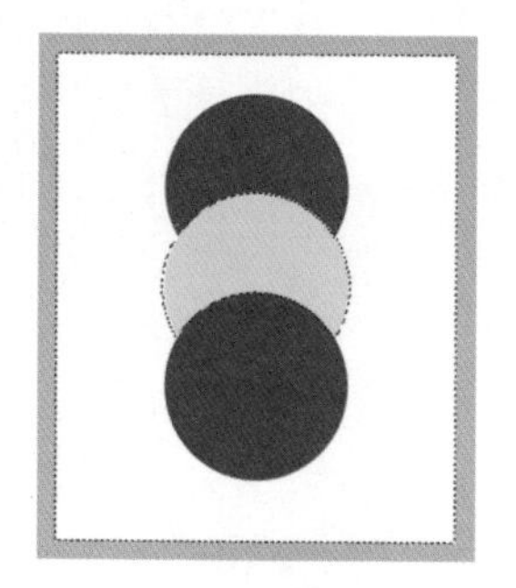

图 2.47　选区的反选

常用的选区工具和选区的编辑已经做了简单介绍，当不需要选区的时候，要将选区取消。

取消选区的快捷键是 Ctrl+D，执行这个快捷键，图像中所有选区都会被取消。

如图 2.47 所示的白色边缘是有虚线的。

2.3.3　“自由变换”命令

当想旋转或缩放某一图像中的某一个元素时，需要用到“自由变换”命令。

自由变换的意义是缩放、旋转和斜切对象、文字或选区。

选择菜单“编辑”→“自由变换”（Ctrl+T），可以为对象应用连续的变换操作，即缩放、旋转和斜切。

图2.48中有一个倾斜的自行车，而且自行车很小，图像给人的感觉很不协调。使用“自由变换”命令可以放大自行车，并且可以旋转自行车的角度，完成效果如图2.49所示。

图2.48 倾斜的自行车

图2.49 完成效果

（1）按Ctrl+T组合键，对自行车执行“自由变换”命令，如图2.50所示。

（2）将鼠标指针放到“自由变换”框的右上角（四角都可以），当鼠标指针变成如图2.51所示时，拖动鼠标，可以旋转自行车，旋转后的效果如图2.52所示。

图2.50 “自由变换”命令

图2.51 鼠标形状

图2.52 旋转自行车

（3）将鼠标指针放在四角的任意位置，鼠标指针变成双向箭头，如图2.53所示。

（4）按住Shift键，向外拖动鼠标，等比放大后，将图像移动到画布的中心位置，按Enter键确认“自由变换”命令，完成效果如图2.54所示。

图2.53 鼠标形状

图2.54 完成效果

2.3.4 实现案例——制作立方体骰子（上）

完成效果

移动工具与选区工具的理论比较简单，关键在于灵活运用，下面通过制作骰子做详细讲解，案例最终效果如图 2.37 所示。

思路分析

- 打开素材。
- 绘制选区并填充选区。
- 绘制点数。

操作步骤

步骤 1 绘制选区并填充

（1）在 Photoshop 中打开素材图片，如图 2.55 所示。

（2）按 Ctrl+Shift+N 组合键，弹出“新建图层”对话框，如图 2.56 所示。（注意：此处用到了图层的概念。图层可想象成一张承载图像的透明薄片，每一幅图像是由多层图层叠加构成。应用图层的意义是：针对每个图层可以进行单独的操作，而不影响其他图层。）

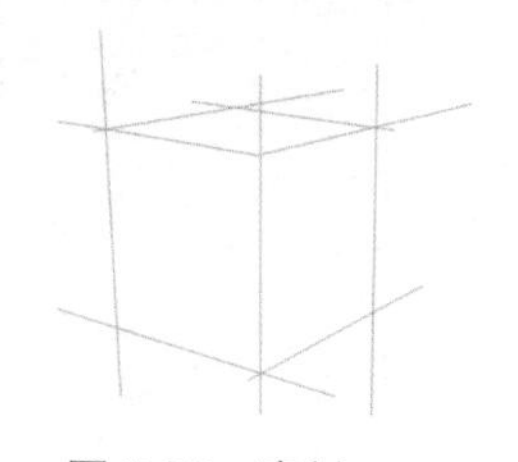

图 2.55 素材 1.jpg

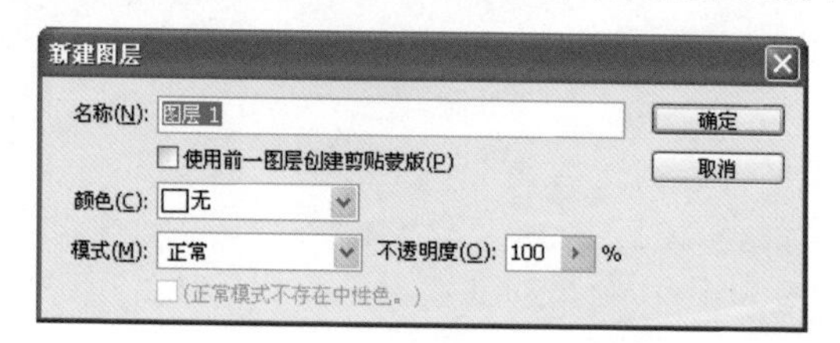

图 2.56 “新建图层”对话框

（3）单击“确定”按钮，在“图层”调板中生成“图层 1”，选中“图层 1”，如图 2.57 所示。

（4）选择“矩形选框工具”，按住鼠标左键，绘制选区，如图 2.58 所示。

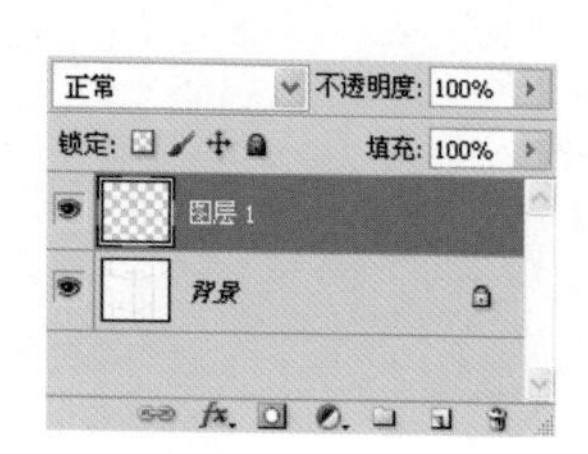

图 2.57 “图层”调板

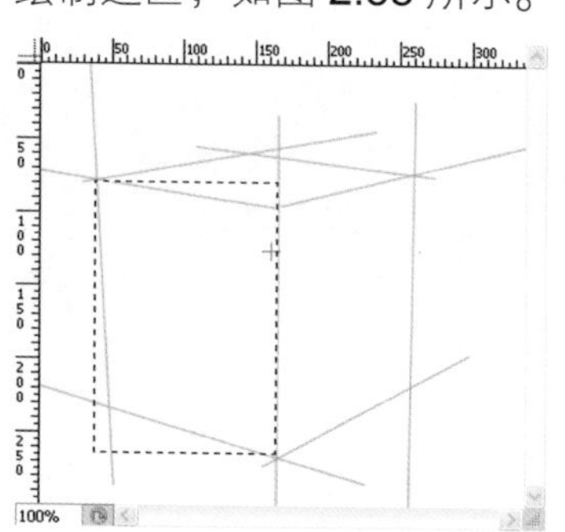

图 2.58 绘制矩形选区

（5）设置前景色为 #A0A0A0，并为选区填充前景色，按 Ctrl+D 键，取消选区，如图 2.59 所示。

步骤 2 通过“自由变换”命令完成骰子的第一个面绘制

（1）按 Ctrl+T 组合键执行“自由变换”命令，在“自由变换”框中单击鼠标右键，在弹出的快捷菜单中选择“扭曲”，拖动控制点，如图 2.60 所示。

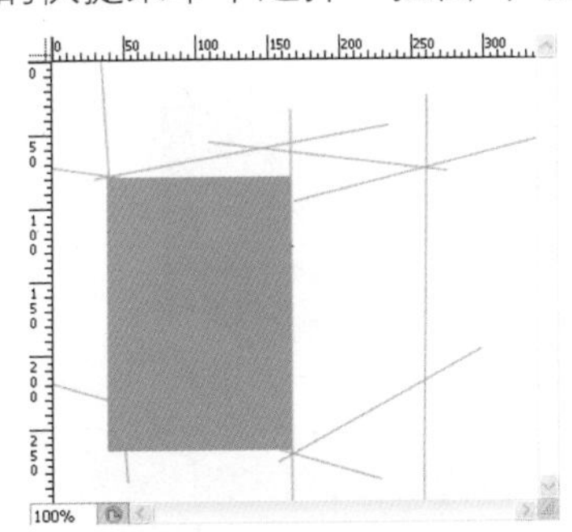

图 2.59 绘制选区并填充选区

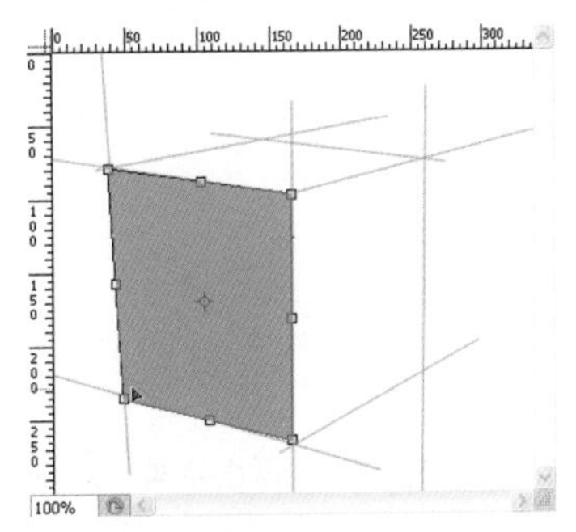

图 2.60 自由变换命令

（2）按 Enter 键，完成执行“自由变换”命令。

步骤 3 绘制点数

（1）按 Ctrl+Shift+N 组合键新建图层，选择“椭圆选框工具”，按住 Shift 键，绘制正圆选区，并填充白色（#FFFFFF），如图 2.61 所示。

（2）选择“移动工具”，按住 Alt 键，同时按住鼠标左键拖拽白色正圆，会复制出一个正圆，用相同的方法再复制两个正圆，摆成如图 2.62 所示的位置。

- 选中正圆的图层，按 Ctrl+J 键，也可以复制正圆，两个正圆的位置上下重合，可以根据个人习惯选择使用。
- 每个正圆对应一个图层，要移动某个正圆就要选择该正圆所在的图层。

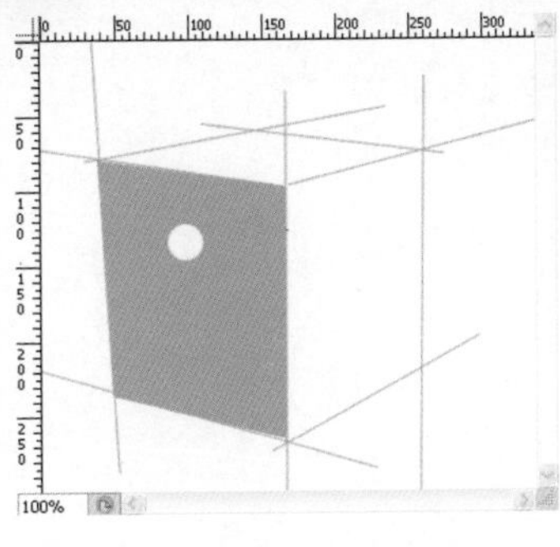

图 2.61 绘制正圆选区并填充

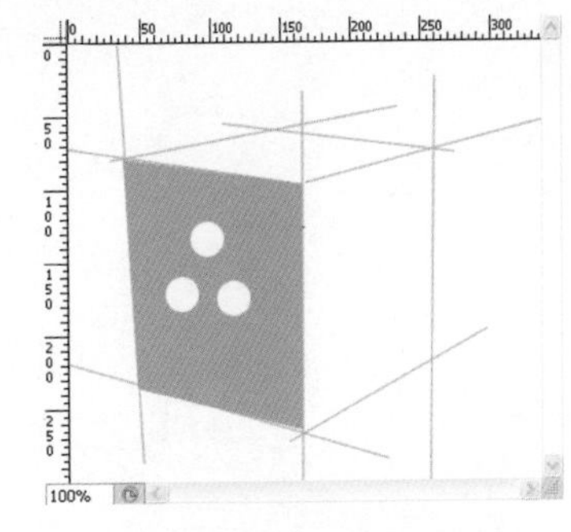

图 2.62 复制两个正圆

（3）按住 Ctrl 键，在“图层”面板中分别点选三个正圆的图层，这三个图层将同时被选中（图层选中状态为蓝色），然后按 Ctrl+E 组合键，合并选中的图层。

（4）按 Ctrl+T 组合键，在“自由变换”框中单击鼠标右键，选择“扭曲”，调节控制点，如图 2.63 所示。

（5）按 Enter 键完成执行“自由变换”命令。

（6）应用相同的方式，制作骰子的另外两个面，可以自己发挥，完成效果可以参考图 2.64。

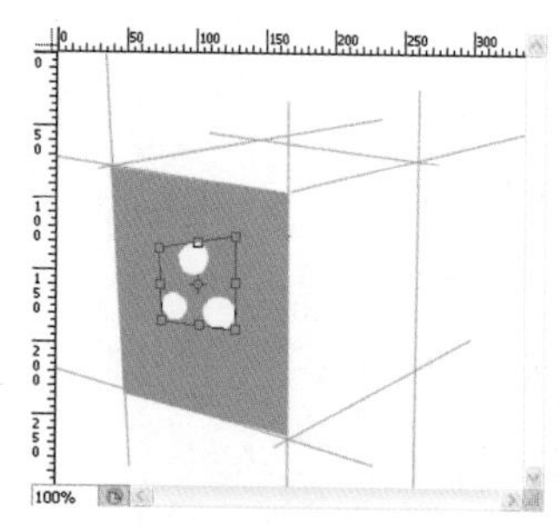

图 2.63　自由变换

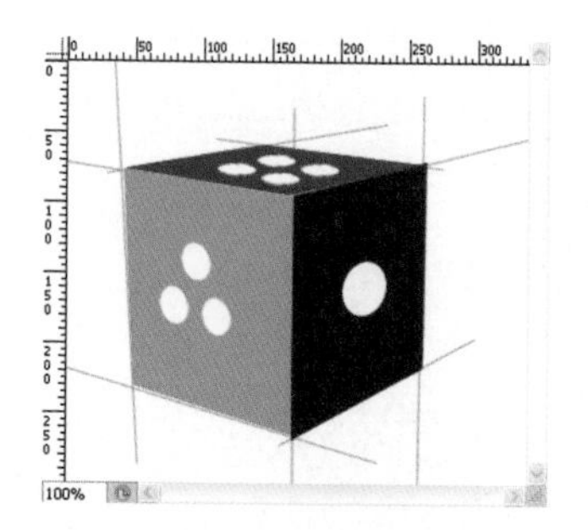

图 2.64　完成效果参考图

注意

最终效果只作为参考，可以选择其他变换方式，如“透视”“斜切”等，自行研究。

（7）保存文件（Ctrl+S）为“骰子 .psd”，在上机实战中将继续使用。

实 战 案 例

实战案例 1——给奥特曼制作一寸黑白照片

需求描述

给奥特曼制作一寸黑白照片，完成效果如图 2.65 所示。

素材准备

“素材 - 奥特曼 .jpg”如图 2.66 所示。

技能要点

- “去色”命令的使用。
- “裁剪工具”的使用。

实现思路

根据理论课讲解的技能知识，完成如图 2.65 所示的案例效果，应从以下几点予以考虑。

- 给图像去色处理。
- 使用“裁剪工具”进行图像的裁剪。
- 将图像设置为 1 寸照片的标准尺寸（2.5 厘米 ×3.5 厘米）。

图 2.65　完成效果

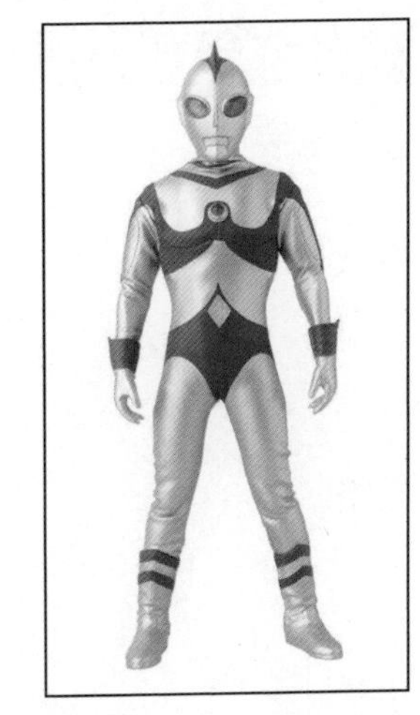

图 2.66　素材 - 奥特曼 .jpg

难点提示

- “去色”命令。

  选择菜单“图像”→“调整”→“去色”，可以将图像去色。

- 用“裁剪工具”剪切出图像的头像部分。
  选择“裁剪工具”后，根据大概的比例裁剪出头像部分。
- 在“图像大小”命令中改变图像的尺寸，使其符合标准 1 寸照片的尺寸。

实战案例 2——邪不胜正

需求描述

将一张倾斜的画，应用本章相关知识，改变图像的角度和大小，实现如图 2.67 所示效果。

素材准备

“素材 - 倾斜的画 .jpg”如图 2.68 所示。

图 2.67　完成效果

图 2.68　素材 - 倾斜的画 .jpg

技能要点

- “自由变换”命令。
- “裁剪工具”。

实现思路

根据理论课讲解的技能知识，完成如图 2.67 所示的案例效果，应从以下两点予以考虑。

- 应用“自由变换”命令调整图像的角度，使其变正。
- 使用“裁剪工具”将多余的边角裁去。

难点提示

“自由变换”命令：按 Ctrl+T 键，在“自由变换”框中单击鼠标右键，选择“扭曲”。

实战案例 3——制作立方体骰子（下）

需求描述

应用演示案例——制作立方体骰子的文件“骰子 .psd”，制作如图 2.69 所示的效果。

素材准备

素材“骰子 .psd”如图 2.70 所示。

图 2.69　完成效果

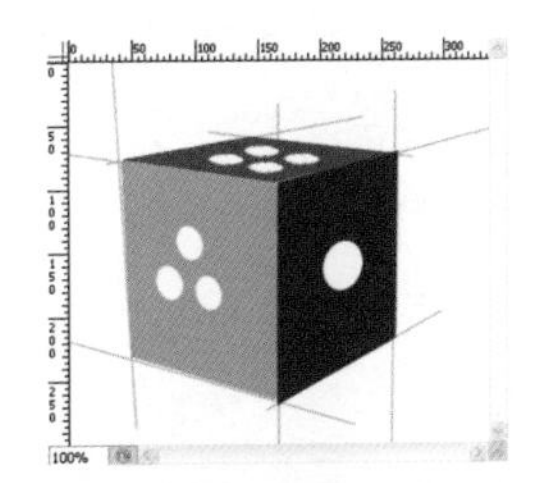

图 2.70　骰子 .psd

技能要点

- “魔棒工具”和“套索工具”。
- 选区反选。
- 加选选区和减选选区。

实现思路

根据理论课讲解的技能知识，完成如图 2.69 所示的案例效果，应从以下几点予以考虑。

- 使用“套索工具”，选择骰子整体，然后反选，删去多余的草图边。
- 使用“魔棒工具”选择一个面，然后填充相应的色彩。
- 使用上一步同样的方法填充其他两个面。

难点提示

“魔棒工具”和“套索工具”的区别如下。

- “魔棒工具”的原理是将颜色相近的部分选中。
- “套索工具”可以随意绘制选区。

本 章 总 结

- 缩放工具和抓手工具是比较常用的操作工具。
- 关于视图的操作，除缩放工具外，还可以使用“导航器”面板，可以根据个人习惯选择使用。
- 如果将图像比喻成一幅画，图像大小是指这幅画的大小，画布大小是指画布的尺寸大小。
- 图像大小工具可以改变图像的尺寸，画布大小工具可以改变图像的画布大小。
- 选区就是选择的区域，它是 Photoshop 中最重要的概念之一。选区工具包括如下几类。
  - “选框工具”。
  - “套索工具”。
  - “魔棒工具”。

学习笔记

本章作业

选择题

1. 按住（　　）键可以在使用“缩放”工具过程中，实现“放大”和“缩小”模式的互换。

A. Alt　　B. Ctrl

C. Shift　　D. Enter

2. 在使用任何工具的过程中，按住（　　），可以将工具转换为“抓手工具”。

A. 空格键　　B. Enter键

C. Esc键　　D. Shift键

3. 填充前景色的快捷键是（　　）。

A. Ctrl+Delete　　B. Shift+Delete

C. Alt+Delete　　D. Ctrl+Enter

4. 取消选区的快捷键是（　　）。

A. Shift+D　　B. Ctrl+D

C. Alt+D　　D. Ctrl+E

5. 按（　　）键可保存文件。

A. Ctrl+E　　B. Ctrl+D

C. Ctrl+S　　D. Ctrl+B

简答题

1. 如何调整画布大小？
2. “魔棒工具”和“多边形套索工具”有什么区别？
3. 简要说明视图大小与图像尺寸大小的区别。
4. 尝试给小丑变脸。素材如图2.71所示，完成效果如图2.72所示。

➢ 选择合适的选区工具。
➢ 填充颜色。

图 2.71 素材 - 小丑变脸 .jpg

图 2.72 完成效果

5. 尝试制作宠物大头贴。素材如图2.73所示，完成效果如图2.74所示。

- 用合适的选区工具绘制宠物的轮廓，使用 Ctrl+J 复制选区内的图像，实现给宠物抠像。
- 应用“自由变换”命令调整图像的大小与角度。

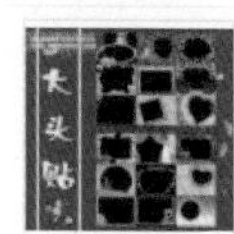

图 2.73 素材图

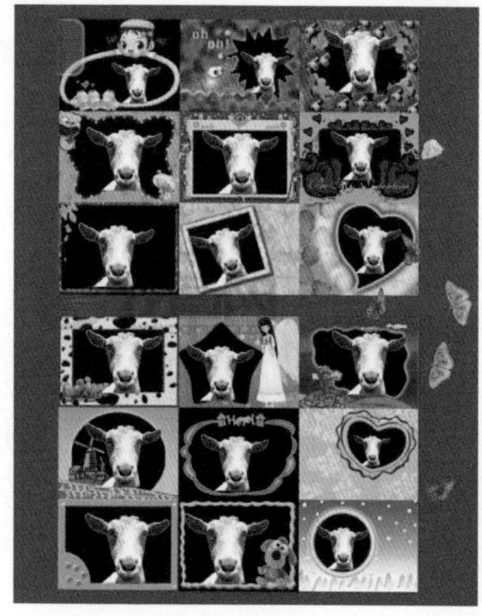

图 2.74 宠物大头贴

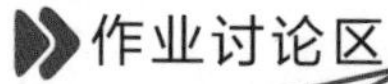

作业讨论区

访问课工场UI/UE学院：kgc.cn/uiue（教材版块），欢迎在这里提交作业或提出问题，你将有机会跟课工场的专家以及共同学习本书的小伙伴一起探讨切磋！

Photoshop的绘图工具

● 本章目标

完成本章内容以后，您将：

- 会使用“油漆桶工具” 和“渐变工具” 填充颜色。
- 会使用“画笔工具” 进行简单的图形绘制。

● 本章素材下载

- 请访问课工场UI/UE学院：kgc.cn/uiue（教材版块）下载本章需要的案例素材。

本章简介

在生活中，“绘画”这个词肯定经常听说。通常的绘画都是用笔在纸上进行，而今天将要学习“数字绘画”。什么是“数字绘画”呢？“数字绘画”并不是用纸笔进行的，而是通过鼠标或数位板，借助特定的绘图软件，直接在计算机上对图像或对象进行描绘和着色的。

本章将介绍如何使用 Photoshop 中的几个绘图工具进行数字绘画。掌握了基本的“数字绘画”功能，我们在设计中就能更加得心应手地表达自己的设计意图、实现画面效果、处理各类图片素材、丰富设计语言、提升整个作品的艺术魅力。

理 论 讲 解

3.1 使用“油漆桶工具”给小丑换装

素材准备

“素材 - 小丑 .jpg”如图 3.1 所示。

完成效果

完成效果如图 3.2 所示。

图 3.1　素材 - 小丑 .jpg

图 3.2　完成效果

◆ **案例分析**

该案例更换了素材中小丑帽子和衣服的颜色。要实现该效果可以直接用“油漆桶工具”进行操作，相关理论讲解如下。

3.1.1 “油漆桶工具”

在 Photoshop 中，“油漆桶工具” 用于将颜色填充到图像中颜色相似的像素中。使用“油漆桶工具”可以填充前景色或任何预定义图案，这些可以从选项工具栏选择，如图 3.3 所示。

图 3.3 “油漆桶工具”选项栏

“油漆桶工具”的选项栏与“魔棒工具”的选项栏非常相似，都可以根据需要设置“容差”值，选定“消除锯齿”、“连续的”和“所有图层”选项。

使用此工具时，只需选定工具，在图像上单击即可。例如，设置前景色为 #FFCC33，在空白文档中单击填充前景色和预定义图案，效果分别如图 3.4 和图 3.5 所示。

图 3.4 填充前景色

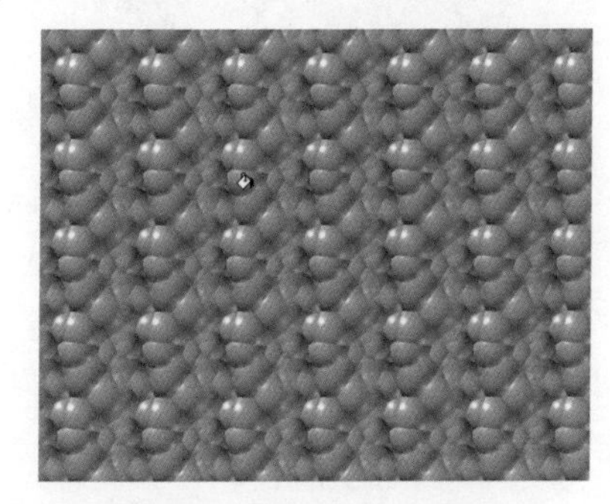

图 3.5 填充预定义图案

3.1.2 实现案例——使用“油漆桶工具”给小丑换装

◆ **素材准备**

“素材 - 小丑 .jpg”如图 3.1 所示。

◆ **完成效果**

完成效果如图 3.2 所示。

思路分析

使用“油漆桶工具”更换颜色。

操作步骤

步骤 1 打开文件

打开（Ctrl+O）本案例素材图“素材 - 小丑 .jpg”。

步骤 2 给小丑衣服改变颜色

（1）使用“吸管工具” 吸取图像中的红色。

（2）使用“油漆桶工具” 单击帽沿部分，效果如图 3.6 所示。

（3）其余改变颜色的方法同步骤（1）、步骤（2），最终效果如图 3.7 所示。

图 3.6　填充颜色

图 3.7　最终效果

步骤 3 保存文件

保存文件为 PSD 格式。

3.2 使用“渐变工具”给按钮做美容

完成效果

完成效果如图 3.8 所示。

案例分析

按钮是网页设计中经常运用到的一种元素，如图 3.8 所示，运用 Photoshop 的选区工具和“渐变工具”制作完成按钮效果，相关理论讲解如下。

图 3.8　完成效果

3.2.1 “渐变工具”

两种或多种颜色之间柔和地逐渐过渡称为渐变。在 Photoshop 中可以使用“渐变工具”，以两种或多种颜色的渐变来填充选区或图像。

工具选项栏上的“渐变拾色器”提供了不同的渐变样式和其他辅助选项。通过“渐变拾色器”，可以选择各种预定义的渐变色。也可以通过“渐变编辑器”对话框创建个性化的渐变填充颜色，单击工具选项栏上的“渐变拾色器”即可打开“渐变编辑器”对话框，如图 3.9 所示。

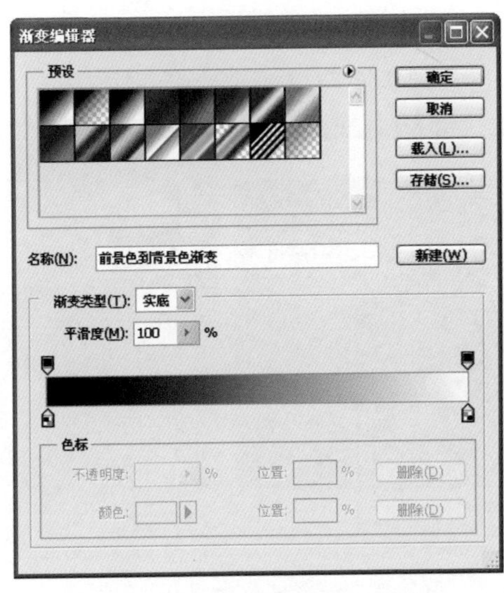

图 3.9　“渐变编辑器”对话框

1. 新建渐变填充

（1）单击工具选项栏上的“渐变拾色器”，如图 3.10 所示，打开“渐变编辑器”对话框。将名称修改为“彩色”。

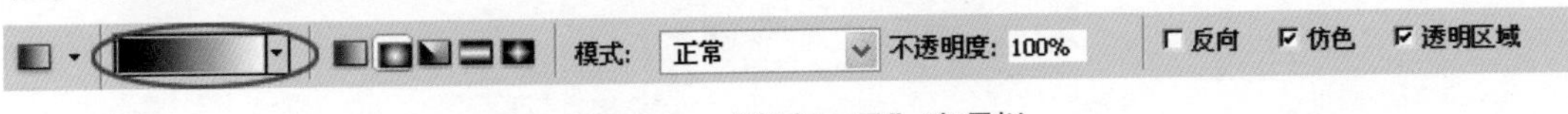

图 3.10　“渐变工具”选项栏

（2）在“渐变类型”选项的下拉列表中选择“实底”。

（3）在“平滑度”选项正下方有一个渐变条，其上面部分用于控制颜色的不透明度，下面部分用于添加颜色。

（4）现在开始单击渐变条的下面部分，可以添加几个色标，如图 3.11 所示。

（5）分别在位置 25%、50% 和 75% 处添加色标。一共将有五个色标，即在 0%、25%、50%、75% 和 100% 处。

（6）分别双击位置在 0% 和 100% 处的色标，打开“选择色标颜色”对话框，选择需要的颜色，如图 3.12 所示。

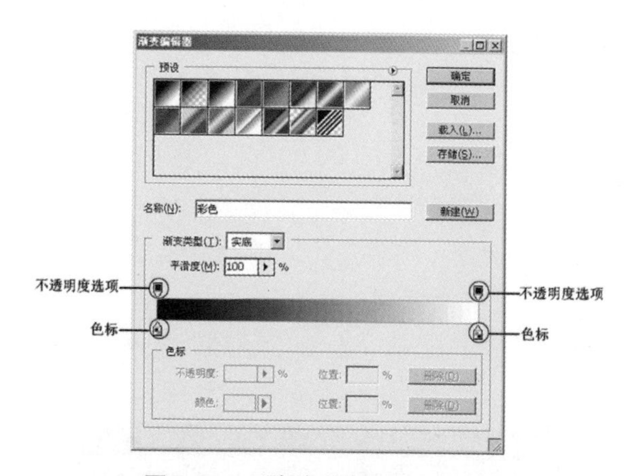

图 3.11　“渐变编辑器”对话框

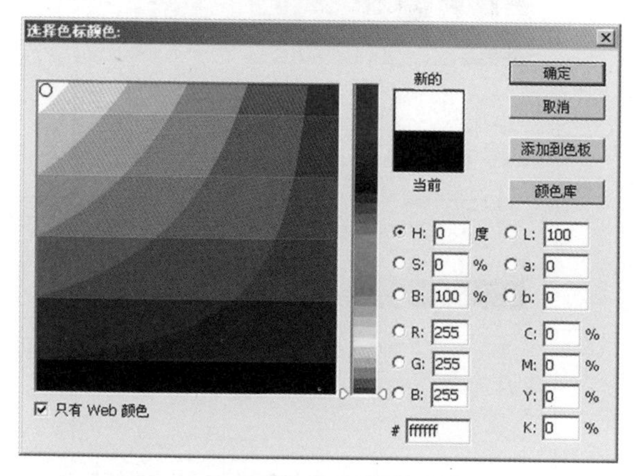

图 3.12　选择“色标颜色”对话框

（7）选择纯白色，然后单击“确定”按钮。

（8）同样，在位置 25% 和 75% 处选择蓝色，在 50% 处选择红色，如图 3.13 所示。

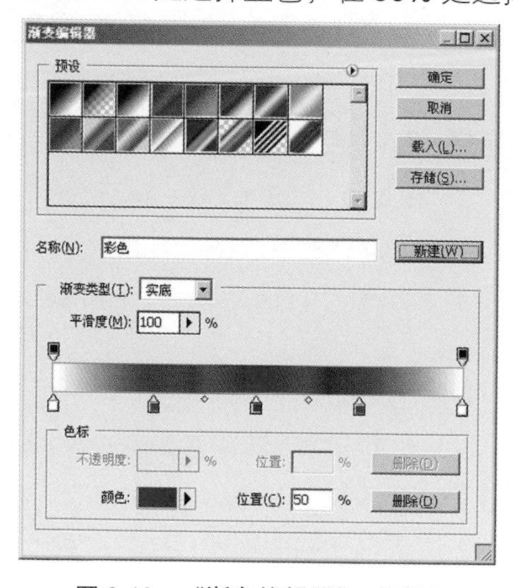

图 3.13　“渐变编辑器”对话框

2. 完成所有颜色的设置后确定保存

单击“确定”按钮，可保存渐变样式。

3. “渐变工具”中的模式

“渐变工具”有五种模式，依次是：线性渐变、径向渐变、角度渐变、对称渐变、菱形渐变，如图 3.14 所示。

渐变的5种模式

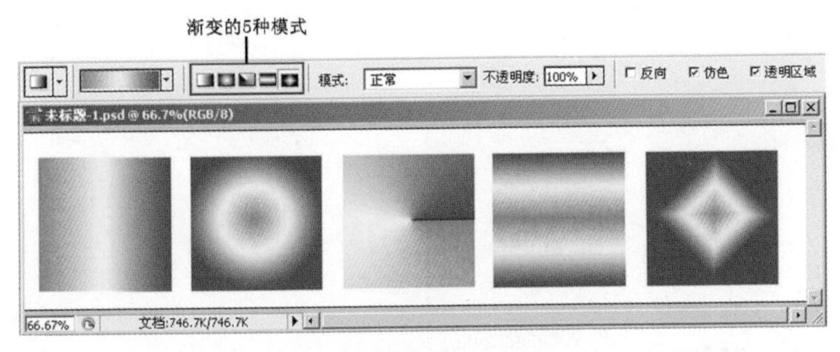

图 3.14　五种渐变模式

- “线性渐变”：线性渐变从单击的位置开始，以直线样式或以单个方向变化，终止于释放鼠标的位置。
- “径向渐变”：径向渐变是一种圆形图案，起点在圆形图案的中心。
- “角度渐变”：角度渐变以逆时针方向沿起点环绕一周。
- “对称渐变”：对称渐变是一种对称的线性渐变，即填充颜色以起点开始从中心向两侧展开。
- “菱形渐变”：菱形渐变是以菱形的中心为起点向四周渐变。

经验总结

- 按 Shift+G 键，可在油漆桶和渐变工具之间切换。
- 在使用渐变工具时，如果颜色变化方向不对，在工具选项栏中选中“反向”。

3.2.2 实现案例——使用“渐变工具”给按钮做美容

完成效果

完成效果如图 3.8 所示。

思路分析

- 首先用“椭圆选框工具”绘制按钮的轮廓，然后填充颜色，注意这里要用到渐变色的填充。
- 接下来新建一层，绘制按钮的高光部分。

操作步骤

步骤 1 绘制底色

（1）绘制圆形。

1）新建文档，名称为“按钮”，设置文档宽度、高度为 500 像素 ×500 像素，分辨率为 72 像素 / 英寸，颜色模式为 RGB 颜色，背景内容为白色，如图 3.15 所示。

2）选择“椭圆选框工具”，按住 Shift 键在画面的中央绘制一个正圆，如图 3.16 所示。

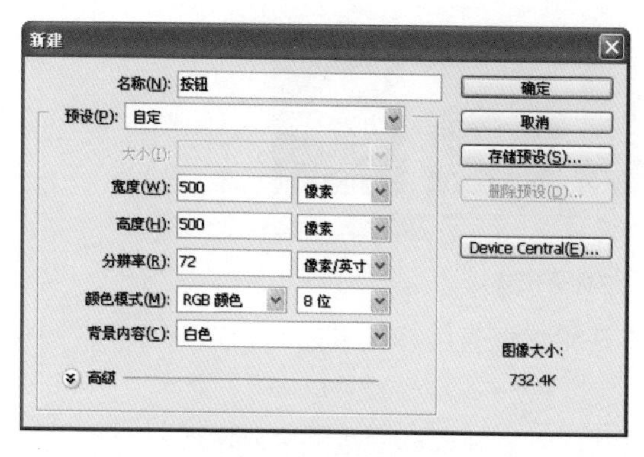

图 3.15 新建文档

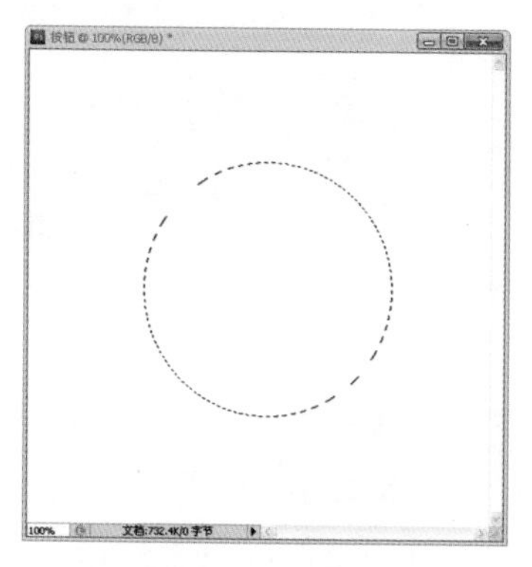

图 3.16 绘制正圆

（2）填充颜色。

1）设置前景色为 #1f8f3b，设置背景色为 #FFFFFF。

2）选择“渐变工具”，设置工具选项栏：前景到背景，径向渐变，如图 3.17 所示。

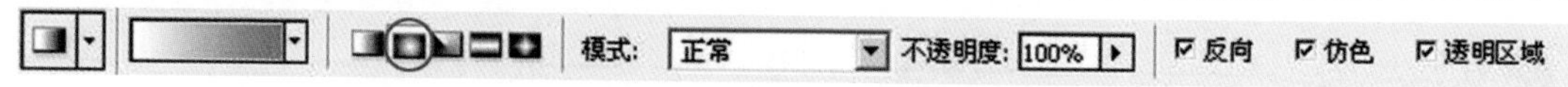

图 3.17 “渐变工具”选项栏

（3）按住鼠标左键，从选区下方向上拖拽，如图 3.18 所示。

（4）取消选择。

按 Ctrl+D 组合键取消选择。

步骤 2 绘制高光

（1）新建图层。

1）选择菜单“窗口”→“图层”（F7），打开“图层”调板，如图 3.19 所示。

2）单击“图层”调板底部的“创建新图层”按钮，新建“图层 1”（Ctrl+Shift+N），名称修改为“椭圆”，如图 3.20 所示。

（2）绘制椭圆。

选中“椭圆”层，使用“椭圆选框工具”在圆形的上方绘制一个椭圆选区，如图 3.21 所示。

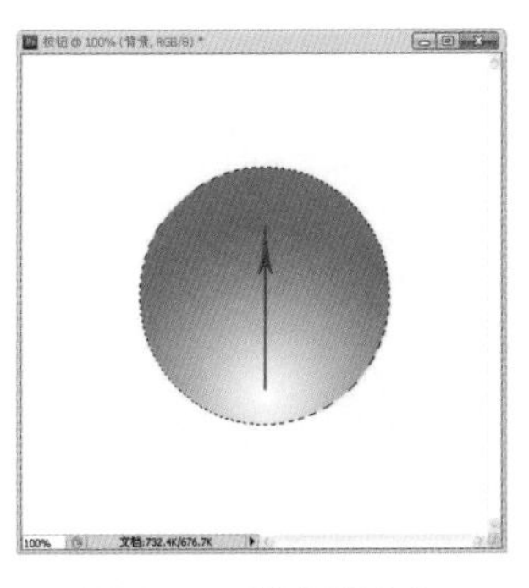

图 3.18　填充渐变色

图 3.19　“图层”调板

图 3.20　新建图层

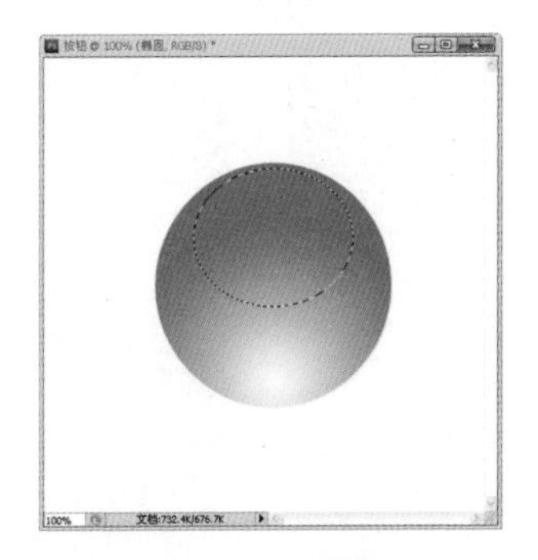

图 3.21　绘制椭圆选区

（3）填充颜色。

1）设置前景色为 #FFFFFF，选择“渐变工具” ，设置工具选项栏为线性渐变，单击“渐变拾色器”，如图 3.22 所示。

图 3.22　设置“渐变工具”选项栏

2）在弹出的“渐变拾色器”对话框中，选择从“前景到透明”的渐变色，如图 3.23 所示。

3）按住 Shift 键，从下方向上拖拽，如图 3.24 所示。最后取消选择。

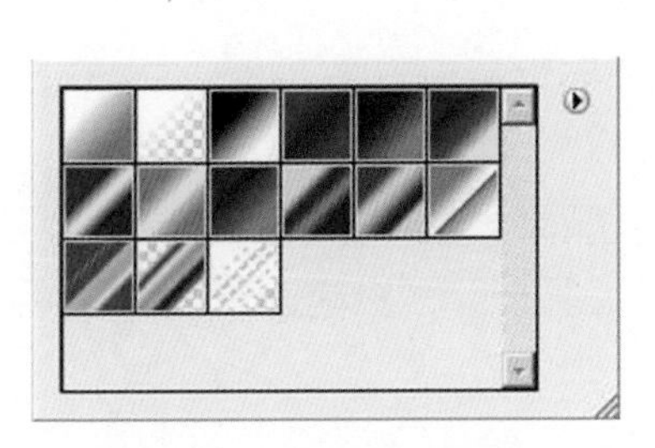

图 3.23　渐变拾色器窗口

图 3.24　填充前景到透明渐变色

步骤 3 保存文件

保存文件为 PSD 格式。

3.3 使用“画笔工具”制作超炫光斑壁纸

完成效果

完成效果如图 3.25 所示。

图 3.25　完成效果

案例分析

该案例绘制了一幅炫酷光斑壁纸。在实现如图 3.25 所示的效果时，主要运用“画笔工具”和“渐变工具”。相关理论讲解如下。

3.3.1 绘画工具

在 Photoshop 中绘画非常容易，只需选定工具、选择颜色、选择笔触样式，然后用鼠标在图像上拖拽即可。

使用画笔可以展示生动的绘画效果。将此功能适当地运用到网页设计中，可以增强设计的艺术性，使效果更加精彩。

画笔工具包括“画笔工具”、“铅笔工具”、“历史记录画笔工具”和“历史记录艺术画笔工具”。在网页设计中，我们一般主要使用“画笔工具”和“铅笔工具”，下面针对这两种工具进行详细介绍。

1. “画笔工具”

“画笔工具” 是徒手艺术绘画和修复图片的最常用工具。使用“画笔工具”可以绘制平滑且柔软的笔触，与背景混合为一体，效果自然。使用“画笔工具”的预设画笔绘制一幅画，如图 3.26 和图 3.27 所示。

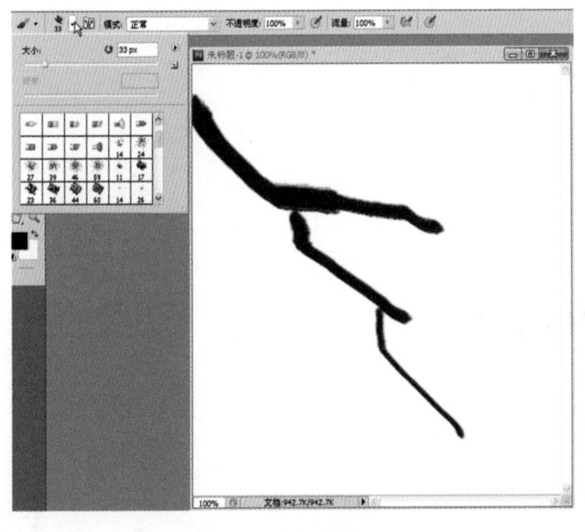

图 3.26　绘制树干

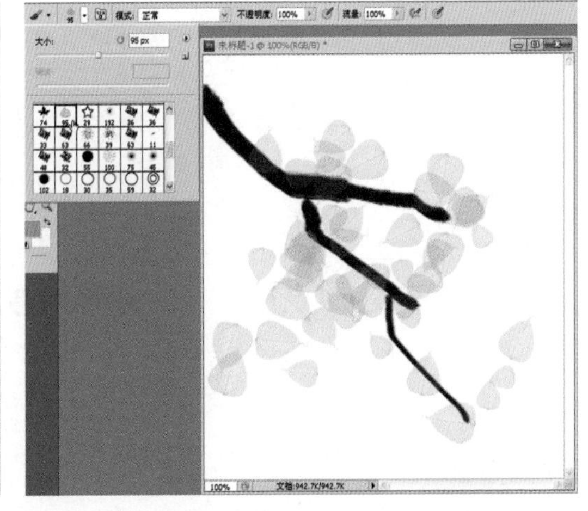

图 3.27　绘制树叶

对“画笔工具”选项栏中各参数解释如下。

- “模式”：在该下拉菜单中可以选择画笔绘画时的模式。
- “不透明度”：此数值用于设置“画笔工具”在绘画时的透明属性。此数值越小，则绘制出的图像越透明，当设置 100% 时完全不透明，不透明度最小值为 1%。
- “流量”：此数值用于设置拖拽光标时得到的图像清晰度。数值越小，则越不清晰。

2. “铅笔工具”

“铅笔工具” 的工作原理与“画笔工具”相似，不同的是它着色的线条边缘锐利，不与背景混合，其选项工具栏如图 3.28 所示。

图 3.28　“铅笔工具”选项栏

其工具选项栏的唯一变化是“自动抹除”选项。选定此选项时，在使用“铅笔工具”描绘或用其他颜色填充现有区域时，“铅笔工具”的功能就与橡皮擦一样。

3. “画笔”调板

Photoshop 提供了一个非常动态的“画笔”调板，这样就可以对“画笔工具”及其内部组件进行更多控制。此前，已经学习了如何使用绘画工具及其不同的工具栏选项。单击“画笔工具”选项栏上的“切换画笔调板选项”按钮，可以方便地访问“画笔”调板，如图 3.29 所示。

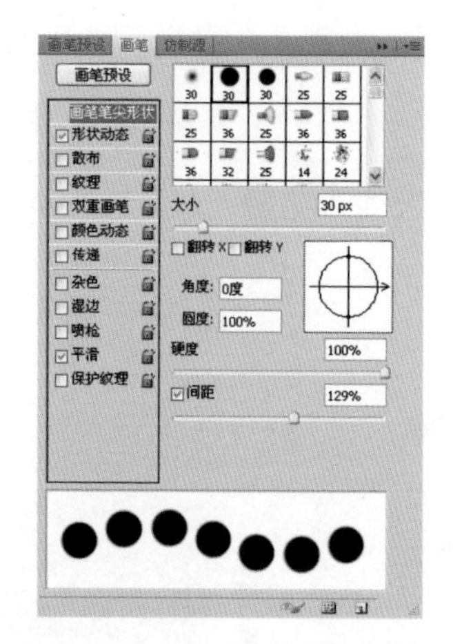

图 3.29　“画笔”调板对话框

按 Shift+B 键，可在画笔和铅笔工具之间切换。
打开图层调板的快捷键为 F7。

3.3.2　“橡皮擦工具”

“橡皮擦工具”就像绘画使用的橡皮擦一样，可以擦除任何对象。这里我们主要学习“橡皮擦工具”和“魔术橡皮擦工具”。

1.　“橡皮擦工具”

使用“橡皮擦工具”，按住鼠标左键拖动便可以擦除对象。而当选中“背景”层时，是给“背景”层上涂抹了“背景颜色”而不是擦除对象。

选择“橡皮擦工具”，其工具选项栏设置如图 3.30 所示。

➢ “画笔”：用于设置画笔的大小、硬度和画笔形状。

➢ “模式”：在该选项的下拉列表中，可以选择橡皮擦的使用工具，以决定擦除图像时的笔触形状。其中包括“画笔”“铅笔”和“块”选项，如图 3.31 所示。

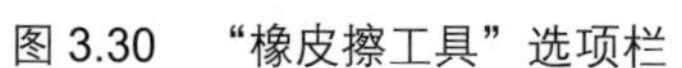

图 3.30　“橡皮擦工具”选项栏

图 3.31　“模式”下拉列表

➢ 在“不透明度”数值框中，可以设置被删除区域的不透明度。

➢ “抹到历史记录”：选中该复选框后，橡皮擦工具将具有“历史记录画笔”工具的功能，可以将被修改的图像恢复为原图像。

在“橡皮擦工具”选项栏中设置好各项参数，然后按住鼠标拖动，即可擦除光标经过处的图像。图 3.32 是使用“橡皮擦工具”在设置不同模式后擦除画面背景的效果。

图 3.32 使用“画笔”“铅笔”和“块”擦除图像的效果

2. “魔术橡皮擦工具”

使用“魔术橡皮擦工具”可以擦除与当前单击处颜色相近的连续或非连续区域。实际上“魔术橡皮擦工具”和“魔棒工具”基本相似，具体区别如下：

- “魔棒工具”：单击鼠标左键，创建选区再按 Delete 键删除选区中的图像。
- “魔术橡皮擦工具”：在擦除对象时，不会出现选区；其次在“背景”层上操作时，会将其转换为“图层 0”，且被擦除的图像区域将显示出透明背景。

“魔术橡皮擦工具”选项栏设置如图 3.33 所示。

图 3.33 “魔术橡皮擦工具”选项栏

在“容差”数值框中，可以设置选取颜色的范围，取值范围为 0 ~ 255。数值越大，选取颜色的范围也越广。设置不同容差值后擦除图像的效果如图 3.34 所示。

图 3.34 设置不同容差值后的擦除效果

按 Shift+E 键，可在橡皮擦、魔术橡皮擦之间切换。

3.3.3 实现案例——使用画笔工具制作超炫光斑壁纸

完成效果

完成效果如图 3.25 所示。

思路分析

➢ 首先，用画笔工具画出光斑效果。
➢ 然后，用渐变工具填充底色。

实现步骤

步骤 1 绘制光斑效果

（1）新建文档，设置如图 3.35 所示。
（2）为了便于观察下一步绘制光斑的效果，我们将背景填充为黑色。
（3）新建图层，将名称定义为“光斑 1”，如图 3.36 所示。

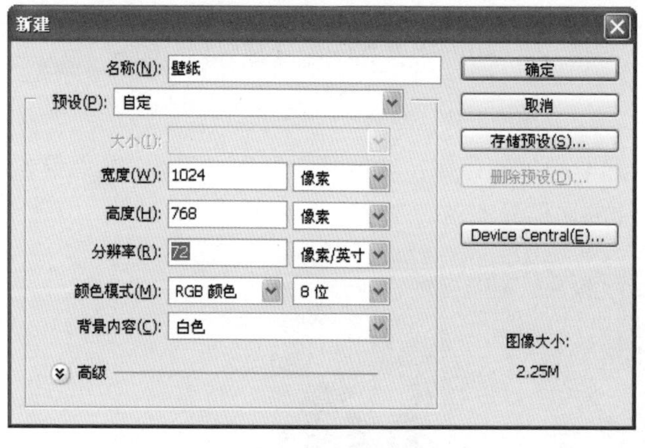

图 3.35 新建文档设置

图 3.36 “图层”调板

（4）选择“画笔工具”，设置工具选项栏，画笔大小为 400px，硬度为 70%，模式为正常，不透明度为 21%，流量为 100%。如图 3.37 所示。

图 3.37 “画笔工具”选项栏

（5）在图层“光斑 1”中绘制光斑，效果如图 3.38 所示。

（6）新建图层，将名称定义为“光斑 2”。将画笔工具大小改为 195px，其他设置不变，在图层“光斑 2”中绘制光斑，效果如图 3.39 所示。

（7）新建图层，将名称定义为“光斑 3”。调整画笔工具的选项设置，在图层“光斑 3”中绘制光斑，效果如图 3.40 所示。

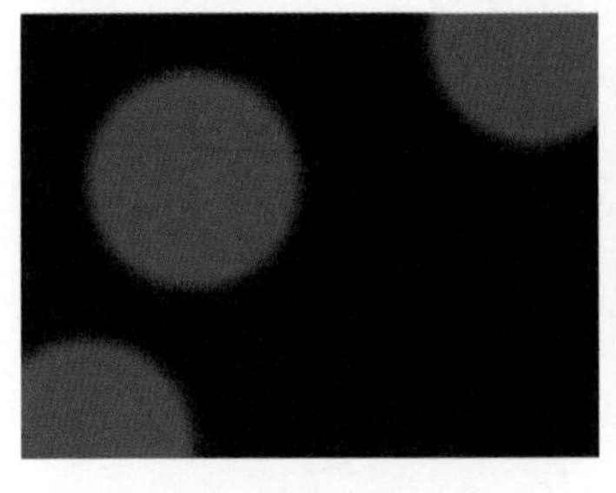

图 3.38　绘制光斑 1 效果

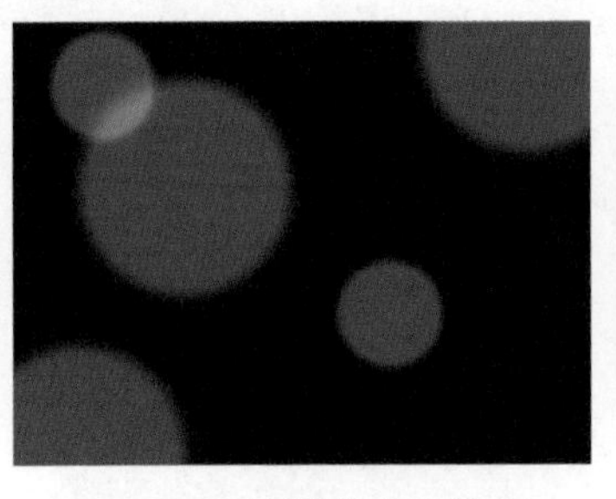

图 3.39　绘制光斑 2 效果

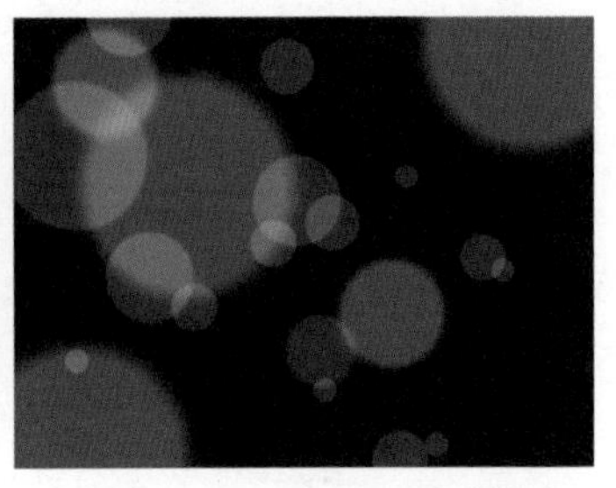

图 3.40　绘制光斑 3 效果

步骤 2 填充底色

（1）选择“渐变工具”，设置“渐变编辑器”，其中紫色色标为 # ad58fb，蓝色色标为 # 00b7ee，黄色色标为 #ECC616，如图 3.41 所示。

（2）选择“图层”调板中的“背景”层，填充渐变色，最终效果如图 3.42 所示。

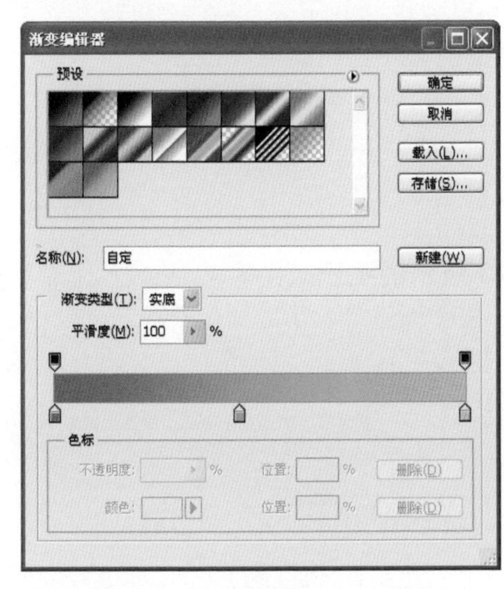

图 3.41　“渐变编辑器”对话框

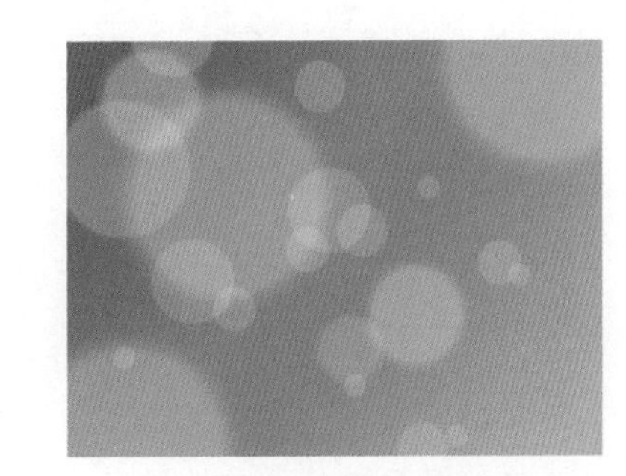

图 3.42　填充渐变色

在处理文件的过程中，如果某一步操作失误，可按Ctrl+Z还原上一步操作。

- Shift+Ctrl+Z：前进一步。
- Alt+Ctrl+Z：后退一步。

步骤 3 保存文件

将文件保存为 PSD 格式。

实 战 案 例

实战案例 1——绘制悠闲的橘子

需求描述

使用 Photoshop 中的绘图工具绘制一只橘子，效果如图 3.43 所示。

图 3.43　完成效果

技能要点

掌握画笔、铅笔、渐变工具的运用。

实现思路

根据理论课讲解的技能知识，完成如图 3.43 所示的案例效果，应从以下几点予以考虑。

- 用选区工具绘制轮廓。
- 用渐变工具填充颜色。
- 用画笔工具描绘细节。

难点提示

- 注意“渐变编辑器”的使用。
- 注意“画笔工具”选项中各项参数设置的意义。

实战案例 2——制作日历精灵

需求描述

日历是生活中必不可少的一部分，有趣的图案可以将平凡的日历变得充满趣味，下面将实现如图 3.44 所示的效果。

图 3.44　完成效果

素材准备

"素材 - 日历 .jpg"如图 3.45 所示。

图 3.45　素材 - 日历 .jpg

技能要点

- "椭圆选框工具"的使用。
- "画笔工具"的使用。
- 修改选区。
- 选区的描边与渐变色填充。

实现思路

根据理论课讲解的技能知识，完成如图 3.44 所示的案例效果，应从以下几点予以考虑。

- 使用选区工具绘制轮廓。

- 渐变工具及画笔工具填充颜色。
- 移动图像到素材中，调整图像的位置、角度和大小。

难点提示

- 注意修改选区的快捷键切换方式。
- 渐变工具及画笔工具的各项参数设置。
- 如何将图像从原文件拖拽移动至另一文件中。

实战案例 3——制作“网页设计师”大赛宣传栏

需求描述

使用 Photoshop 中的“渐变工具”，用素材图片制作出“网页设计师”大赛的宣传栏，实现如图 3.46 所示的效果。

图 3.46　完成效果

素材准备

素材图片分别如图 3.47 和图 3.48 所示。

图 3.47　素材 - 网页设计师 1.jpg

图 3.48　素材 - 网页设计师 2.psd

技能要点

- “渐变工具”的使用。
- “选区工具”的使用。

实现思路

根据理论课讲解的技能知识，制作出如图 3.46 所示的案例效果，应从以下几点予以考虑。

- 用选区工具选定区域。

- 用“渐变工具”填充颜色。
- 将图像拖动到合适的位置，适度调整大小。

难点提示

- 注意选区的使用。
- 注意各种渐变模式的使用。

本 章 总 结

- 本章学习了“油漆桶工具”和“渐变工具”的使用。
- 本章学习了几种绘画工具的使用，注意每种工具的不同效果。
- 进行综合运用时，要注意快捷键的使用。

参考视频
玩转 PS 抠图工具

学习笔记

本章作业

选择题

1. 以下（　　）是绘画工具。

   A. “画笔工具”　　B. “铅笔工具”

   C. “魔棒工具”　　D. “选择工具”

2. 两种或多种颜色之间的逐渐过渡称为（　　）。

   A. 混合颜色　　B. 渐变

   C. 填充　　D. 颜色混合

3. 按（　　）键，可在油漆桶和渐变工具之间切换。

   A. Shift+G　　B. Ctrl+G

   C. Alt+G　　D. Tab+G

4. 按（　　）快捷键，新建图层。

   A. Ctrl+Alt+N　　B. Ctrl+Shift+G

   C. Ctrl+Shift+N

5. “魔术橡皮擦工具”中，容差数值越大，选取颜色的范围也越广。（　　）

   A. 是　　B. 不是

简答题

1. “渐变工具”有哪五种模式？分别有什么特点？
2. 在Photoshop中，填充前景色有哪几种方式？
3. 如何设置一个大小为100px，硬度为30%，模式为正常，不透明度为80%，流量为100%的画笔笔触？
4. 尝试绘制水晶按钮，完成效果如图3.49所示。
5. 尝试绘制小精灵，完成效果如图3.50所示。

图 3.49　水晶按钮完成效果

图 3.50　小精灵完成效果

作业讨论区

访问课工场UI/UE学院：kgc.cn/uiue（教材版块），欢迎在这里提交作业或提出问题，你将有机会跟课工场的专家以及共同学习本书的小伙伴一起探讨切磋！

Photoshop图像修饰工具

● 本章目标

完成本章内容以后，您将：

- 学会修复和美化图片。
- 学会处理图片的细节。

● 本章素材下载

- 请访问课工场UI/UE学院：kgc.cn/uiue（教材版块）下载本章需要的案例素材。

本章简介

Photoshop 提供了强大的图像处理和修饰的工具。通过这些工具，可以很方便地对有破损、有瑕疵的照片或图像进行快速的修复。同时还可以实现对凸显的局部处理、清除污点、改变图像清晰度等。有些狭义的说法，就直接把 Photoshop 等同于修图，可见 Photoshop 此类功能的重要性。本章将主要通过对这些工具的介绍，讲解如何使用 Photoshop 实现对图像的后期修饰与处理。

理 论 讲 解

4.1 使用修饰工具美化照片

素材准备

“素材 - 瑕疵照片 .jpg” 如图 4.1 所示。

完成效果

调整后的效果如图 4.2 所示。

图 4.1　素材 - 瑕疵照片 .jpg

图 4.2　完成效果

案例分析

通过观察素材可以发现，照片中的人物脸部皮肤有很多斑点，由于逆光拍摄，色调很暗，从而使得整体效果很差。如何能够高效地处理出一张相对完美的效果图呢？Photoshop 提供了一组专门用于进行图像修饰的工具，下面将对修饰工具的相关理论及使用方法进行讲解。

4.1.1 修饰工具简介

修饰工具准确地说应该是一个修饰工具组，在进行图像修饰时，需要根据修饰的内容、修饰的目标效果、图像自身的情况，有针对性地选择相应的工具进行修饰。从图 4.3 中，可以清楚地看到修饰工具的分类。

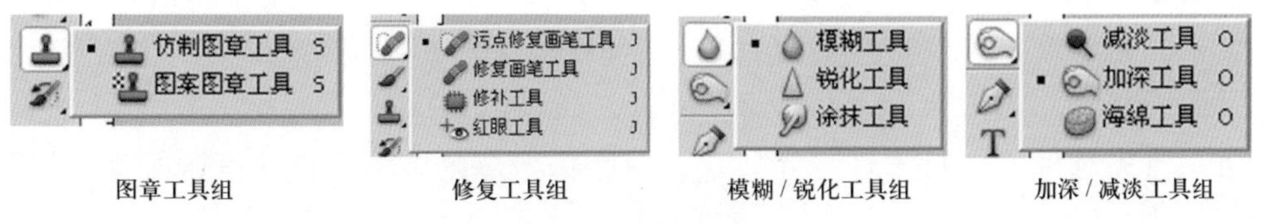

图 4.3 修饰工具

- ➢ 图章工具组。
  - ◆ “仿制图章工具”。
  - ◆ “图案图章工具”。
- ➢ 修复工具组。
  - ◆ “污点修复画笔工具”。
  - ◆ “修复画笔工具”。
  - ◆ “修补工具”。
  - ◆ “红眼工具”。
- ➢ 模糊 / 锐化工具组。
  - ◆ “模糊工具”。
  - ◆ “锐化工具”。
  - ◆ “涂抹工具”。
- ➢ 加深 / 减淡工具组。
  - ◆ “加深工具”。
  - ◆ “减淡工具”。
  - ◆ “海绵工具”。

这四种工具组统称“修饰工具”。灵活应用修饰工具可以达到很多神奇的效果，例如：仿制图像的一块区域遮挡另一部分区域、给皮肤美容、去掉照片红眼、校正图像的颜色等。接下来将一一介绍其中常用的工具的特点及其应用。

4.1.2 “仿制图章工具”

1. “仿制图章工具”的作用

“仿制图章工具” 在图章工具组中，可以用来复制整个图像或者图像的局部到同一个图像文件或者其他的图像文件中。仿制图章工具可以通过调整参数设置笔刷的样式、不透明度和流量大小等。

2. “仿制图章工具”的应用

如图 4.4 中，绿色的画布上有一只黄色的兔子，现在想在画布的下端再画一只一模一样的兔子，如果靠手绘，会变得很麻烦，而且不会完全相同。这时应用“仿制图章工具”就可以轻松做到。

（1）首先选择“仿制图章工具” ，在图像上单击鼠标右键，设置画笔，如图 4.5 所示。

（2）画笔的大小最好能完全覆盖兔子。设置好画笔后按 Esc 键，隐藏设置画笔的窗口。按住 Alt 键，在兔子的中心位置点击鼠标左键，这时便对图像进行了采样，采样的范围是画笔的大小范围。

（3）在画布的下端单击鼠标左键，黄色的兔子被完整地仿制了，如图 4.6 所示。

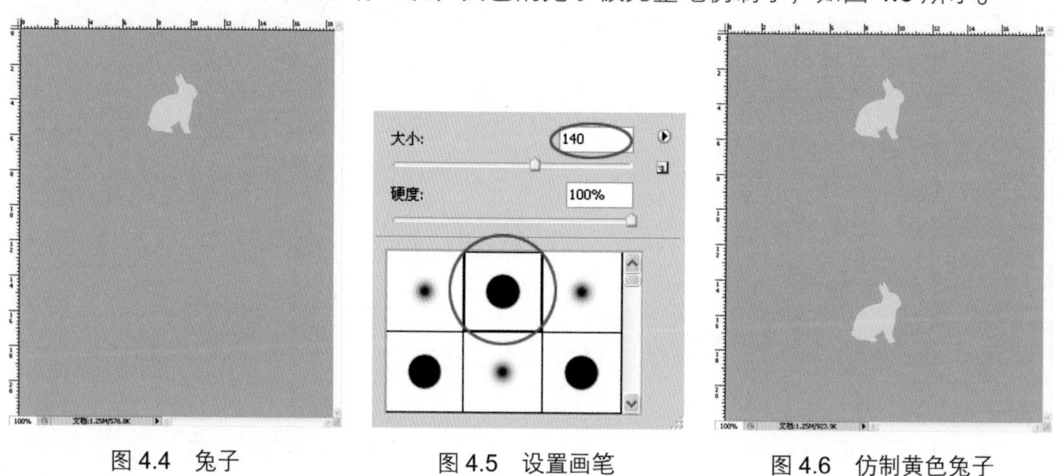

图 4.4　兔子　　图 4.5　设置画笔　　图 4.6　仿制黄色兔子

4.1.3 “修复工具”

1. “修复工具”的作用

所谓“修复工具”就是用来修复有缺陷的图像以达到比较理想的效果，常用于修补残缺图像或者美化粗糙皮肤等。

2. “修复工具”的使用方法

在 Photoshop 中，修复工具由四种特殊工具组成，每种工具各自具有不同的用途，这里先介绍其中关联较大的三种工具。

（1）“污点修复画笔工具” 。

“污点修复画笔工具”会自动对图像取样，直接在污点处涂抹就可以达到修复的效果。

（2）“修复画笔工具” 。

“修复画笔工具”与“污点修复画笔工具”的区别在于，“修复画笔工具”需要先按住 Alt 键对图像进行手动采样，然后再在需要的部位涂抹。

“污点修复画笔工具”可以理解为是自动执行修复操作，而“修复画笔工具”需要手动进行修复。一般来说在处理比较简单的修复时，可以使用“污点修复画笔工具”；在处理相对复杂一些的修复时，可以使用“修复画笔工具”。

（3）“修补工具” 。

“修补工具”的使用方法与以上两种修复工具有所不同，“修补工具”是将选区内的图像替换成其他部分图像的工具。

例如图 4.7 是两只黄色的兔子，现在想将下面的兔子去掉，方法有很多种，“修补工具”也可以做到。

1）选择“修补工具” ，绘制选区，如图 4.8 所示。

2）在选区内按住鼠标左键，拖动到绿色背景的任意位置，如图 4.9 所示。

图 4.7　两只黄色兔子

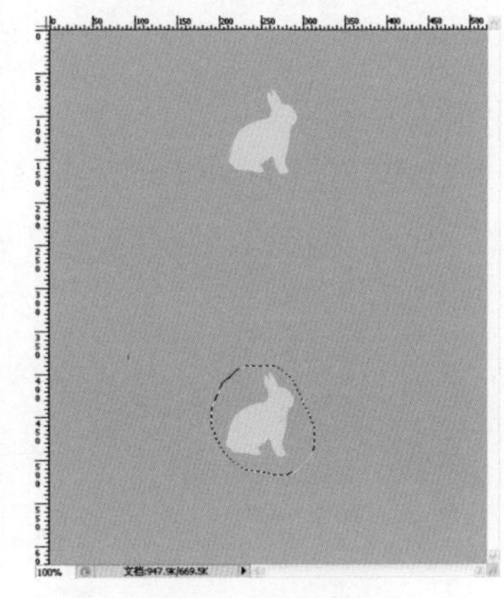

图 4.8　绘制选区

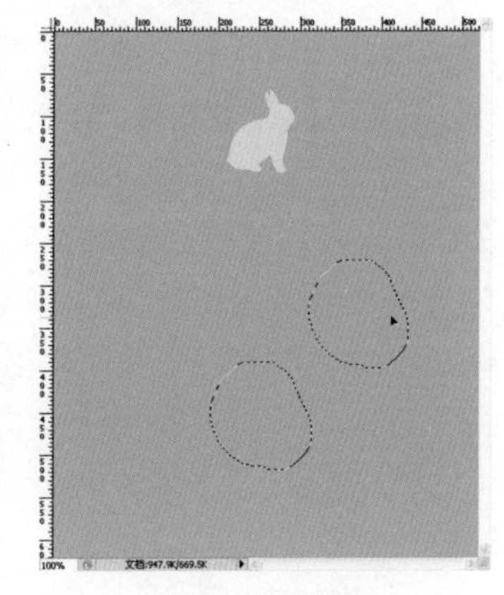

图 4.9　拖动选区

3）释放鼠标左键，选区内的黄色兔子消失了，如图 4.10 所示。

4）按 Ctrl+D 组合键取消选区，如图 4.11 所示。

这是“修补工具”与“污点修复画笔工具”和“修复画笔工具”使用上的区别，达到的效果都是一样的，可视实际情况选择。

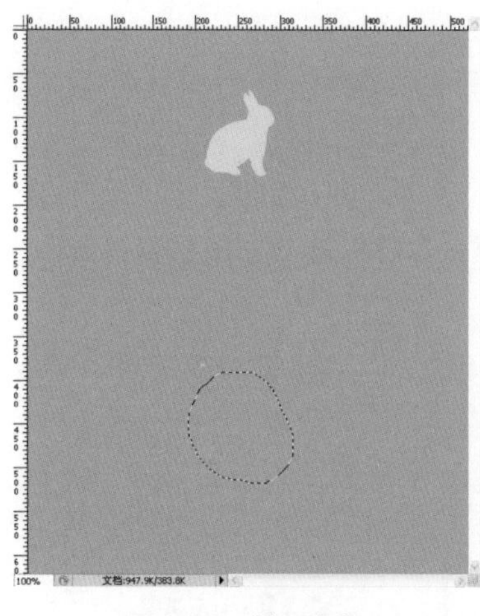

图 4.10　松开鼠标

图 4.11　取消选择

4.1.4　加深/减淡工具组与模糊/锐化工具组

1. 加深 / 减淡工具组

加深 / 减淡工具组包括："加深工具" 、"减淡工具" 和 "海绵工具" 。这组工具主要对图像的颜色进行修饰，使用方法类似画笔，按住鼠标左键在图像上涂抹即可。

"加深工具" 和 "减淡工具" 顾名思义就是可以将图像加深或减淡，想将图像中某一部分的颜色加深或减淡，常会用到这两个工具。

"海绵工具" 与前两种工具有所不同，"海绵工具" 是修改图像的饱和度的工具，可以改变图像整体或者局部的色彩饱和度，将图像的颜色变得更鲜艳，也可以将图像的颜色 "吸干"。

图 4.12 中有四个人物剪影，应用加深 / 减淡工具组分别处理后，效果如图 4.13 所示。

图 4.12　人物剪影

图 4.13　处理后

图 4.12 中的四个人物剪影颜色发生了变化。

➢ 左一应用的是“加深工具”，与图 4.12 对比发现颜色加深了。

➢ 左二应用的是“减淡工具”，与图 4.12 对比发现颜色减淡了。

➢ 左三应用的是“海绵工具”中的“饱和”模式，经过处理，人物的颜色变得很鲜艳。

➢ 左四应用的是“海绵工具”中的“降低饱和度”模式，很明显，人物原本的绿色几乎消失了。

2. 模糊 / 锐化工具组

模糊 / 锐化工具组包括：“模糊工具”、“锐化工具”和“涂抹工具”。这组工具在网页设计中应用较少，三种工具是用来处理初级的模糊或锐化效果的，操作方式是按住鼠标左键在图像上涂抹。

➢ “模糊工具”可以将涂抹过的图像变模糊。

➢ “锐化工具”与“模糊工具”作用相反，可以使原本模糊的图像边缘变得清晰一些。

➢ “涂抹工具”常用于处理初级的像素移动，可以这样理解，用手指将一幅画上的颜料抹匀或向旁边扩展涂抹。

下面将结合图 4.14 和图 4.15，根据处理前后效果的对比说明来讲解模糊 / 锐化工具的使用效果。

图 4.14　原图

图 4.15　处理后效果

➢ 图 4.15 中红色框内的月亮应用了“模糊工具”，很明显与图 4.14 相比，月亮边缘变得模糊。

➢ 黄色框内的倒影原本是很模糊的，经过“锐化工具”的处理，边缘变得清晰了一些。这里需要说明一下，理论上“锐化工具”是与“模糊工具”的效果相反的，但是“锐化工具”所达到的边缘清晰只是视觉上的“假象”，仔细观察图 4.15 中的黄色框内，倒影的边缘已经出现少许杂色，所以“锐化工具”只能处理很初级的锐化效果。

➢ 蓝色框中土地被填平了，应用的是“涂抹工具”，只要在有土地的位置按住鼠标左键向没有土地的位置涂抹就能实现效果。

3. 羽化

Photoshop 中有一个和模糊工具效果相似的工具：选区羽化。羽化的原理是虚化选区内外的连接位置。虚化程度的大小可以通过羽化半径来调节。虚化选区边缘后填充的图形的边缘有点类似于用模糊工具处理后的效果。在填充选区时，如果需要填充的边缘有过度，就可以应用羽化来实现。

实现羽化的操作也非常简单，例如对一个圆形进行羽化操作的步骤如下。

（1）选择“椭圆选框工具”，按住 Shift 键绘制正圆选区，随意填充颜色，效果如图 4.16 所示。

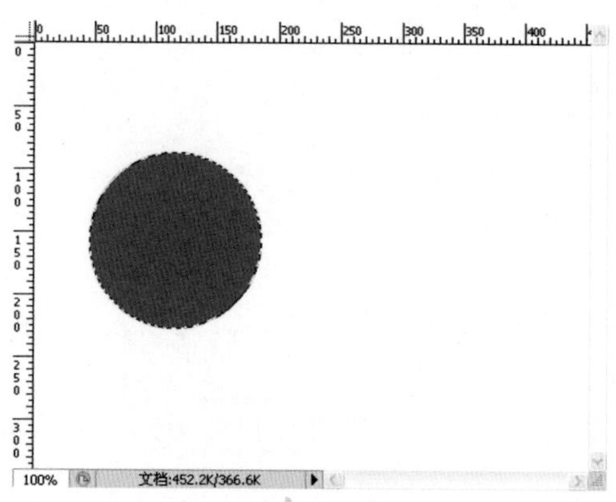

图 4.16 填充效果

（2）同样在画布的右边绘制选区，选择菜单“选择”→“修改”→“羽化”，弹出“羽化选区”对话框，设置羽化半径为 10 像素，如图 4.17 所示。

（3）单击“确定”按钮，填充选区，效果如图 4.18 所示。

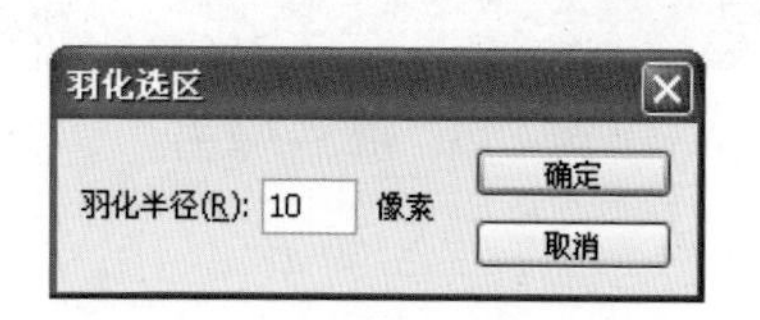

图 4.17 “羽化选区”对话框

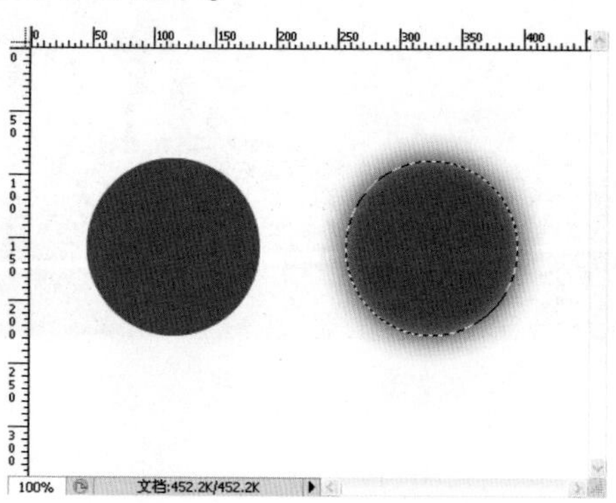

图 4.18 羽化后的填充效果

（4）按 Ctrl+D 键取消选区。

4.1.5 实现案例——使用修饰工具处理照片

素材准备

“素材 - 瑕疵照片 .jpg” 如图 4.1 所示。

完成效果

了解每个工具组的使用方法和用途后，接下来应用几种工具的搭配，修复人物脸部的皮肤，完成效果如图 4.2 所示。

思路分析

- 应用修复工具组中的工具修复脸部瑕疵。
- 应用加深 / 减淡工具组中的工具美白皮肤。

实现步骤

步骤 1 修复脸部的瑕疵

（1）使用 Photoshop 打开素材文件。

（2）在修复工具组中选择“修复画笔工具”，设置画笔主直径为 20px，工具选项栏如图 4.19 所示。

图 4.19 设置工具选项栏

（3）按住 Alt 键，在瑕疵附近取样无瑕疵的部位。松开 Alt 键，在大瑕疵部位涂抹，反复这个过程，修复结果如图 4.20 所示。

图 4.20 修复大斑点

（4）修复较大的斑点后，需要重新设置画笔工具，方可修饰面积较小的斑点区域。设置画笔主直径为 10px，工具选项栏如图 4.21 所示。

图 4.21 设置工具选项栏

（5）按住 Alt 键，再次取样无瑕疵的部位，松开 Alt 键，按照修复大斑点的方法修复小斑点，修复后的效果如图 4.22 所示。

步骤 2 对照片中的皮肤进行美白修饰

（1）选择“多边形套索工具”，框选人物皮肤部分，如图 4.23 所示。

图 4.22 修复小斑点

图 4.23 框选皮肤部分

（2）选择菜单“选择”→“修改”→“羽化”（Ctrl+Alt+D），弹出“羽化选区”对话框，设置羽化半径为 5 像素，如图 4.24 所示。

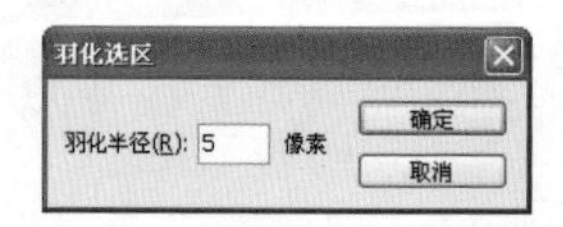

图 4.24“羽化选区”对话框

（3）单击“确定”按钮，设置前景色为 #FFFFFF，选择“减淡工具”，设置工具选项栏如图 4.25 所示。

图 4.25 设置工具选项栏

（4）按住鼠标左键，涂抹选区内皮肤暗部，最后取消选择（Ctrl+D），最终效果如图 4.26 所示。

图 4.26　最终效果

4.2 使用“红眼工具”处理图像

素材准备

“素材 - 红眼照片 .jpg”如图 4.27 所示。

完成效果

修复红眼后的效果如图 4.28 所示。

图 4.27　素材 - 红眼照片 .jpg

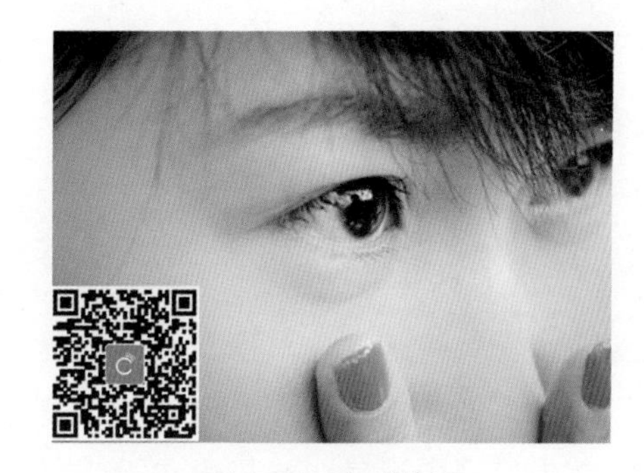

图 4.28　完成效果

案例分析

图像修饰除了可以对一些瑕疵进行修复和弥补，还可以对图像本身存在的一些缺陷进行处理。例如图 4.27 所示，拍照时形成的红色的眼睛在视觉效果上非常不舒服。这就需要使用 Photoshop 的“红眼工具”进行后期修饰，恢复眼睛正常的状态。

4.2.1 “红眼工具”

“红眼工具” 位于修复工具组下拉菜单里。选中“红眼工具”，按住鼠标左键，拖拽绘制一个矩形将红眼选中，松开鼠标左键即可去除图像的红眼效果。“红眼工具”的工具选项栏如图 4.29 所示。

图 4.29 “红眼工具”工具选项栏

“红眼工具”选项栏中的参数作用介绍如下。

- “瞳孔大小”: 在此输入数值，可以设置红眼图像的大小，以便于工具进行处理。
- “变暗量”: 在此输入数值，可以设置去除红眼后瞳孔变暗的程度，数值越大，去除红眼后的瞳孔越暗。

4.2.2 实现案例——使用“红眼工具”处理图像

素材准备

“素材 - 红眼照片 .jpg”如图 4.27 所示。

完成效果

下面通过使用“红眼工具”修复红眼照片，来介绍“红眼工具”的使用方法。经过处理后的照片效果如图 4.28 所示。

思路分析

- 选择“红眼工具”并设置工具选项栏。
- 去除红眼。

实现步骤

（1）打开需要修饰的照片素材。

（2）选择“红眼工具”，设置工具选项栏，如图 4.30 所示。

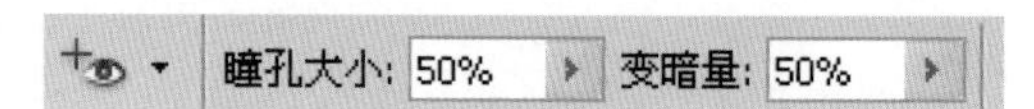

图 4.30 “红眼工具”选项栏

（3）按住鼠标左键，拖拽绘制一个矩形将红眼选中，如图 4.31 所示。

（4）松开鼠标左键即可去除红眼，最终效果如图 4.32 所示。

图 4.31　选中红眼

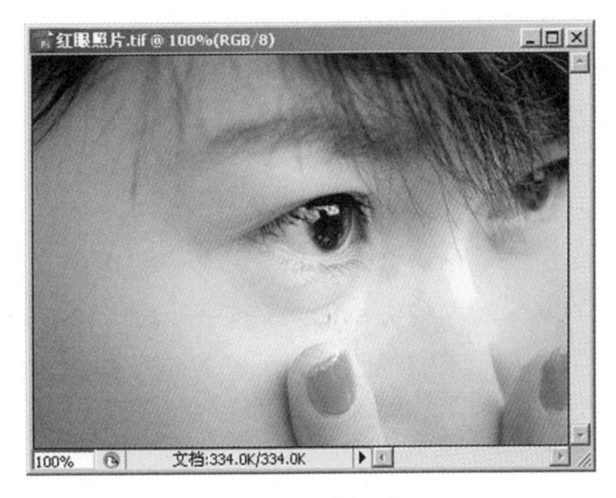

图 4.32　最终效果

4.3　修饰工具的综合运用

素材准备

“素材 1.jpg”如图 4.33 所示。

完成效果

调整后的效果如图 4.34 所示。

图 4.33　素材 1.jpg

图 4.34　完成效果

案例分析

Photoshop 提供了多种类型的修饰工具，在实际应用中通常会根据处理图片的效果需求，选择合适的工具，甚至会选择多种工具组合使用。

图 4.33 的颜色比较低沉、灰暗，下端背景有接缝，底部有残余颜色等。现在将通过使用合理的修饰工具给图像做整体的处理，去掉底部的杂色，提纯局部的饱和度，完成效果如图 4.34 所示。

思路分析

- 使用污点修复工具修复图像底端污点。
- 对图像进行加深 / 减淡处理。
- 使用海绵工具等调整人物整体色彩。

实现步骤

步骤 1 修复图像的底端

（1）打开“素材 1.jpg”，如图 4.33 所示。

（2）选择“海绵工具”，设置工具选项栏如图 4.35 所示。

图 4.35 设置工具选项栏

（3）按住鼠标左键，在底部紫色斑点处涂抹。反复涂抹直到近似于去色的效果，如图 4.36 所示。

图 4.36 去除底部颜色

（4）选择“污点修复画笔工具”，设置工具选项栏如图 4.37 所示。

图 4.37 设置工具选项栏

（5）在底部接缝处以下涂抹，参照结果如图 4.38 所示。

在图4.38中，可以发现底部有人物鞋子的痕迹，调节画笔的大小继续涂抹。调节画笔大小的快捷键分别是：[将画笔调小]，将画笔调大。将画笔调的小一些，在底部位置去除鞋子残影，效果如图4.39所示。

图 4.38　涂抹底端

图 4.39　去除鞋子残影

步骤 2　对图像进行加深/减淡处理

（1）选择“加深工具”，设置工具选项栏如图 4.40 所示。

图 4.40　设置工具选项栏

（2）在“画笔预设”中，选择较软的画笔，如图 4.41 所示。
（3）加深图像的边缘和四角，突出人物，效果参考图 4.42。

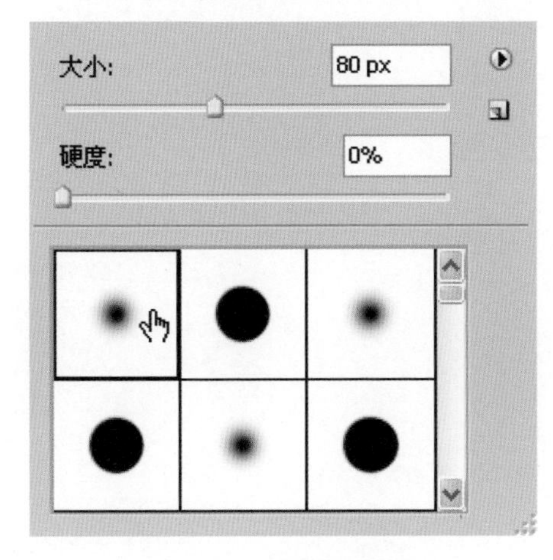

图 4.41　选择较软画笔

图 4.42　加深边缘和四角

步骤 3　调整人物的颜色

（1）选择“海绵工具”，设置工具选项栏如图 4.43 所示。

图 4.43　设置工具选项栏

（2）在人物的头部和上半身处，按住鼠标左键涂抹，参考效果如图 4.44 所示。

（3）可以根据个人审美，应用多种修复工具的配合继续调整，参考最终效果如图 4.45 所示。

图 4.44　提高人物颜色纯度

图 4.45　参考最终效果

实战案例

实战案例 1——“给小狗治病”

需求描述

应用本章所学知识“给生病的小狗治病”，完成效果如图 4.46 所示。

素材准备

“素材 - 生病的小狗 .jpg”如图 4.47 所示，一只生病的小狗，鼻子上有伤，眼睛发红，背景有脏色。

图 4.46　完成效果

图 4.47　素材 - 生病的小狗 .jpg

技能要点

- 修饰工具的使用。
- 多种修饰工具搭配使用的技巧性和逻辑性。

实现思路

根据理论课讲解的技能知识，完成如图 4.46 所示案例效果，应从以下几点予以考虑。

- 不同修饰工具的适用环境。
- 如何设置画笔的大小，处理图像不同的局部位置。

难点提示

- “污点修复画笔工具”和“修复画笔工具”的使用。“污点修复画笔工具”是自动的，“修复画笔工具”是手动的。
- “图章工具组”和“修复工具组”的选择。
- “图章工具组”适用于将一部分图像仿制到图像的其他位置，其边缘不自然。
- “修复工具组”适用于修复图像中的残缺部分，边缘会自动融合。

实战案例 2——制作 照片“雨过天晴”

需求描述

把一张颜色很暗淡的图片，应用本章相关知识进行处理，完成效果如图 4.48 所示。

素材准备

“素材 - 丛林里 .jpg”如图 4.49 所示。

图 4.48　完成效果

图 4.49　素材 - 丛林里 .jpg

技能要点

学会使用“海绵工具”。

实现思路

根据理论课讲解的技能知识，完成如图 4.48 所示的案例效果，应从以下两点予以考虑。

- 应用哪种“修饰工具”更合适。
- 所使用的“修饰工具”的设置。

难点提示

修饰工具的选择，选择可以影响图像颜色的修饰工具。

本章总结

- 修饰工具是由一组具有不同功能的修复工具组组合而成的。
- “图章工具”包括“仿制图章工具”“图案图章工具”。
- “修复画笔工具”通过消除图像中常见的灰尘、擦痕、污点和人物面部斑点、皱纹来净化图像。
- “修补工具”与“修复画笔工具”非常相似，“修补工具”更适合大面积地、准确地修补图像。
- “红眼工具”可以快速、方便地去除照片中的红眼。
- “模糊工具”用于使图像变模糊。
- “减淡工具”可以分别为一幅图像的“高光”“中间调”“阴影”处理色调。

学习笔记

本 章 作 业

选择题

1. “仿制图章工具”的快捷键是（　　）。

A. S　　B. J

C. O　　D. P

2. 修复红眼照片一般应用（　　）。

A. “仿制图章工具”　　B. “模糊工具”

C. “红眼工具”　　D. “锐化工具”

3. “修补工具”的特点是（　　）。

A. 可以自动对图像取样

B. 可以手动对图像取样

C. 可以将选区内的图像替换成其他部分的图像

D. 可以提高图像的饱和度

4. 可以将图像的颜色“吸干”的是（　　）。

A. “减淡工具”　　B. “海绵工具”

C. “锐化工具”　　D. “红眼工具”

5. 使用“修复画笔工具”时，按住（　　）键可以对图像进行取样。

A. Ctrl　　B. Alt

C. Shift　　D. Enter

简答题

1. “污点修复画笔工具”和“修复画笔工具”有什么区别?

2. “修补工具”与“污点修复画笔工具”和“修复画笔工具”的不同之处是什么?

3. 羽化的原理是什么?

4. 尝试修复照片。素材如图4.50所示，完成效果如图4.51所示。

图 4.50　素材 1.jpg

图 4.51　完成效果

5. 尝试处理狗队长打棒球图片。素材如图4.52所示，完成效果如图4.53所示。

图 4.52　素材 - 狗队长 .jpg

图 4.53　完成效果

选择“图章工具组”或“修复工具组”修复照片。

作业讨论区

访问课工场UI/UE学院：kgc.cn/uiue（教材版块），欢迎在这里提交作业或提出问题，你将有机会跟课工场的专家以及共同学习本书的小伙伴一起探讨切磋！

第5章

色彩调整与校正

● 本章目标

完成本章内容以后，您将：

- ▶ 会调整图像的亮度和对比度。
- ▶ 会调整图像的色彩平衡。
- ▶ 会修改图像色彩。
- ▶ 会给偏色图片校正颜色。

● 本章素材下载

- ▶ 请访问课工场UI/UE学院：kgc.cn/uiue（教材版块）下载本章需要的案例素材。

本章简介

使用 Photoshop 进行平面设计工作时，会大量使用各种图片素材，但很多图片素材的颜色效果往往不尽人意。比如一些照片素材，有曝光不足的偏暗，有曝光过度的偏亮，也有时偏色；又比如有些图片需要处理成特殊的色彩效果。这时可以利用 Photoshop 对这些色彩不够理想的图片进行调整。

Photoshop 拥有强大的色彩调整功能，不仅可以对整幅图像进行操作，也可以配合选区工具，对部分图像进行处理。本章将介绍常用的几种色彩调整工具，这部分内容在操作上相对比较简单，主要是靠后期的实际运用才能逐渐掌握其奥妙所在。

理 论 讲 解

5.1 调整图像的亮度、对比度以实现过度曝光的艺术效果

素材准备

“素材 - 凝望 .jpg”如图 5.1 所示。

完成效果

完成效果如图 5.2 所示。

图 5.1　素材 - 凝望 .jpg

图 5.2　完成效果

◈ 案例分析

曝光过度的相片一般被人们认为是拍摄失败的，因为光线太强会导致相片的色彩和细节损失太多。但从另一个角度来看，这恰恰也是一种艺术的表现形式。现在，过度曝光效果已经得到了广泛的应用，例如：时装肖像、CD 封面、海报等，还有一些商业广告。

要实现图 5.2 的过度曝光效果，需要用到曲线、色阶等图像对比度的调整命令，相关理论讲解如下。

5.1.1 调整图像的亮度、对比度

Photoshop 中所有关于色彩调整的功能几乎都集中在菜单“图像”→“调整”子菜单中。根据调整的内容不同，主要分为以下三类。

- 调整图像的亮度。
- 调整图像的对比度。
- 调整图像的色彩。

为了达到对图像的某种处理效果，使用其中的很多命令都可以分别实现，可以说是殊途同归，这就要求大家根据个人的不同工作习惯选择使用。下面将介绍一些常用的亮度、对比度调整工具。

1. “色阶”命令

在 Photoshop 中打开要处理的图像，然后选择菜单“图像”→“调整”→“色阶”(Ctrl+L)，弹出“色阶”对话框，如图 5.3 所示。

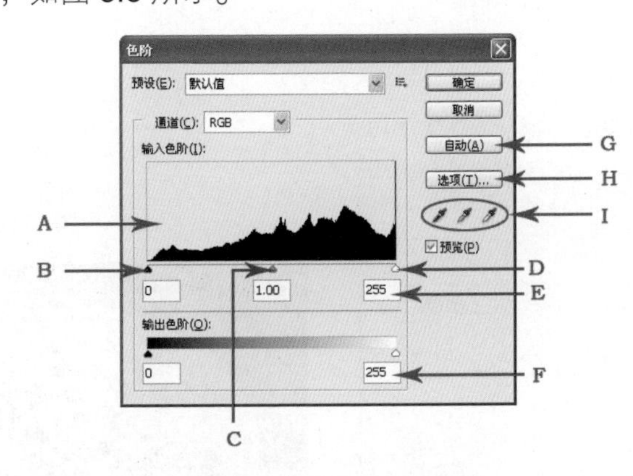

图 5.3 “色阶”对话框

在对话框中，最主要的部分是位于对话框中部的直方图以及下方的调整滑块，使用它们可以完成对图像对比度的基本修改。移动滑块可以使图像中最暗和最亮的像素分别转变为黑色和白色，以调整图像的色调范围，因此可以利用它调整图像的对比度。

其中：

A．直方图：表示图像中每个亮度值（0 ~ 255）处的像素点的多少。

B．暗调（黑色三角滑块）：控制图像的较暗部分。

C．中间调（灰色三角滑块）：控制图像的中间调部分。

D．高光（白色三角滑块）：控制图像的较亮部分。

E．输入色阶：显示当前像素分布的数值。

F．输出色阶：显示将要输出像素分布的数值。输出色阶只用来降低图像的对比度，它控制图像中最亮和最暗的亮度数值。如果将输出色阶的白色箭头移至 200，那么就代表图像中最亮的像素降到 200。如果将黑色箭头移至 60，就代表图像中最暗的像素值将提高到 60。

G．“自动”按钮：作用相当于“自动色阶”命令，会自动执行等量的“色阶调整”。在像素平均分布并且需要以简单的方式增加对比度的特定图像中，“自动色阶”命令能提供较好的服务。

H．“选项”按钮：单击打开“自动颜色校正选项”对话框，如图 5.4 所示。在其中可进行“算法”与“目标颜色和修剪”的设置。

I．吸管工具

- “设置黑场”吸管工具：使用该工具在图像中单击，可将图像中最暗处的色调值设置为单击处的色调值，图像中所有比该色调值更暗的像素，都将以黑色显示。
- “设置灰点”吸管工具：使用该工具在图像中单击，可使单击处的图像亮度成为图像中间色调的平均亮度。
- “设置白场”吸管工具：使用该工具在图像中单击，可将图像中最亮处的色调值设置为单击处的色调值，图像中所有比该色调值更亮的像素，都将以白色显示。

使用“色阶”命令调整图片的操作方法如下。

（1）打开“素材 2.jpg”，如图 5.5 所示。

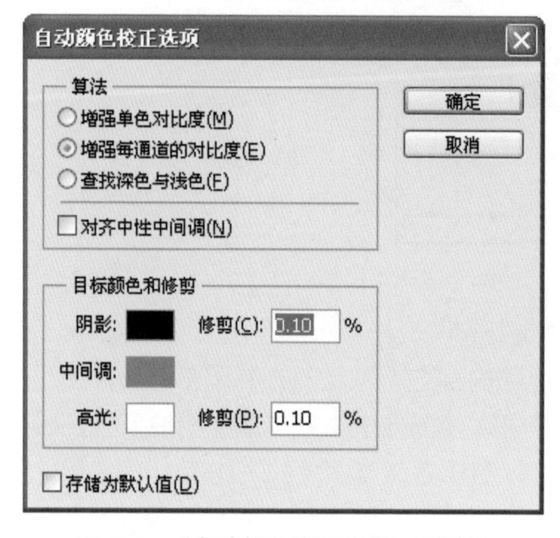

图 5.4 “自动颜色校正选项”对话框

图 5.5 素材 2.jpg

（2）按 Ctrl+L 组合键打开“色阶”对话框，拖动直方图下方的白色（高光）滑块，增大图像的高光范围，使图像变亮，如图 5.6 所示。

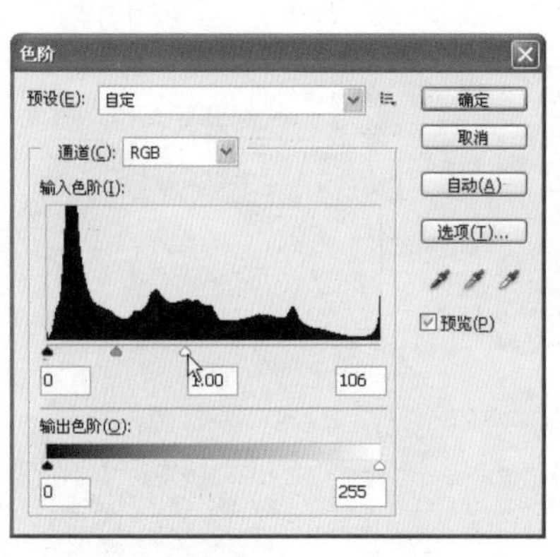

图 5.6　调整高光范围及其效果

（3）拖动灰色（中间调）滑块，调整图像中的中间色调，图像中的高光和阴影色调不会受到明显的改变。观察向左拖动和向右拖动滑块导致的不同效果，如图 5.7 所示。

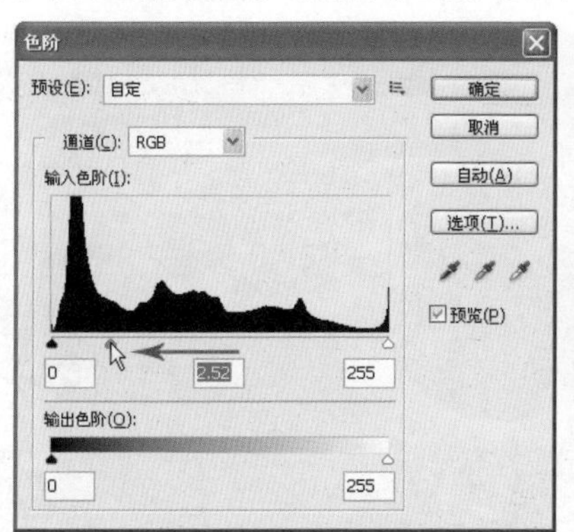

(a) 左拖动

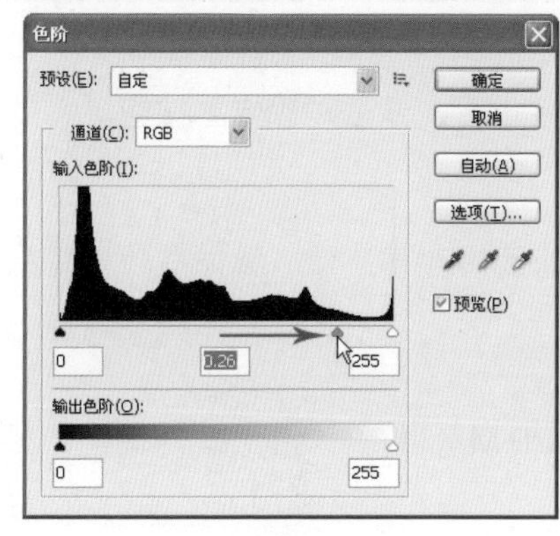

(b) 右拖动

图 5.7　调整中间色调及其效果

（4）拖动黑色（暗调）滑块，适当降低图像的对比度，如图 5.8 所示。

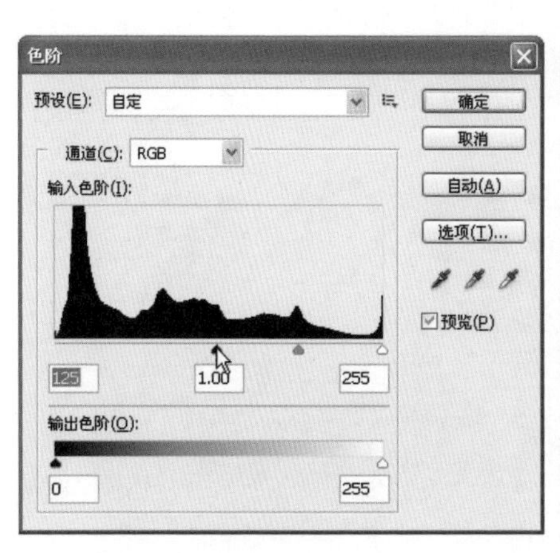

图 5.8　降低图像的对比度

（5）如果觉得图像中的色调有些偏红，需要减少“红”通道在中间调区域中的颜色信息。在“通道”下拉列表中选择“红”通道，然后拖动滑块，效果如图 5.9 所示。

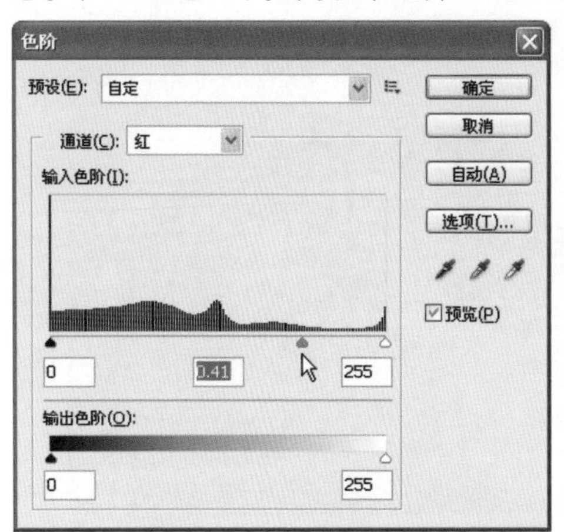

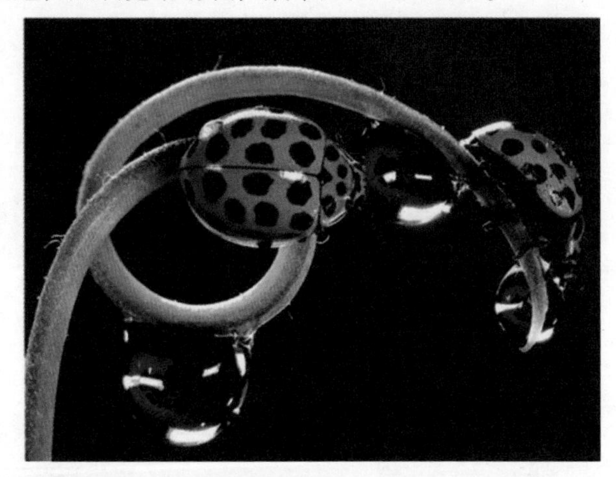

图 5.9　降低红通道在高光区域的颜色信息及其效果

（6）在图像窗口中预览调整后的色调效果，调整完成后，单击“确定”按钮。

2. “曲线”命令

在 Photoshop 中调整图像色调时，“曲线”命令的应用非常广泛，该命令可以综合调整图像的亮度、对比度和色彩等整个色调范围。

（1）打开“素材 3.jpg”，如图 5.10 所示。

（2）选择菜单“图像”→“调整”→“曲线”（Ctrl+M），打开“曲线”对话框，如图 5.11 所示。

（3）默认状态下，“曲线工具” 为启用状态。当曲线向左上角曲度加大时，图像变亮，如图 5.12 所示。

图 5.10　素材 3.jpg

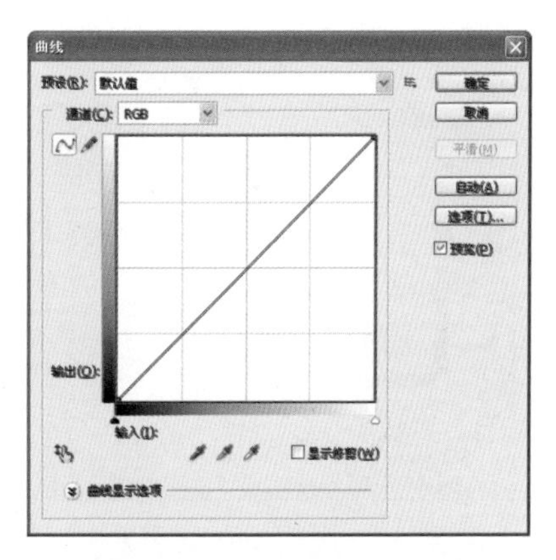

图 5.11　“曲线”对话框

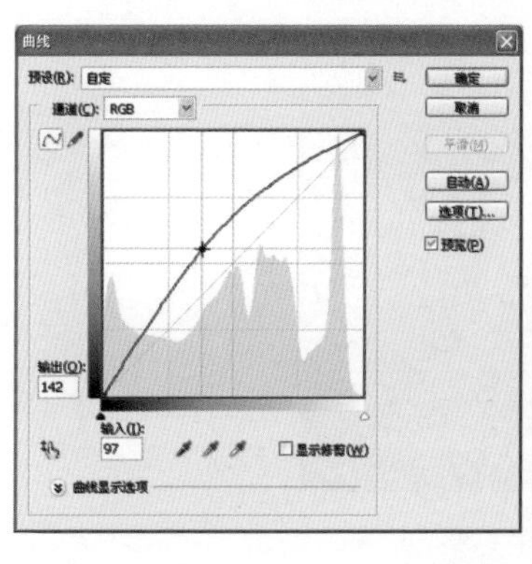

图 5.12　使图像变亮及其效果

（4）当曲线向右下角曲度加大时，图像变暗，如图 5.13 所示。

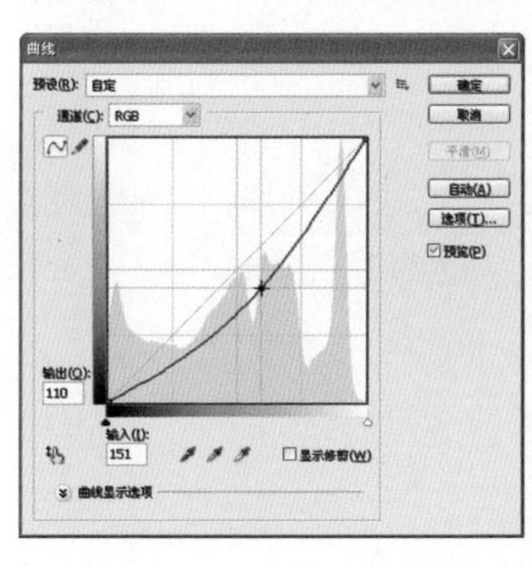

图 5.13　使图像变暗及其效果

（5）使用“铅笔工具”在曲线图中绘制色调曲线，如图 5.14 所示。

（6）此时单击“曲线工具”按钮，便可以以编辑点的形式编辑绘制的曲线，如图 5.15 所示。

（7）单击“确定”按钮，“铅笔工具”绘制的曲线调整效果如图 5.16 所示。

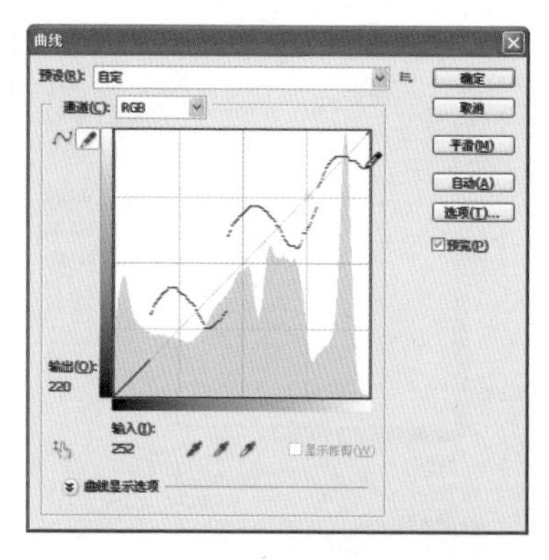

图 5.14　铅笔工具绘制的曲线

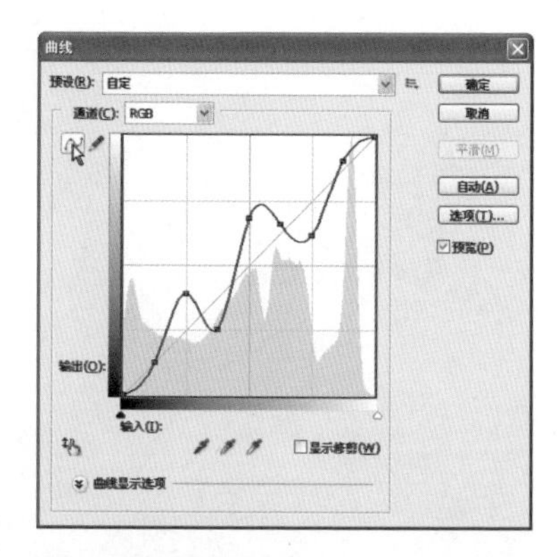

图 5.15　转换到曲线工具编辑状态

图 5.16　铅笔工具绘制的曲线调整效果

3.　“亮度 / 对比度”命令

“亮度 / 对比度”命令和前面几个命令一样，主要用来调节图像的亮度和对比度。

（1）打开“素材 4.jpg”，如图 5.17 所示。

（2）选择菜单“图像”→“调整”→“亮度 / 对比度”，弹出“亮度 / 对比度”对话框，如图 5.18 所示。向左拖动滑块，可降低亮度或对比度；向右拖动滑块则增强亮度或对比度。在编辑使用旧版 Photoshop 创建的“亮度 / 对比度”调整图层时，会自动选中“使用旧版”复选框。

图 5.17　素材 4.jpg

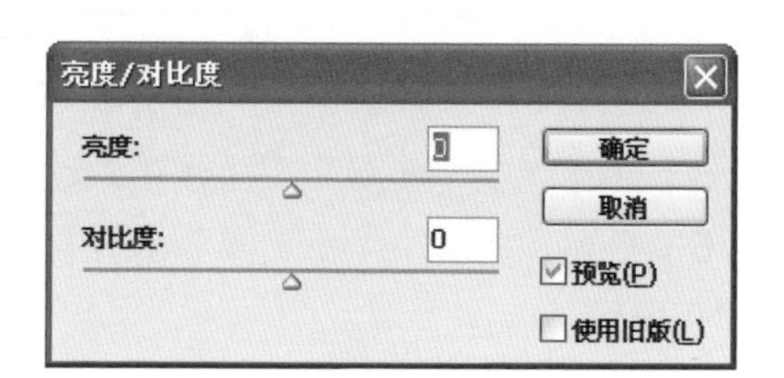

图 5.18　“亮度 / 对比度”对话框

（3）将亮度值拖动到 105，对比度值拖动到 70，画面效果如图 5.19 所示。

虽然这个工具的操作比较方便简单，但是“亮度 / 对比度”命令的缺陷也是显而易见的——此命令只能用于图像中的全部像素（或选区内的像素），且不适于高档输出，所以比较适合初学者使用。

图 5.19　调整效果

- 打开“色阶”对话框的快捷键为 Ctrl+L。
- 打开“曲线”对话框的快捷键为 Ctrl+M。

5.1.2　实现案例——调整图像的亮度、对比度以实现过度曝光的艺术效果

素材准备

“素材 - 凝望.jpg”如图 5.1 所示。

完成效果

完成效果如图 5.2 所示。

思路分析

使用 Photoshop 中对图像亮度、对比度的调整工具，配合选区工具调整画面效果。

操作步骤

步骤 1 调整图像的亮度、对比度

（1）按 Ctrl+O 组合键打开“素材 - 凝望 .jpg”。选择菜单“选择”→“色彩范围”，弹出“色彩范围”对话框，用吸管在人物脸部较亮处单击，设置颜色容差为 180，单击“确定”按钮，应用效果如图 5.20 所示。

（2）按 Ctrl+L 组合键弹出“色阶”对话框，向左移动色阶里的灰色滑块，中间调输入色阶为 4.28，增加亮度，效果如图 5.21 所示。

图 5.20　选择画面较亮区域

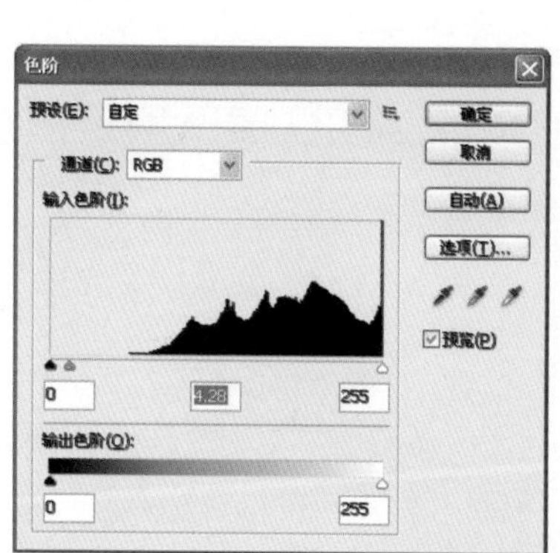

图 5.21　调整选区的色阶

（3）选择菜单栏“选择”→“色彩范围”→“羽化”（Shift+F6），弹出“羽化选区”对话框，设置羽化半径为 5 像素，如图 5.22 所示，单击“确定”按钮。

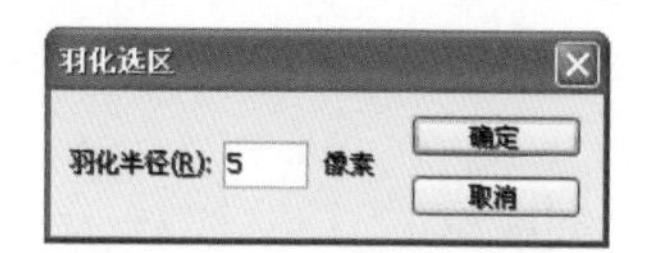

图 5.22　设置羽化半径

（4）按 Ctrl+L 组合键弹出“色阶”对话框，再次向左移动色阶里的灰色滑块，中间调输入色阶为 1.75，增加亮度，效果如图 5.23 所示。

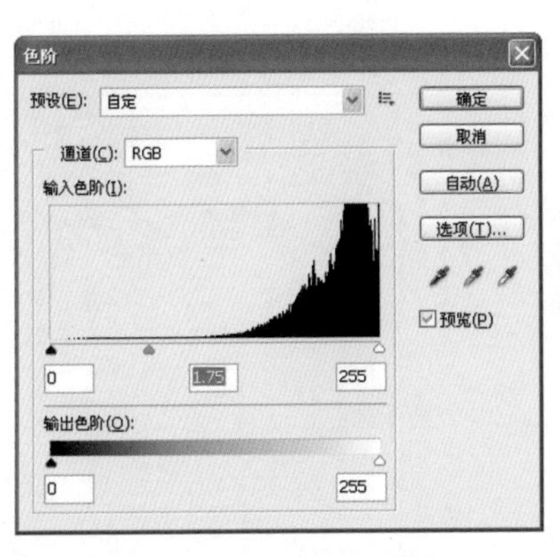

图 5.23　再次调整选区的色阶

（5）按 Ctrl+M 组合键弹出“曲线”对话框，适当调整图像明暗，效果如图 5.24 所示。最后取消选择。

图 5.24　适当调整图像明暗

步骤 2　调整图像细节

（1）选择“画笔工具”，在工具栏选项中单击“画笔预设”弹出式菜单，单击“画笔预设”选取器右上角按钮，在弹出的菜单中选择“混合画笔”，单击“追加”按钮，如图 5.25 所示。

（2）设置“画笔工具”选项栏：画笔为交叉排线，画笔大小为 30，不透明度为 90%，设置前景色为白色，在戒指的位置点出闪光的效果，如图 5.26 所示。

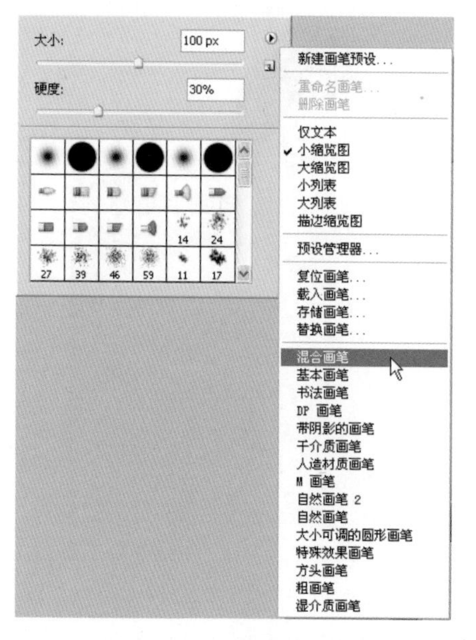

图 5.25 “画笔预设”菜单

图 5.26 点出戒指闪光效果

步骤 3 增加图像边框

（1）按 Alt+Shift+Ctrl+N 组合键新建图层，设置前景色为 #6D4E4A，将新建图层填充为前景色。

（2）选择“矩形选框工具”，在图像中间绘制一个较大的矩形选区，如图 5.27 所示。

（3）按 Shift+F6 组合键弹出“羽化选区”对话框，设置羽化半径为 20，单击“确定”按钮。按 Delete 键删除选区内像素，最终效果如图 5.28 所示。

图 5.27 绘制矩形选区

图 5.28 最终效果

步骤 4 保存文件

按 Ctrl+S 组合键保存处理完成的图像。

5.2 使用“色彩平衡”命令实现黄昏变黎明

素材准备

“素材 - 黄昏 .jpg”如图 5.29 所示。

完成效果

完成效果如图 5.30 所示。

图 5.29 素材 - 黄昏 .jpg

图 5.30 完成效果

案例分析

黄昏和清晨是常见的特殊效果，完成如图 5.30 所示的效果，要对素材运用“亮度 / 对比度”“曲线”“色彩平衡”等命令来调整。相关理论讲解如下。

 5.2.1 “色彩平衡”命令

“色彩平衡”命令可以改变图像中多种颜色的混合效果，从而调整整体图像的色彩平衡。如果图像中出现偏色的情况，使用该命令就能有效地调整。

选择菜单“图像”→“调整”→“色彩平衡”（Ctrl+B），弹出“色彩平衡”对话框，如图 5.31 所示。

- “色彩平衡”：通过在“色阶”右侧的数值框中输入数值，或调整滑块，控制图像中各主要色彩的增减范围。将滑块拖向要在图像中增加的颜色，或将滑块拖离要在图像中减少的颜色，在“色阶”中的值将显示红色、绿色和蓝色通道的颜色变化。

- “色调平衡”：用于选择需要调整的色彩范围，包括“阴影”“中间调”和“高光”选项。
- “保持明度”复选框：选择该选项，在进行色彩调整时可以保持图像的明度不变。

使用“色彩平衡”命令校正偏色照片的操作方法如下。

（1）打开“素材 6.jpg”，如图 5.32 所示。可以看到这张照片中的色调过于偏绿，现在需要使照片恢复正常的色调。

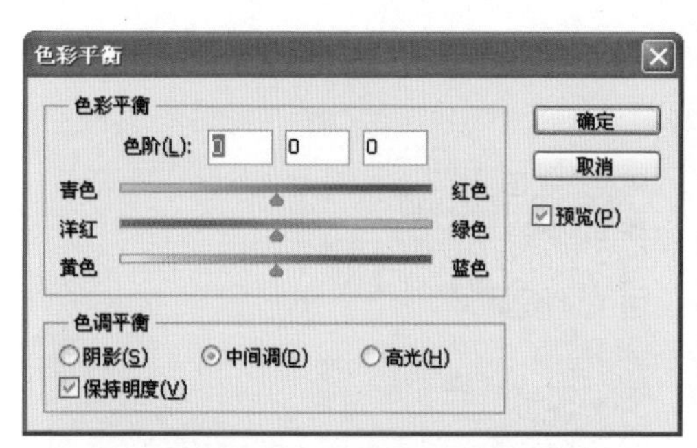

图 5.31 “色彩平衡”对话框

图 5.32 素材 6.jpg

（2）选择菜单“图像”→“调整”→“色彩平衡”（Ctrl+B），在弹出的“色彩平衡”对话框中保持选取“中间调”，然后拖动颜色滑块，设置色阶参数，如图 5.33 所示。

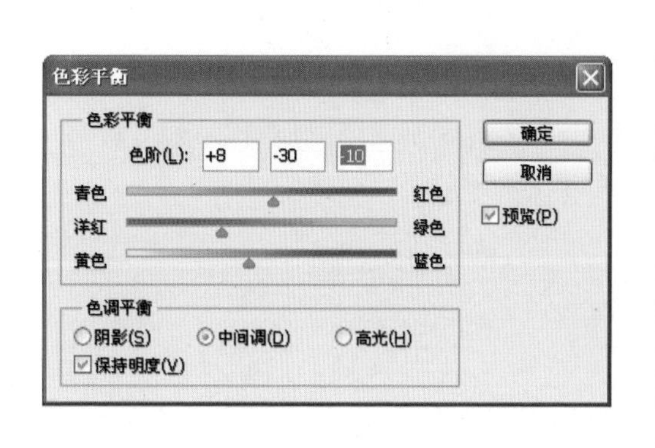

图 5.33 调整中间色调及其效果

（3）选中“阴影”选项，拖动滑块设置色阶参数，以增加阴影区域中的红色含量，同时降低绿色和蓝色含量，如图 5.34 所示。

（4）选中“高光”选项，调整色阶参数，以降低高光区域中的红色和绿色含量，同时增加蓝色含量。最终效果如图 5.35 所示。

色彩平衡
色彩平衡
色阶(L): +5 -18 -13
青色 红色
洋红 绿色
黄色 蓝色
色调平衡
阴影(S) 中间调(D) 高光(H)
保持明度(V)
确定
取消
预览(P)

图 5.34　调整阴影色调及其效果

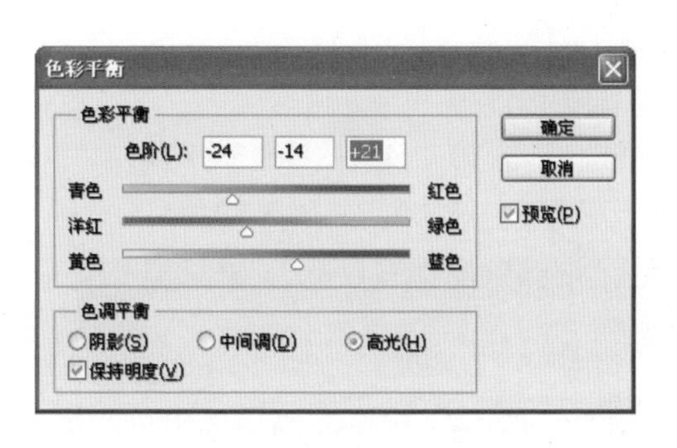

图 5.35　调整高光色调及其效果

5.2.2　实现案例——使用“色彩平衡”命令实现黄昏变黎明

素材准备

“素材 - 黄昏 .jpg”如图 5.29 所示。

完成效果

完成效果如图 5.30 所示。

思路分析

➢ 调整图像“亮度 / 对比度”。
➢ 调整图像“曲线”。
➢ 调整图像“色彩平衡”。

操作步骤

步骤 1 调整图像的“色彩平衡”

（1）按 Ctrl+O 组合键打开“素材 - 黄昏 .jpg”。选择菜单“图像”→“调整”→“色彩平衡”（Ctrl+B），弹出“色彩平衡”对话框，选择“色调平衡”为“中间调”，设置色阶分别为 -50、+79、-78，如图 5.36 所示。

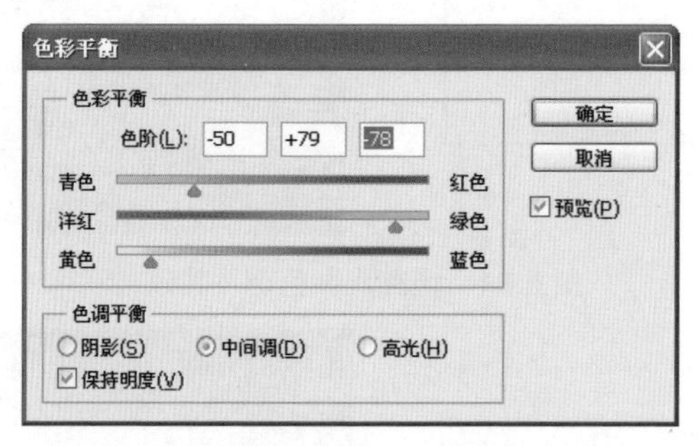

图 5.36 调整中间色调

（2）选择“色调平衡”为“高光”，设置色阶分别为 -9、0、-43，如图 5.37 所示。

（3）选择“色调平衡”为“阴影”，设置色阶分别为 0、-9、0，如图 5.38 所示。

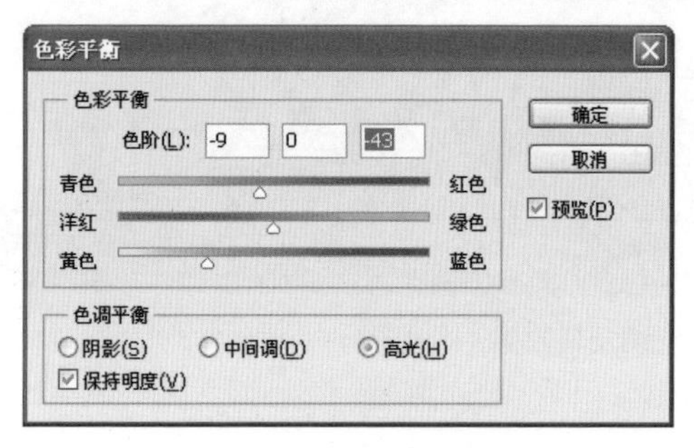

图 5.37 调整高光色调

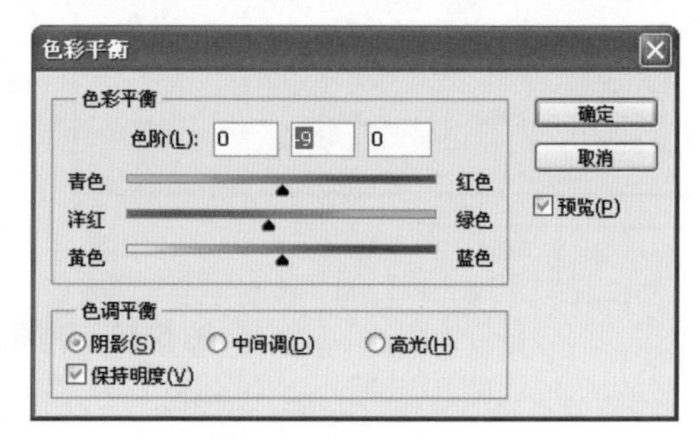

图 5.38 调整阴影色调

（4）单击“确定”按钮，效果如图 5.39 所示。

图 5.39 调整图像的“色彩平衡”

步骤 2 调整图像的“亮度/对比度”

（1）选择菜单“图像”→“调整”→“亮度 / 对比度”，在弹出的对话框中，设置亮度为 26，对比度为 20，效果如图 5.40 所示。

图 5.40　调整图像的“亮度 / 对比度”

（2）按 Ctrl+L 组合键调出“色阶”对话框，设置暗调为 35，中间调为 1.00，高光为 246，效果如图 5.41 所示。

图 5.41　调整图像色阶

步骤 3 再次调整“色彩平衡”

（1）按 Ctrl+B 组合键弹出“色彩平衡”对话框，选择“色调平衡”为“阴影”，分别设置色阶为 0、-33、0，如图 5.42 所示。

（2）选择“色调平衡”为“中间调”，分别设置色阶为 0、-59、0，如图 5.43 所示。

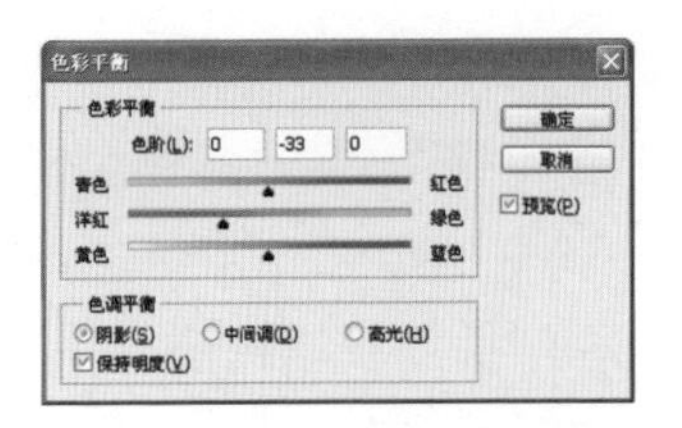

图 5.42　再次调整阴影色调

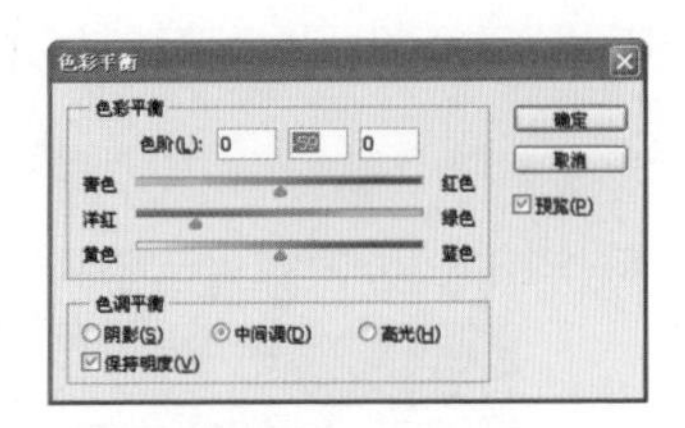

图 5.43　再次调整中间色调

（3）单击“确定”按钮，效果如图 5.44 所示。

图 5.44　再次调整图像的“色彩平衡”

步骤 4　润饰朝阳

（1）此时感觉朝阳附近色调偏红。选择“椭圆选框工具”，在图像的右上方绘制一个较大的椭圆选区，选中画面偏红的部分，如图 5.45 所示。

（2）按 Shift+F6 组合键打开“羽化选区”对话框，设置羽化半径为 15，单击“确定”按钮。

（3）按 Ctrl+B 组合键再次打开“色彩平衡”对话框，选择“色调平衡”为“中间调”，分别设置色阶为 0、+50、0，降低朝阳周围的红色调。最后取消选择，最终效果如图 5.46 所示。

图 5.45　绘制椭圆选框

图 5.46　最终效果

（4）保存文件。

经验总结

在调整图像色彩的过程中，通常很难一步到位，可根据实际情况进行多次反复微调，以达到满意的效果。

5.3 使用“色相 / 饱和度”命令调整偏色图片

素材准备

偏色照片“素材 - 美好时光 .jpg”如图 5.47 所示。

完成效果

完成效果如图 5.48 所示。

图 5.47　素材 - 美好时光 .jpg

图 5.48　完成效果

案例分析

该案例实现了为偏色图片校正颜色的效果。在实现该效果时，主要运用了“色相 / 饱和度”命令来调整画面颜色。相关理论讲解如下。

5.3.1　“色相/饱和度”命令

当需要调整图像中的色相，但又要保持色调不变时，可以利用“色相 / 饱和度”命令来完成。该命令可以调整图像中单一颜色的色相、饱和度和明度，还可以为灰度图像着色，以创建单色调图像效果。

使用“色相 / 饱和度”命令校正偏色照片的操作方法如下。

（1）打开“素材 8.jpg”，如图 5.49 所示。

图 5.49　素材 8.jpg

（2）选择菜单“图像”→“调整”→“色相 / 饱和度”（Ctrl+U），弹出“色相 / 饱和度”对话框，如图 5.50 所示。

（3）可以选择“全图”或某种单一颜色作为编辑范围，如图 5.51 所示。这里先选择“全图”范围进行编辑。

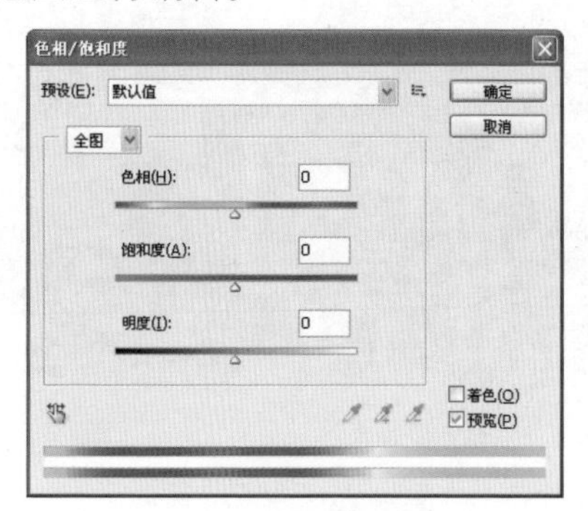

图 5.50　“色相 / 饱和度”对话框

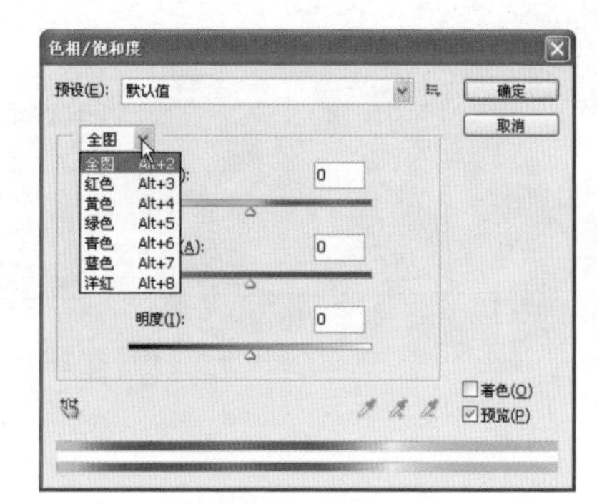

图 5.51　选择“全图”或某一种颜色

（4）可以通过拖动“色相”滑块或输入数值的方式改变整个图像的色相，如图 5.52 所示。

图 5.52　改变整个图像的色相

（5）通过拖动“饱和度”滑块或输入数值的方式，可以改变整个图像的饱和度，向右拖动滑块为增加图像的饱和度，向左拖动滑块为降低饱和度，如图 5.53 所示。

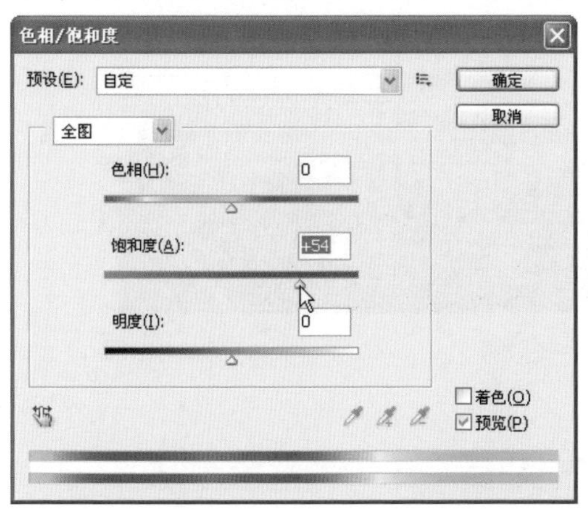

图 5.53　改变整个图像的饱和度

（6）通过拖动“明度”滑块或输入数值的方式，可以改变整个图像的明亮程度，向右拖动滑块为增加图像的亮度，向左拖动滑块为降低图像亮度，如图 5.54 所示。

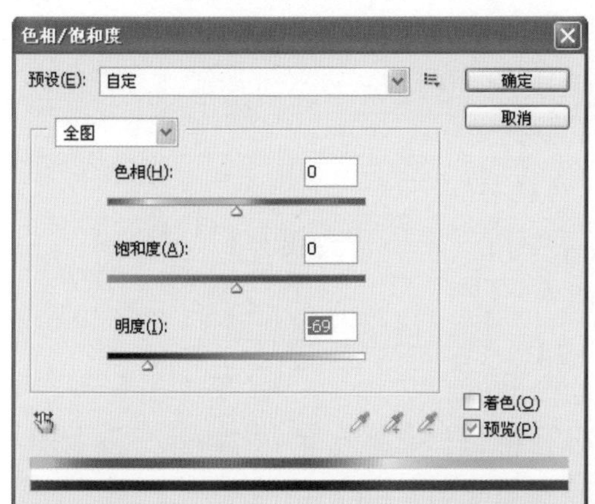

图 5.54　改变整个图像的明度

打开“色相 / 饱和度”对话框快捷键为 Ctrl+U。

（7）选择下方的“着色”复选框，图像将产生单色调效果，但不会改变图像中像素的明度值；拖动滑块同样可以调整图像的色相、饱和度和明度，如图 5.55 所示。

图 5.55　单色调图像效果

5.3.2　实现案例——使用“色相/饱和度”命令调整偏色图片

素材准备

“素材 - 美好时光 .jpg”如图 5.47 所示。

完成效果

完成效果如图 5.48 所示。

思路分析

- 首先调整全图的色相/饱和度。
- 然后调整单一色彩的色相/饱和度。

实现步骤

（1）打开“素材 - 美好时光 .jpg”。按 Ctrl+U 组合键打开“色相 / 饱和度”对话框，在编辑下拉菜单中选择“全图”，调整色相为 -20，效果如图 5.56 所示。

（2）在编辑下拉菜单中选择“红色”，调整色相为 +9，饱和度为 -31，效果如图 5.57 所示。

图 5.56　调整全图的色相 / 饱和度

图 5.57　调整红色的色相 / 饱和度

（3）单击“确定”按钮，最终效果如图 5.58 所示。保存文件。

图 5.58　最终效果

➢ 打开“色彩平衡”对话框的快捷键为 Ctrl+B。
➢ 打开“色相 / 饱和度”对话框的快捷键为 Ctrl+U。

实战案例

实战案例 1——怀旧效果

需求描述

将照片素材处理成怀旧效果，如图 5.59 所示。

素材准备

“素材 - 肖像 .jpg”如图 5.60 所示。

图 5.59　完成效果

图 5.60　素材 - 肖像 .jpg

技能要点

“色彩平衡”“色相 / 饱和度”命令的运用。

实现思路

根据理论课讲解的技能知识，完成如图 5.59 所示的案例效果，应从以下两点予以考虑。

- 用“色相 / 饱和度”命令降低画面饱和度。
- 用“色彩平衡”命令调出怀旧色彩。

难点提示

- 注意掌握各参数设置对画面的影响。
- 注意保持画面的明度。

实战案例 2——丰富“海浪”照片色彩

需求描述

使用 Photoshop 中的亮度、对比度调整工具，给素材图片丰富色彩，实现如图 5.61 所示效果。

素材准备

“素材 - 海浪 .jpg”如图 5.62 所示。

图 5.61　完成效果

图 5.62　素材 - 海浪 .jpg

技能要点

- “亮度 / 对比度”命令的运用。
- “色彩平衡”命令的运用。
- “色相 / 饱和度”命令的运用。

实现思路

根据理论课讲解的技能知识，将素材调整成如图 5.61 所示的案例效果，应从以下几点予以考虑。

- 用“亮度 / 对比度”命令调整画面的对比度。
- 用“色相 / 饱和度”命令增加画面色彩的饱和度。
- 用“色彩平衡”命令进行细微调整。

难点提示

注意把握各参数设置的尺度，比如“对比度”数值设置过大，会损失一些画面细节。

实战案例 3——给“菊花”照片调色

需求描述

使用“色彩平衡”命令，用素材图片实现如图 5.63 所示的效果。

素材准备

“素材 - 菊花 .jpg”如图 5.64 所示。

图 5.63　完成效果

图 5.64　素材 - 菊花 .jpg

技能要点

- 选区工具。
- “色彩平衡”命令。

实现思路

根据理论课讲解的技能知识，制作出如图 5.63 所示的案例效果，应从以下两点予以考虑。

- 用选区工具选定区域。
- 用“色彩平衡”命令调整选区颜色。

难点提示

- 注意回顾选区的使用。
- 注意体验“色彩平衡”命令中各参数的功能，比较它和其他几种色彩调整工具的不同。

本章总结

- 利用“色阶”命令可以完成对图像对比度的基本修改。
- 通过“色阶”命令直方图下方的滑块可以调整图像对比度。
- “输出色阶”只用来降低图像的对比度，它控制图像中最亮和最暗部分的亮度数值。
- 使用“曲线”命令进行颜色校正与使用“色阶”命令非常相似。
- “亮度 / 对比度”命令操作简单，但不适于高要求输出。
- “色彩平衡”命令能进行一般性的色彩校正，可以改变图像的颜色构成，但不能精确控制单个颜色成份（单色通道），只能作用于复合颜色通道。
- “色相 / 饱和度”命令可以调整图像中单个颜色成份的色相、饱和度和明度，这是该工具与其他命令的不同之处。

参考视频
色彩基础及色彩搭配

学习笔记

本章作业

选择题

1. 在Photoshop中对图像的对比度进行调整的命令是（　　）。
   A. “亮度/对比度”命令
   B. “色相/饱和度”命令
   C. “色阶”命令
   D. “色彩平衡”命令
2. 将曲线右上角的端点向左移动，可以（　　）。
   A. 增加图像亮部的对比度，并使图像变暗
   B. 增加图像暗部的对比度，并使图像变暗
   C. 增加图像亮部的对比度，并使图像变亮
   D. 减小图像暗部的对比度，并使图像变亮
3. 按（　　）键，可快捷显示 “色彩平衡”对话框。
   A. Ctrl+L　　B. Ctrl+B
   C. Ctrl+U　　D. Ctrl+M
4. “曲线”命令对图像的（　　）进行调整。
   A. 色彩平衡　　B. 亮度/对比度
   C. 色相　　D. 饱和度
5. “色相/饱和度”命令可以修改图像的（　　）。
   A. 明度　　B. 色相
   C. 对比度　　D. 饱和度

简答题

1. 图像调整命令有哪几大类?
2. 请举出三种能进行对比度调整的命令。
3. 请简要说明“色彩平衡”命令的使用方式和功能。
4. 尝试给如图5.65所示的图片上色，完成效果如图5.66所示。

图 5.65　素材 - 玫瑰 .jpg

图 5.66　完成效果

提示

使用“色相 / 饱和度”命令，并选中“着色”复选框。

5．尝试调整如图 5.67 所示的偏色图片，完成效果如图 5.68 所示。

图 5.67　素材 - 霞光 .jpg

图 5.68　完成效果

提示

使用“色相 / 饱和度”与“亮度 / 对比度”命令实现效果。

作业讨论区

访问课工场UI/UE学院：kgc.cn/uiue（教材版块），欢迎在这里提交作业或提出问题，你将有机会跟课工场的专家以及共同学习本书的小伙伴一起探讨切磋！

第6章

图层与蒙版

完成本章内容以后，您将：

- 掌握图层的概念。
- 学会使用图层样式和图层混合模式。
- 了解蒙版的使用方法。

- 请访问课工场UI/UE学院：kgc.cn/uiue（教材版块）下载本章需要的案例素材。

本章简介

通过前 5 章的学习我们可以发现，在制作一幅图时，经常要用到图层。

图层是 Photoshop 中非常强大的功能，当看到一幅优秀的 Photoshop 作品时，很少会有人想到，这一切的幕后功臣就是图层。可以这样说，如果没有图层，将很难甚至不可能完成复杂图像的制作。

除了图层，还有另外一个神奇的工具——蒙版，它可以辅助图层完成很多神奇的视觉效果。

这一章将重点讲解图层和蒙版的概念及应用。

理 论 讲 解

6.1 应用图层变幻魔术扑克牌

参考视频
蒙版

素材准备

“素材 - 魔术扑克牌 .psd” 如图 6.1 所示。

完成效果

完成效果如图 6.2 所示。

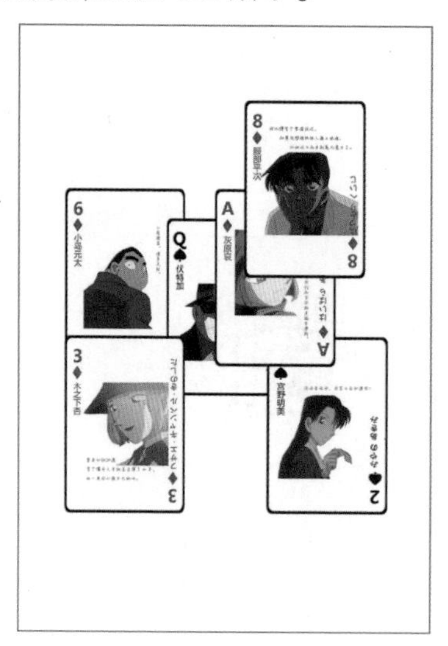

图 6.1　素材 - 魔术扑克牌 .psd

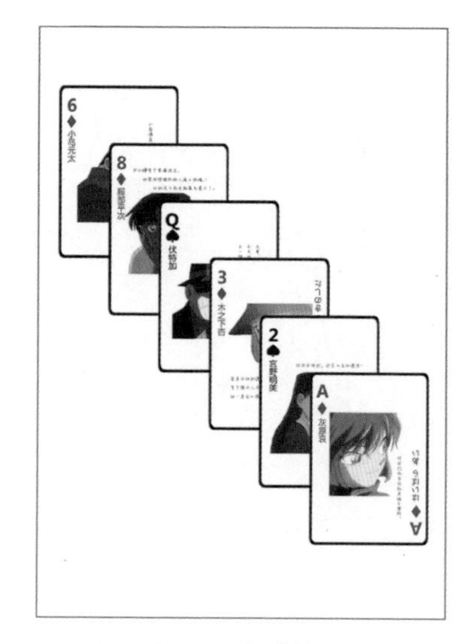

图 6.2　完成效果

案例分析

在图 6.1 中，扑克牌的排列很混乱，需要将扑克牌按照顺序重新排列，效果如图 6.2 所示。

要实现该效果，需要调整图层的顺序并移动图层中的图像，理论讲解如下。

6.1.1 图层简介

图层可以比作是透明的像素薄片，除了背景层外，其他图层可以按任意顺序堆叠，以便单独处理图层上的对象，而不影响到其他图层。

图层通常分为“背景图层”“普通图层”“文字图层”“蒙版图层”“矢量蒙版图层”“形状图层”“填充 / 调整图层”。

1. “背景”图层

新建文档后，会自动生成一个图层，该图层就是背景图层，如图 6.3 所示。

一幅图像只能有一个背景图层，我们无法更改背景图层的堆叠顺序、混合模式和不透明度。

将背景图层转换为普通图层的方法很简单，双击“图层”调板中的“背景”图层，弹出“新建图层”对话框，如图 6.4 所示。默认名称为“图层 0”，单击“确定”按钮，“背景”图层就转换成了普通图层。

2. “图层”调板

“图层”调板是查看与编辑图层的主要工具，使用它可以随意看到文件里的所有图层。只需在“图层”调板中单击相应按钮，就可以完成创建新图层、创建图层组或删除图层等操作。下面将详细介绍“图层”调板。

选择菜单“窗口”→“图层”（F7），打开“图层”调板，如图 6.5 所示。

图 6.3　背景图层

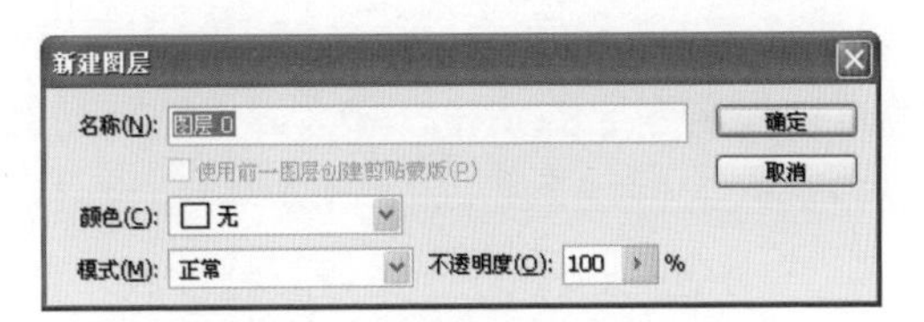

图 6.4　“新建图层”对话框

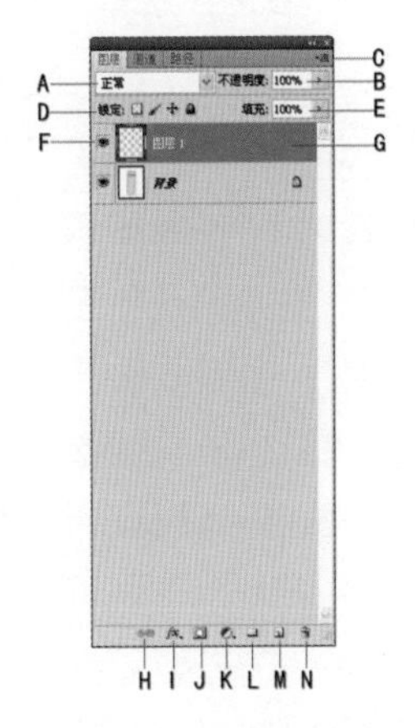

图 6.5　“图层”调板

“图层”调板各参数解释如下。

A．“混合模式”：可以为当前图层设置不同的混合模式。

B．“不透明度”：用来控制当前图层的透明属性，数值越小，则当前图层越透明。

C．“图层”调板菜单：单击小三角可以打开“图层”调板菜单，常用的命令有“新建图层”、“复制图层”、“删除图层”等。

D．“锁定图层控制”：在此可以控制图层的“透明区域可编辑性”“编辑”“移动”等图层属性。

E．“填充”：可以控制当前图层中非图层样式部分的透明度。

F．“显示 / 隐藏图层图标”：单击此图标可以控制图层的显示与隐藏。

G．“图层缩览图”：此处显示了当前图层中所具有的图像的缩览图，方便选择图层。

H．“链接图层”按钮：选择两个或两个以上图层时，单击此按钮可以将所选图层进行链接。

I．“添加图层样式”按钮：单击此按钮，可以在弹出的菜单中选择“图层样式”命令，为当前图层添加图层样式。

J．“添加图层蒙版”按钮：单击此按钮，可以为当前图层添加图层蒙版。

K．“创建新的填充或调整图层”按钮：单击此按钮，可以在弹出的菜单中为当前图层创建新的填充或调整图层。

L．“创建新组”按钮：单击此按钮，可以新建一个图层组。图层组可以用来包含相关图层。

M.“创建新图层”按钮：单击此按钮，可以创建一个新图层。

N.“删除图层”按钮：选择当前需要删除的图层 / 图层组，单击此按钮，在弹出的提示对话框中单击“是”按钮，即可删除。在 Photoshop 中，也可以直接使用 Delete 键删除选中的图层。

3. 普通图层

一般新建的图层都属于“普通图层”，“普通图层”在未锁定的情况下可以随意修改。

单击“创建新图层”按钮，会在背景图层上生成新的图层，默认名称为“图层 1”，再次单击“创建新图层”按钮，会在当前图层上生成新的图层，默认名称为“图层 2”，以此类推，如图 6.6 所示。

如果想删除图层，可以选择要删除的图层，单击“删除图层”按钮即可。

“图层”调板中并没有直接复制图层的按钮，那么如何复制图层呢?

主要有以下两种常见的方法。

- 选择要复制的图层，在图层上按住鼠标左键，拖拽到“创建新图层”按钮上，松开鼠标左键，便可以复制该图层。
- 选择要复制的图层，按 Ctrl+J 组合键，也可以复制图层。

更改图层名称的方法是，双击图层名称，输入更改的名称，按 Enter 键即可。

4. 图层组

图层组就像一个文件夹，可以把除“背景图层”外的所有图层移至图层组中，便于组织和管理。

➢ 创建图层组的方法和创建图层很相似，在“图层”调板的最下面，单击“创建新组”按钮，便创建了一个新的“图层组”，如图 6.7 所示。

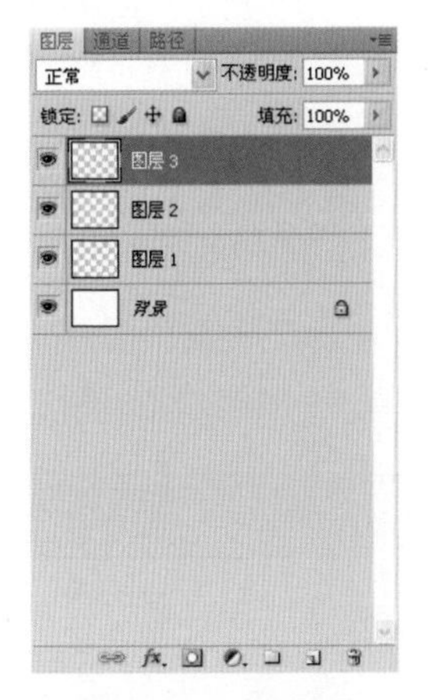

图 6.6　新建图层

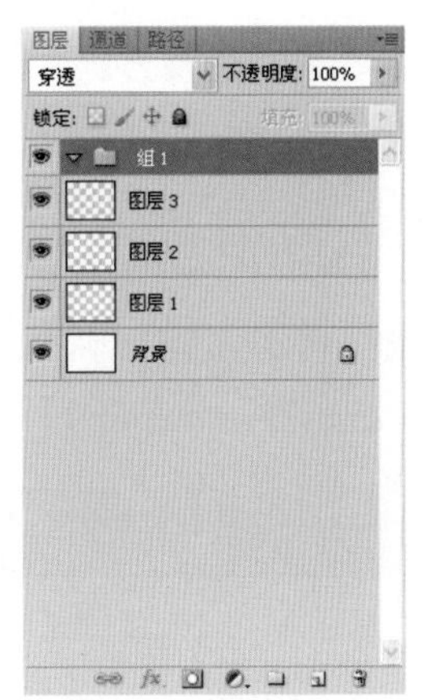

图 6.7　新建图层组

➢ 想将图层移动到图层组中，需要在该图层上按住鼠标左键，然后拖拽到图层组中即可，如图 6.8 所示。

➢ 更改图层组的名称和更改图层名称的方法完全一样。

➢ 单击图层组前面的小三角，可以打开或关闭图层组，如图 6.9 所示。

图 6.8　拖拽图层

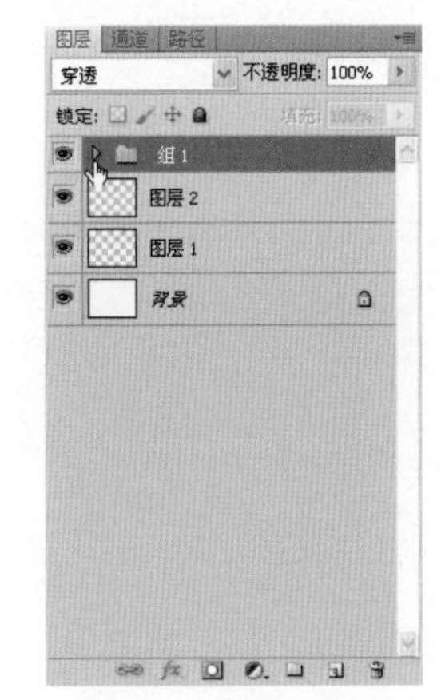

图 6.9　关闭图层组

5. 图层顺序

图层顺序是指各图层的堆叠顺序，正常模式下，上一层中的内容会遮住下一层中同一位置的内容。

选择需要调整的图层，按住鼠标左键上下拖动，便可以调整图层的顺序。也可以使用快捷键。按 Ctrl+[组合键下移一层，按 Ctrl+] 组合键上移一层，按 Ctrl+Shift+[组合键移到最底层，按 Ctrl+Shift+] 组合键移到最顶层。注意，背景层和被锁定的图层不能移动。

6.1.2 图层的作用

上面介绍了图层的概念，那么，在一个图层上就可以绘制图像，为什么还要分图层绘制呢?

如图 6.10 所示，太阳和草地在同一图层上，如果想将图中的太阳移到右边，应该如何操作呢?

（1）选择“移动工具”，在“图层”调板中单击“太阳与草地”图层，在图像上按住鼠标左键向右拖拽，如图 6.11 所示，从图中可以发现，草地也跟着太阳移动了。

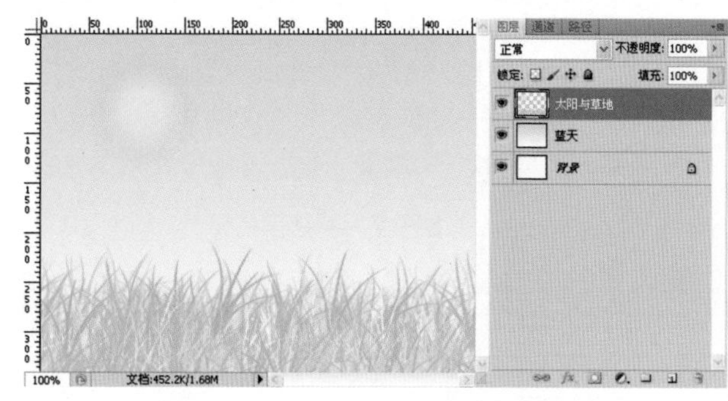

图 6.10　太阳与草地在同一图层

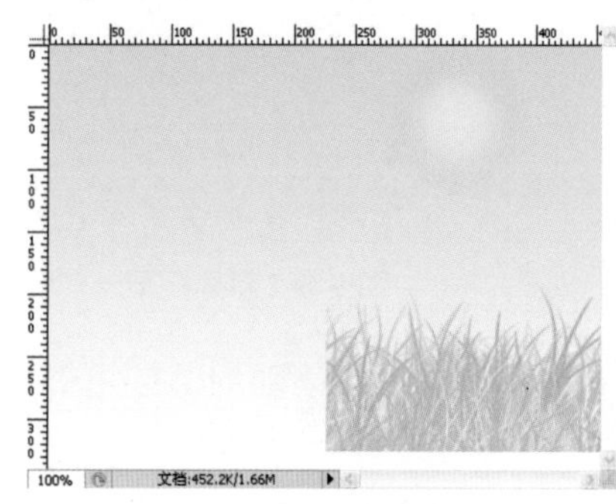

图 6.11　移动太阳

（2）再看图 6.12，太阳在单独一个图层上，同样想将图中的太阳移动到右边。

（3）选择“移动工具”，单击“太阳”图层，在图像上按住鼠标左键向右拖拽，如图 6.13 所示。

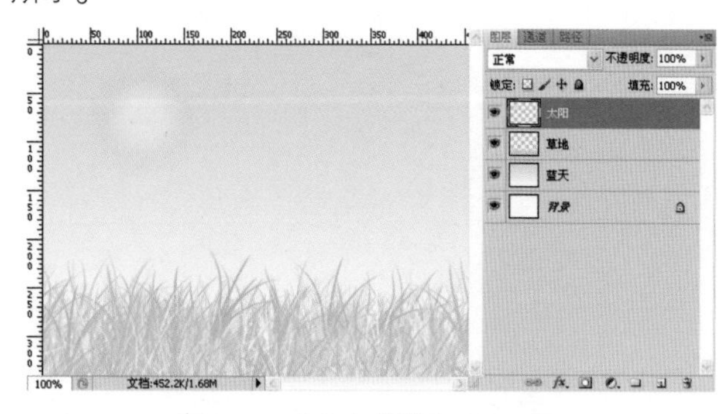

图 6.12　太阳与草地在不同图层

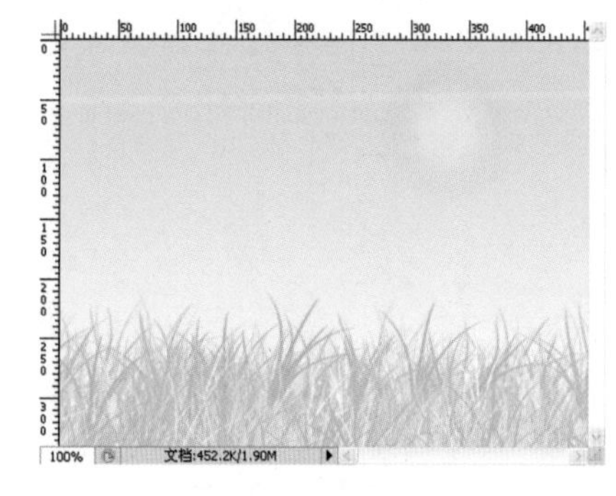

图 6.13　移动太阳

从图中可以看出，只有太阳移动了，其他图层都没有受到影响。所以图层的作用是可以单独处理该图层中的对象而不影响其他图层中的对象。

6.1.3 图层的对齐与分布

在制作规范的图像时，往往会运用到图层的对齐与分布。即以每个图层为单位，将其看成一个整体，然后进行对齐排列与平均分布。

选择“移动工具”，再选择两个或两个以上图层，按照需求单击“移动工具”选项栏的对齐与分布按钮，如图 6.14 所示。

自动选择：图层　显示变换控件

图 6.14　“移动工具”选项栏

对齐与分布按钮从左到右依次是：顶对齐、垂直居中对齐、底对齐、左对齐、水平居中对齐、右对齐、按顶分布、垂直居中分布、按底分布、按左分布、水平居中分布、按右分布和自动对齐图层。

下面分别演示各常用按钮的效果。

（1）原始状态如图 6.15 所示。

（2）首先选中所有图层，方法是在“图层”调板中，按住 Ctrl 键，依次单击想要选择的图层，如图 6.16 所示。

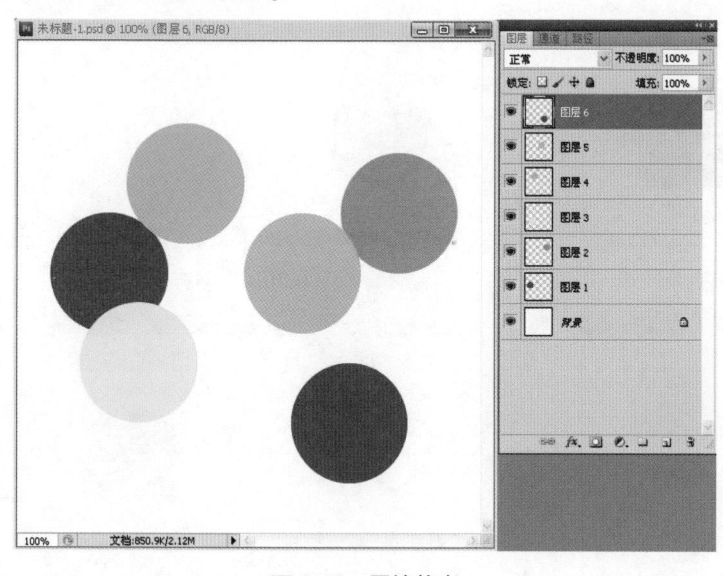

图 6.15　原始状态

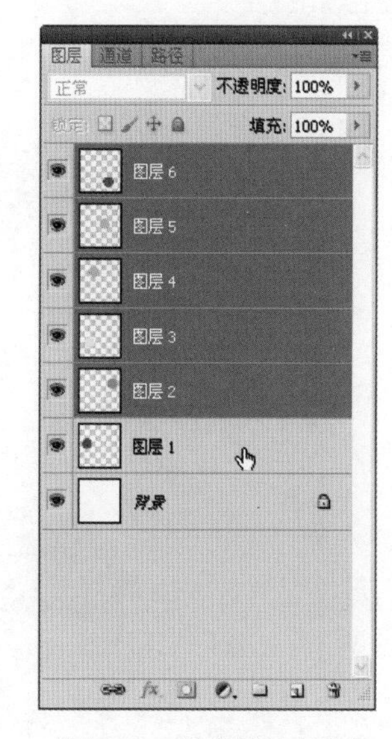

图 6.16　选择所有图层

（3）也可以按住 Shift 键，先单击“图层 6”，再单击“图层 1”，这样在“图层 6”和“图层 1”之间包括这两个图层都会被选中。

如图 6.17 ~ 图 6.22 所示分别为：顶对齐、垂直居中对齐、底对齐、左对齐、水平居中对齐、右对齐的效果。

图 6.17　顶对齐

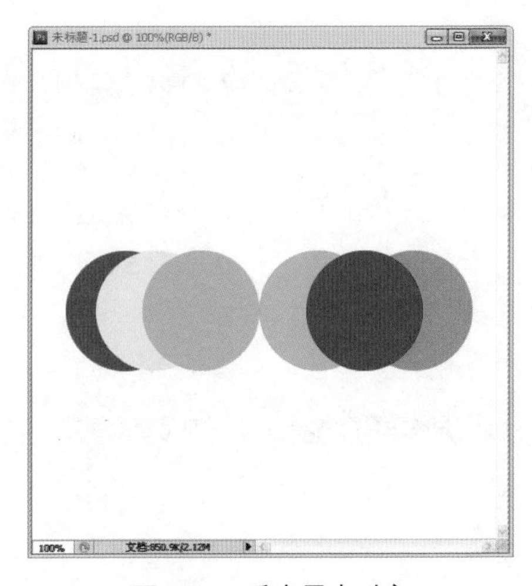

图 6.18　垂直居中对齐

图 6.19　底对齐

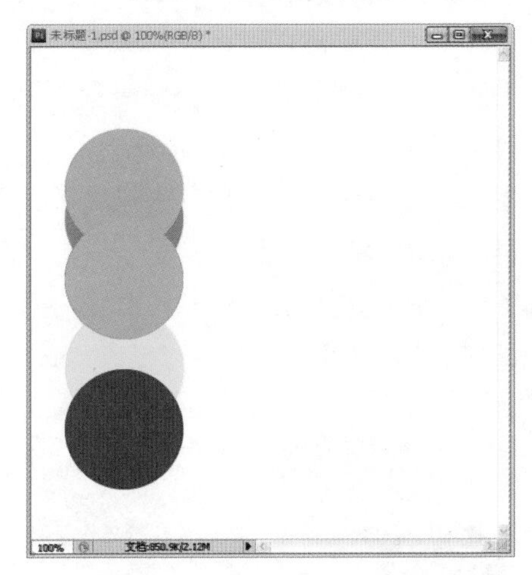

图 6.20　左对齐

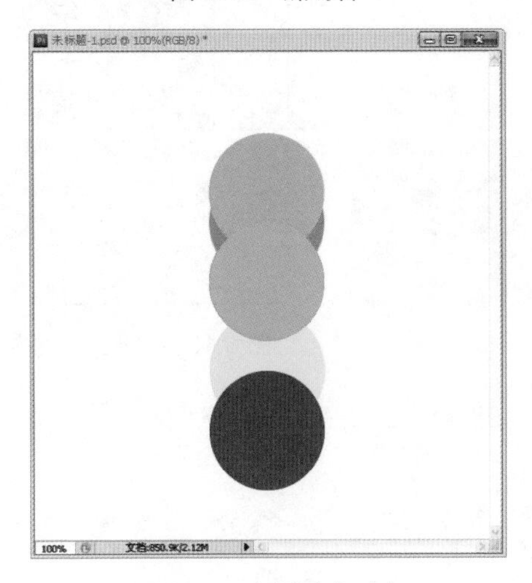

图 6.21　水平居中对齐

图 6.22　右对齐

其他按钮在实际操作中应用较少，需要在特定案例下才可以看出效果，这里不做具体演示，可以自行研究。

6.1.4 图层样式

对创建的任何对象应用效果都会增强图像的外观。因此，Photoshop 提供了图层样式功能，有助于为特定图层上的对象应用效果。

应用图层样式的方法十分简单，常用的方法是选择图层，然后单击“图层”调板下方的“添加图层样式”按钮 fx，进行相应的样式选择。或者直接双击图层，弹出默认“图层样式”对话框，如图 6.23 所示。

单击需要的样式，标有打勾时便是激活了该样式的效果。

应用不同的“图层样式”后，参考效果如图 6.24 所示。

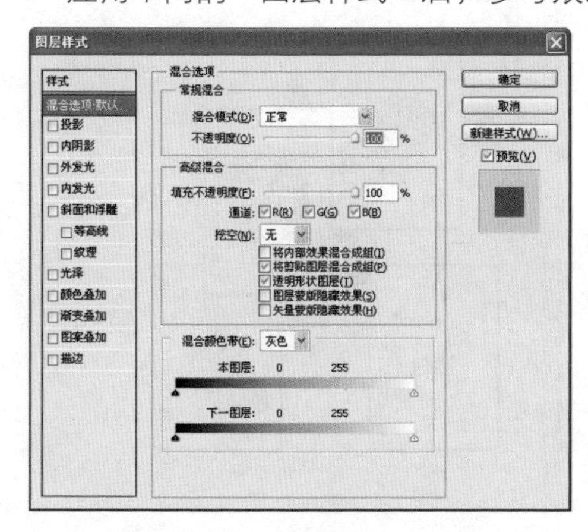

图 6.23 “图层样式”对话框

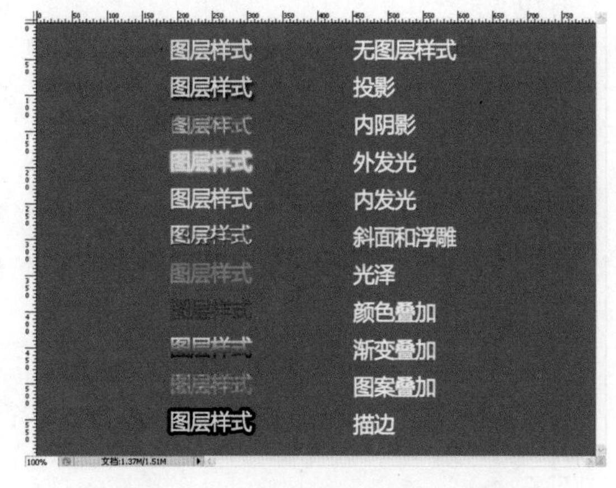

图 6.24 不同的“图层样式”效果

比较常见的是用“投影”制作对象的影子，用“外发光”制作发光字，用“斜面和浮雕”制作立体字等。

“图层样式”可以根据需要，随意设置参数，参数的值不同，效果也不同，不同的样式可以配合使用，这里不一一做演示，可自行研究。

6.1.5 实现案例——应用图层变幻魔术扑克牌

素材准备

“素材 - 魔术扑克牌 .psd”如图 6.1 所示。

完成效果

调整后的效果如图 6.2 所示。

思路分析

- 首先，移动每个图层中对象的位置。
- 然后，调整图层顺序。

实现步骤

步骤 1 移动扑克牌的位置

（1）打开“素材 - 魔术扑克牌 .psd”。

（2）选择“移动工具”，选择“6”图层，在图像上按住鼠标左键，将对象移动到如图 6.25 所示的位置。

（3）选择“8”图层，移动对象位置，如图 6.26 所示。

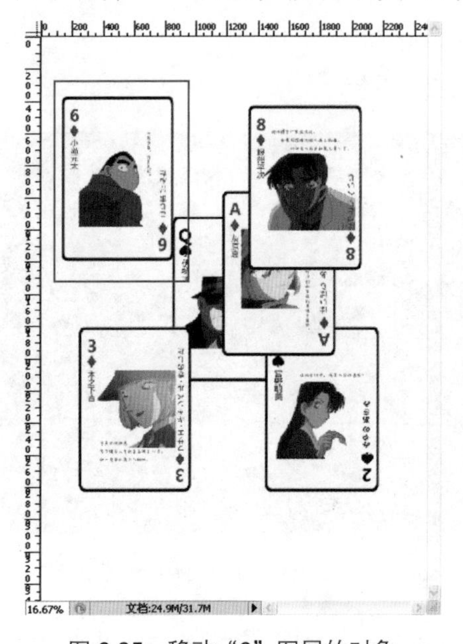

图 6.25 移动“6”图层的对象

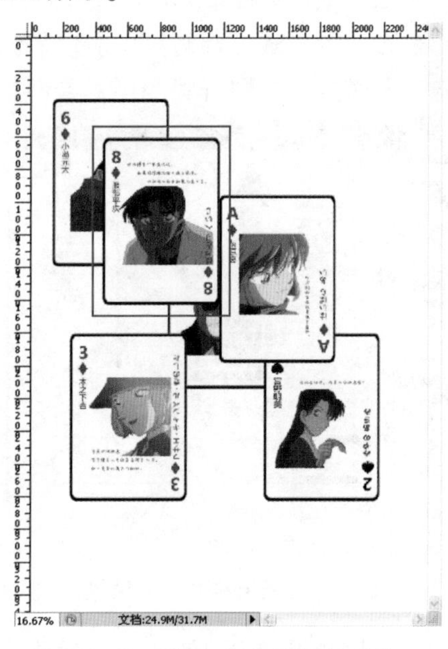

图 6.26 移动“8”图层的对象

（4）应用相同的方法，移动所有图层中的对象，如图 6.27 所示。

步骤 2 调整图层顺序

（1）调整了图层中对象的位置，发现“8”图层的对象“跳”了出来，需要调整图层的顺序，此时的“图层”调板如图 6.28 所示。

（2）在“图层”调板中，将“8”图层拖拽到“Q”图层与“6”图层之间，如图 6.29 所示。

（3）最终效果如图 6.30 所示，保存文件。

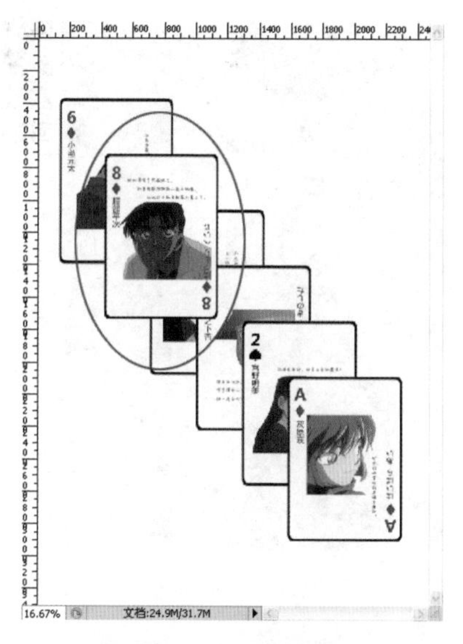

图 6.27　移动所有对象

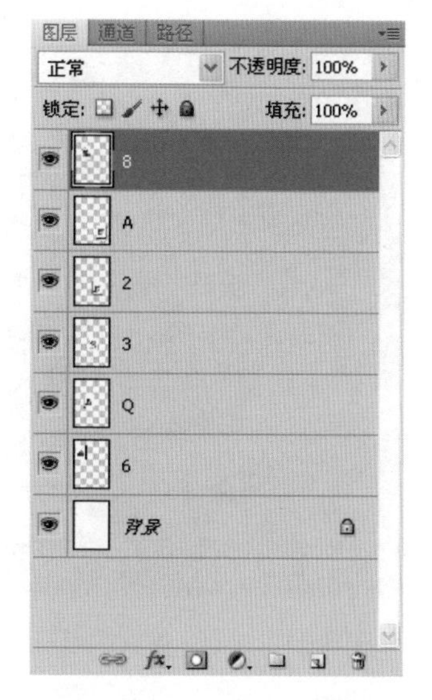

图 6.28　“图层”调板

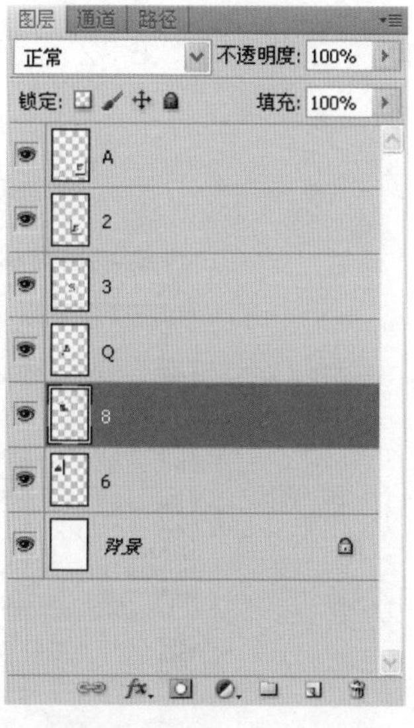

图 6.29　拖动“8”图层

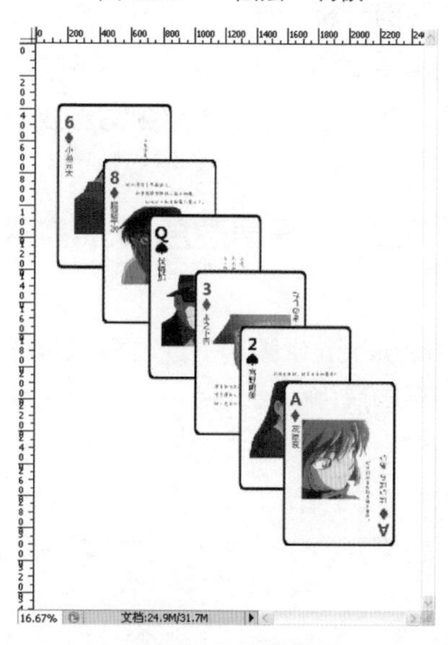

图 6.30　最终效果

6.2 应用图层的混合模式给美女换装

素材准备

“素材 - 美女换装 .jpg”如图 6.31 所示。

完成效果

完成效果如图 6.32 所示。

图 6.31　素材 - 美女换装 .jpg

图 6.32　完成效果

案例分析

图中美女的衣服是绿色的，需要给美女换一件橙色的衣服，如图 6.32 所示，想要达到这样自然的效果，需要用到图层混合模式。理论讲解如下。

6.2.1　图层混合模式简介

Photoshop 中图层的混合模式用于确定当前图层中的像素与下一个图层中的像素进行混合的方式。

图层的混合模式设置在“图层”调板的上方，包含的混合模式如图 6.33 所示。

单击需要的混合模式，便可以执行图层混合模式的效果。

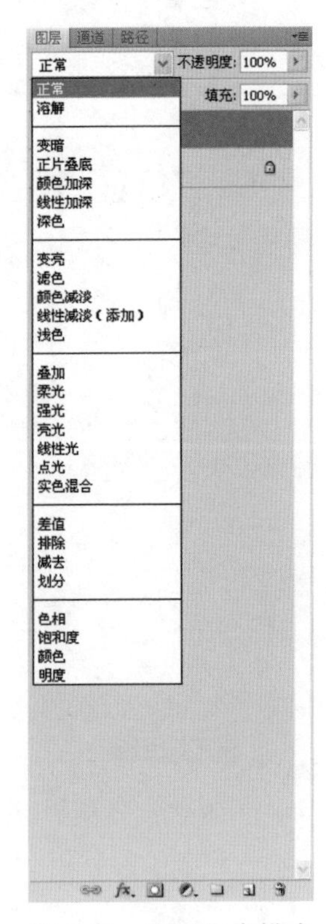

图 6.33　图层混合模式

6.2.2　混合模式的效果

混合模式应用得很广泛，下面介绍几种常用的混合模式。

在一幅图上新建一层，绘制一个红色矩形并选择混合模式。

- “正常”：这是图层的默认模式，应用这种模式，新的颜色和图案将完全覆盖原始图层，或混合颜色完全覆盖下面的图层，成为最终效果，如图 6.34 所示。

图 6.34 “正常”混合模式

➢ “变亮”：应用这种模式时，是以较亮的像素取代原图像中较暗的像素，但是较亮的像素不变，如图 6.35 所示。

图 6.35 “变亮”混合模式

➢ “正片叠底”：应用这种模式时，将使背景色与混合颜色相乘，混合后的图像效果通常将比原图像色调要深，如图 6.36 所示。

图 6.36 “正片叠底”混合模式

➢ “叠加”：应用这种混合模式，使混合颜色与底层叠加，并且保持基色的明暗度，如图 6.37 所示。

图 6.37 “叠加”混合模式

6.2.3 实现案例——应用图层的混合模式给美女换装

素材准备

“素材 - 美女换装 .jpg”如图 6.31 所示。

完成效果

完成效果如图 6.32 所示。

思路分析

- 用选区工具绘制衣服轮廓。
- 填充颜色。
- 设置图层混合模式。

实现步骤

（1）打开“素材 - 美女换装 .jpg”，新建图层，更改图层名称为“颜色”。

（2）选择“多边形套索工具”，沿着人物的上衣外轮廓绘制选区，如图 6.38 所示。

（3）设置前景色为 #FF3300，按 Alt+Delete 键填充前景色，如图 6.39 所示。

图 6.38　绘制选区

图 6.39　填充颜色

（4）把图层混合模式由“正常”改为“叠加”，最终效果如图 6.40 所示。保存文件。

图 6.40 最终效果

6.3 使用图层蒙版实现梦里那片向日葵

素材准备

“素材 - 向日葵 .jpg” 如图 6.41 所示。

完成效果

完成效果如图 6.42 所示。

图 6.41 素材 - 向日葵 .jpg

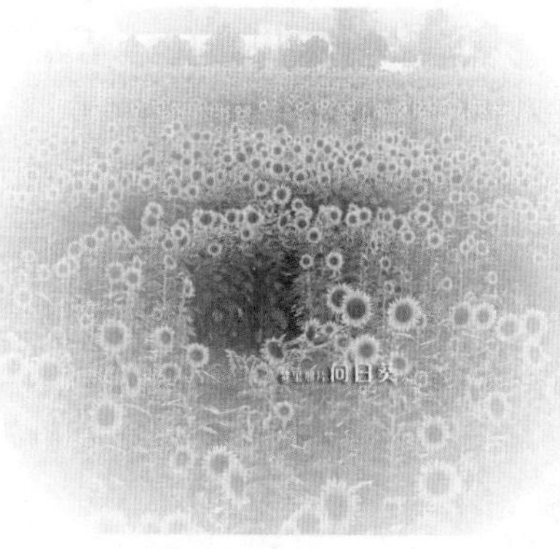

图 6.42 完成效果

案例分析

原图是一幅清晰的图像，现在要将图像处理成模糊的梦境效果，需要用到图层蒙版。理论讲解如下。

6.3.1 图层蒙版简介

图层蒙版可以通过改变图层蒙版不同区域的灰度，来控制图像对应区域的显示或透明程度，从而实现屏蔽等效果。

蒙版的原理是白色蒙版表示显示全部，黑色蒙版表示隐藏全部，对于灰色蒙版。越接近白色，表明透明度越高；越靠近黑色，透明度越低。注意，蒙版图层只有灰度没有色彩。

1. 添加白色蒙版

选择要添加图层蒙版的图层，单击“图层”调板底部的“添加图层蒙版”按钮或选择菜单“图层”→“图层蒙版”→“显示全部”，即为图层添加了一个默认填充白色的蒙版，显示该层全部内容，如图 6.43 所示。

2. 添加黑色蒙版

选择添加蒙版的图层，按住 Alt 键单击“添加图层蒙版”按钮或选择菜单“图层”→“图层蒙版”→“隐藏全部”，即为图层添加了一个默认填充黑色的蒙版，隐藏该图层全部内容，如图 6.44 所示。

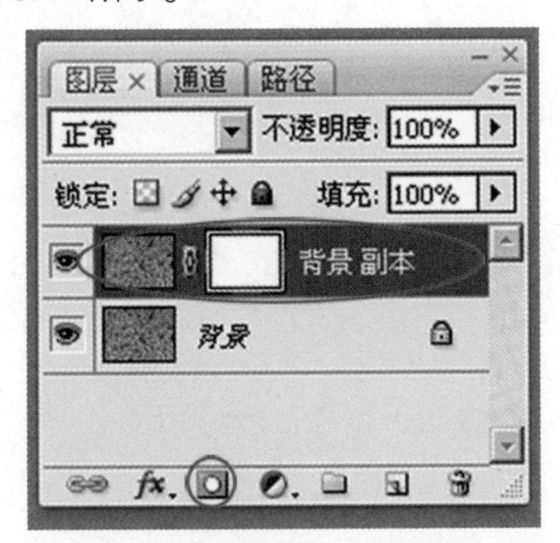

图 6.43　添加白色图层蒙版

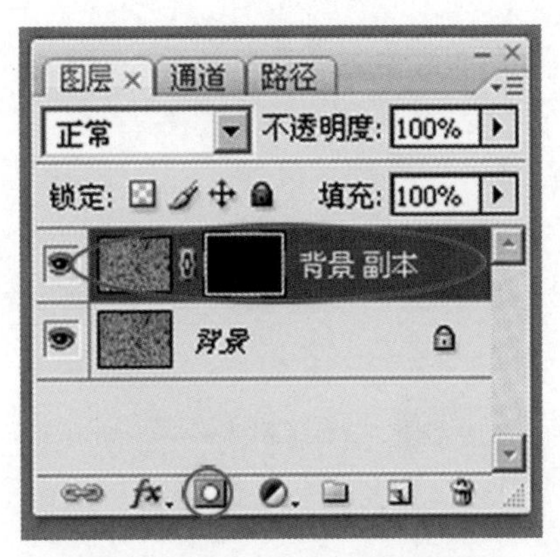

图 6.44　添加黑色图层蒙版

3. 删除图层蒙版

使用“删除图层蒙版”命令只是单纯地将图层蒙版删除，而不对图像进行任何修改，就像没有添加过图层蒙版一样。

在图层蒙版缩览图上单击鼠标右键，在弹出的快捷菜单中选择“删除图层蒙版”命令或选择菜单“图层”→“图层蒙版”→“删除”命令，便可以删除图层蒙版。

6.3.2 实现案例——使用图层蒙版实现梦里那片向日葵

素材准备

“素材 - 向日葵 .jpg” 如图 6.41 所示。

完成效果

完成效果如图 6.42 所示。

思路分析

➢ 复制图层。
➢ 添加图层蒙版。

实现步骤

（1）打开 “素材 - 向日葵 .jpg”，按 Ctrl+J 键，复制图层，默认图层名称为 “图层 1”。

（2）选择 “图层 1”，按住 Alt 键，单击 “添加图层蒙版” 按钮，添加黑色蒙版。

（3）新建图层，默认图层名称为 “图层 2”，将图层填充为白色，调整图层顺序，如图 6.45 所示。

（4）选中 “图层 1” 的黑色蒙版缩览图，选择 “渐变工具”，设置前景色为黑色，背景色为白色，并设置工具选项栏，如图 6.46 所示。

图 6.45 调整图层顺序

图 6.46 设置工具选项栏

（5）在图像的中间向左侧填充渐变，如图 6.47 所示。

（6）松开鼠标，效果如图 6.48 所示。

（7）添加文字完成最终效果，如图 6.49 所示。保存文件。

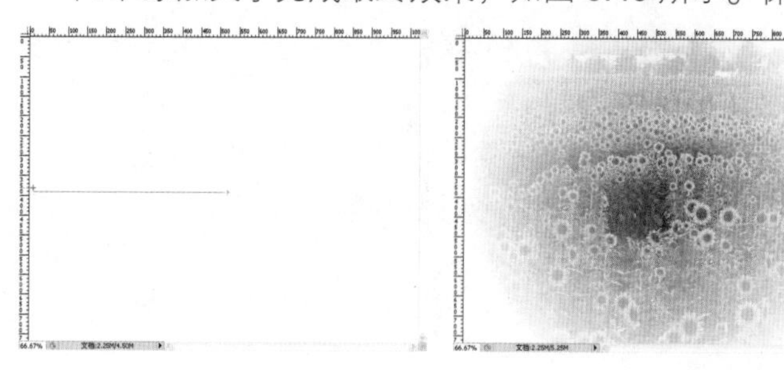

图 6.47 填充渐变　　图 6.48 渐变效果

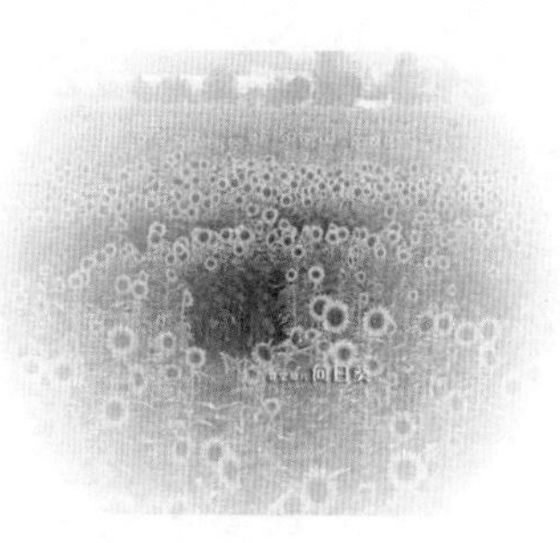

图 6.49 最终效果

6.4 使用剪贴蒙版给手机换壁纸

素材准备

“素材 1.jpg”和“素材 2.jpg”分别如图 6.50 和图 6.51 所示。

完成效果

完成效果如图 6.52 所示。

图 6.50　素材 1.jpg

图 6.51　素材 2.jpg

图 6.52　完成效果

案例分析

“素材 1.jpg”是一部手机，现在想要给这部手机更换壁纸，可以应用剪贴蒙版，最终效果如图 6.52 所示。理论讲解如下。

6.4.1　剪贴蒙版简介

剪贴蒙版可以使用被定义层的内容，来限制剪贴蒙版层图像的显示范围和不透明度。创建剪贴蒙版的快捷键是 Ctrl+Alt+G。通俗来说，下一层的形状可以决定上一层的显示范围，同时下一层的不透明度也可以影响上一层的不透明度。

如图 6.53 所示，图层面板有三个图层，分别是“背景”层、“圆”层和“图片”层。

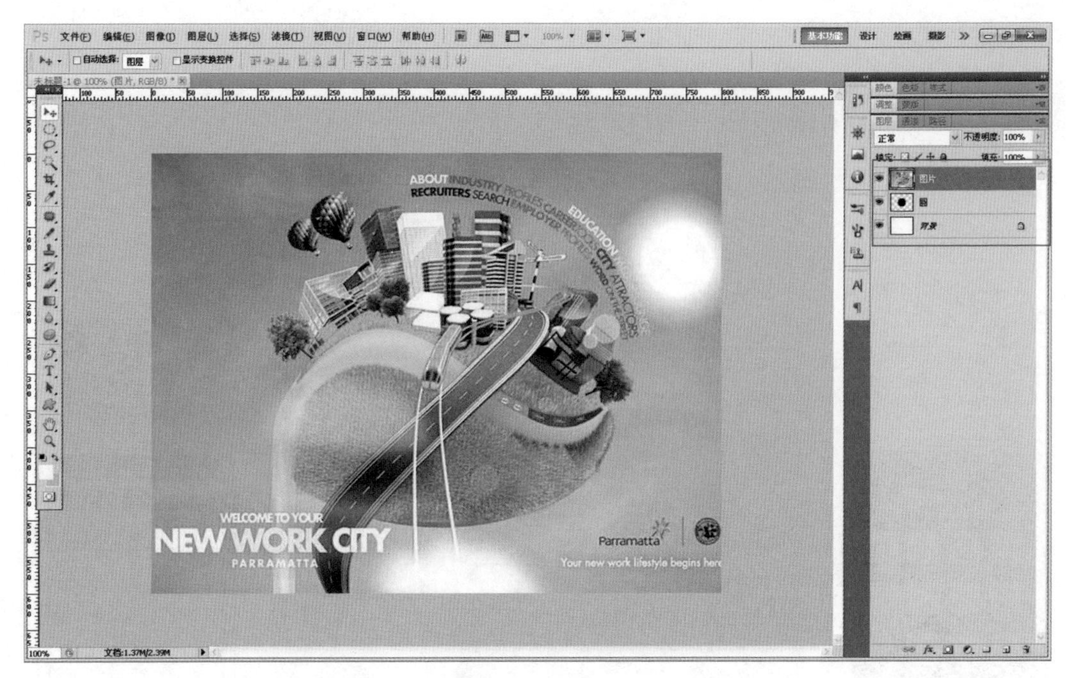

图 6.53　原效果

在“圆”层和“图片”层之间创建剪贴蒙版后，效果如图 6.54 所示。

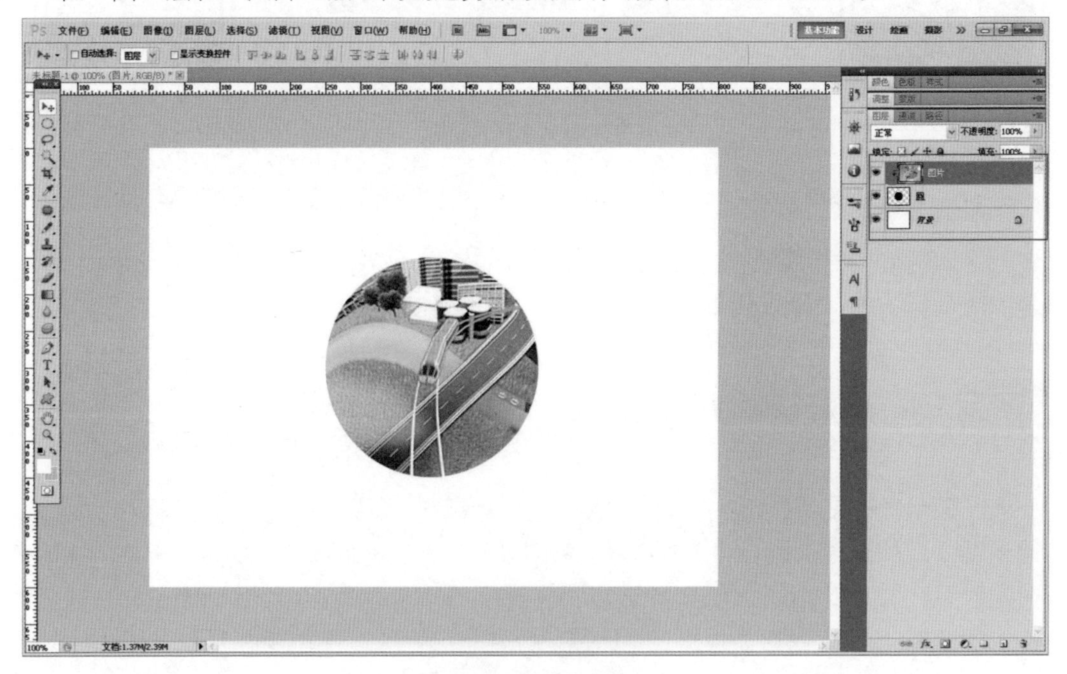

图 6.54　剪贴蒙版效果

通过图 6.53 和图 6.54 的比较可以发现，当在两个图层之间创建剪贴蒙版后，上面的图层（“图片”层）所显示的范围是下面的图层（“圆”层）的形状，即圆形。具体操作如下。

（1）创建剪贴蒙版。按住 Alt 键，将鼠标指针放在“图层”调板两个图层的分割线上，鼠标指针会变成两个交迭圆，如图 6.55 所示，然后单击鼠标左键，就可以创建剪贴蒙版，如图 6.56 所示。

图 6.55　交迭圆

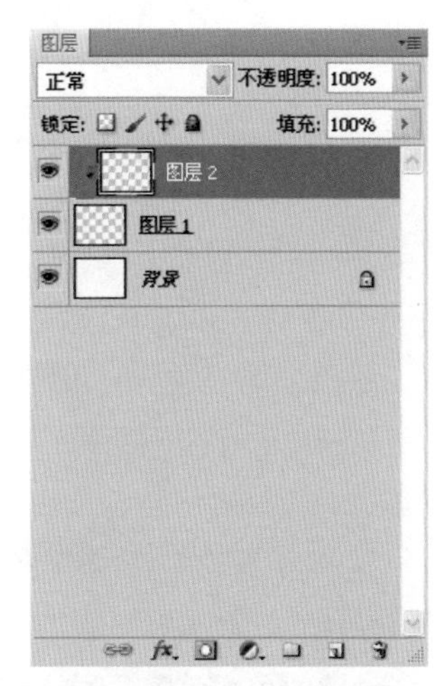

图 6.56　创建剪贴蒙版

（2）释放剪贴蒙版（取消剪贴蒙版）。按住 Alt 键，将鼠标指针放在图层调板两个图层的分割线上，鼠标指针会变成两个交迭圆，如图 6.57 所示。单击鼠标左键，即可释放（取消）剪贴蒙版，如图 6.58 所示。

图 6.57　交迭圆

图 6.58　释放剪贴蒙版

6.4.2　实现案例——使用剪贴蒙版给手机换壁纸

素材准备

“素材 1.jpg”和“素材 2.jpg”分别如图 6.50 和图 6.51 所示。

完成效果

完成效果如图 6.52 所示。

思路分析

- 绘制矩形。
- 创建剪贴蒙版。

实现步骤

（1）打开“素材 1.jpg”，新建图层，更改图层名称为“屏幕区”，绘制矩形覆盖手机屏幕的位置，填充任意颜色，如图 6.59 所示。

（2）将“素材 2.jpg”拖拽到“素材 1.jpg”中，更改图层名称为“卡通图”。按住 Alt 键，将鼠标指针放在“屏幕区”与“卡通图”的分割线上，鼠标指针会变成两个交迭圆，单击鼠标左键，创建剪贴蒙版，如图 6.60 所示。

（3）移动调整“卡通图”层的位置，最终效果如图 6.61 所示。保存文件。

图 6.59　绘制矩形

图 6.60　创建剪贴蒙版

图 6.61　最终效果

实战案例

实战案例 1——闪光的手表

需求描述

应用本章所学知识，制作手表的倒影，完成效果如图 6.62 所示。

素材准备

“素材 - 手表 .jpg” 如图 6.63 所示。

图 6.62　完成效果

图 6.63　素材 - 手表 .jpg

技能要点

- 图层的复制。
- 图层的透明度。

实现思路

根据理论课讲解的技能知识，完成如图 6.62 所示的效果，应从以下两点予以考虑。

- 如何给手表抠像。
- 如何制作倒影效果。

难点提示

- 应用选区工具勾选手表外轮廓，复制选区内图像。
- 调整图层的不透明度。实现倒影效果。

实战案例 2——黄昏的 UFO

需求描述

将一张背景素材图和一张飞碟素材图，应用本章相关知识，合成如图 6.64 所示的效果。

图 6.64　完成效果

素材准备

“素材 - 背景 .jpg” 和 “素材 - 飞碟 .jpg” 分别如图 6.65 和图 6.66 所示。

图 6.65　素材 - 背景 .jpg

图 6.66　素材 - 飞碟 .jpg

技能要点

图层蒙版的使用。

实现思路

如何应用图层蒙版制作 UFO 效果。

难点提示

用图层蒙版制作效果。拖拽 UFO 素材，创建图层蒙版，应用 “画笔工具”（选择白色或者黑色）涂抹 UFO 边缘。

本章总结

- 图层可以比作是透明的像素薄片，除了背景层外，其他图层可以按任意顺序堆叠，也可以单独处理图层上的对象，而不影响到其他图层。
- 一幅图像只能有一个背景图层，无法更改背景图层的堆叠顺序、混合模式和不透明度。
- 常见的图层样式有：阴影、内阴影、外发光、内发光、斜面和浮雕、颜色叠加、描边等。
- 常见的图层混合模式有：正常、溶解、正片叠底、颜色加深、变亮、颜色减淡、叠加等。
- 图层蒙版可以通过改变图层蒙版不同区域的灰度，来控制图像对应区域的显示或透明程度，从而实现屏蔽等效果。
- 剪贴蒙版可以使用被定义层的内容，来限制剪贴蒙版层图像的显示范围和不透明度。创建剪贴蒙版的快捷键是 Ctrl+Alt+G。通俗点说，下一层的形状可以决定上一层的显示范围，同时下一层的不透明度也可以影响上一层的不透明度。

学习笔记

本章作业

选择题

1. 一幅图像可以有（　　）背景图层。

   A. 一个　　B. 两个

   C. 三个　　D. 无限个

2. 按住（　　）键，单击“添加图层蒙版”按钮，可以添加黑色蒙版。

   A. Ctrl

   B. Alt

   C. Shift

   D. Tab

3. 创建剪贴蒙版的快捷键是（　　）。

   A. Ctrl+G　　B. Alt+G

   C. Ctrl+Alt+G　　D. Ctrl+F

4. 按住（　　）键，单击两个图层之间的分割线可以创建剪贴蒙版。

   A. Shift　　B. Ctrl

   C. Alt　　D. 空格

5. 不属于图层混合模式的是（　　）。

   A. 投影　　B. 渐变

   C. 叠加　　D. 排除

简答题

1. 图层的作用是什么?
2. 添加图层样式有几种方法？分别是什么?
3. 简要说明蒙版的作用。
4. 尝试制作拼图（素材如图6.67所示，完成效果如图6.68所示）。

图 6.67　素材 - 制作拼图 .jpg

图 6.68　完成效果

使用剪贴蒙版。

5. 尝试制作指环王，完成效果如图6.69所示。

图 6.69　完成效果

使用多种图层混合模式完成效果。

作业讨论区

访问课工场UI/UE学院：kgc.cn/uiue（教材版块），欢迎在这里提交作业或提出问题，你将有机会跟课工场的专家以及共同学习本书的小伙伴一起探讨切磋！

文字工具

本章目标

完成本章内容以后，您将：

- 掌握文字工具的使用。
- 学会使用绘制路径文字工具。
- 掌握对段落文字进行排版的方法。

本章素材下载

- 请访问课工场UI/UE学院：kgc.cn/uiue（教材版块）下载本章需要的案例素材。

本章简介

设计工作中，文字和图片是最基本的页面构成元素，不可或缺。在视觉上，图像往往对观众比较具有吸引力，但文字却能更直观地传达信息，二者的作用相辅相成，图文并茂视觉冲击更为强烈。在这一章里，大家来学习 Photoshop 中文字工具的应用。

理 论 讲 解

7.1 使用文字工具制作立顿奶茶的包装

素材准备

素材如图 7.1 所示。

图 7.1 素材图

完成效果

完成效果如图 7.2 所示。

案例分析

在立顿奶茶的包装效果图中，整体色调十分活泼，画面充满动感，配以较粗且卡通化的文字效果，再次提升了产品对用户的吸引力。在 Photoshop 中要实现如图 7.2 所示的效果，需要运用文字工具、自由变换、图层样式等知识点。相关理论讲解如下。

图 7.2 完成效果

7.1.1 文字工具

Photoshop 拥有强大、灵活的文本处理功能，而且还可以对文本应用不同的格式、样式、效果等。在 Photoshop 中输入的文本分为两种形式，分别是点文本和段落文本。

➢ 点文本：使用文字工具直接在图像窗口中单击后输入的文本，称为点文本。在输入点文本时，文字不会自动换行，如果需要换行，就必须按下 Enter 键。点文本用于输入少量的文字，如段落标题等。

➢ 段落文本：使用文字工具在图像窗口中拖出段落文本框，在文本框中输入的文字就称为段落文本。段落文本会根据文本框的大小自动换行，此种方式用于输入大段的文字，如正文等。

1. 输入点文本

使用 Photoshop 的文字工具可以设置文本在图像中的排列顺序是横排还是竖排，下面将对“横排文字工具”和“直排文字工具”进行详细介绍。

（1）“横排文字工具” T。

使用此工具可以添加横排文本，默认情况下文本颜色为前景色，并自动添加一个文字图层。

选择“横排文字工具”后，其工具选项栏如图 7.3 所示。

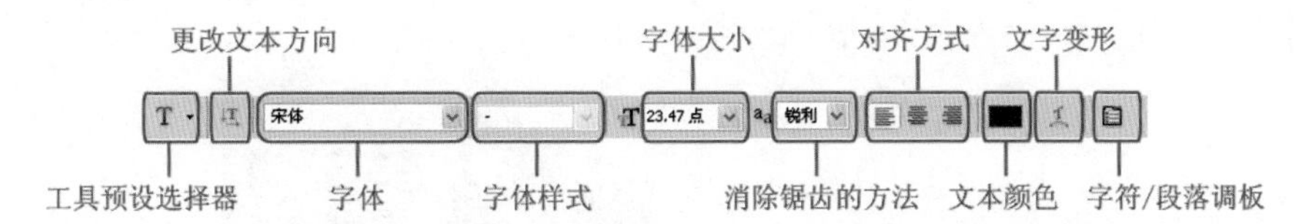

图 7.3 “横排文字工具”选项栏

对“横排文字工具”选项栏的各参数解释如下。

➢ 字体：字体在计算机中实际是一个个字体文件，每个字体文件代表一种字体。常用的中文字体有宋体、黑体、楷体等，常用的英文字体有 Arial、Arial Black 等。

➢ 字体样式：字体样式就是设置文本为加粗、斜体、加粗且斜体，或保持正常。要重点显示一个段落中的特定词语时，可以使用字体样式，也可以将其用于标题和子标题。

➢ 字体大小：字体大小定义字符的宽度和高度。字体大小的取值范围为 6 ~ 72 磅，但是只需在框中输入数值，就可以设置字体的大小为输入的数值，输入的范围为 0.01 ~ 1296。

➢ 消除锯齿的方法：消除锯齿的下拉列表中有五个选项，即“无”“锐利”“犀利”“浑厚”和“平滑”。“消除锯齿”选项影响特定图层上的整个文本。无法为单个词语或字符应用此选项。

◆ “无”：此选项不进行任何消除锯齿的处理。
◆ “锐利”：此选项使文字边缘非常锐化且反差强烈。
◆ “犀利”：此选项使文字稍微消除锯齿而保持清晰边缘。
◆ “浑厚”：此选项使文字消除锯齿，文本变粗。
◆ “平滑”：此选项消除锯齿状边缘，并产生非常平滑的效果。

➢ 对齐：对齐选项是设置文本的对齐方式。对齐方式有三种，分别为“左对齐”“居中”和“右对齐”。对齐选项多数时候应用于段落。创建定界框时，文本将与定界框的边界对齐。

➢ 文字变形：文字变形选项可以根据选项栏中的下拉列表选定的路径形状，对文字进行扭曲变形。

（2）“直排文字工具”。

➢ 使用此工具可以添加竖排文本，默认情况下文本颜色为前景色，并自动添加一个文字图层。

➢ 选择“直排文字工具”后，其工具选项栏各参数和“横排文字工具”选项栏基本一致，如图 7.4 所示。

图 7.4 “直排文字工具”选项栏

输入点文本的操作步骤如下。

（1）打开“素材 - 蜀南竹海 .jpg”，如图 7.5 所示。

图 7.5 素材 - 蜀南竹海 .jpg

（2）在工具调板中选择“横排文字工具”，在工具栏中设置字体为“华文彩云”，字体大小为 36 点，文本颜色为 #CCEC87，如图 7.6 所示。

图 7.6 设置文字的大小和字体

（3）在图像窗口的任意位置单击，出现文字光标，输入所需的文字，此时文字为横向排列，如图 7.7 所示。

（4）将光标移动到文字以外的其他区域上，当光标变为状态时按下鼠标左键拖动文字，即可移动文字的位置，如图 7.8 所示。

图 7.7　输入文字内容

图 7.8　移动文字的位置

（5）按住 Ctrl 键，将光标移动到控制框内拖动鼠标，也可移动文字的位置，如图 7.9 所示。

（6）按住 Ctrl 键，将光标移动到控制框的四角处，拖动控制点，可以自由缩放文字；当光标变成▶状态时按下鼠标左键拖动，可以使文字在水平或垂直方向倾斜，同时还可调整文字的高度和宽度，如图 7.10 所示。

图 7.9　移动文字的位置

图 7.10　在水平和垂直方向上倾斜文字

（7）按住 Ctrl 键，将光标移动到控制框外离控制线一定的距离后，光标将变为双箭头状态，此时拖动鼠标，可将文字按顺时针或逆时针方向自由旋转，如图 7.11 所示。

（8）此时单击工具栏中的按钮，改变文本方向，将横排文字变为直排文字，如图 7.12 所示。

图 7.11　顺时针和逆时针方向旋转文字

图 7.12　改变文本方向

（9）确认输入的文字无误后，单击工具选项栏中的✔按钮或按下 Ctrl+Enter 键，即可完成文字的输入。此时“图层”调板中将自动创建一个新的文字图层，文字图层将以输入的文字内容命名，如图 7.13 所示。

（10）鼠标右击文字图层，在弹出的快捷菜单中选择“文字变形”命令，如图 7.14 所示。

图 7.13　生成的文字图层

图 7.14　选择文字变形命令

（11）弹出“变形文字”对话框后，可在“样式”下拉列表里选择所需的变形效果，如图 7.15 所示。

图 7.15　文字变形

2. 输入段落文本

输入段落文本的操作方法如下。

（1）选择“横排文字工具” T 或“直排文字工具” IT，在图像窗口中按下鼠标左键并拖移，创建一个虚线文本框，如图 7.16 所示。

（2）释放鼠标后，在闪动的文字光标处输入所需的文字，按 Ctrl+Enter 组合键确认，即可完成段落文本的输入，如图 7.17 所示。

图 7.16　创建一个虚线文本框

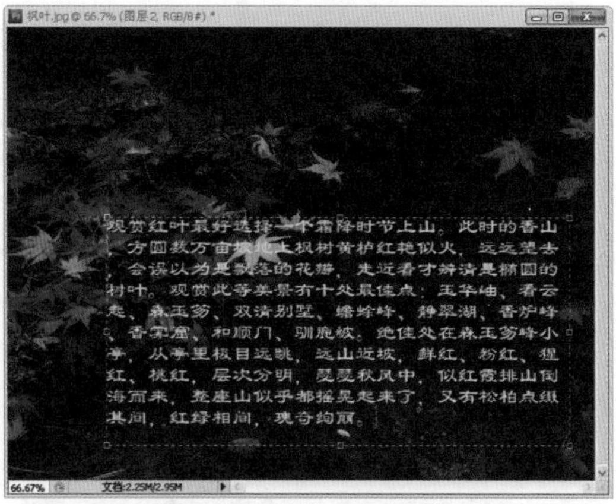

图 7.17　输入段落文字

（3）在输入段落文本时，当输入的文本不能完全在文本框中显示时，位于文本框右下角的控制点将变为⊞形状，这时可以通过调整文本或段落文本框的大小，使所有文字在文本框中完全显示。要调整文本框的大小，拖动段落文本框四周的控制点即可，如图 7.18 所示。在调整文本框的大小时，文字的大小不会发生改变。

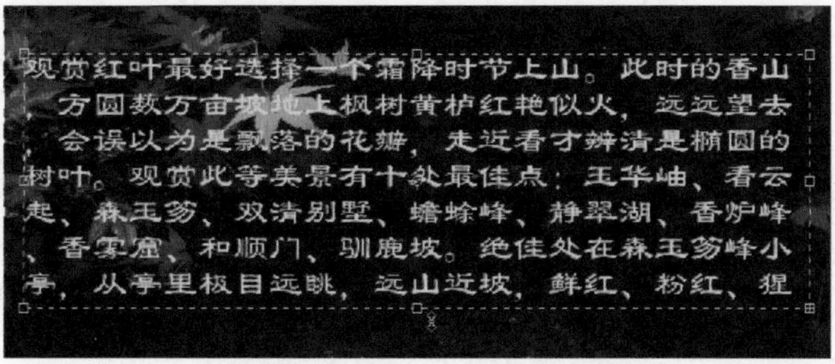

图 7.18　调整段落文本框的大小

（4）在输入段落文字时，变换段落文本的操作方法与变换点文本基本相同：按住Ctrl键，在段落文字周围将出现自由变换控制框，可对文字进行移动、缩放、倾斜和旋转操作。此处不作累述。

7.1.2　文字蒙版工具

工具调板中的“横排文字蒙版工具”和“直排文字蒙版工具”，分别用于创建横排和竖排的文字、数字、字母、标记和符号形式的选区，且没有文字属性，也不会向图层调板添加任何新图层。具体操作方法如下。

（1）使用“横排文字蒙版工具”或“直排文字蒙版工具”在图像上单击，或按下鼠标左键创建一个段落文本框，然后输入所需的文字，此时将以文字形状创建蒙版，如图 7.19 所示。

（2）按下 Ctrl+A 组合键，选择当前文字图层中的所有文字，然后可通过“文本工具”选项栏来调整文字的字体、大小、文本方向和排列方式，如图 7.20 所示。

图 7.19　输入文字内容

图 7.20　设置文本属性

（3）设置好文字属性后，单击工具选项栏中的✔按钮或按下 Ctrl+Enter 组合键确认输入的文字，蒙版将自动转换为文字型选区，如图 7.21 所示。

（4）建立文字型选区后，就可以对选区进行自由变换、设置羽化参数、填充颜色和图案等效果。如图 7.22 所示是为文字型选区填充颜色的效果。

图 7.21　创建的文字型选区

图 7.22　为选区填充颜色

使用文字蒙版工具创建文字型选区后，不会产生新的文字图层，它不具有文字的属性，因此无法按照编辑文字的方法对文字型选区进行各种属性的编辑，所以在决定创建文字选区前要确认是否设置好所有的文字属性。

7.1.3 转换文字图层

在 Photoshop 中输入文字后，系统将自动生成以文字内容命名的文字图层。由于 Photoshop 对文字图层的编辑功能相对有限，因此在编辑和处理文字时，要对文字进行更多的编辑处理或应用各类效果命令，可以根据需要，将文字图层转换为普通图层，或者将文字转换为形状和路径。

➢ “转换为普通图层”：在“图层”调板中，在需要转换的文字图层上右击，在弹出的快捷菜单中选择“栅格化文字”命令，如图 7.23 所示，即可将文字图层转换为普通图层。

➢ “转换为形状”：在“图层”调板中，在需要转换的文字图层上右击，在弹出的快捷菜单中选择“转换为形状”命令，即可将文字图层转换为形状。将文字转换为形状后，可以使用编辑路径的方法对文字形状进行各种富有创意的编辑，使文字产生特殊效果。

➢ “创建工作路径”：在“图层”调板中，在需要转换的文字图层上右击，在弹出的快捷菜单中选择“创建工作路径”命令，即可将文字转换为路径。创建工作路径后，文字所在的文字图层不会被替换，系统会在“路径”调板中自动创建一个文字型工作路径进行描边或其他编辑操作。

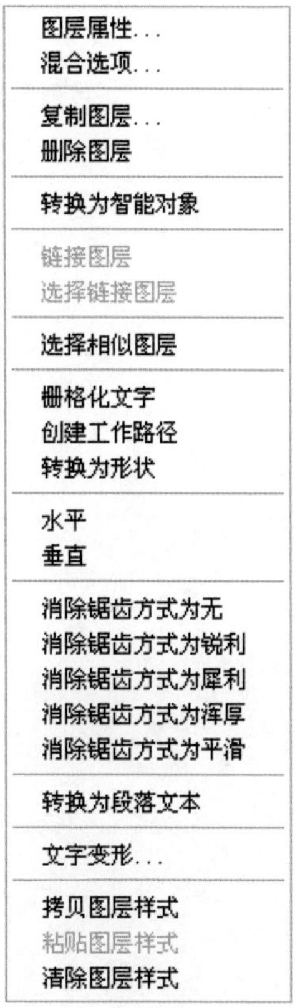

图层属性...
混合选项...
复制图层...
删除图层
转换为智能对象
链接图层
选择链接图层
选择相似图层
栅格化文字
创建工作路径
转换为形状
水平
垂直
消除锯齿方式为无
消除锯齿方式为锐利
消除锯齿方式为犀利
消除锯齿方式为浑厚
消除锯齿方式为平滑
转换为段落文本
文字变形...
拷贝图层样式
粘贴图层样式
清除图层样式

图 7.23　图层命令菜单

7.1.4 实现案例——使用文字工具制作立顿奶茶的包装

素材准备

素材如图 7.1 所示。

完成效果

完成效果如图 7.2 所示。

思路分析

➢ 使用素材图片和文字工具制作平面图。

➢ 使用素材图片和文字工具制作侧面图。
➢ 制作整体效果图。

操作步骤

步骤 1 制作平面图

（1）打开本案例素材“素材 5.jpg”，将文件另存为“立顿平面图结果 .psd”。选择“横排文字工具” T，字体设置为“方正粗圆简体”，大小为 10.15 点，颜色为 #FFFFFF，在画面的右上方输入文字“增量”，如图 7.24 所示。

图 7.24 输入文字

（2）按 Ctrl+Enter 组合键确认输入文字。单击“图层”调板底部的“添加图层样式”按钮 fx，选择“投影”，阴影颜色为 #000000，不透明度为 75%，角度为 155 度，距离为 4 像素；选中文字，逆时针旋转 16.5 度，调整到合适的位置，效果如图 7.25 所示。

（3）选择“横排文字工具” T，字体设置为“Arial Black”，大小为 16.15 点，颜色为 #FFFFFF，输入数字“50”，如图 7.26 所示。

（4）按 Ctrl+Enter 组合键确认输入文字。单击“图层”调板底部的“添加图层样式”按钮 fx，选择“描边”，大小为 3 像素，颜色为 #E6721E，效果如图 7.27 所示。

（5）选择“横排文字工具” T，字体设置为 Arial Black，大小为 8.15 点，颜色为 #FFFFFF，输入英文 cc，按 Enter 键确认输入文字。单击“图层”调板底部的“添加图层样式”按钮 fx，选择“描边”，大小为 3 像素，颜色为 #E6721E，效果如图 7.28 所示。

图 7.25　添加图层样式

图 7.26　输入数字

图 7.27　添加图层样式

图 7.28　输入文字并添加图层样式

（6）按照步骤（5），输入文字“免费喝！”，效果如图 7.29 所示。

（7）将“素材 2.psd”中的图像拖拽到“立顿平面图结果 .psd”中。将生成的新图层名称修改为“立顿标志”，调整图像的大小和位置，效果如图 7.30 所示。

（8）选择“横排文字工具” T，字体设置为“方正准圆体”，大小为 12.76 点，颜色为 #000000，输入文字“原味奶茶”，按 Ctrl+Enter 组合键确认。单击“图层”调板底部的“添加图层样式”按钮，选择“描边”，大小为 3 像素，颜色为 #FFFFFF，逆时针旋转 30 度，栅格化文字。选择菜单“编辑”→“变换”→“透视”，调整文字，效果如图 7.31 所示。

（9）选择“横排文字工具” T，字体设置为 Loki Cola，大小为 7.23 点，颜色为 #E6721E，输入英文“original”，逆时针旋转 30 度，效果如图 7.32 所示。

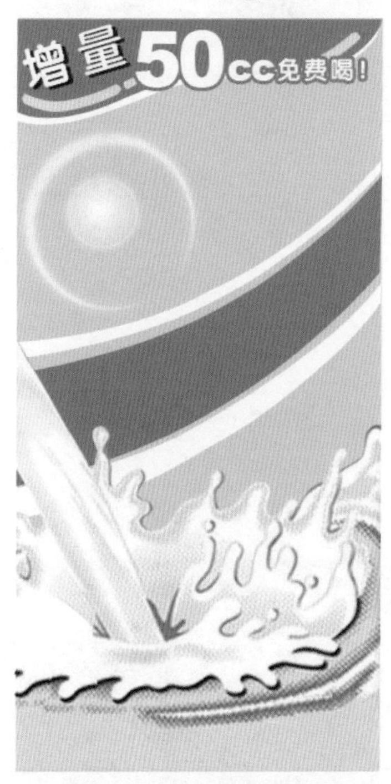

图 7.29　输入文字并添加图层样式

图 7.30　添加立顿标志

图 7.31　制作文字效果

图 7.32　制作文字效果

（10）选择“横排文字工具”T，字体设置为“方正粗圆简体”，大小为 4.15 点，颜色为 #000000，输入英文“300ml”，参照同样方法，输入文字“不含防腐剂”，效果如图 7.33 所示。

（11）将“素材 1.psd”拖拽到“立顿平面图结果 .psd”中，将新生成的图层命名为“行业标志”，调整图像的大小和位置，效果如图 7.34 所示。平面图制作完成，保存文件。

图 7.33　制作文字效果

图 7.34　平面图完成效果

步骤 2　制作侧面图

（1）新建文件，设置宽、高为 222 像素 ×654 像素，分辨率为 300 像素，将文件保存为“立顿侧面图结果 .psd”，设置前景色为 #F4E00A，将画面填充为前景色。

（2）选择“横排文字工具”T，字体设置为“方正准圆简体”，大小为 4.23 点，颜色为 #000000，在图像窗口中按住鼠标左键并拖移，创建一个虚线文本框，如图 7.35 所示。

（3）将素材“文本 .txt”中的文字复制并粘贴到文本框里，添加空格键调整版式，确定后的效果如图 7.36 所示。

（4）将“素材 3.psd”和“素材 4.psd”中的图像拖拽到“立顿侧面图结果 .psd”中，将生成的新图层名称分别修改为“联合利华”、“质量安全”，调整图像的大小和位置，效果如图 7.37 所示。至此侧面图制作完成，保存文件。

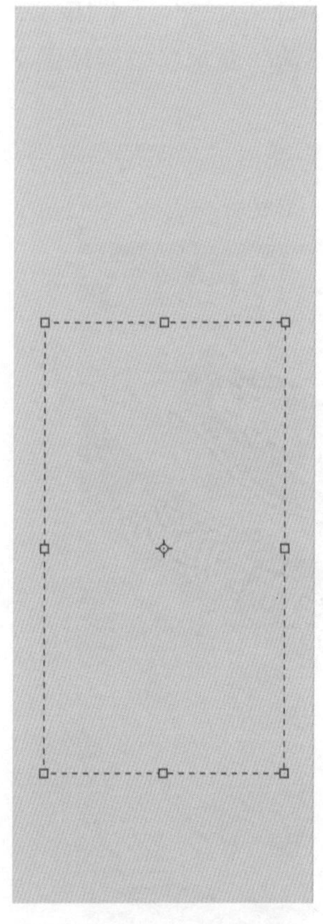

图 7.35　创建文本框

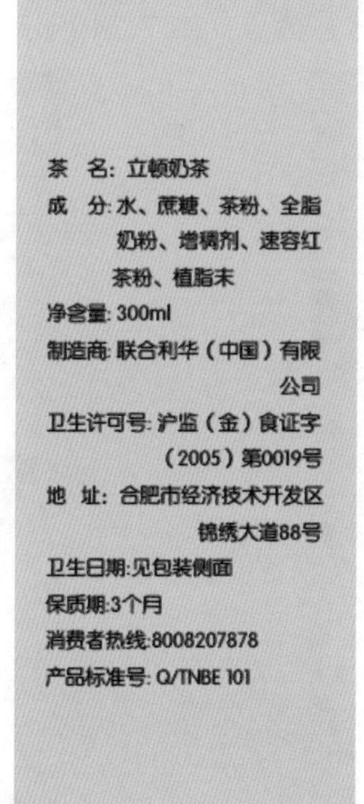

图 7.36　制作文字

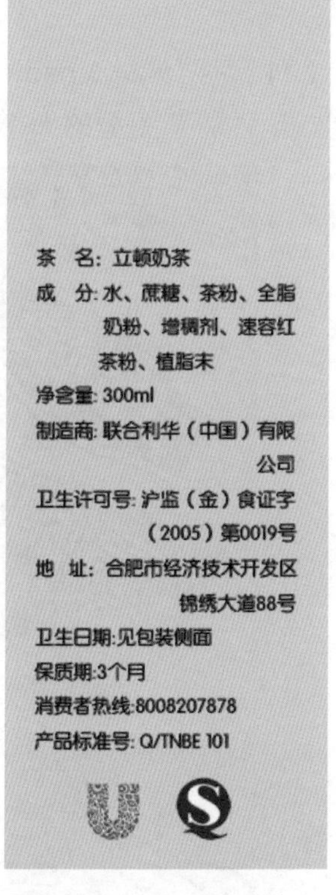

图 7.37　侧面图完成效果

步骤 3　制作效果图

（1）新建文件，设置宽、高为 500 像素 ×650 像素，将文件保存为“立顿效果图结果 .psd”。

（2）将“立顿平面图结果 .psd”中所有的图层合并，并将合并后的图像拖拽到“立顿效果图结果 .psd”中。将生成的新图层改名为“立顿正面”，选择“自由变换”命令，按 Ctrl 键制作透视效果，如图 7.38 所示。

（3）将“立顿侧面图结果 .psd”中所有的图层合并，并将合并后的图像拖拽到“立顿效果图结果 .psd”中。将生成的新图层改名为“立顿侧面”，选择“自由变换”命令，按 Ctrl 键制作透视效果；选择“加深工具”，设置画笔预设为柔角，主直径为 149 像素，硬度为 0%，范围为中间调，曝光度为 9%，适当加深“立顿侧面”图层，效果如图 7.39 所示。

（4）选中“立顿正面”图层，选择“加深工具”，设置画笔预设为柔角，主直径为 50 像素，硬度为 0%，范围为中间调，曝光度为 28%，适当加深图像边缘，效果如图 7.40 所示。

图 7.38　正面透视图

图 7.39　侧面透视图

图 7.40　制作边缘效果

（5）新建图层“投影”，将图层拖拽到“立顿侧面”和“立顿正面”图层之下。选择“多边形套索工具”，模式为“新选区”，绘制一个四边形的选区，设置羽化半径为 5 像素，如图 7.41 所示。

（6）选择“渐变工具”，模式为“线性渐变”，设置色标，颜色从左到右依次为 #666666、#FFFFFF，由上到下进行填充（若颜色方向不对，在工具选项栏中选中“反向”）。最终的完成效果如图 7.42 所示。保存文件。

图 7.41　绘制并羽化选区

图 7.42　最终完成效果

7.2 使用文字工具制作楼盘广告

素材准备

素材图如图 7.43 所示。

图 7.43 素材图

完成效果

完成效果如图 7.44 所示。

图 7.44 完成效果

案例分析

自从中国房地产市场进入快车道，与之相关的产业也进入快速发展期，形形色色的楼盘广告在生活中随处可见，琳琅满目的楼盘网站也应运而生。如图 7.44 所示的效果既可以单独使用到楼盘广告中，也可以作为楼盘网站的素材。在 Photoshop 里要实现这幅楼盘广告的效果，需要运用文字工具、“字符” / “段落” 调板、图层、图层蒙版等。相关理论讲解如下。

7.2.1 “字符”“段落”调板

使用 Photoshop 中的“字符”和“段落”调板，可以方便地设置文字的基本属性，并对段落文本进行一系列的编排操作。

1. “字符”调板

“字符”调板提供用于设置字符格式的选项。通过该调板，可以对文字的字体、大小、字距、颜色和字体样式等基本属性进行设置。

选择菜单“窗口”→“字符”命令或者在文字工具选项栏中单击按钮，都可以打开“字符”调板，如图 7.45 所示。

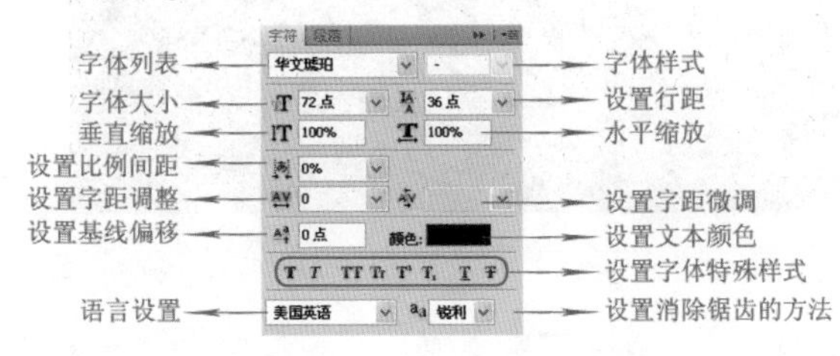

图 7.45 “字符”调板

对“字符”调板参数解释如下：

- 字体列表、字体样式和字体大小：与文字工具选项栏中相应选项的功能和用法相同，分别用于设置文本的字体、字型和大小。
- 设置行距：用于设置上一行文字基线与下一行文字基线之间的距离，即行间距。选取需要调整的文字图层，在“设置行距”数值框中输入所需的行距值或在其下拉列表中选择适当的行距值，按 Enter 键即可。设置不同行距的文本排列效果如图 7.46 所示。

图 7.46 改变文字行间距

➢ 垂直缩放和水平缩放：用于设置文字的垂直或水平缩放比例，以调整文字的高度或宽度。设置不同水平缩放和垂直缩放比例后的文字效果如图 7.47 所示。

图 7.47 设置文字的缩放比例

➢ 设置比例间距：按指定的百分比值减少字符周围的空间。因此，字符本身并不会被伸展或挤压。相反，字符的外框和全角字框之间的间距将被压缩。当向字符添加比例间距时，字符两侧的间距按相同的百分比减小。
➢ 设置字距调整：此数值控制了所选文字之间的距离，数值越大字距越大，效果如图 7.48 所示。
➢ 设置基线偏移：此参数仅用于设置选中文字的基线值，对于水平排列的文字而言，输入正值时，文字上移；输入负值时，文字下移，如图 7.49 所示。

图 7.48 设置文字的字符间距

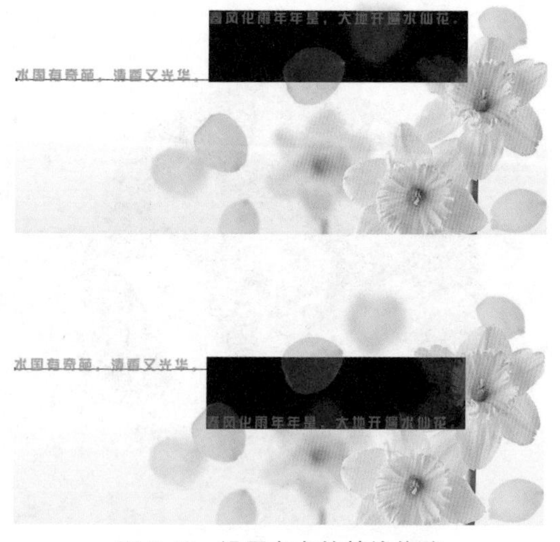

图 7.49 设置文字的基线偏移

➢ 设置字体特殊样式：用于设置文字的效果，可以复选。其中的命令按钮依次是：仿粗体、仿斜体、全部大写字母、小型大写字母、上标、下标、下划线和删除线。

2. “段落”调板

“段落”调板提供了用于设置段落编排格式的选项。通过该调板，可以设置段落文本的对齐方式和缩进量等参数。选择菜单“窗口”→“段落”命令，打开“段落”调板，如图 7.50 所示。

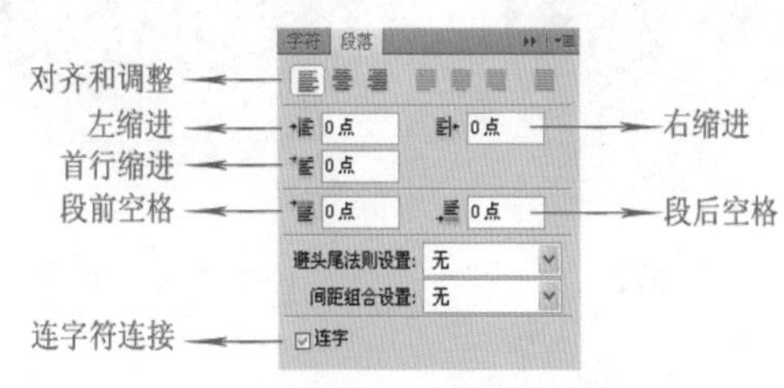

图 7.50　“段落”调板

➢ 对齐和调整：单击其中的按钮，所在的段落以相应的方式对齐。在如图 7.51 所示的文字效果中，依次为居中对齐、左对齐和右对齐效果。

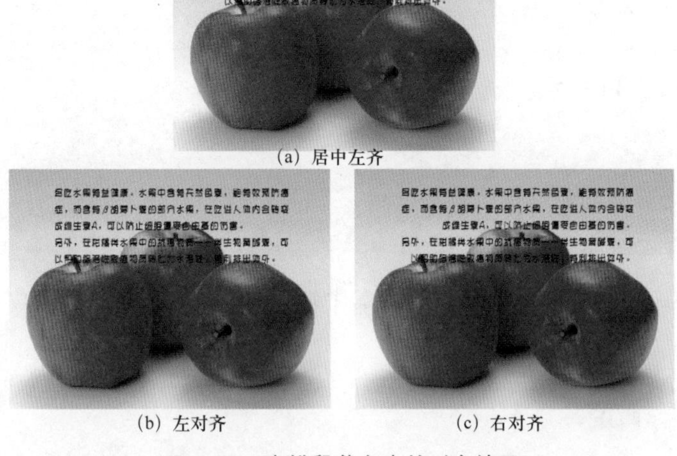

(a) 居中左齐

(b) 左对齐　　(c) 右对齐

图 7.51　直排段落文本的对齐效果

➢ 左缩进：设置当前段落的左侧相对于定界框左边的缩进值，如图 7.52 所示。

➢ 右缩进：设置当前段落的右侧相对于定界框右边的缩进值。

➢ 首行缩进：设置选中段落的首行相对于其他行的缩进值，如图 7.53 所示。

➢ 段前空格：设置当前段落与上一段落之间的垂直间距。

➢ 段后空格：设置当前段落与下一段落之间的垂直间距。

➢ 连字符连接：设置手动或自动断字。

图 7.52　段落文本左缩进效果

图 7.53　设置文字的首行缩进值

7.2.2　实现案例——使用“文字工具”制作楼盘广告

素材准备

素材如图 7.43 所示。

完成效果

完成效果如图 7.44 所示。

思路分析

- 使用移动工具和图层蒙版制作背景。
- 使用文字工具处理文字效果。
- 添加 Logo，并将其调整到合适的大小和位置。

操作步骤

步骤 1 制作背景

（1）新建文件，设置文档宽度、高度为 17 厘米 ×11 厘米，分辨率为 72 像素 / 英寸，颜色模式为 RGB，背景内容为白色。

（2）设置前景色为 #E3EBFA，按 Alt+Delete 组合键使用前景色填充。

（3）打开本案例素材图“素材 1.jpg”、“素材 2.jpg”。

（4）选择“素材 1.jpg”，使其为当前编辑状态，按住鼠标左键，把图像拖拽至“未标题 -1”中，如图 7.54 所示。

（5）选择“素材 2.jpg”，使其为当前编辑状态，把图像拖拽至“未标题 -1”中，如图 7.55 所示。

图 7.54　拖拽图像

图 7.55　拖拽图像

（6）单击“图层”调板底部的“添加图层蒙版”按钮，如图 7.56 所示。

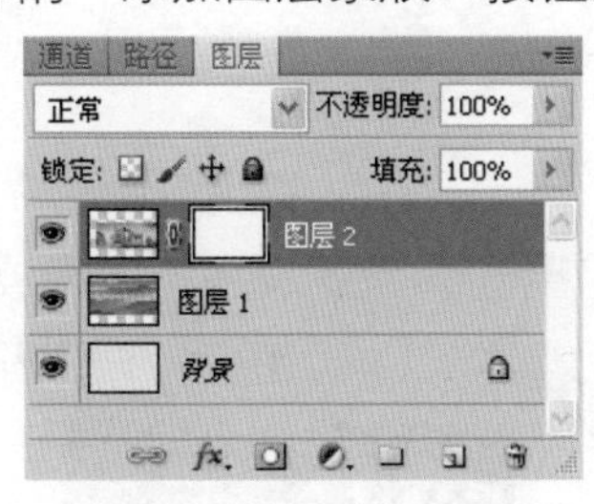

图 7.56　添加图层蒙版

（7）设置前景色为 #000000，背景色为 #FFFFFF，选择“渐变工具”，设置工具选项栏：前景到背景，径向渐变，选择“反向”，如图 7.57 所示。

图 7.57　“渐变工具”选项栏

按住 Shift 键从房子的中心向上拖拽，结果如图 7.58 所示。

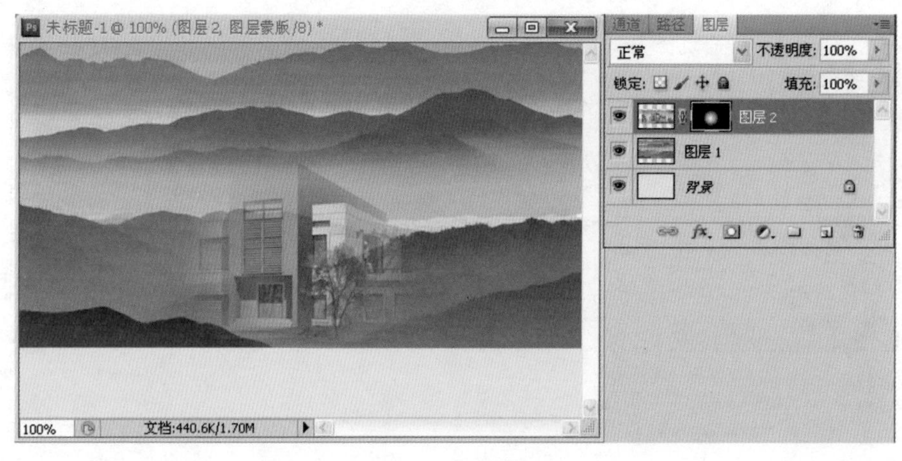

图 7.58　填充渐变色

（8）选择“素材 2.jpg”为当前编辑状态，把图像拖拽至“未标题 -1”中，选择菜单“编辑”→“自由变换”，按住 Shift 键等比例缩小，如图 7.59 所示。保存文件为 PSD 格式。

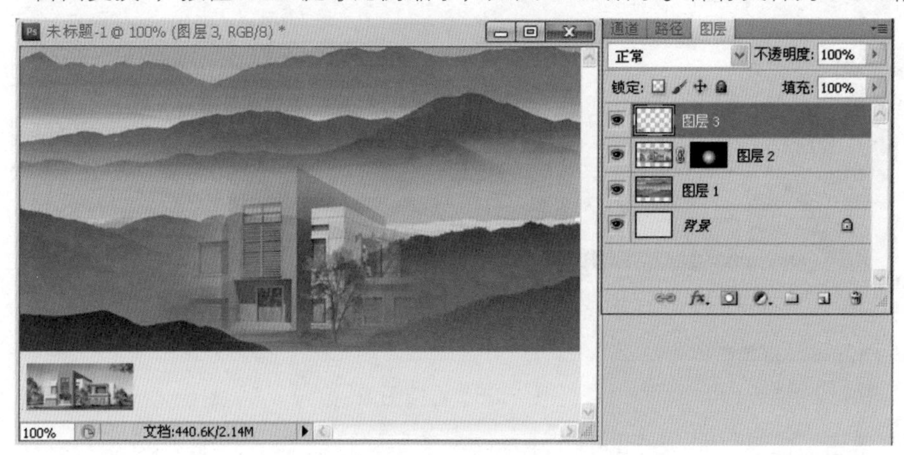

图 7.59　拖拽效果图

步骤 2　输入广告语

（1）选择菜单“窗口”→“字符”，设置“字符”调板，字体为“方正黄草简体”，字体大小为 30 点，所选字符字距为 50，文本颜色为 #FFFFFF，如图 7.60 所示。

图 7.60　“字符”调板设置

（2）选择“横排文字工具” ，单击画面中心偏左上位置，输入文字“青秀·清音”，拖拽调整文字到合适的位置，效果如图 7.61 所示。

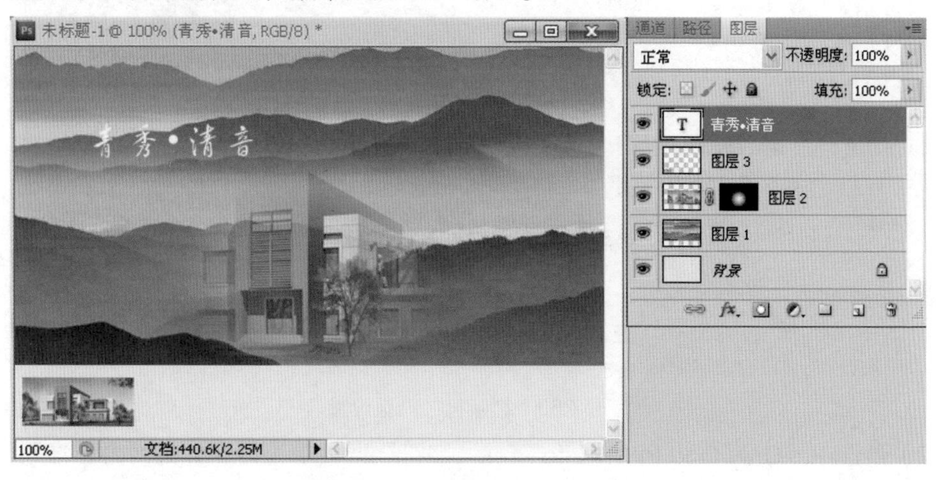

图 7.61　输入文字效果

（3）按照上述步骤方法输入文字“青青一色的。最满目的胜景，也是你心中的风景。拥有青秀，便是拥有出色的一生……”，选中全部文字，设置字体为“方正准圆简体”，字体大小为 8 点，行距为 12 点，所选字符字距为 50，文本颜色为 #FFFFFF。用“移动工具”（V）调整文字位置，效果如图 7.62 所示。

图 7.62　输入其他文字

步骤 3　输入正文

（1）选择“横排文字工具” ，单击画面下方输入文字“一生唯一 Only One In My Life”，按住鼠标左键拖拽选中“一生唯一”，在“字符”调板中设置字体为“方正准圆简体”，字体大小为 18 点，行距为 12 点，所选字符字距为 50，文本颜色为 #193170，选择“仿斜体”，如图 7.63 所示。

图 7.63　“字符”调板设置

（2）再选中“Only One In My Life”，在“字符”调板中设置字体为“方正准圆简体”，字体大小为 12 点，行距为 12 点，所选字符字距为 50，文本颜色为 #193170，选择“仿斜体”，如图 7.64 所示。

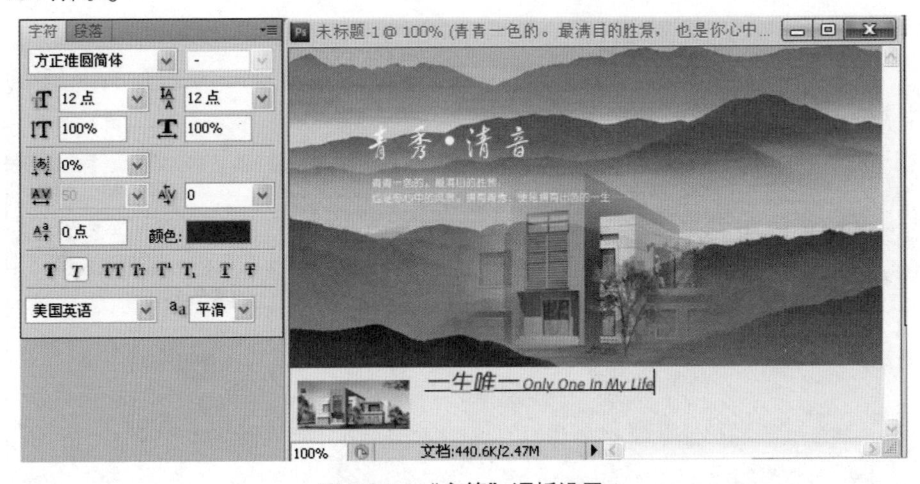

图 7.64　“字符”调板设置

（3）输入段落文本。选择“横排文字工具” T，按住鼠标左键，在画面的下方拖拽出一个定界框，输入文字“美妙的邻里感曾经丢失很多年，现在由纳帕尔湾帮您找回来，京城最著名的高尚别墅社区之一，顺义潮白河畔，与森林公园相守的原创美式独栋四合院别墅。业主的荣耀，骄傲，自豪。京城多庭院独栋别墅，京城第三代别墅的领军项目 / 别墅咨询热线 010-88668866”，如图 7.65 所示。

（4）选择“移动工具”，在“字符”调板中设置字体为“黑体”，字体大小为 8 点，行距为 11 点，所选字符字距为 50，文本颜色为 #193170，取消“仿斜体”，调整文字位置，如图 7.66 所示。

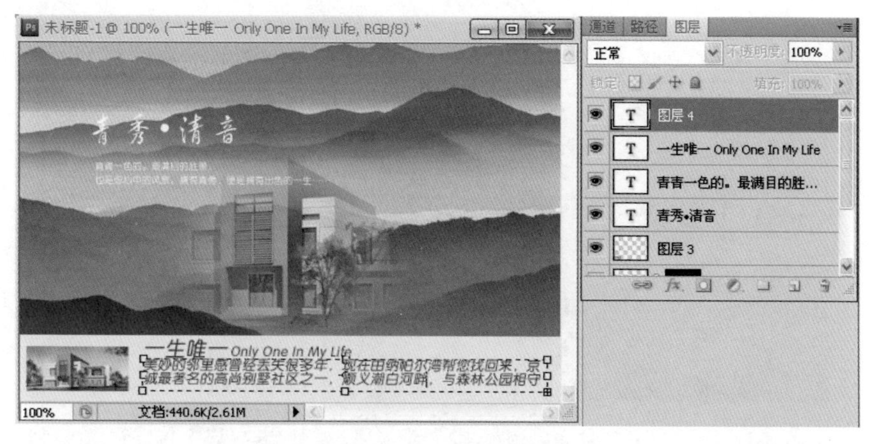

图 7.65　输入段落文字

图 7.66　调整文字位置

步骤 4　制作Logo

（1）打开本案例素材图“素材 3.psd”，将图像拖拽至“未标题 -1”中，然后等比例缩小，效果如图 7.67 所示。

图 7.67　自由变换标志

（2）添加图层样式。单击“图层”调板底部的“添加图层样式” fx. 按钮，选择“外发光”默认参数，单击“确定”按钮，应用样式，最终效果如图 7.68 所示。保存文件。

图 7.68　最终效果

图层一旦栅格化，即转换为普通图层，这时就不能对文字进行各种属性的编辑，只能按照位图图像一样处理。所以在保证文字内容没有修改之前，最好不要轻易栅格化文字图层，或复制留底。

实战案例

实战案例 1——制作形象页

需求描述

在企业网站中，往往会在网站的最前面设置一个企业形象的页面，下面将实现如图 7.69 所示的效果。

素材准备

“素材 - 形象页制作 .psd” 如图 7.70 所示。

技能要点

- 矩形选框工具。
- 描边的使用。
- 图层及图层组。
- 文字工具。

图 7.69　完成效果

图 7.70　素材 - 形象页制作 .psd

实现思路

根据理论课讲解的技能知识，完成如图 7.69 所示的案例效果，应从以下几点予以考虑。

- 绘制矩形，并对齐位置。
- 给矩形描边、更换颜色。
- 添加文字。

难点提示

- 文字工具的使用，文字的字体、大小和位置的调整。
- 文字或图形对齐时，注意回顾参考线的功能，以及“移动工具”和“图层”调板的配合使用。

实战案例 2——制作化妆品广告

需求描述

随着我国人民生活水平的提高，人们对化妆品的需求也不断增加。然而现在是以广告引导时尚的时代，尤其是在化妆品品质差别细微的情况下，广告宣传已成为企业间竞争成败的关键。下面将实现如图 7.71 所示的效果。

图 7.71　完成效果

素材准备

素材图片如图 7.72 所示。

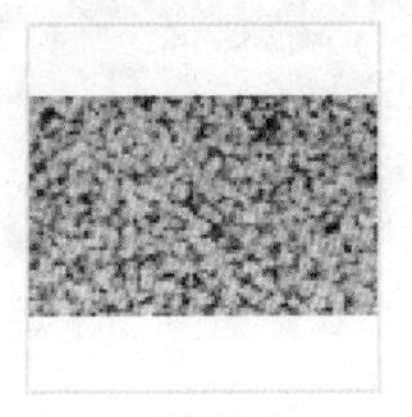

素材 1

素材 2

素材 3

图 7.72　素材图

技能要点

- 图层蒙版的使用。
- 文字工具的使用。

实现思路

根据理论课讲解的技能知识，制作成如图 7.71 所示的案例效果，应从以下几点予以考虑。

- 处理背景效果。

- 使用文字工具输入文字。
- 最后放置产品图。

难点提示

- 制作背景效果时注意回顾图层蒙版的使用。
- 文字工具的具体应用，文字的字体、大小以及位置的调整。

本章总结

- 选择“文字工具”，单击输入文字创建点文本；拖拽鼠标指针创建一个定界框，输入文字创建段落文本。
- 选择“横排文字蒙版工具” 用于创建横排文字型选区，“直排文字蒙版工具” 用于创建竖排文字型选区。使用文字蒙版工具创建文字型选区后，不会产生新的文字图层，不具有文字的属性。
- “字符”调板提供用于设置字符格式的选项。通过该调板，可以对文字的字体、大小、字距、颜色和字体样式等基本属性进行设置。
- “段落”调板提供了用于设置段落编排格式的选项。通过该调板，可以设置段落文本的对齐方式和缩进量等参数。
- 选择菜单“窗口”→“字符”，或者单击“文字工具”选项栏的“显示 / 隐藏字符和段落调板” ，打开或隐藏“字符”调板。

学习笔记

本章作业

选择题

1. Photoshop中的“文字工具”可以在图像中设置（　　）文本。

A. 横排　　B. 直排

C. 斜排　　D. 三者都是

2. 使用（　　）可以添加横排的文字、数字、字母、标记和符号形式的选区，且不会向“图层”调板添加任何新图层。

A. “横排文字工具”

B. “直排文字工具”

C. “横排文字蒙版工具”

D. “直排文字蒙版工具”

3. 调整文字的宽度可以通过设置（　　）来实现。

A. 字体大小　　B. 字体样式

C. 水平缩放　　D. 比例间距

4. 在默认情况下，字体大小的取值范围为（　　）点。

A. 1～72　　B. 6～72

C. 6～100　　D. 6～120

5. “段落”调板可以设置段落文本的（　　）。

A. 连字符连接　　B. 缩进量

C. 对齐方式　　D. 三者都是

简答题

1. 文字工具包括哪些?

2. 文字图层在栅格化前后有什么不同?

3. 请简要说明“字符”调板的功能。

4. 尝试制作“地铁线路图”。素材如图7.73所示，完成效果如图7.74所示。

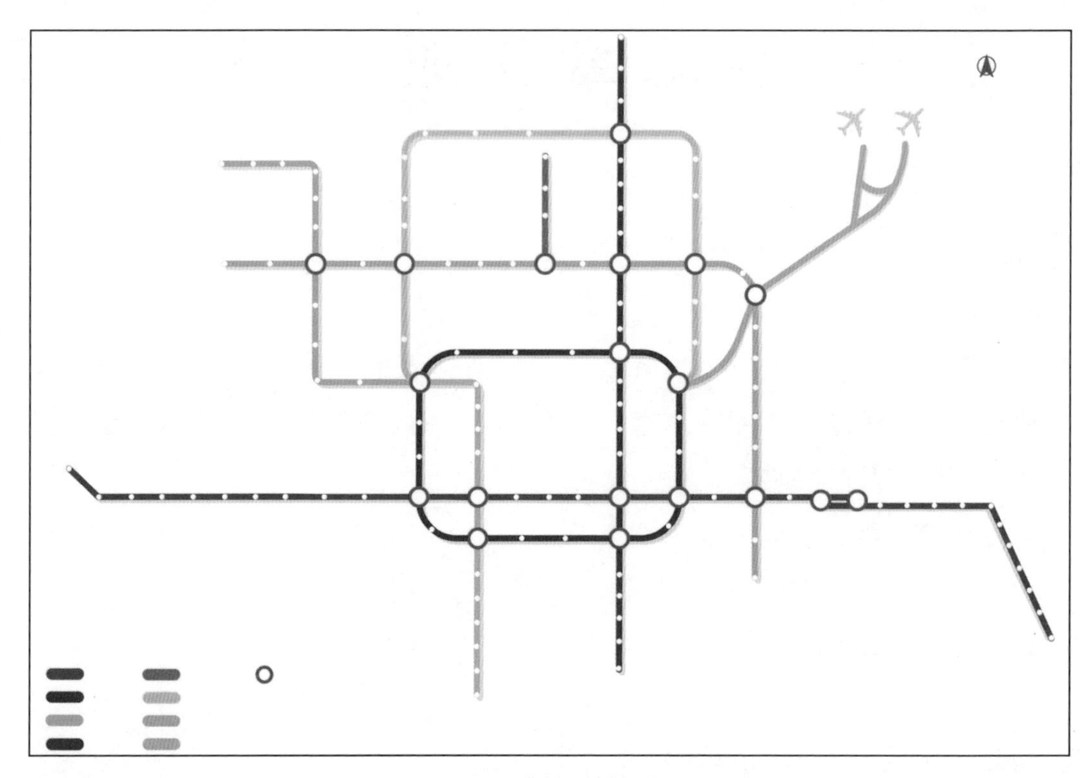

图 7.73　素材 - 地铁 .jpg

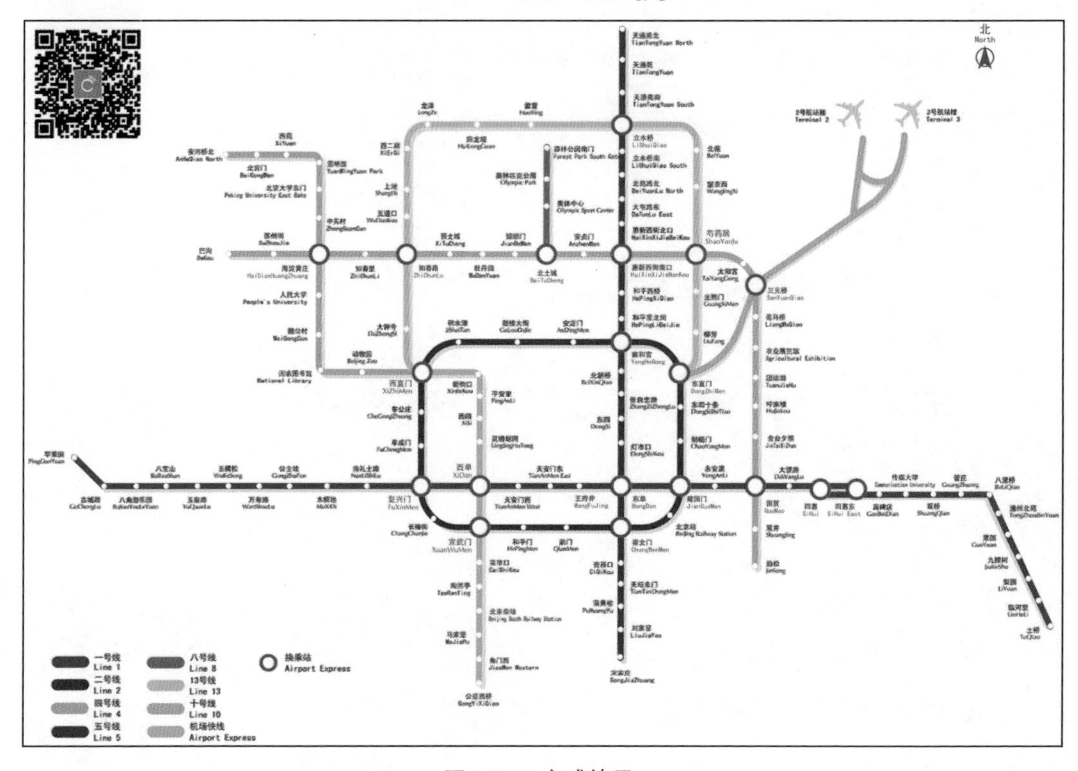

图 7.74　完成效果

5. 尝试制作“楼盘形象广告”。素材图如图7.75所示，完成效果如图7.76所示。

素材 1.tif　　　　素材 2.tif

图 7.75　素材图

图 7.76　完成效果

作业讨论区

访问课工场UI/UE学院：kgc.cn/uiue（教材版块），欢迎在这里提交作业或提出问题，你将有机会跟课工场的专家以及共同学习本书的小伙伴一起探讨切磋！

第8章

路径、形状工具与选区

● 本章目标

完成本章内容以后，您将：

- 掌握钢笔工具的使用方法和使用技巧。
- 掌握路径与形状工具的使用方法。
- 深入了解选区的概念。
- 掌握选区的修改和编辑方法。

● 本章素材下载

- 请访问课工场UI/UE学院：kgc.cn/uiue（教材版块）下载本章需要的案例素材。

本章简介

本章将学习 Photoshop 中钢笔工具、路径工具和形状工具的概念及运用；然后介绍路径与形状工具以及选区之间的关系；最后学习 Photoshop 选区的修改和编辑方法。

理 论 讲 解

8.1 使用钢笔工具和路径工具制作合成图片

参考视频
PSw 钢笔工具

素材准备

“素材 1.jpg” 和 “素材 2.jpg” 分别如图 8.1 和图 8.2 所示。

图 8.1 素材 1.jpg

图 8.2 素材 2.jpg

完成效果

完成效果如图 8.3 所示。

图 8.3 完成效果

案例分析

使用 Photoshop 不仅可以对单独的图像文件进行修饰，还可以同时对多幅图像进行处理。图 8.3 中在蓝天中飞翔的老鹰，就是借助了路径工具和钢笔工具实现将不同图像整合到一起的效果。接下来，将对路径工具和钢笔工具的相关内容进行讲解。

8.1.1　路径工具

在 Photoshop 中，常常会需要绘制一些曲线，那么，如何绘制出想要的曲线呢？带着这样的疑问，我们来了解路径工具。

1. 路径工具的功能

路径工具是 Photoshop 中非常重要的一种工具，在进行图像区域的选择、辅助通道工具抠图以及图标的设计过程中，都会用到路径工具。

路径是可以转换为选区或者使用颜色填充和描边的轮廓。熟练使用路径工具，在图像处理时将如虎添翼。

路径工具的主要功能有以下四条。

- 绘制平滑线条。
- 绘制矢量形状。
- 勾选图像轮廓。
- 选区互换。

2. 路径工具的分类——路径工具组

路径工具在 Photoshop 的工具箱中，鼠标右击“路径工具”按钮可以显示出路径工具组所包含的两个按钮，如图 8.4 所示，通过这两个按钮可以完成路径的编辑调整工作。

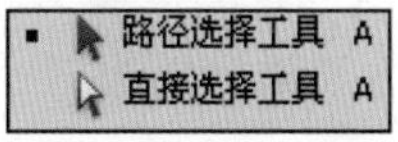

路径选择工具 A
直接选择工具 A

图 8.4　路径工具组

3. 路径工具组中两个工具的用法

- “路径选择工具” ：选择一个闭合的路径或是一个独立存在的路径。
- “直接选择工具” ：可以选择任何路径上的节点。点选其中一个或是按 Shift 键连续点选可选多个；按 Ctrl 键调换使用黑箭头和白箭头。

4. 路径和选区的区别与转换

路径与选区有相似之处，也有明显区别。在需要时路径是可以转换为选区的。

（1）路径与选区的区别

使用“钢笔工具” 或“形状工具”绘制出的图形称为路径，路径是矢量的。矢量图形最大的优点是无论放大、缩小或旋转都不会出现失真现象，导致图像模糊。

而选区选中的图像是位图图像，位图在放大、缩小或旋转等变形后会失真，使图像变模糊，边缘产生锯齿。

（2）路径与选区的转换

路径是由锚点连接而成的，锚点分为起始锚点和结束锚点。路径转换为选区方法如下。

➢ 创建路径：选择“钢笔工具”，注意还要选中工具选项栏的“路径选项”，勾选“路径选项”的目的是为了能让钢笔选择路径的时候不带填充颜色。单击并拖拽即可绘制出曲线锚点，直至把结束锚点和起始锚点重合，封闭路径，如图 8.5 所示。

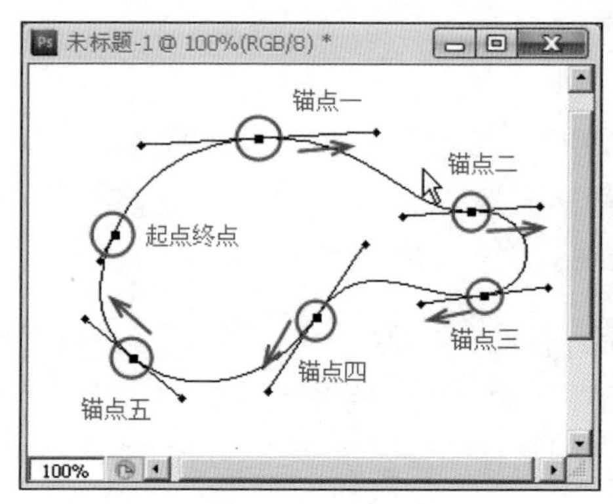

图 8.5 绘制曲线锚点和鼠标拖拽方向

➢ 转换为选区：把“路径”调板上的工作路径拖拽到调板底部的“将路径转换为选区”按钮上，或者按 Ctrl+Enter 键。这样，路径就转换为选区了。

5. 填充路径与描边路径

➢ 填充路径：要给一个路径填充颜色，首先设置前景色为需要的颜色，然后绘制出需要的路径，这里需要注意的是，该路径必须是闭合的路径。绘制好路径后，单击“路径”调板底部的“填充路径”按钮，完成路径填充。

➢ 描边路径：要给一个路径描边，首先设置前景色为需要的颜色，单击“画笔工具”，在工具选项栏设置画笔描边参数，如图 8.6 所示。

图 8.6 设置工具选项栏

设置好后，单击“钢笔工具”绘制需要的路径，描边路径可以是封闭路径，也可以是开放路径。绘制好路径后，单击“路径”调板底部的“用画笔描边路径”按钮，完成路径描边。

8.1.2 钢笔工具

上面学习了路径的概念和路径工具的使用方法，下面介绍和路径密不可分的工具——“钢笔工具”。

1. “钢笔工具”的作用

- “钢笔工具”属于矢量绘图工具，其优点是可以勾画平滑的曲线，在缩放或者变形之后仍能保持平滑效果。
- “钢笔工具”画出来的矢量图形称为路径，路径是矢量的。
- 路径允许是不封闭的开放状，如果把起点与终点重合绘制就可以得到封闭的路径。

2. “钢笔工具”的分类——钢笔工具组

钢笔工具在 Photoshop 的“工具”调板中，鼠标右击“钢笔工具”按钮可以显示出钢笔工具组所包含的五个按钮，如图 8.7 所示，通过这五个按钮可以完成路径的前期绘制工作。

- “钢笔工具”：可以创建直线和平滑流畅的曲线、可以精确地绘制复杂的图形。单击画布可创建笔直的路径线段，单击并拖拽可创建贝兹曲线路径，如图 8.8 所示。

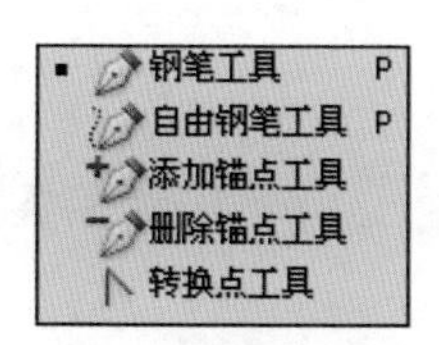

图 8.7 钢笔工具组

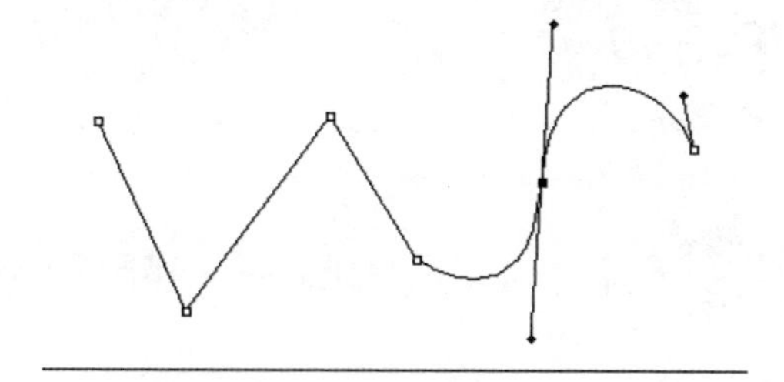

图 8.8 “钢笔工具”的效果

小知识

“贝兹曲线”是法国数学家 Pierre Bezier 第一个研究出的一种矢量绘制曲线的方法。“贝兹曲线”的有趣之处在与它的“皮筋效应”，也就是说，随着锚点有规律地移动，曲线将产生皮筋伸引一样的变换，带来视觉上的冲击。

- “自由钢笔工具”：用于随意绘图，就像用铅笔在纸上绘图一样。绘出的图会自动添加上锚点。单击画布拖拽可自由绘制路径，如图 8.9 所示。
- “添加锚点工具”：在已有的路径线段上单击可添加新锚点，如图 8.10 所示。

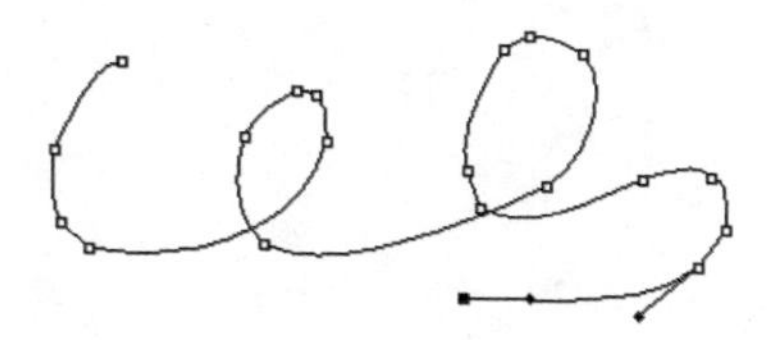

图 8.9 “自由钢笔工具”的效果

图 8.10 “添加锚点工具”的效果

- “删除锚点工具” ：在已有的路径上，单击路径锚点可删除锚点，如图 8.11 所示。
- “转换锚点工具” ：可以将路径上的点，在角点和平滑点之间进行转换。通过使用“转换锚点工具”，可以实现仅转换锚点的一侧，并可以在转换锚点时精确地改变曲线。单击普通锚点并拖动可创建贝兹手柄，单击已有锚点将删除手柄，如图 8.12 所示。

图 8.11　“删除锚点工具”的效果

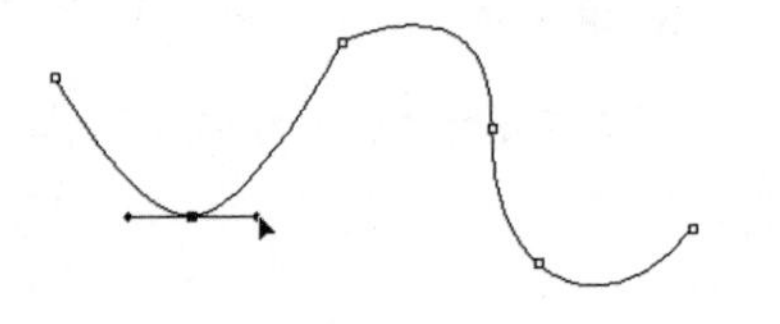

图 8.12　“转换锚点工具”的效果

注意

- 可按 Shift+P 键选择“钢笔工具”或“自由钢笔工具”。
- “钢笔工具”停留在锚点上时，转变成删除锚点工具。
- “钢笔工具”停留在路径线段上时，转变成添加锚点工具。

8.1.3　实现案例——使用钢笔工具和路径工具制作合成图片

素材准备

“素材 1.jpg”和“素材 2.jpg”分别如图 8.1 和图 8.2 所示。

完成效果

完成效果如图 8.3 所示。

思路分析

合成图片，最重要的一个操作是抠图，就是将老鹰从原图中抠出来，放到背景图上。通过前面的学习已经对抠图的操作有了一定的认识。常用的有“魔棒工具” 、“套索工具”。但是由于素材图中老鹰的边缘不规范，背景也比较复杂，所以难以抠出满意的图形。这里就用到了我们刚学的工具“钢笔工具”。用它的锚点调节功能和路径转换选区概念，就可以轻松实现如图 8.2 所示效果了。

实现步骤

步骤 1　勾选老鹰图像轮廓

（1）在 Photoshop 中打开本案例素材图“素材 1.jpg”。

（2）选择“钢笔工具”，在老鹰边缘单击，创建“锚点 1”，如图 8.13 所示。

（3）单击老鹰边缘继续创建锚点，注意不要松开左键，拖拽鼠标，通过方向点调节方向线，使路径与老鹰边缘吻合，如图 8.14 所示。

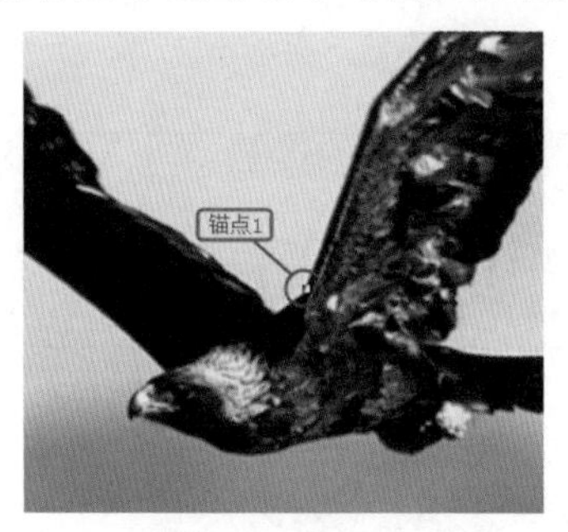

图 8.13 锚点 1

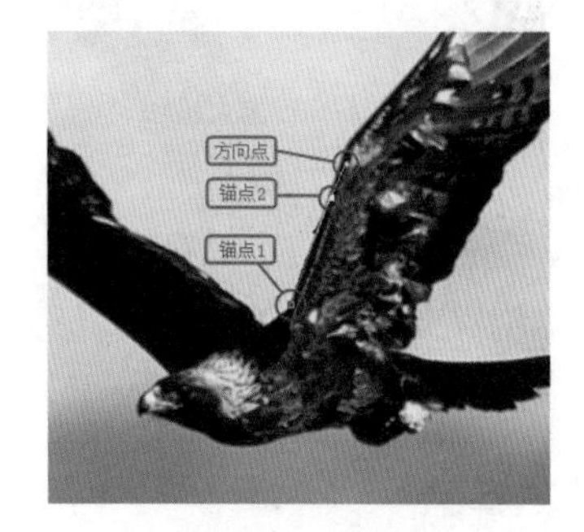

图 8.14 锚点 2

（4）用同样的方法不断增加锚点，最终完成老鹰轮廓的勾选，如图 8.15 所示。

配合 Ctrl、Alt 键单击方向点或锚点可以灵活调整路径方向和锚点位置。

（5）选择“路径”调板中的“工作路径”，将名称修改为“老鹰轮廓”，如图 8.16 所示。

图 8.15 老鹰轮廓

图 8.16 修改路径名称

“路径”调板列出了每条存储的路径、当前工作路径和当前矢量蒙版的名称以及缩览图像。

（6）在“路径”调板底部单击“将路径作为选区载入”按钮（Ctrl+Enter），将所选路径转换为选区，如图 8.17 所示。

（7）选择菜单“选择”→“修改”→“羽化”（Shift+F6），在弹出的“羽化选区”对话框中，设定羽化半径为 3 像素，如图 8.18 所示，单击“确定”按钮。

图 8.17　将路径转换为选区

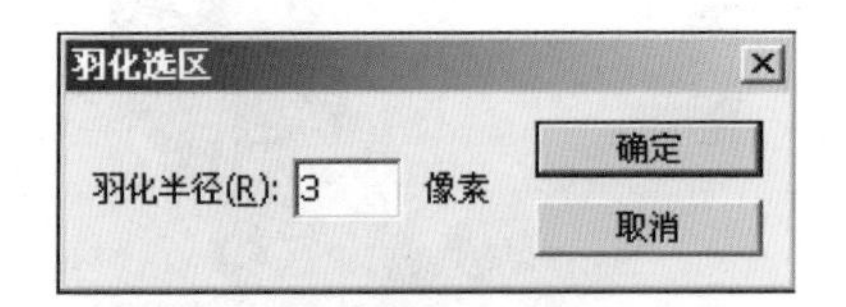

图 8.18　“羽化选区”对话框

（8）选择菜单“编辑”→“拷贝”（Ctrl+C），将选区内的老鹰形象进行复制。

步骤 2 将勾选好的老鹰轮廓放置在背景图片中进行合成

（1）在 Photoshop 中打开本案例素材图“素材 2.jpg”。

（2）选择菜单“编辑”→“粘贴”（Ctrl+V），将复制好的老鹰形象粘贴到图片中，如图 8.19 所示。

（3）选择菜单“编辑”→“自由变换”（Ctrl+T），鼠标拖拽工作区进行缩放，这里需要按住 Shift 键，按住 Shift 键时为等比缩放，如图 8.20 所示。

图 8.19　粘贴老鹰

图 8.20　实现自由变换

（4）调整好大小和位置后，按 Enter 键，应用变换。

步骤 3 保存图像

保存文件为 PSD 格式。

经验总结

- 当使用“钢笔工具”或“形状工具”创建工作路径时，新的路径以工作路径的形式出现在“路径”调板中。工作路径是临时的，必须存储它以免丢失。如果没有存储便取消了工作路径，当再次开始绘图时，新的路径将取代现有路径。
- 存储工作路径可以将“工作路径”拖拽到“路径”调板底部的“创建新路径”按钮。

8.2 使用形状工具制作购物流程指示图（上）

参考视频
PS 形状工具

完成效果

完成效果如图 8.21 所示。

图 8.21　购物流程指示图完成效果

案例分析

流程指示图是网页中常见的图片。使用 Photoshop 可以方便地制作出不同效果的流程指示图。如图 8.21 所示为淘宝网流程指示图，其就是借助了形状工具和路径工具，配合“文本工具”“混合选项”等工具制作出来的。接下来对“形状工具”进行讲解。

8.2.1　“形状工具”

在 Photoshop 设计制作中，经常会需要用到一些圆角的矩形、多边形，有时还会用到箭头等形状，那么如何简单快速地绘制这些形状呢？我们来了解另一个创建路径的工具——“形状工具”。

1.　“形状工具”的作用

“形状工具”有时也叫节点工具，“形状工具”创建的轮廓是路径，通过编辑路径的锚点，可以很方便地改变路径的形状，其中包括对节点的添加、删除等。

利用“形状工具”可以方便地绘制圆角矩形、椭圆形、多边形以及箭头等自定形状。

2.　“形状工具”的分类——形状工具组

形状工具组中包含多种“形状工具”，在“工具”调板中，“形状工具”显示的实际图标要依据所选择的具体工具而定。例如，当在形状工具组中选择“椭圆工具”时，在“工具”调板中的“形状工具”图标则为“椭圆工具”的图标。如图 8.22 所示。

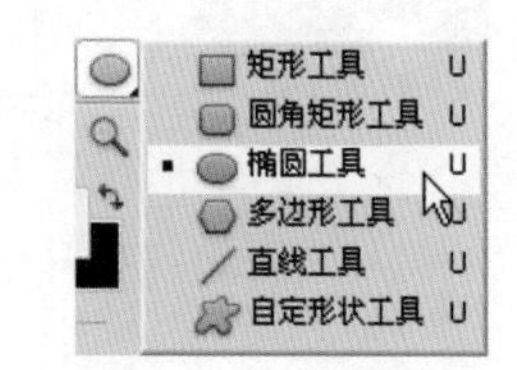

图 8.22　形状工具组

3.　“形状工具”选项栏说明

“形状工具”选项栏如图 8.23 所示。

图 8.23　“形状工具”选项栏

其中：

A. 形状图层：选择该项后，所绘路径会形成一个图形，不仅在“路径”面板可见，而且在图层面板自动生成一个矢量遮罩层。

B. 路径选项：选择该项后，所绘路径会在“路径”面板生成可见路径。

C. 填充像素：选择该项后，创建的路径会形成填充区域。

D. 包含选择钢笔工具和选择自由钢笔工具。

E. 包含形状工具组的各按钮选项。

F. 路径查找工具：路径间的添加、减去、并集、交集。

G. 图层样式：将图层样式应用到选中的形状层。

H. 填充颜色：选择填充路径的颜色。

4. 形状工具组的六个工具的用法

➢ 矩形工具、圆角矩形工具和椭圆工具：分别用于创建矩形形状、圆角矩形形状和椭圆形状的路径或形状图层。绘制圆角矩形时，可根据属性栏中的“半径” 半径: 10 px 来设置圆角的像素。

按住 Shift 键的同时进行绘制，分别绘制正方形、圆角正方形和圆形的路径或形状图层。

➢ 多边形工具：主要用于绘制三角形、五角星等多边形状的路径或形状图层。绘制多边形时，可根据属性栏中的“边” 边: 5 来设置多边形的边数。

➢ 直线工具：主要用于绘制直线形状的路径或形状图层。绘制直线时，可根据属性栏中的“粗细” 粗细: 1 px 来设置直线的粗细。

按住 Shift 键的同时进行绘制，是绘制平行或垂直的直线。

➢ 自定形状工具：利用“自定形状工具”可绘制多种不同的路径或形状。绘制时，在属性栏中的“形状” 形状: 中获得所要的路径样式。

8.2.2 路径、形状与选区

1. 路径与选区的转换

前面讲了路径与选区的作用以及它们之间的区别。

➢ 钢笔工具或形状工具绘制的轮廓称为路径。

➢ 路径工具主要用来绘制平滑线条、绘制矢量形状、勾选图像轮廓、与选区互换。

路径与选区的区别是路径是矢量的，无论放大、缩小或旋转路径都不会出现失真现象。而选区选中的图像是位图图像，位图在放大、缩小或旋转等变形后会失真，使图像变模糊，边缘产生锯齿。

在实际应用中，路径和选区之间还可以相互进行转换，以便满足对图像处理的需要。

（1）路径转换成选区

在之前的学习过程中，我们已经掌握了如何将路径转换为选区，其实现过程如下。

1）首先创建好路径。

2）把“路径”调板上的工作路径拖拽到调板底部的“将路径转换为选区”按钮上，或者按 Ctrl+Enter 组合键。

（2）选区转换成路径

路径可以转换成选区，同样选区也可以转换为路径，以满足对图像进行特殊要求的处理。

使用 Photoshop 实现选区转换成路径的操作也比较简单，其实现过程如下。

1）首先在“图层”调板上绘制一个选区，如图 8.24 所示。

2）单击“路径”调板底部的“从选区生成工作路径”按钮，即可将当前选区转换为路径，如图 8.25 所示。

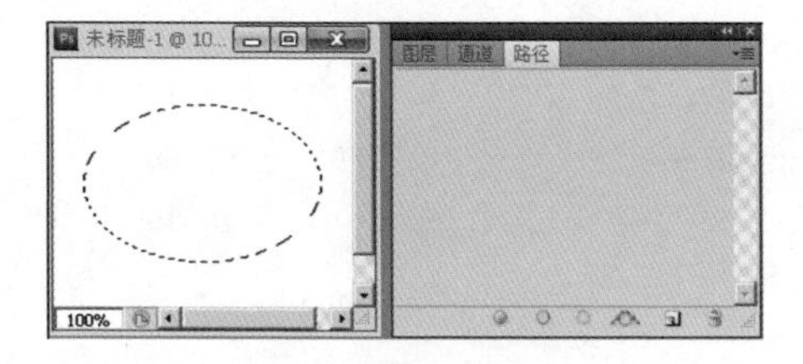

图 8.24　建立选区

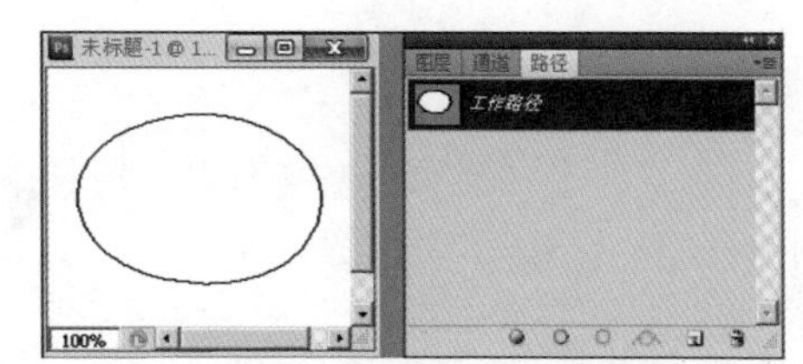

图 8.25　选区转换成路径

2. 形状工具创建路径的方法

前面已经讲过路径的编辑方法。使用形状工具也可以绘制出路径，通过编辑路径的锚点，可以很方便地改变路径的形状。

选择“图层”调板，单击形状工具中的，并在选项栏中单击“路径选项”按钮，绘制一个圆角矩形。

（1）编辑已有锚点。选择路径工具组中的“直接选择工具”按钮，在圆角矩形的路径上单击选中需要编辑的锚点，拖拽鼠标进行编辑，如图 8.26 所示。

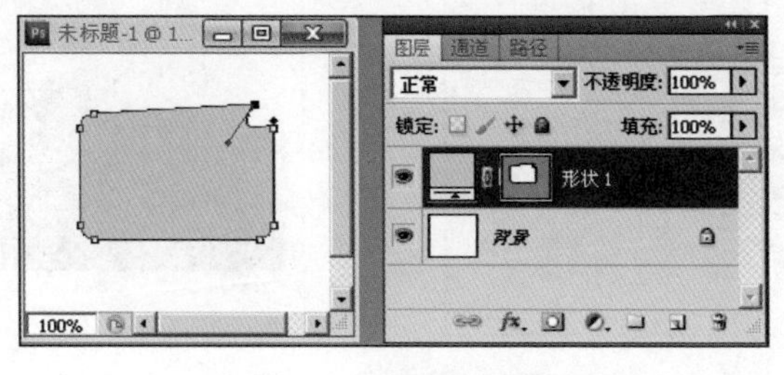

图 8.26　编辑已有锚点

（2）在已有线段上添加新锚点并进行编辑。选择钢笔工具组中的“添加锚点工具”按钮，在圆角矩形的路径线段上添加锚点，拖拽鼠标，即可进行编辑，如图 8.27 所示。

（3）删除已有锚点。选择钢笔工具组中的“删除锚点工具”按钮，在圆角矩形的路径上单击需要删除的锚点，如图 8.28 所示。

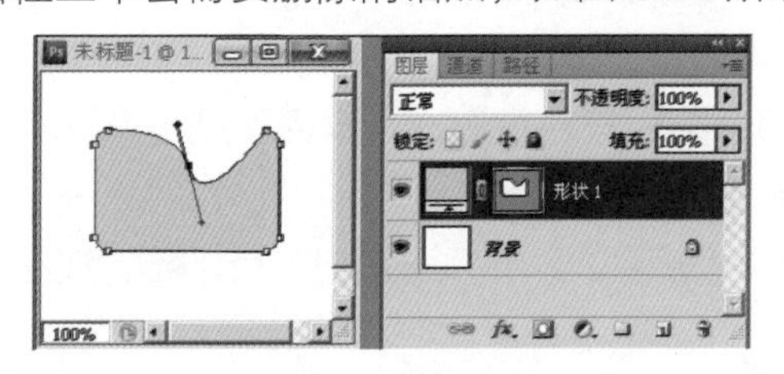

图 8.27　添加锚点

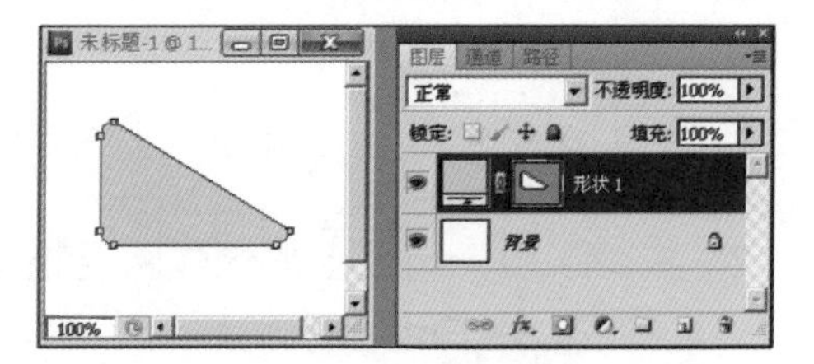

图 8.28　删除锚点

8.2.3　实现案例——使用形状工具制作购物流程指示图（上）

完成效果

完成效果如图 8.21 所示。

思路分析

学完了“形状工具”，接下来进行“购物流程指示图”的绘制。观察整个图形，整体的外轮廓是一个规则的圆角矩形，这样可以使用“形状工具”轻松绘制。

实现步骤

步骤 1　新建文件

选择菜单“文件”→“新建”，设置文档宽度为 519 像素 ×78 像素，分辨率为 72 像素 / 英寸，颜色模式为 RGB，背景内容为白色，如图 8.29 所示。

步骤 2　制作圆角矩形并美化

（1）设置前景色为 #F99819，如图 8.30 所示。

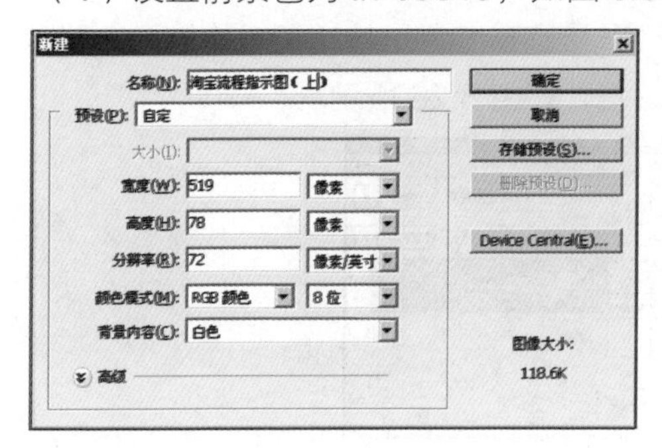

图 8.29　新建文件

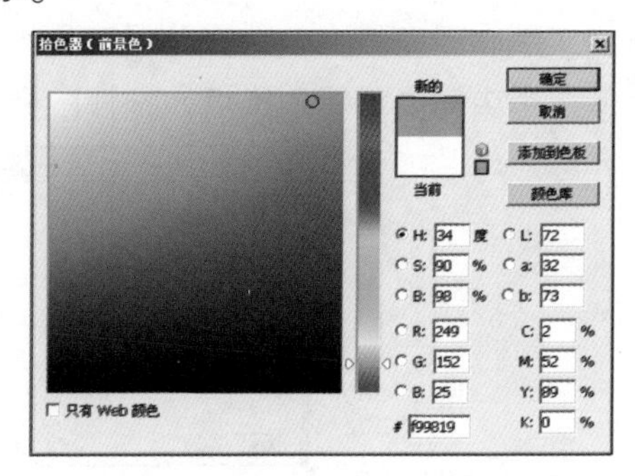

图 8.30　设置前景色

（2）选择“圆角矩形工具” ，再选中工具选项栏的“形状按钮” ，然后设置半径为 9px，样式为“默认样式（无）”，如图 8.31 所示。

图 8.31　设置工具选项栏

（3）在新建的文件图层左侧靠下位置绘制一个圆角矩形，在“图层”调板中会自动生成图层“形状 1”，如图 8.32 所示。

图 8.32　绘制圆角矩形

（4）单击“图层”调板底部的“添加图层样式”按钮 ，选中“外发光”，设置混合模式为正常，不透明度为 100%，大小为 3 像素，范围为 1%，发光颜色色值为 #D8D8D8，如图 8.33 所示。

（5）选中“斜面和浮雕”，设置深度为 286%，大小为 2 像素，软化为 1 像素，高光模式下的不透明度为 100%，阴影模式下的不透明度为 65%，阴影模式颜色色值为 #B36D12，如图 8.34 所示。

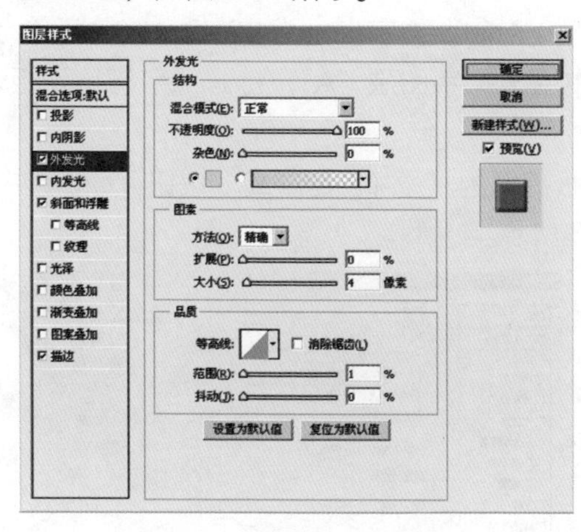

图 8.33　“外发光”参数设置

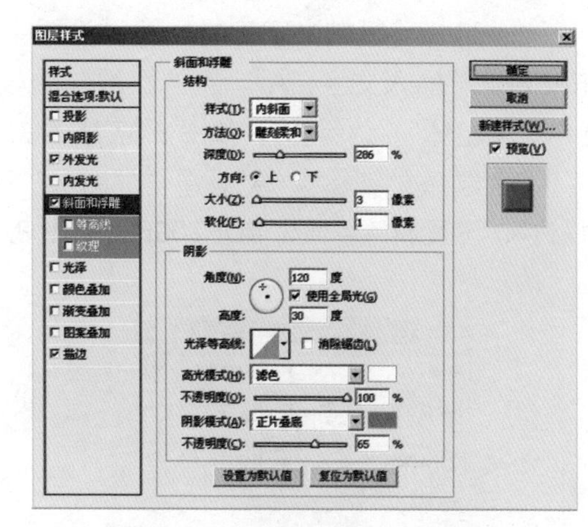

图 8.34　“斜面和浮雕”参数设置

（6）选中“描边”，设置大小为 1 像素，颜色色值为 #7A4B07，如图 8.35 所示。

（7）单击“确定”按钮，应用图层样式，完成的效果如图 8.36 所示。

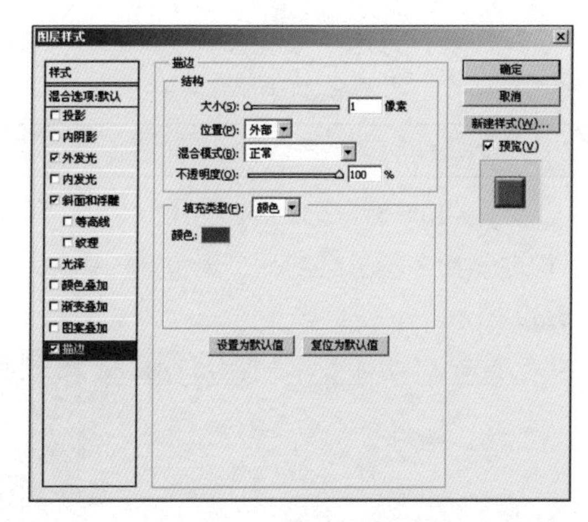

图 8.35　“描边”参数设置

图 8.36　图层样式设置完成的效果

步骤 3　编辑文字和文字美化

（1）选择“横排文字工具” ，设置字体为 Arial，文字大小为 32 点，文字颜色为 #FFFFFF，输入文字“A”，在“图层”调板中生成文字图层“A”，打开“字符”调板，选中“仿粗体”“仿斜体”，如图 8.37 所示。

（2）选择文字图层“A”，单击“图层”调板底部的“添加图层样式”按钮 ，选中“描边”，设置颜色色值为 #DF700B，如图 8.38 所示。

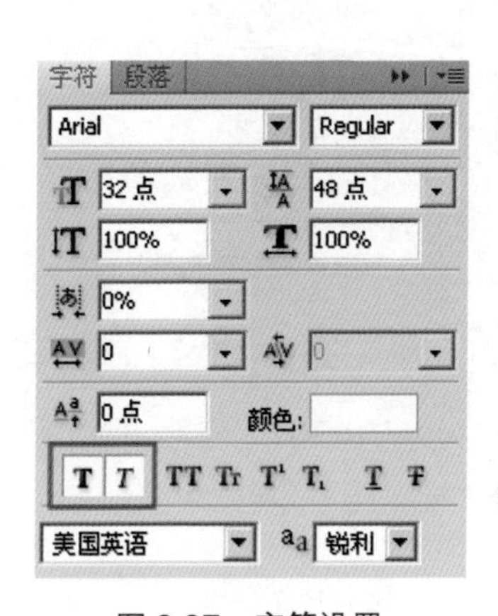

图 8.37　字符设置

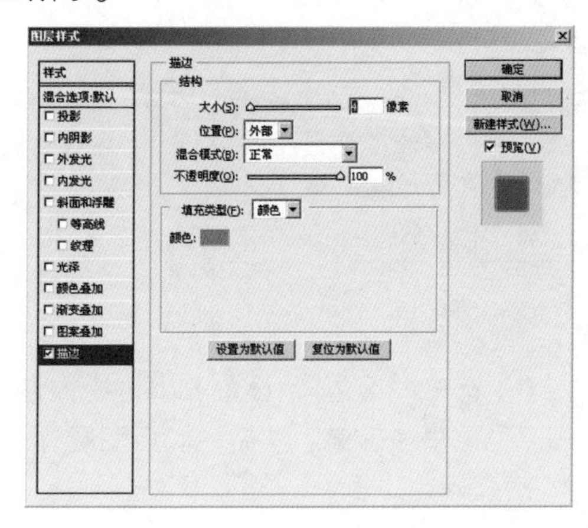

图 8.38　文字“描边”参数设置

（3）完成设置后单击“确定”按钮，应用图层样式。调整文字图层“A”的位置，如图 8.39 所示。

图 8.39　文字图层“A”完成效果

（4）选择“横排文字工具” ，设置字体为黑体，文字大小为 16 点，文字颜色为 #FFFFFF，输入文字“选择商品”，在“图层”调板中生成文字图层“选择商品”。打开“字符”调板，取消“仿斜体”的选择。最后调整文字位置，如图 8.40 所示。

图 8.40　最终完成效果

步骤 4 保存图像

保存文件为“购物流程指示图（上）.psd”。

实战案例

实战案例 1——购物流程指示图（下）

需求描述

流程指示图是网页中常见的图片。前面理论讲解中已经制作了一小部分，本案例将完成后续的步骤。完成效果如图 8.41 所示。

素材准备

素材“购物流程指示图（上）.psd”如图 8.42 所示。

图 8.41　完成效果

图 8.42　购物流程指示图（上）.psd

技能要点

➢ “圆角矩形工具”的使用。
➢ “文本工具”的使用。
➢ “混合选项”工具的使用。

实现思路

根据理论课讲解的技能知识，完成如图 8.41 所示案例效果，应从以下几点予以考虑。

➢ 如何绘制圆角矩形的路径？
  ◆ 应该用到理论讲解中的哪个工具?
  ◆ 使用该工具时应注意什么问题?
➢ 如何美化创建好的圆角矩形路径？
  ◆ 应该用到理论讲解中的哪个工具?
  ◆ 使用该工具时应该设置哪些参数?
➢ 如何添加文字并制作文字效果？
  ◆ 添加文字时应该用到理论讲解中的哪个工具?
  ◆ 制作文字效果时应该用到理论讲解中的哪个工具?

难点提示

➢ 绘制正圆形状。

选择“椭圆工具”，按住 Shift 键拖拽鼠标，绘制一个正圆。

➢ 给正圆形状添加图层样式。

◆ 单击“图层”调板底部的“添加图层样式”按钮 fx，选中“投影”，使用默认选项，如图 8.43 所示。

◆ 选中“斜面和浮雕”，设置深度为 72%，高光模式下的不透明度为 0%，颜色色值为 #FFFFFF，阴影模式下的不透明度为 43%，颜色色值为 #000000，如图 8.44 所示。

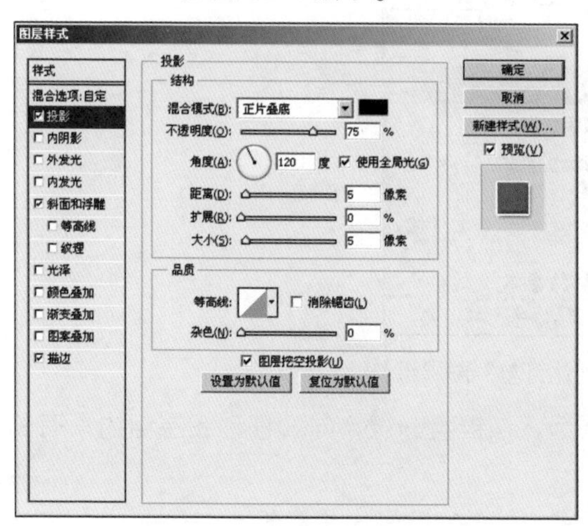

图 8.43 “投影”样式参数

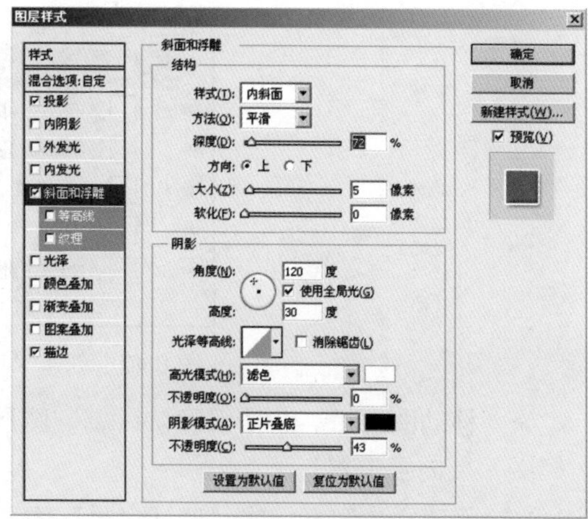

图 8.44 “斜面和浮雕”样式参数

◆ 选中“描边”，设置大小为 2 像素，颜色色值为 #FFFFFF。

➢ 绘制箭头。选择“自定形状工具”，在圆形上绘制箭头形状。

➢ 建立“选择商品”图层组。

◆ 打开“图层”调板，同时选择已建立的层（按住 Ctrl 键单击相应图层），按住鼠标左键拖拽到“图层”调板“新建图层组”按钮上，如图 8.45 和图 8.46 所示。

图 8.45 选择图层

图 8.46 创建图层组

◆ 双击图层组“组 1”，将名称修改为“选择商品”。

➢ 建立“确认订单”图层组。选择“选择商品”图层组，按住左键拖拽到“图层”调板底部“创建新图层”按钮 上，生成新图层组，将名称修改为“确认订单”，单击图层组“确认订单”前的小三角，打开图层组，如图 8.47 所示。

图 8.47　创建“确认订单”图层组

➢ 移动图层组。选择“确认订单”图层组，按键盘→键，向右移动图层组内所有图层内容位置。

➢ 修改文本图层。将“确认订单”图层组中的各文字做出相应修改。

➢ 同样方法制作出“完成送出”和“完成付款”图层组。展开“完成付款”图层组，删除“形状 3 副本 3”层和“形状 2 副本 3”层，如图 8.48 所示。

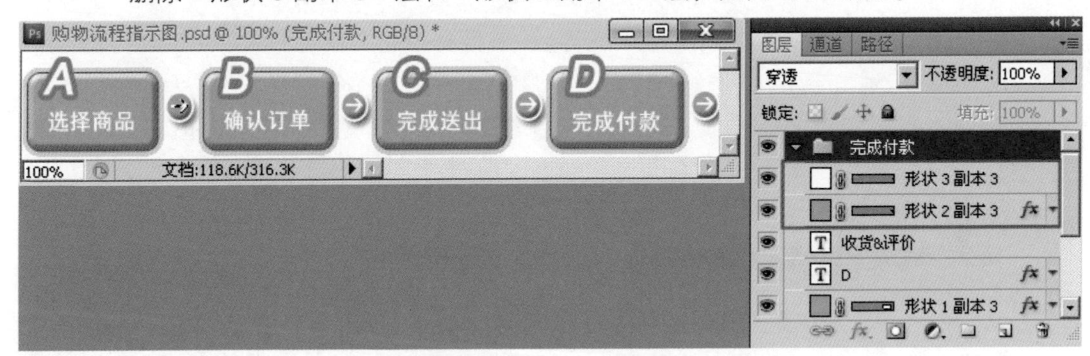

图 8.48　删除多余图层

实战案例 2——绘制可爱小牛造型

需求描述

在 Photoshop 设计时，经常会需要绘制一些卡通形象。前面理论讲解部分讲解了钢笔工具的用法和路径与选区的转换。本案例将运用钢笔工具和路径工具来完成。效果如图 8.49 所示。

技能要点

- “钢笔工具”。
- “路径工具”。
- 给闭合路径填充颜色。
- 给路径描边。

图 8.49　可爱小牛

实现思路

根据理论课讲解的技能知识，完成如图 8.49 所示的案例效果，应从以下几点予以考虑。

- 如何绘制小牛轮廓?
  - 应该用到理论讲解中的哪个工具?
  - 该工具使用时应注意什么问题?
  - 如何将创建好的小牛轮廓转换为选区?
- 应该用到理论讲解中的哪个工具?
- 如何给选区填充颜色?

难点提示

- 选择“钢笔工具”，在工具选项栏中勾选“路径”按钮。用“钢笔工具”，结合 Ctrl 键或 Alt 键，调整方向点，绘制出小牛造型轮廓，如图 8.50 所示。
- 描边选区。选择“编辑”菜单下的“描边”命令，设置描边宽度为 2px，颜色为 #000000。单击“确定”按钮，如图 8.51 和图 8.52 所示。
- 用橡皮擦工具将脸部轮廓左上部分的描边擦除，如图 8.53 所示。

图 8.50　小牛轮廓路径

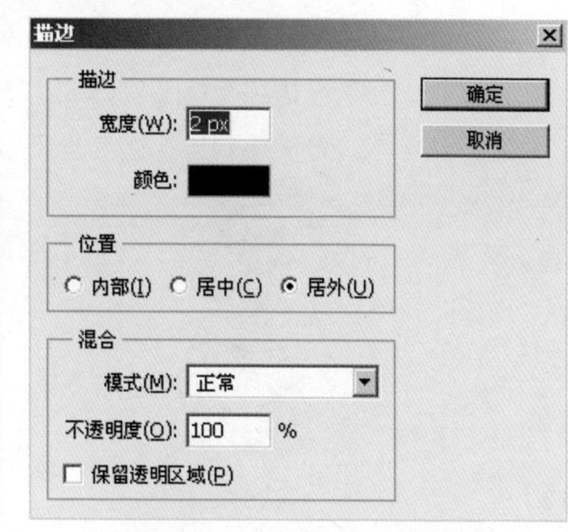

图 8.51　小牛轮廓描边参数设置

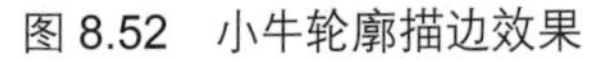

图 8.52　小牛轮廓描边效果

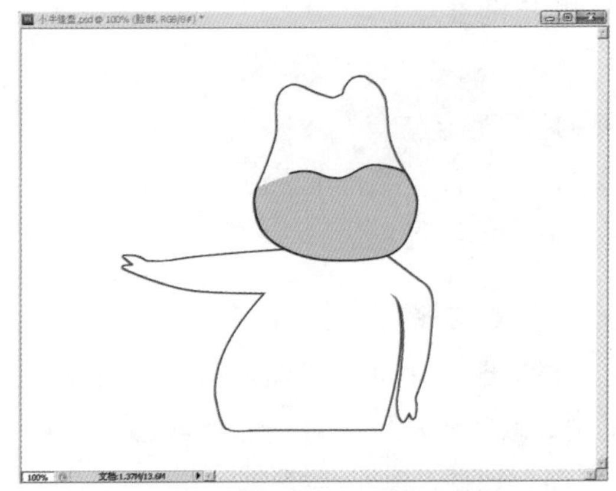

图 8.53　擦除脸部轮廓左上描边

➢ 描边嘴部路径。

◆ 设置前景色为 #000000。单击"画笔工具"，设置主直径为 1px，笔触为硬边圆，如图 8.54 所示。

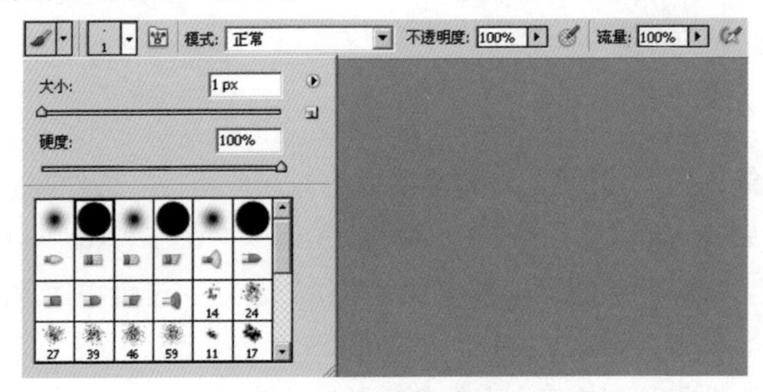

图 8.54　设置画笔参数

◆ 选择"钢笔工具",用钢笔工具绘制出嘴部路径。单击"路径"调板底部的"用画笔描边路径"按钮，如图 8.55 所示。

➢ 用同样的方法绘制出小牛其他部位，完成效果如图 8.56 所示。

图 8.55　嘴部路径描边效果

图 8.56　小牛完成效果

本章总结

- 了解钢笔工具在图片处理中的重要作用，掌握钢笔工具的使用方法和使用技巧。
- 路径工具的使用。“路径”调板列出了每条存储的路径、当前工作路径和当前矢量蒙版的名称以及缩览图。
- 形状工具的使用。利用形状工具可以方便地绘制矩形、圆角矩形、椭圆形、多边形、直线和其他自定的形状。
- 路径和选区之间的转换。
- 给闭合路径填充颜色。
- 描边路径。

学习笔记

本章作业

选择题

1. 使用“钢笔工具”或“形状工具”绘制出的图形称为（　　）。
   A. 选区　　B. 路径
   C. 图层　　D. 智能对象
2. 路径和选区之间（　　）。
   A. 只能是路径转换为选区　　B. 只能是选区转换为路径
   C. 路径和选区可以相互转换　　D. 都不可能转换
3. “形状工具”的快捷键是（　　）。
   A. P键　　B. U键
   C. A键　　D. W键
4. 在一个路径上添加一个锚点，需要用到钢笔工具组中的（　　）。
   A. “添加锚点工具”　　B. “删除锚点工具”
   C. “转换点工具”　　D. “选择工具”
5. 把一条路径转换为选区，操作的快捷键是（　　）。
   A. Ctrl+Enter　　B. Shift+Enter
   C. Alt+Enter　　D. Ctrl+Delete

简答题

1. 路径的主要作用有哪些?
2. 路径与选区的区别是什么?
3. 给一条闭合路径填充颜色，实现步骤有哪些?
4. 尝试制作播放器按钮图标，完成效果如图8.57所示。

图 8.57　完成效果

可参照以下步骤进行。
（1）先确定找到“椭圆形工具”，按住Shift键绘制正圆。
（2）在“图层”调板里有个“混合选项”按钮，主要是用来调配各参数。
（3）用“多边形工具”（U）绘制三角形。

5. 尝试制作购物礼品彩页。素材如图8.58和图8.59所示，完成效果如图8.60所示。

图 8.58　素材 1.jpg

图 8.59　素材 2.jpg

图 8.60　完成效果

可参照以下步骤进行。
（1）先用“钢笔工具”绘制出女孩轮廓。
（2）复制女孩轮廓到背景图中。
（3）使用“自由变换”工具调整女孩大小。

作业讨论区

访问课工场UI/UE学院：kgc.cn/uiue（教材版块），欢迎在这里提交作业或提出问题，你将有机会跟课工场的专家以及共同学习本书的小伙伴一起探讨切磋！

滤镜与通道

● 本章目标

完成本章内容以后，您将：

- 会使用滤镜改变图像效果。
- 会使用滤镜制作各种特殊效果。
- 理解Alpha通道与选区的关系。
- 学会编辑通道。

● 本章素材下载

- 请访问课工场UI/UE学院：kgc.cn/uiue（教材版块）下载本章需要的案例素材。

本章简介

本章将学习 Photoshop 中常用滤镜与通道的应用。

滤镜是 Photoshop 中功能最丰富、效果最独特的工具之一。它通过不同的运算方式改变图像中的像素数据，达到对图像进行抽象、艺术化的特殊处理效果。在进行图像创作时，恰当使用滤镜，可增强图像的创意和丰富画面效果。

通道是用于存储图像颜色信息和选区信息等不同内容信息的灰度图像。在 Photoshop 中，可以利用通道快捷地创建部分图像的选区，还可以利用通道制作一些特殊的图像效果。

理 论 讲 解

9.1 使用滤镜制作透明彩色特效

参考视频
图层与滤镜

完成效果

完成效果如图 9.1 所示。

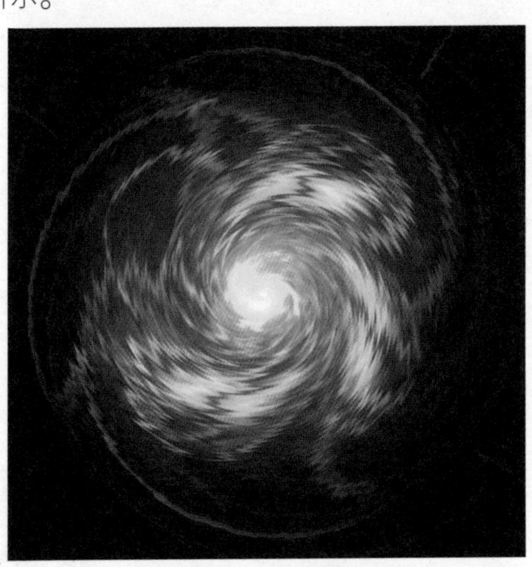

图 9.1　完成效果图

案例分析

这个旋转的拥有奇幻色彩的图像就是通过 Photoshop 的滤镜组合实现的。它主要运用了滤镜组中的风格化、扭曲、渲染，还利用了图层的混合模式。相关理论讲解如下。

9.1.1 常用滤镜组

滤镜这个词对于摄影爱好者一定不会陌生。在相机的镜头前安装一个能吸收过滤某种特定光线的镜片，使照片产生特殊的效果，这种镜片称为滤镜。而在 Photoshop 中，滤镜的目的也是类似的：就是在原有图像的基础上，产生许多离奇而炫目的效果。滤镜是 Photoshop 的特色工具之一。

Photoshop 的滤镜效果妙趣横生，但用法并不复杂，综合使用可以达到千变万化的效果。生活中看到的很多照片都是用滤镜处理过的。Photoshop 的滤镜主要分为两部分：一部分是 Photoshop 内置的滤镜；另一部分是第三方开发的外挂滤镜。由于篇幅有限，本章主要讲解常用内置滤镜的应用。外挂的滤镜有很多也有不错的效果，大家可以通过网络等途径进行下载安装和学习。

打开 Photoshop，选择菜单“滤镜”，弹出如图 9.2 所示的“滤镜”菜单，其中提供了多种效果的滤镜组，在不同的滤镜组中还包含了多种不同的滤镜效果。下面详解其中的常用滤镜组。

1. “渲染”滤镜组

选择菜单“滤镜”→“渲染”，弹出的“渲染”子菜单，如图 9.3 所示。

图 9.2 “滤镜”菜单

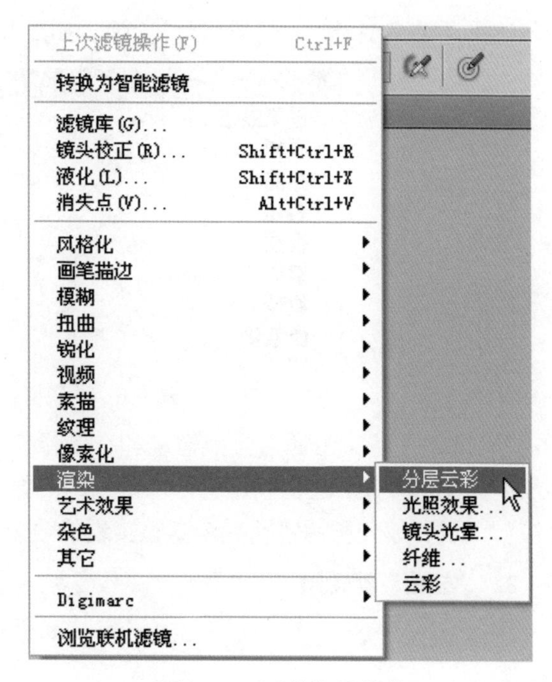

图 9.3 “渲染”子菜单

“渲染”滤镜组可以在图像中创建三维形状、云彩图案和三维光照效果。它包括“分层云彩”、“光照效果”、“镜头光晕”、“纤维”、“云彩”五种滤镜，其中分层云彩和云彩是随机产生，纤维效果既可设定参数又可随机产生，效果如图 9.4 所示。

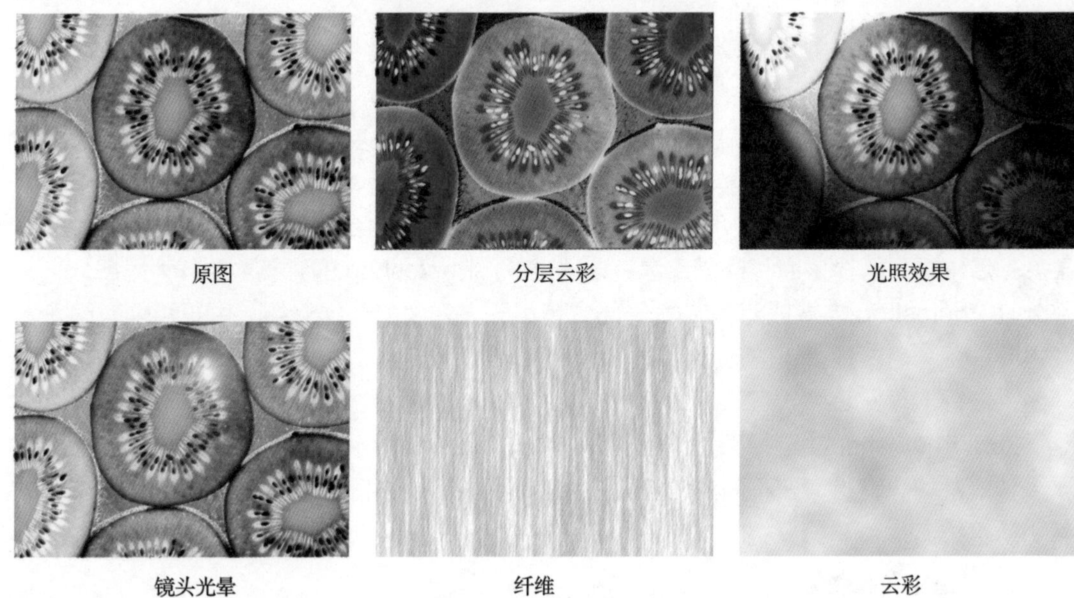

图 9.4　“渲染”滤镜组

2. “风格化”滤镜组

选择菜单“滤镜”→“风格化”，弹出如图 9.5 所示的子菜单。

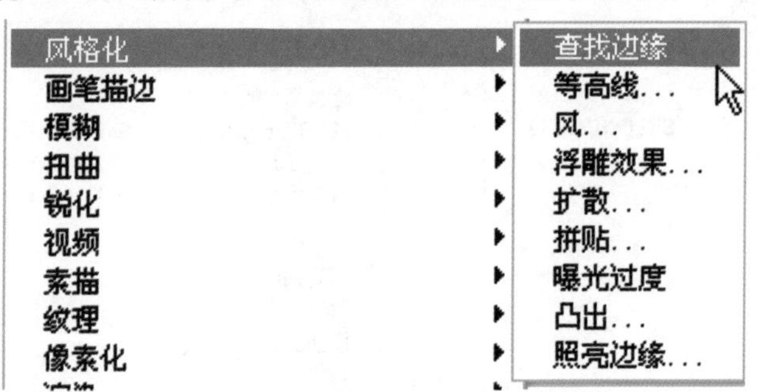

图 9.5　“风格化”子菜单

“风格化”滤镜组通过置换像素和在图像中查找并提高对比度的方法，在图像上产生绘画或印象派效果，适合制作有艺术效果的图像。“风格化”滤镜组包括“查找边缘”、“等高线”、“风”等九种滤镜，每个滤镜实现的效果如图 9.6 所示。

3. “扭曲”滤镜组

选择菜单“滤镜”→“扭曲”，弹出如图 9.7 所示的子菜单。

原图

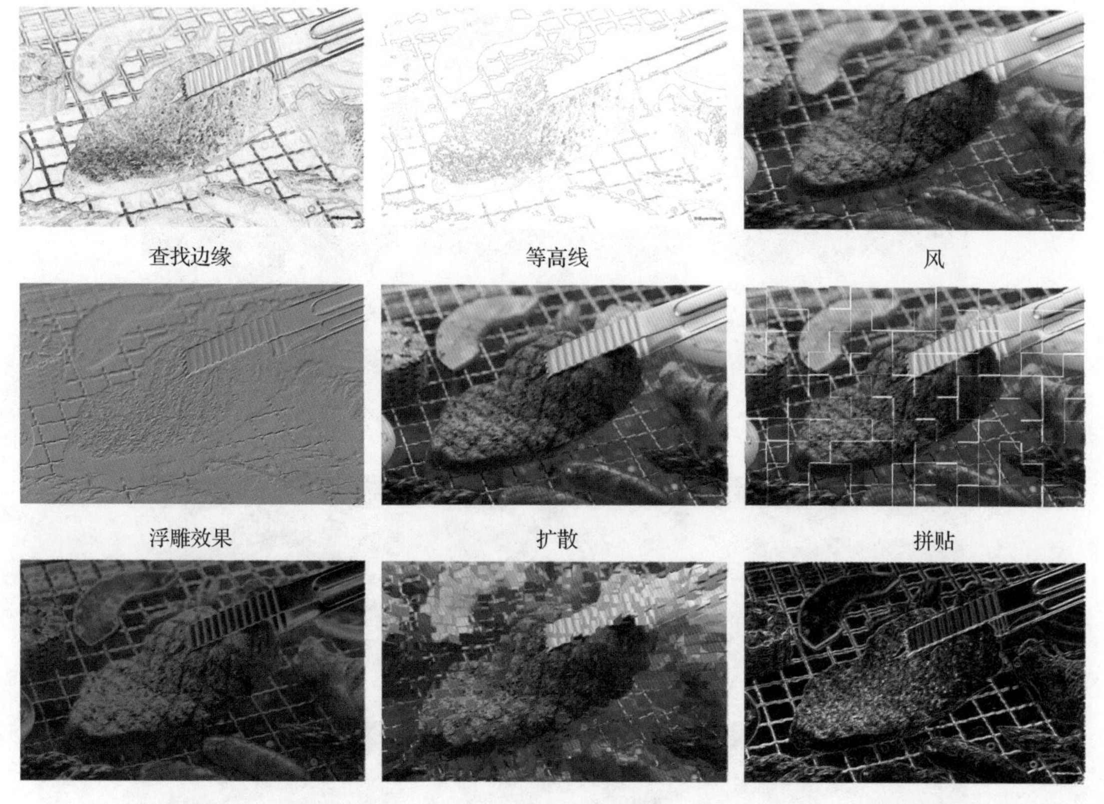

查找边缘　　等高线　　风

浮雕效果　　扩散　　拼贴

曝光过度　　凸出　　照亮边缘

图 9.6　“风格化”滤镜组

扭曲 ▶ 波浪...
锐化 ▶ 波纹...
视频 ▶ 玻璃...
素描 ▶ 海洋波纹...
纹理 ▶ 极坐标...
像素化 ▶ 挤压...
渲染 ▶ 扩散亮光...
艺术效果 ▶ 切变...
杂色 ▶ 球面化...
其它 ▶ 水波...
Digimarc ▶ 旋转扭曲...
置换...

图 9.7　“扭曲”子菜单

“扭曲”滤镜组是一种破坏性滤镜，它以几何方式扭曲图像，创建波纹、球面化、波浪等三维效果或其他效果。“扭曲”滤镜组包括“波浪”“波纹”“玻璃”等 12 种滤镜。

4. “模糊”滤镜组

选择菜单“滤镜”→“模糊”，弹出如图 9.8 所示的子菜单。

“模糊”滤镜组能使图像变得柔和、朦胧，可以减弱图像中相邻像素的对比度和图像的杂点。“模糊”滤镜组包括“表面模糊”“动感模糊”“高斯模糊”“径向模糊”等 11 种滤镜，效果分别如图 9.9 所示。

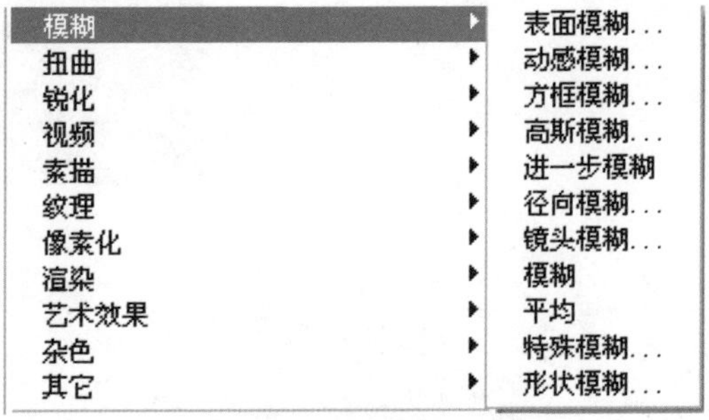

模糊
扭曲
锐化
视频
素描
纹理
像素化
渲染
艺术效果
杂色
其它
表面模糊...
动感模糊...
方框模糊...
高斯模糊...
进一步模糊
径向模糊...
镜头模糊...
模糊
平均
特殊模糊...
形状模糊...

图 9.8　“模糊”子菜单

原图
表面模糊
动感模糊
方框模糊
高斯模糊
进一步模糊
径向模糊
镜头模糊
模糊
平均
特殊模糊
形状模糊

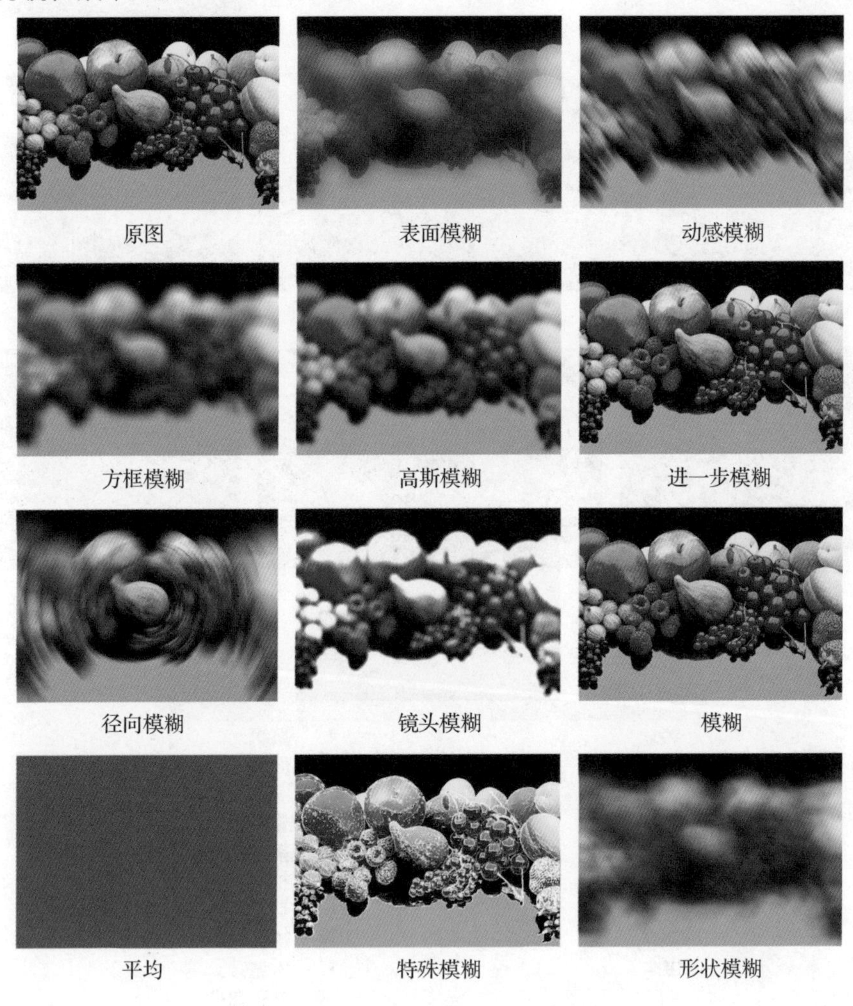

图 9.9　“模糊”滤镜组

5. “纹理”滤镜组

选择菜单“滤镜”→“纹理”，弹出如图 9.10 所示的子菜单。

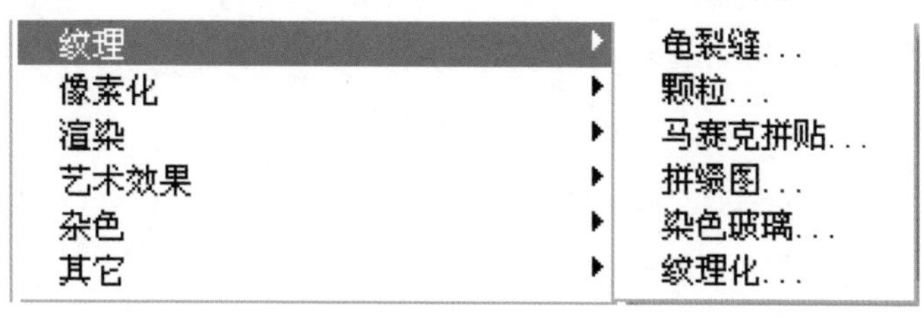

图 9.10 “纹理”子菜单

“纹理”滤镜组主要用于为图像产生深度感外观或添加纹理化外观。“纹理”滤镜组包括“龟裂缝”“颗粒”“马赛克拼贴”“拼缀图”“染色玻璃”“纹理化”六种滤镜，效果分别如图 9.11 所示。

原图

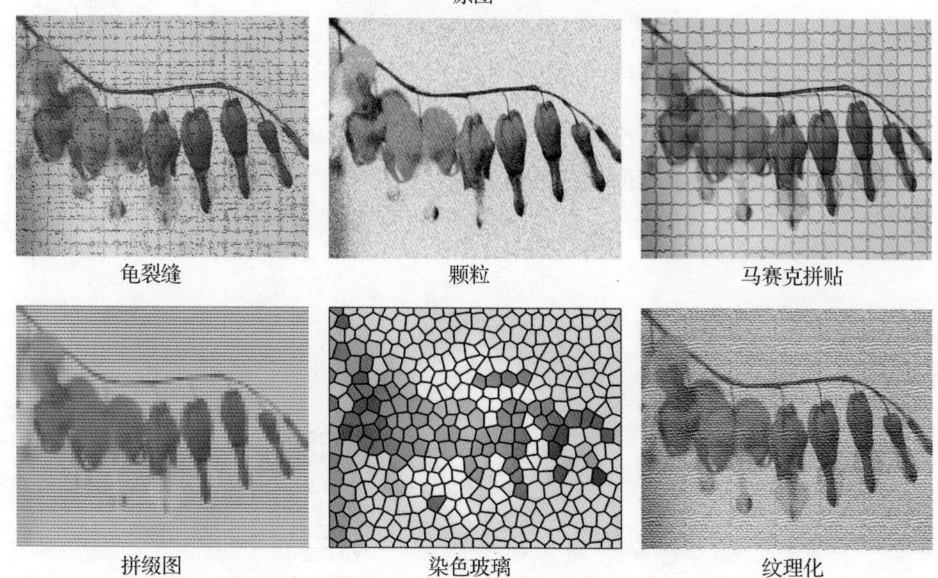

龟裂缝　颗粒　马赛克拼贴

拼缀图　染色玻璃　纹理化

图 9.11 “纹理”滤镜组

6. “杂色”滤镜组

选择菜单“滤镜”→“杂色”，弹出如图 9.12 所示的子菜单。

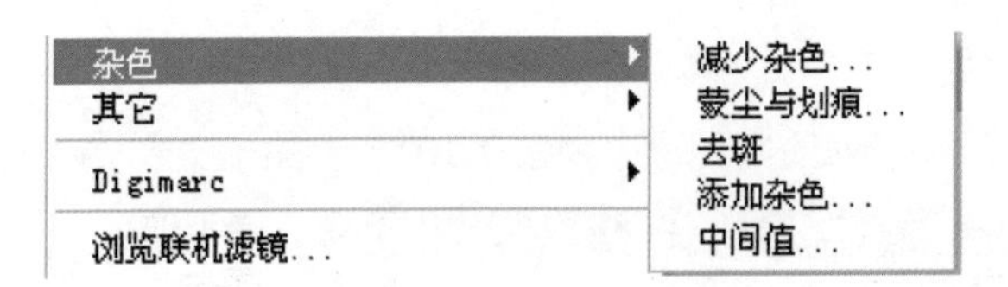

图 9.12　“杂色”子菜单

“杂色”滤镜组的主要功能是在图像中增加或减少杂点。“杂色”滤镜组包括“减少杂色”“蒙尘与划痕”“去斑”“添加杂色”“中间值”五种滤镜。

7. “像素化”滤镜组

选择菜单“滤镜”→“像素化”，弹出如图 9.13 所示的子菜单。

“像素化”滤镜组是通过将图像分成一定的区域，把这些区域转变为相应的色块，再由色块构成图像，类似于平面设计中色彩构成的效果。它包括“彩块化”“彩色半调”“点状化”“晶格化”“马赛克”“碎片”“铜版雕刻”七种滤镜。

8. “画笔描边”滤镜组

选择菜单“滤镜”→“画笔描边”，弹出如图 9.14 所示的子菜单。

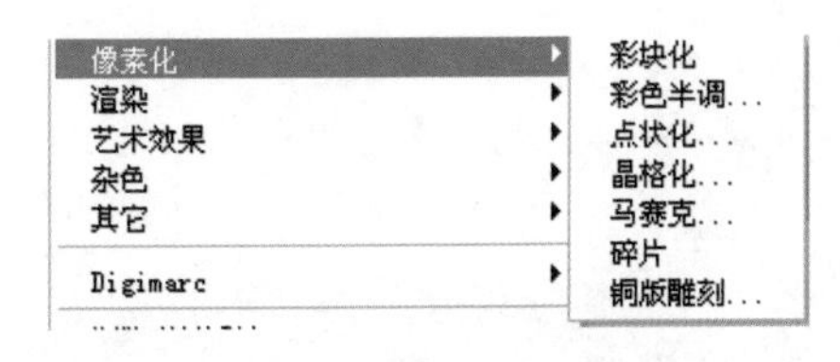

图 9.13　“像素化”子菜单

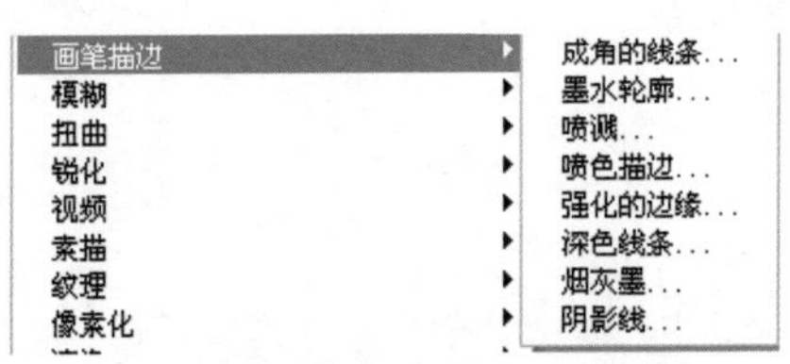

图 9.14　“画笔描边”子菜单

“画笔描边”滤镜组主要模拟使用不同的画笔和油墨进行描边处理，创造出绘画的艺术效果。此滤镜在 CMYK 和 Lab 色彩模式下不能应用。“画笔描边”滤镜组包括“成角的线条”“墨水轮廓”“喷溅”“喷色描边”“强化的边缘”“深色线条”“烟灰墨”“阴影线”八种滤镜。

9. “艺术效果”滤镜组

选择菜单“滤镜”→“艺术效果”，弹出如图 9.15 所示的子菜单。

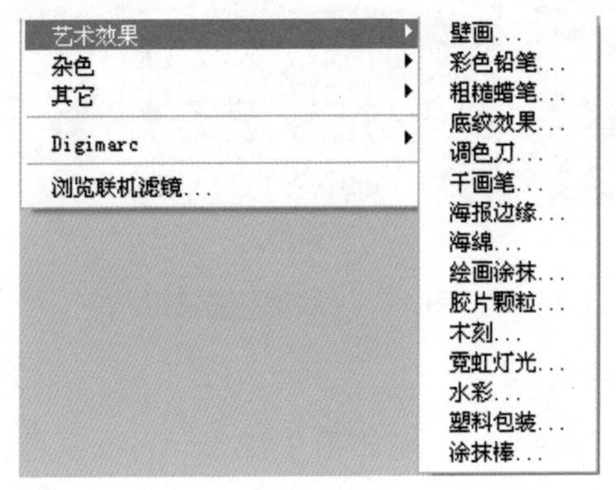

图 9.15　“艺术效果”子菜单

“艺术效果”滤镜组主要用来表现不同的绘画艺术效果，对 RGB 色彩模式的图像或灰度模式的图像起作用。它包括“壁画”“彩色铅笔”“粗糙蜡笔”“底纹效果”等 15 种滤镜，效果分别如图 9.16 所示。

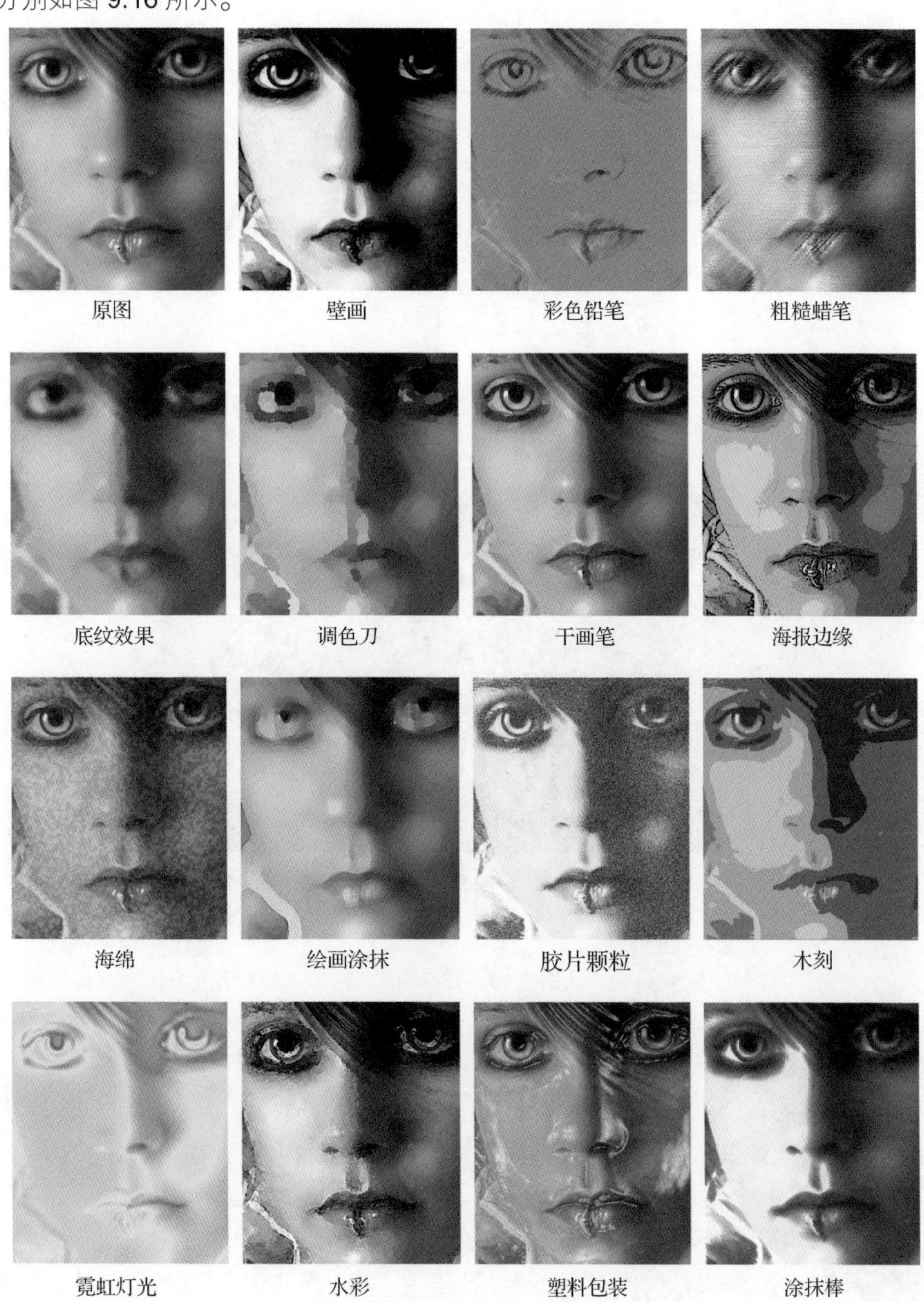

图 9.16　“艺术效果”滤镜组

例如，综合艺术效果、杂色、模糊、渲染、纹理、画笔描边、风格化等滤镜组效果，将如图 9.17 所示素材制作成如图 9.18 所示的郁金香挂图效果，具体操作如下。

素材 1.jpg

素材 2.jpg

图 9.17　素材图

图 9.18　完成效果

（1）新建文档，设置宽度、高度分别为 800 像素 ×600 像素，分辨率为 72 像素 / 英寸，色彩模式为 RGB，背景内容为白色。

（2）设置前景色为 #2989CC，背景色为 #FFFFFF，选择“渐变工具”，设置工具选项栏：前景到背景，线性渐变，将画面填充为如图 9.19 所示效果。保存文件为“郁金香 .psd”。

（3）打开本案例素材“素材 1.jpg”。选择菜单“滤镜”→“艺术效果”→“水彩”，设置画笔细节为 12，阴影强度为 1，纹理为 1，效果如图 9.20 所示，单击“确定”按钮。

（4）在“图层”调板中新建“图层 1”，设置前景色为 #000000，将“图层 1”填充为前景色。

图 9.19　渐变填充

图 9.20　“水彩”滤镜效果

（5）选择菜单“滤镜”→“杂色”→“添加杂色”，在“添加杂色”对话框中设置数量为 23%，选中“高斯分布”和“单色”，效果如图 9.21 所示，单击“确定”按钮。

（6）按 Ctrl+I 键反相，选择菜单“滤镜”→“模糊”→“高斯模糊”，在“高斯模糊”对话框中设置半径为 1.5 像素，效果如图 9.22 所示。

（7）选择菜单“滤镜”→“渲染”→“光照效果”，在“光照效果”对话框中设置光照类型为平行光，强度为 92，光泽为 0，材料为 0，曝光度为 0，环境为 46，纹理通道为绿色，选中“白色部分凸起”，高度为 14，调整光源的方向和位置，如图 9.23 所示。

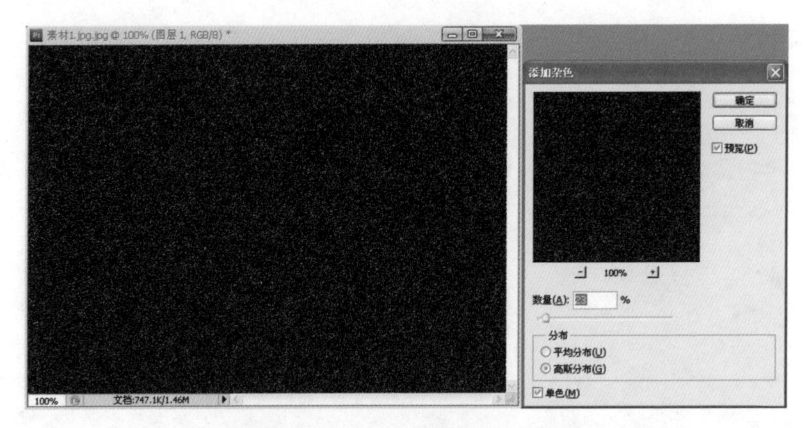

图 9.21　应用“添加杂色”滤镜

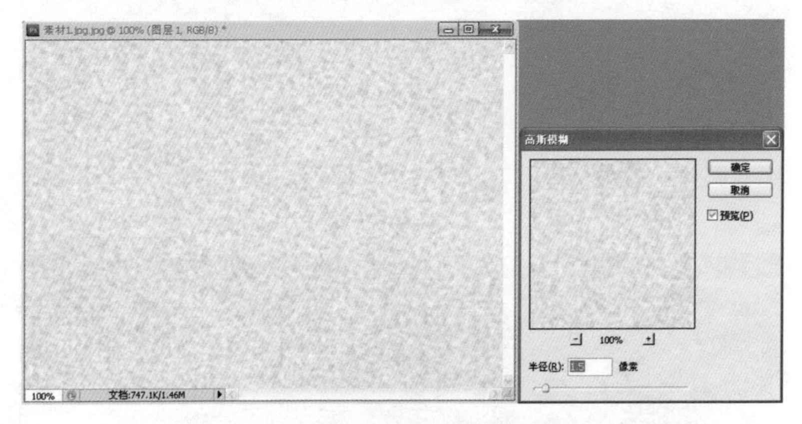

图 9.22　应用“高斯模糊”滤镜

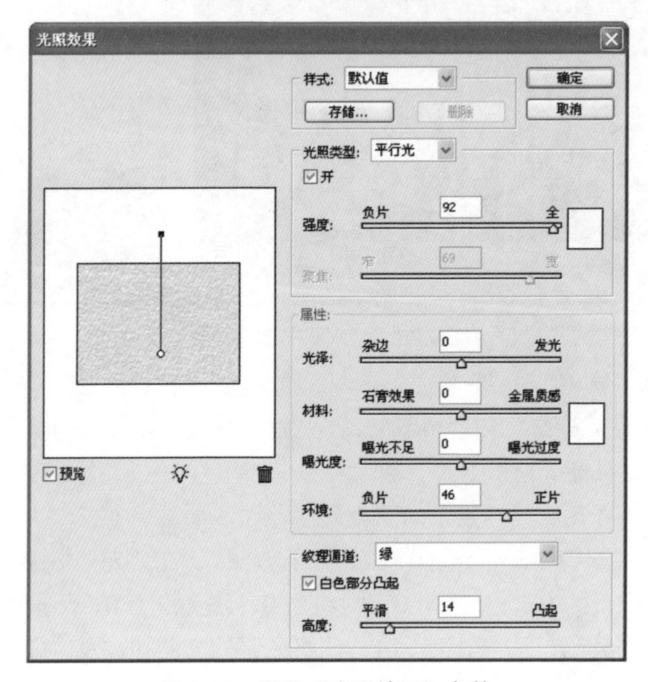

图 9.23　设置“光照效果”参数

（8）设置“图层 1”的混合模式为“正片叠底”，不透明度为 70%，效果如图 9.24 所示。

（9）将“图层 1”向下合并，按住鼠标拖拽“背景”层到“郁金香 .psd”中，自动生成新图层，名称修改为“郁金香”，如图 9.25 所示。

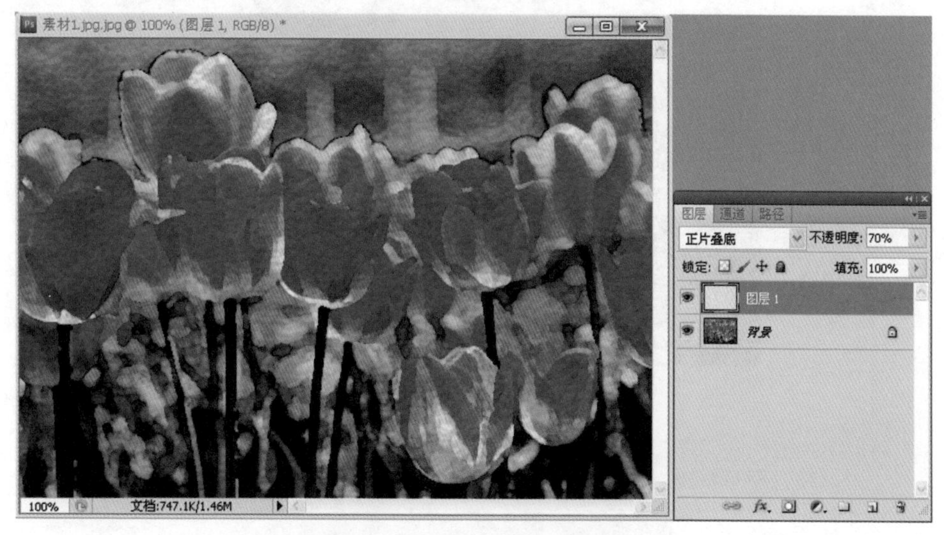

图 9.24　设置图层的混合模式

图 9.25　修改图层名称

（10）同时选择“郁金香”“背景”两个图层（按住 Ctrl 键单击相应图层），选择“移动工具”，单击“移动工具”选项栏中的“垂直居中对齐”和“水平居中对齐”按钮，如图 9.26 所示。

图 9.26　“移动工具”选项栏

（11）在“图层”调板中新建“图层 1”，名称修改为“镜框”；按住 Ctrl 键单击“郁金香”层左侧的图层缩览图，载入“郁金香”层选区。

（12）设置前景色为 #D6D8DA，选择菜单“编辑”→“描边”，设置宽度为 30px，位置为居中，单击“确定”按钮，效果如图 9.27 所示。

图 9.27　描边

（13）选择菜单“滤镜”→“纹理”→“马赛克拼贴”，设置拼贴大小为 18，缝隙宽度为 2，加亮缝隙为 9，如图 9.28 所示，单击“确定”按钮。

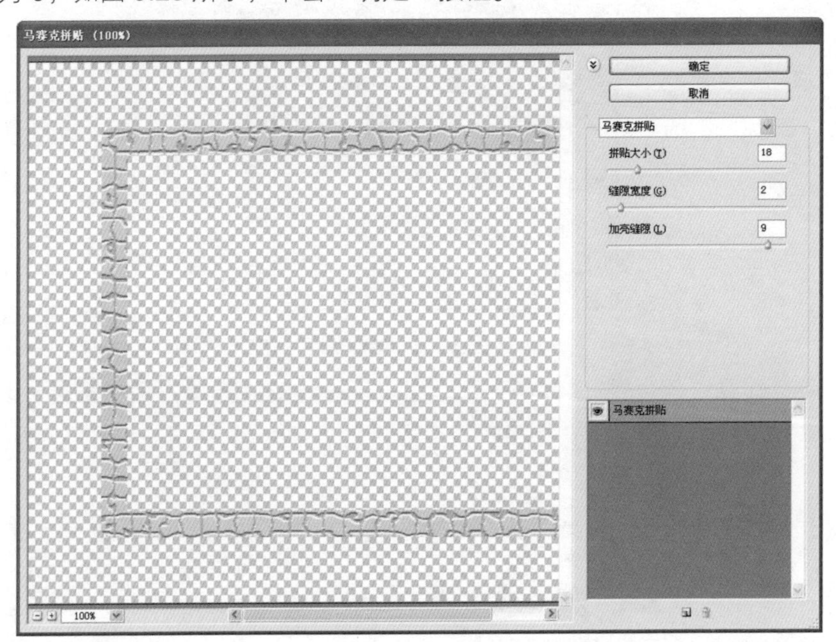

图 9.28　“马赛克拼贴”对话框

（14）选择菜单“滤镜”→“画笔描边”→“强化的边缘”，设置边缘宽度为 4，边缘亮度为 26，平滑度为 7，效果如图 9.29 所示。

图 9.29　应用“强化的边缘”滤镜

（15）双击“镜框”层，添加图层样式，在“图层样式”对话框选择“投影”，在其选项卡设置不透明度为 50%，距离为 5 像素，扩展为 6%，大小为 8 像素，如图 9.30 所示。

图 9.30　设置“投影”参数

（16）在“图层样式”对话框选择“斜面和浮雕”，在其选项卡中设置大小为 8 像素，软化为 0 像素，阴影不透明度为 40%，如图 9.31 所示。

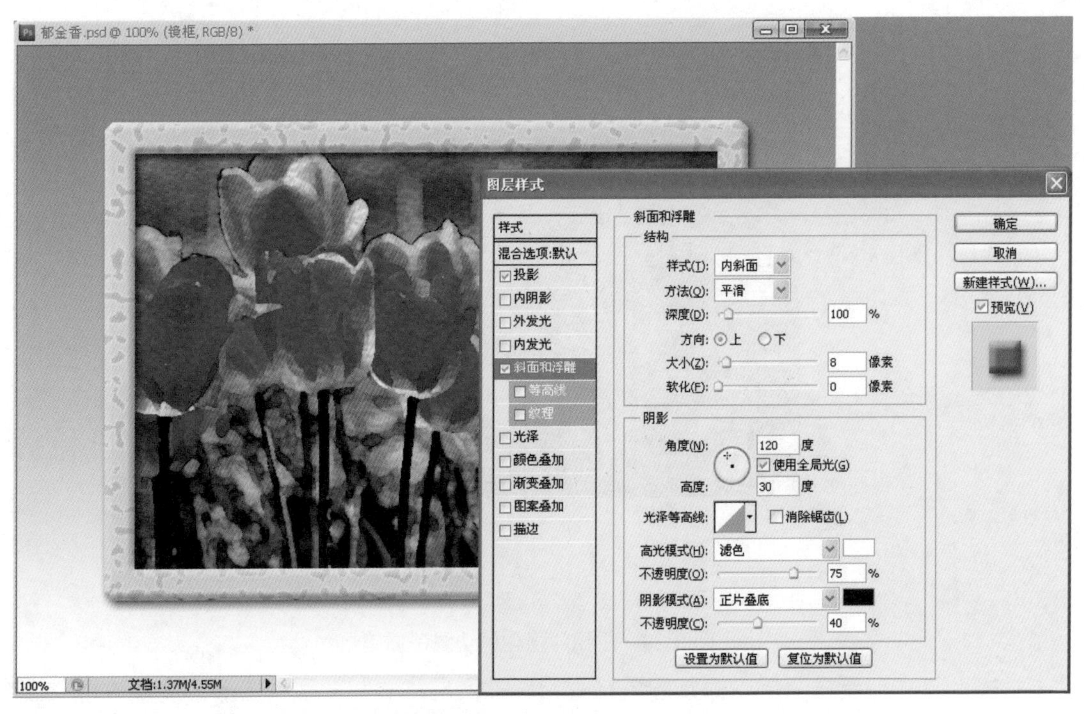

图 9.31　设置“斜面和浮雕”参数

（17）单击“确定”按钮，效果如图 9.32 所示。

图 9.32　镜框效果

（18）打开本案例素材图“素材 2.jpg”。选择“磁性套索工具”，设置“磁性套索工具”选项栏：羽化为 0px，宽度为 10px，对比度为 10%，频率为 57，如图 9.33 所示。

羽化: 0 px　消除锯齿　宽度: 10 px　对比度: 10%　频率: 57　调整边缘...

图 9.33　“磁性套索工具”选项栏

（19）沿蝴蝶的边缘选择出蝴蝶形状，按 Ctrl+C 组合键复制，再按 Ctrl+V 组合键粘贴到“郁金香 .psd”中，自动生成新图层，名称修改为“蝴蝶”，效果如图 9.34 所示。

图 9.34　粘贴蝴蝶

- 选取蝴蝶时为了更准确，可以把图像放大几倍再操作。
- 使用“磁性套索工具”（L）时，遇到难以自动选取的区域可以单击以添加锚点。
- 如果无法达到满意的抠图效果，可以使用“钢笔工具”创建路径进行选择。

（20）选择“橡皮擦工具”，设置模式为画笔，画笔主直径为 3px，硬度为 100%，不透明度为 100%，流量为 100%，擦除蝴蝶边缘没有处理好的白色背景；按 Ctrl+T 组合键，进入自由变换状态，按住 Shift 键等比例缩小蝴蝶，使用“移动工具”，移动蝴蝶到镜框的右上角，如图 9.35 所示。

（21）选中“背景”层，选择菜单“滤镜”→“风格化”→“凸出”，在“凸出”对话框选择类型为块，大小为 70 像素，深度为 50、随机，选中“蒙版不完整块”，如图 9.36 所示。

图 9.35　调整蝴蝶图形

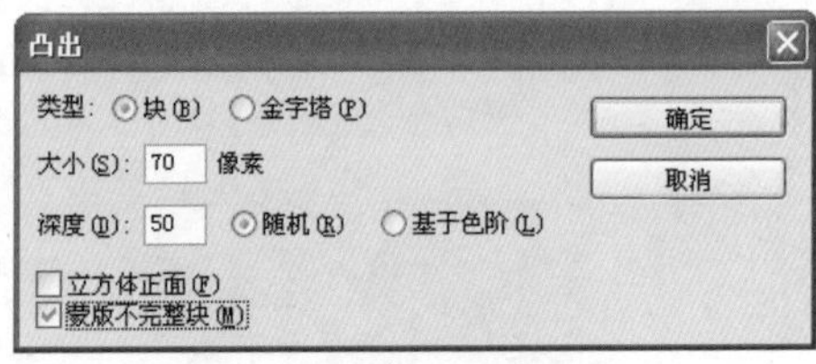

图 9.36　设置“凸出”参数

（22）单击“确定”按钮，最终效果如图 9.37 所示。保存文件。

图 9.37　最终效果

图像在索引色彩模式下不能使用滤镜，灰度模式下只有个别滤镜不起作用，CMYK 色彩模式下部分滤镜不起作用。在没有特别注明的情况下，本章都是在 RGB 色彩模式下使用滤镜。

9.1.2 实现案例——使用滤镜制作透明彩色特效

完成效果

完成效果如图 9.1 所示。

思路分析

- 使用滤镜制作旋转光晕图案。
- 使用图层混合模式添加渐变效果。

实现步骤

步骤 1 新建文件

设置文档宽度、高度为 600 像素 ×600 像素，色彩模式为 RGB，分辨率为 72 像素 / 英寸，背景内容为白色。设置前景色为 #000000，将画面填充为前景色。

步骤 2 制作效果

（1）选择菜单“滤镜”→“渲染”→“镜头光晕”，设置镜头为中心默认，亮度为 100%，镜头类型为 50 ～ 300 毫米变焦，单击“确定”按钮应用效果，如图 9.38 所示。

图 9.38 应用滤镜效果

（2）选择菜单“图像”→“图像旋转”→“90 度（顺时针）”，再次使用镜头光晕（Ctrl+F）。

注意

此处的 Ctrl+F 键是指再次应用上次操作的滤镜，不局限于某一个滤镜。

（3）重复步骤（2），效果如图 9.39 所示。

（4）选择菜单“滤镜”→“扭曲”→“旋转扭曲”，在“旋转扭曲”对话框设置角度为 500 度，如图 9.40 所示。

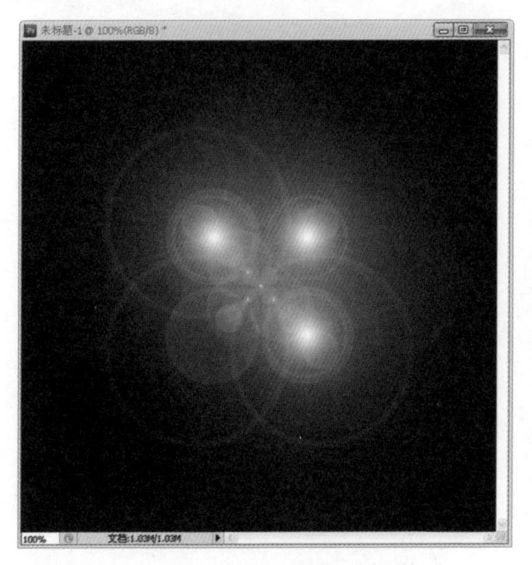

图 9.39　多次应用滤镜效果

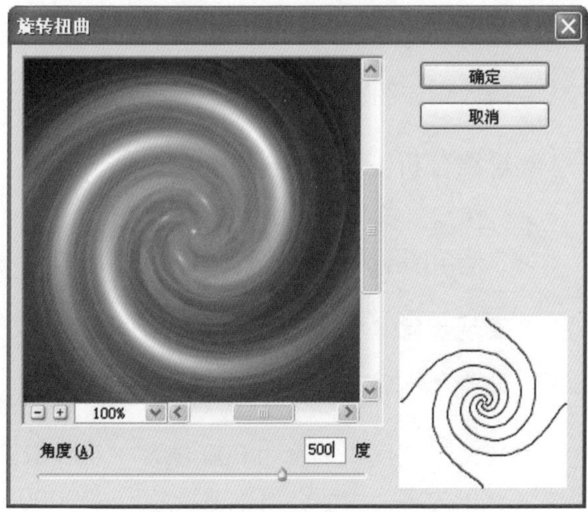

图 9.40　“旋转扭曲”对话框

（5）单击“确定”按钮应用效果，如图 9.41 所示。

（6）选择菜单“滤镜”→“风格化”→“查找边缘”，按 Ctrl+I 组合键反相，如图 9.42 所示。

图 9.41　应用“旋转扭曲”滤镜

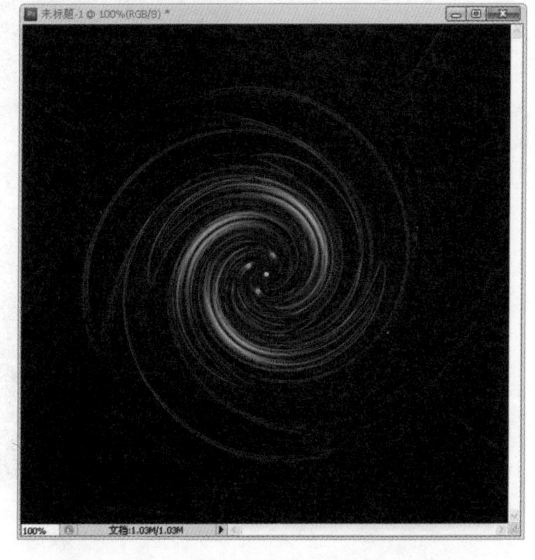

图 9.42　应用“查找边缘”滤镜和反相

（7）选择菜单“滤镜”→“扭曲”→“波纹”，设置数量为 -50%，大小为“大”，单击“确定”按钮应用效果，效果如图 9.43 所示。

（8）选择菜单“滤镜”→“扭曲”→“球面化”，设置数量为 100%，模式为正常，单击“确定”按钮应用效果，效果如图 9.44 所示。

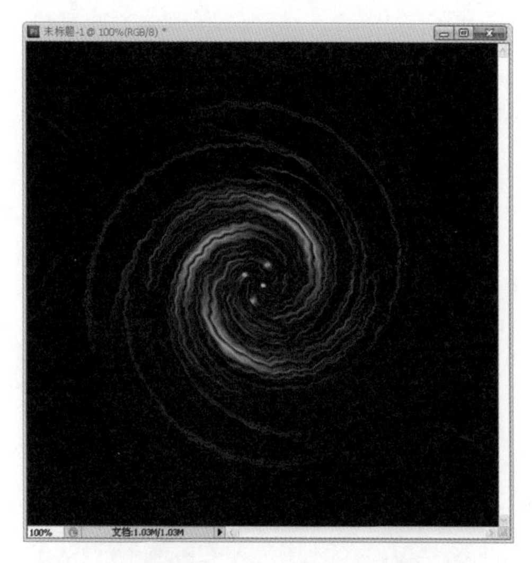

图 9.43　应用“波纹”滤镜

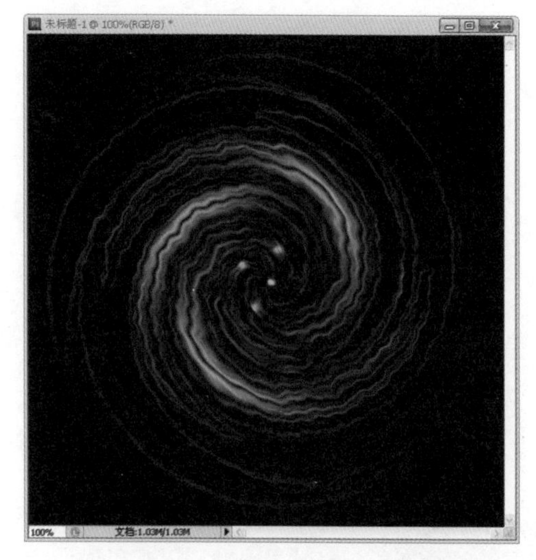

图 9.44　应用“球面化”滤镜

（9）选择菜单“滤镜”→“渲染”→“镜头光晕”，把镜头移至中心，设置亮度为 100%，镜头类型为 50 ~ 300 毫米变焦，单击“确定”按钮应用效果，效果如图 9.45 所示。

（10）选择菜单“滤镜”→“扭曲”→“旋转扭曲”，设置角度为 -590 度，单击“确定”按钮应用效果，效果如图 9.46 所示。

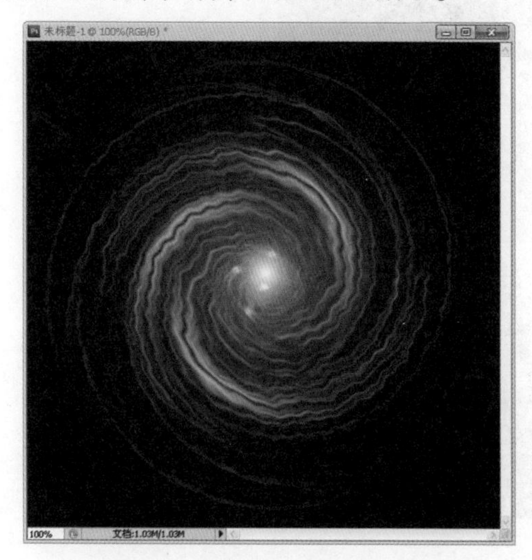

图 9.45　应用“镜头光晕”滤镜

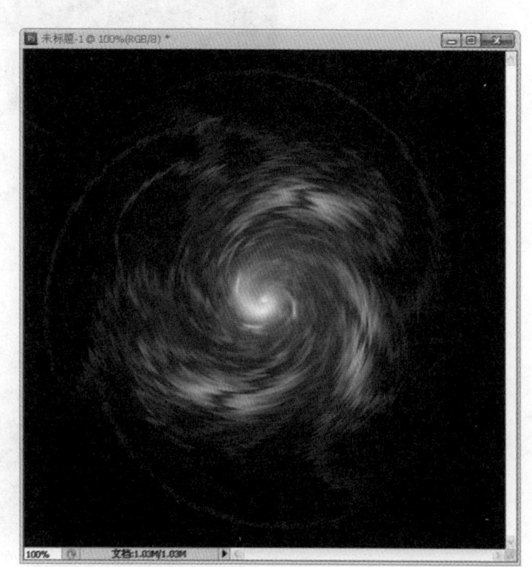

图 9.46　应用“旋转扭曲”滤镜

步骤 3　制作渐变效果

（1）在“图层”调板中新建“图层 1”，选择“渐变工具”，设置工具选项栏为橙色、黄色、橙色，线性渐变，将画面填充为如图 9.47 所示效果。

（2）设置“图层 1”的混合模式为叠加，不透明度为 100%，图层设置如图 9.48 所示。

图 9.47　渐变填充

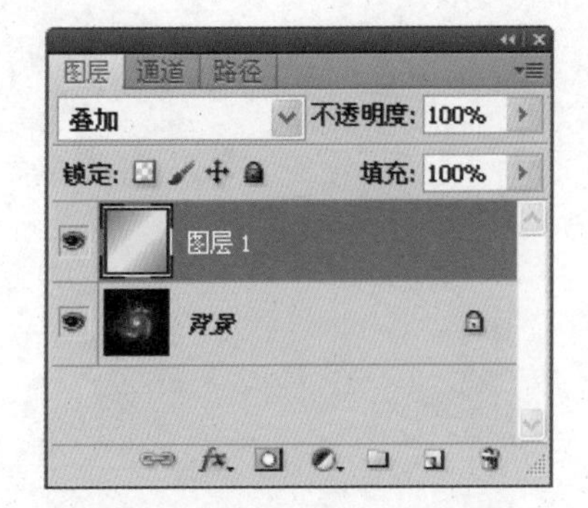

图 9.48　设置图层的混合模式

此处更改“图层1”的不透明度可以实现多种色彩效果，或者更改渐变填充的颜色也可以实现多种色彩效果。

（3）最终效果如图 9.49 所示。最后保存文件。

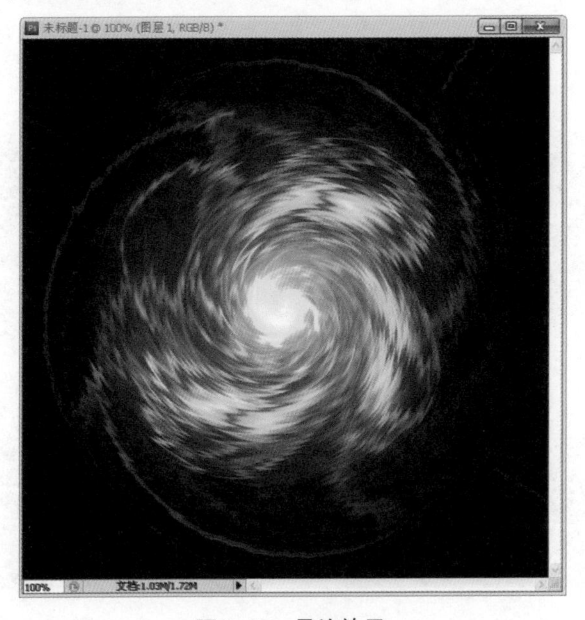

图 9.49　最终效果

9.2 使用通道制作幻想海报

素材准备

素材如图 9.50 所示。

素材 1.jpg

素材 2.jpg

素材 3.jpg

素材 4.jpg

素材 5.jpg

图 9.50　素材图

完成效果

完成效果如图 9.51 所示。

图 9.51　完成效果

案例分析

要实现如图 9.51 所示中的特效，先要去除女孩照片中的背景，并将云层、山脉、星球和天使合成背景。其中较难处理的是精确选取女孩图像的操作。如果只用“钢笔工具”是难以准确地选取头发边缘的，但是用通道就能较为方便地完成。通道是 Photoshop 的核心功能之一，相关理论讲解如下。

9.2.1　通道的原理和应用

一道白色的太阳光，通过三棱镜的折射可以分离出红、橙、黄、绿、青、蓝、紫七种颜色；一幅图像，根据不同的图像模式，通过 Photoshop 的通道也可以分离出相应颜色的效果。

通道是存储不同类型信息的灰度图像，在 Photoshop 中共包括了三种类型的通道，即颜色信息通道、专色通道和 Alpha 通道。

➢ 颜色信息通道：是在打开新图像时自动创建的。图像的模式决定了所创建的颜色通道的数目。例如 RGB 色彩模式的图像有四个颜色通道：RGB、红、绿、蓝；而 CMYK 色彩模式的图像则有五个通道：CMYK、青色、洋红、黄色、黑色；而灰度模式的图像却只有一个通道。各种图像模式的颜色信息通道分别如图 9.52 所示。

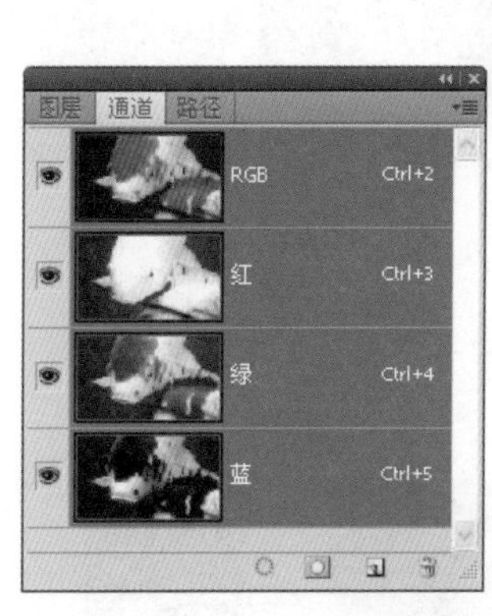

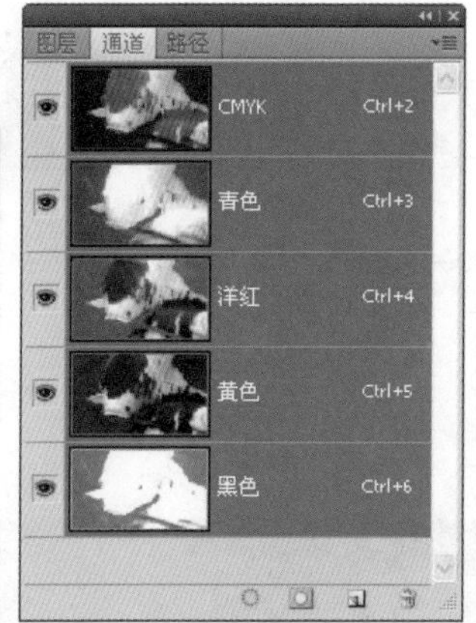

图 9.52　RGB、CMYK 及灰度模式图像的颜色信息通道

- 专色通道：是用户自行创建的，在出片时生成第 5 块色版，即专色版，用于专色油墨印刷的附加印版或进行 UV、烫金、烫银的特殊印刷工艺。
- Alpha 通道：也是用户自行创建的，主要功能是保存及编辑选区，一些在图层中不易得到的选区，可以灵活使用 Alpha 通道得到。

1. Alpha 通道与选区

如果说图层是图像的一个载体，那么通道就是选区的一个载体，同时也是选区的提供者。也就是说可以将选区存储为一个 Alpha 通道，也可以将 Alpha 通道载入成为一个选区。

结合色阶、曲线和滤镜等命令可以对 Alpha 通道中的图像进行调整。对于 Alpha 通道与选区的关系，简单地说，Alpha 通道中的白色图像代表选择区域，黑色图像代表非选择区域，而介于二者之间的灰度图像则代表有一定羽化效果的选区。

我们可以通过演示案例——《童年照片》来学习 Alpha 通道的具体用法。

素材如图 9.53 所示。

完成效果如图 9.54 所示。

素材 1.jpg

素材 2.jpg

图 9.53　素材图

图 9.54　完成效果

实现步骤如下。

（1）打开本案例素材图“素材 1.jpg”、“素材 2.jpg”。

（2）选择“移动工具” ，将“素材 1.jpg”中的图像拖拽到“素材 2.jpg”中，生成“图层 1”，如图 9.55 所示。

（3）选择“矩形选框工具” ，在图像中间绘制一个较大的矩形选区，按 Shift+F6 键，设置羽化半径为 10 像素，如图 9.56 所示。

图 9.55　拖拽素材

图 9.56　绘制并羽化选区

（4）选择菜单“窗口”→“通道”，打开“通道”调板，单击“将选区存储为通道”按钮 ，生成通道“Alpha 1”，如图 9.57 所示。

（5）取消选择。然后在“通道”调板中选择“Alpha 1”通道，如图 9.58 所示。

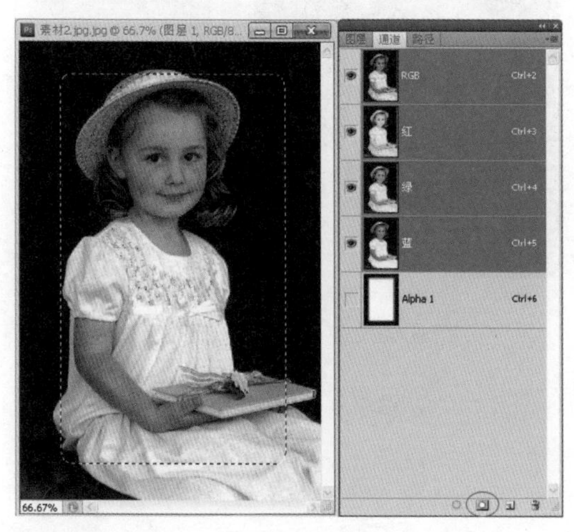

图 9.57　生成通道“Alpha 1”

图 9.58　选中“Alpha 1”通道

（6）按 Ctrl+I 组合键执行反相操作，效果如图 9.59 所示。

（7）选择菜单“滤镜”→“像素化”→“彩色半调”，设置最大半径为 10 像素，其他参数为默认值，使用滤镜对通道进行编辑，效果如图 9.60 所示。

图 9.59　执行反相操作

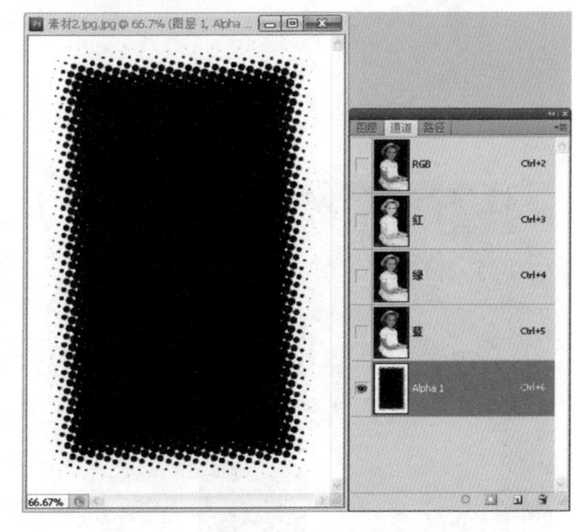

图 9.60　使用滤镜编辑通道

（8）按 Ctrl+I 组合键，对“Alpha 1”通道执行反相操作，效果如图 9.61 所示。

（9）按住 Ctrl 键，单击“Alpha 1”通道的缩览图，将通道作为选区载入；打开“图层”调板，选择“图层 1”，如图 9.62 所示。

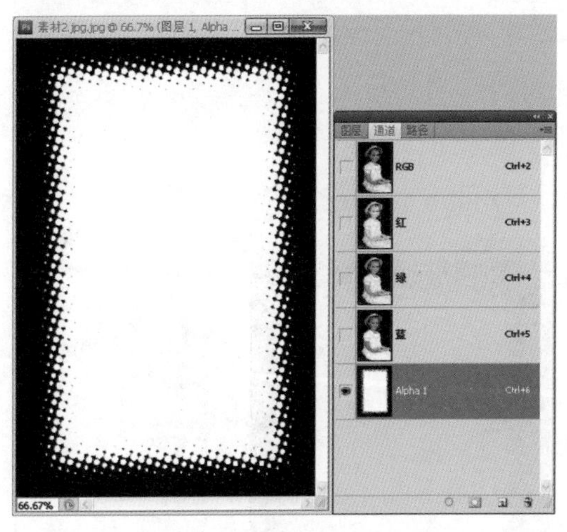

图 9.61　对通道执行反相操作

图 9.62　将通道作为选区载入

（10）单击“图层”调板底部的“添加图层蒙版”按钮，给“图层 1”增加图层蒙版，如图 9.63 所示。

（11）设置“图层 1”的混合模式为“叠加”，完成效果如图 9.64 所示。

图 9.63 给“图层 1”增加图层蒙版

图 9.64 完成效果

2. 学习编辑通道

结合上一节的演示案例，已经知道可以利用滤镜编辑通道；在接下来的学习中，还要用到图像调整命令和绘图工具来编辑通道。

- 使用滤镜编辑通道：使用 Photoshop 提供的各种滤镜编辑通道，可以轻松制作出丰富多彩的选区效果。
- 使用图像调整命令编辑通道：一些用于调整图像亮度及对比度的命令也可用于编辑通道，如“色阶”、“曲线”等命令。
- 使用绘图工具编辑通道：绘图工具在编辑通道时，常起到辅助与修饰作用。

我们可以通过演示案例——《冰酷火龙果》来学习如何编辑通道。

素材如图 9.65 所示。

素材 1.jpg

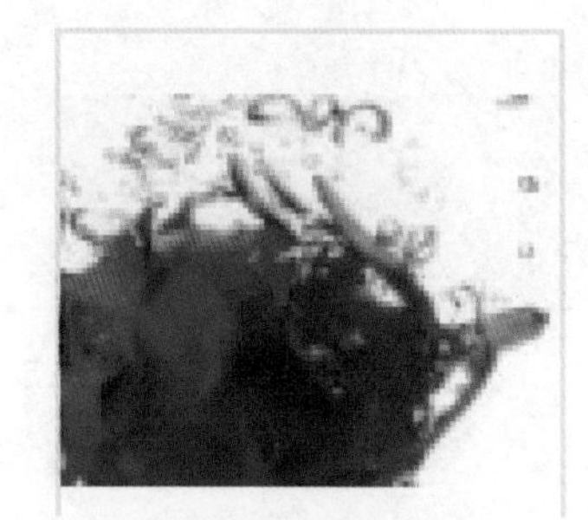
素材 2.jpg

图 9.65 素材图

完成效果如图 9.66 所示。

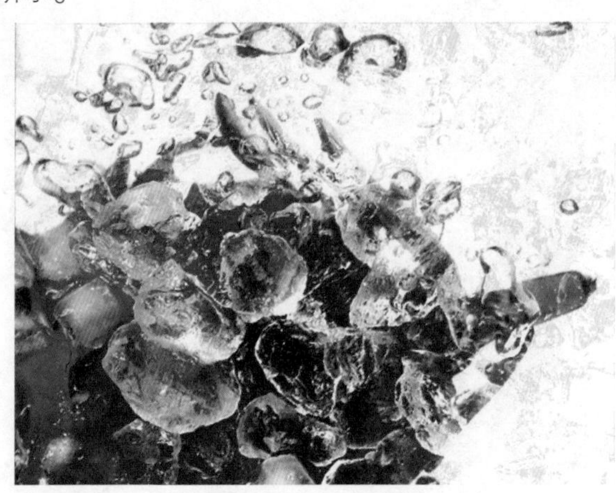

图 9.66　完成效果

实现步骤如下所示。

（1）打开本案例素材图“素材 1.jpg”。

（2）选择菜单“窗口”→“通道”，打开“通道”调板，选中“绿”通道，按住鼠标左键拖拽到“通道”调板底部的“创建新通道”按钮上，生成“绿 副本”通道，如图 9.67 所示。

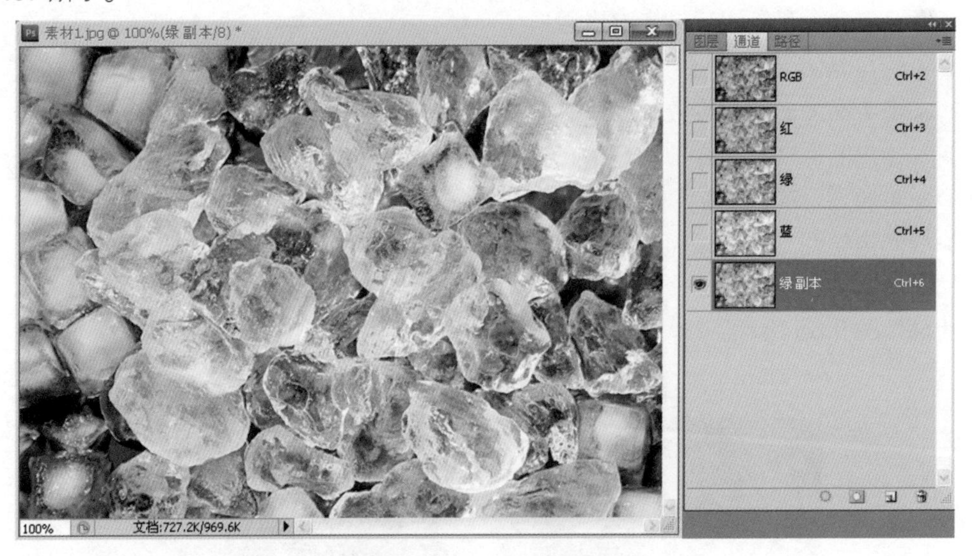

图 9.67　生成“绿 副本”通道

（3）按 Ctrl+L 组合键调出“色阶”对话框，将“输入色阶”分别设置为：44，1.00，229，如图 9.68 所示，单击“确定”按钮。

（4）按 Ctrl 键，单击“绿 副本”通道，将通道作为选区载入，如图 9.69 所示。

（5）打开“图层”调板，按 Ctrl+C 组合键，复制背景层。

（6）打开本案例素材图“素材 2.jpg”，按 Ctrl+V 组合键，粘贴已复制的图像，生成“图层 1”，如图 9.70 所示。

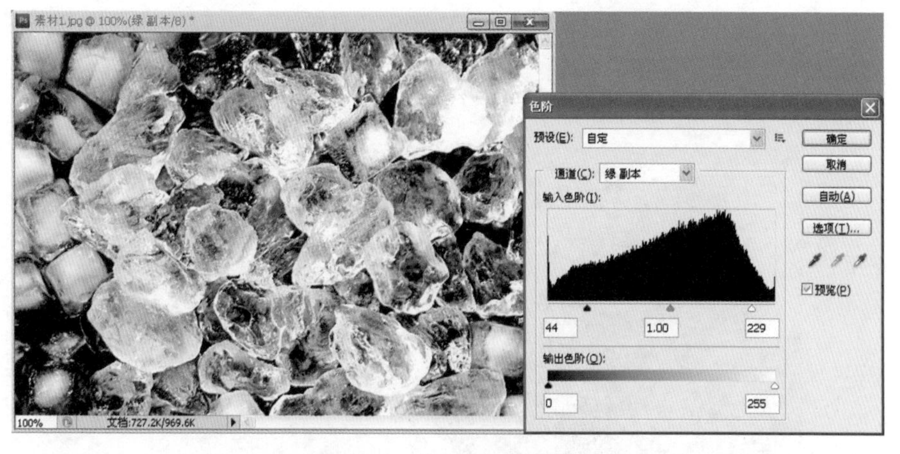

图 9.68　应用“色阶”命令

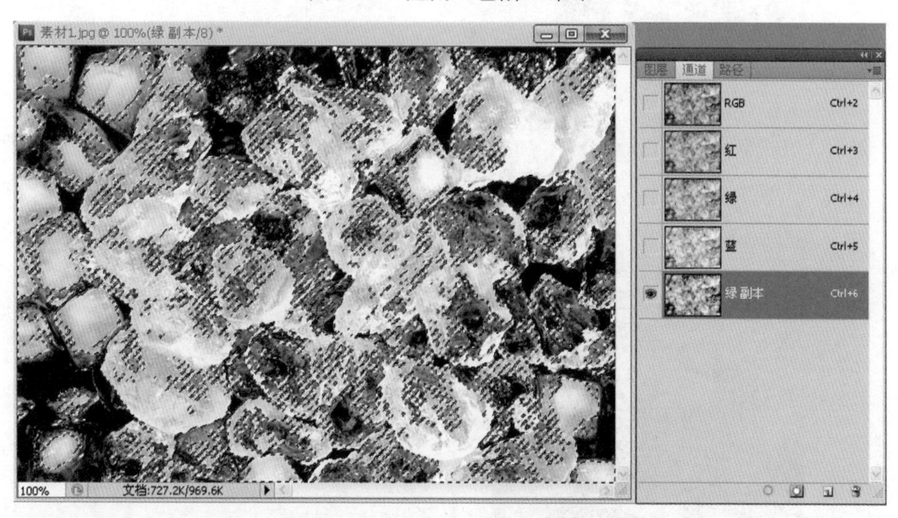

图 9.69　将通道作为选区载入

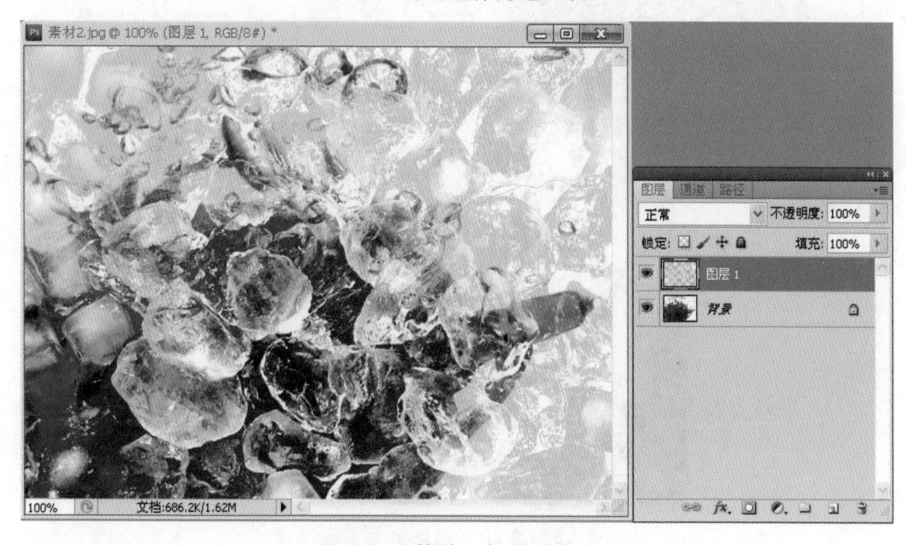

图 9.70　粘贴已复制的图像

（7）设置“图层 1”混合模式为“柔光”，选择“图层 1”层，按住鼠标左键拖拽到“图层”调板底部的“创建新图层”按钮 上，生成图层“图层 1 副本”，设置“图层 1 副本”层的混合模式为“强光”，如图 9.71 所示。

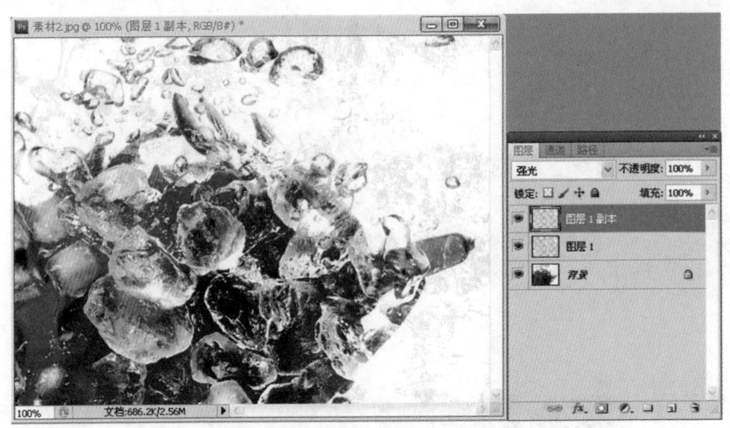

图 9.71　设置图层的混合模式

（8）单击“图层”调板底部的“创建新的填充或调整图层”按钮 ，在弹出的菜单中选择“曲线”，调整曲线如图 9.72 所示。最终效果如图 9.73 所示。

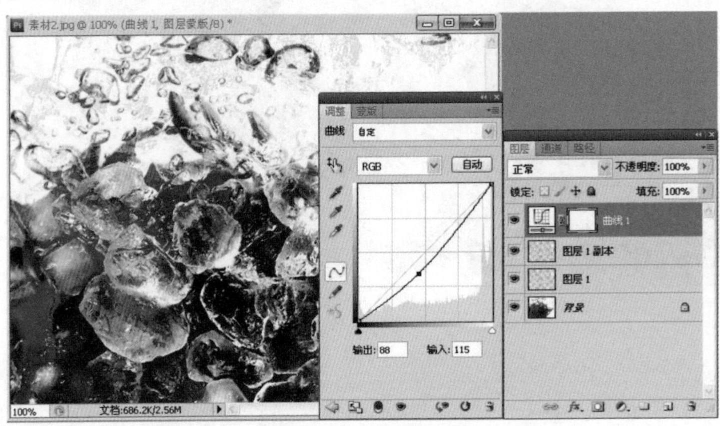

图 9.72　调整曲线

图 9.73　最终效果

9.2.2 实现案例——使用通道制作幻想海报

素材准备

素材如图 9.50 所示。

完成效果

完成效果如图 9.51 所示。

思路分析

- 使用通道抠取人物图像。
- 使用蒙版和通道处理背景。
- 添加文字。

实现步骤

步骤 1 去除女孩图像的背景色

（1）打开本案例素材图“素材 1.jpg”，选择菜单“窗口”→“通道”，打开“通道”调板，选择对比较强的“蓝”通道，按住鼠标左键拖拽到“通道”调板底部的“创建新通道”按钮上，生成“蓝 副本”通道，如图 9.74 所示。

图 9.74 生成“蓝 副本”通道

（2）按 Ctrl+I 组合键，将“蓝 副本”通道反向，按 D 键恢复默认前景色、背景色，选择“画笔工具”，将女孩图像主体涂抹成白色，如图 9.75 所示。

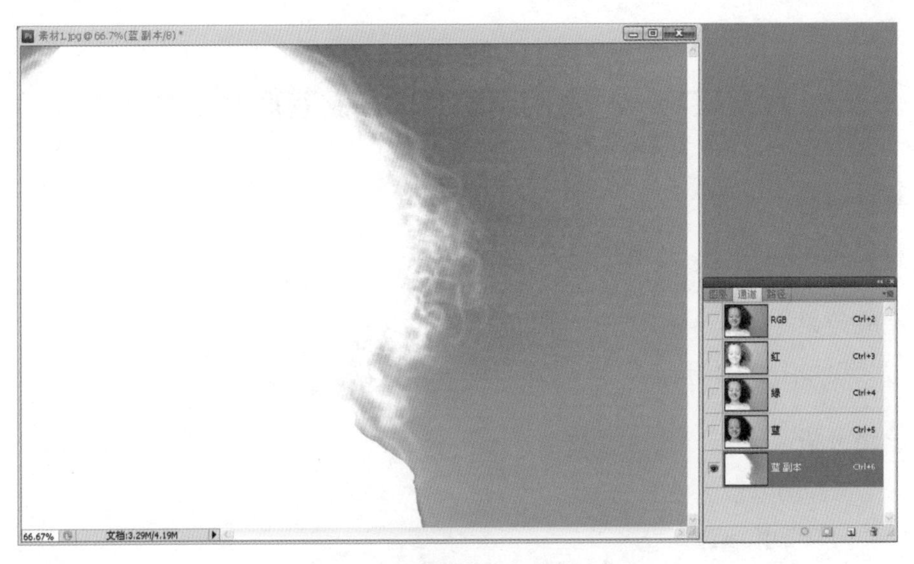

图 9.75　将女孩图像主体涂抹成白色

注意

- 在涂抹女孩图像主体时，注意不要损失头发边缘的细节。
- 根据情况调整画笔工具的主直径大小。
- 快捷键“[”与“]”可调整画笔主直径的大小。

（3）按 X 键交换前景色、背景色，用画笔工具将大片背景涂抹成黑色，如图 9.76 所示。

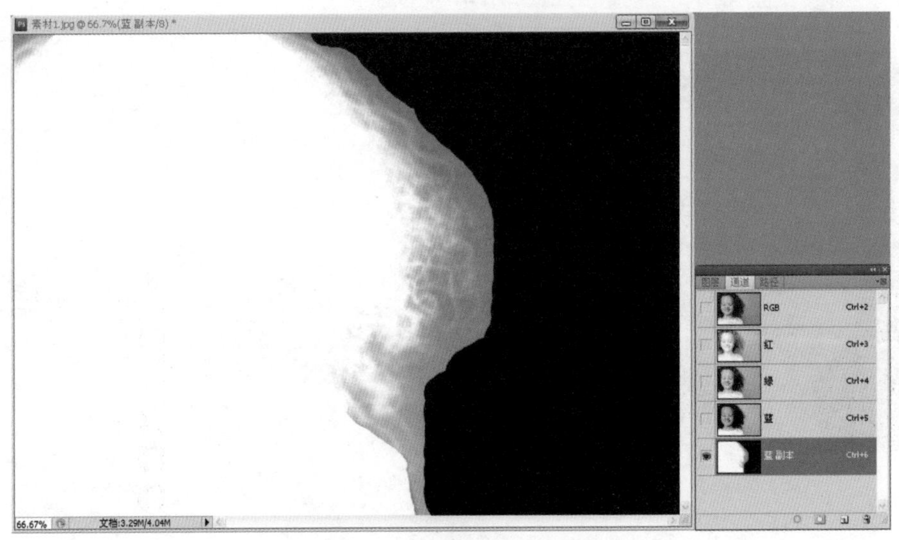

图 9.76　将大片背景涂抹成黑色

（4）按 Ctrl+L 组合键调出“色阶”对话框，将“输入色阶”分别设置为：140，1.00，216，如图 9.77 所示，单击“确定”按钮。

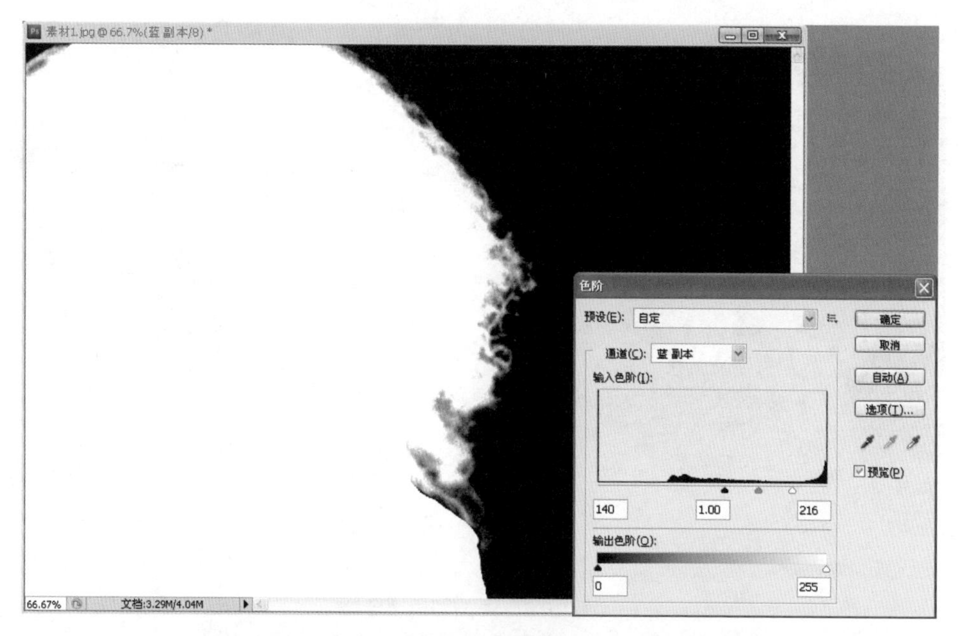

图 9.77　应用色阶命令调整“蓝 副本”通道的对比度

（5）打开“图层”调板，按住 Alt 键双击“背景”层，生成图层 0；按住 Ctrl 键，在“通道”调板中单击“蓝 副本”通道，将通道作为选区载入；按 Shift+F6 组合键，设置羽化半径为 2 像素，如图 9.78 所示。

图 9.78　将通道作为选区载入

（6）单击“图层”调板底部的“添加图层蒙版”按钮 ，去除背景，如图 9.79 所示。并保存文件为“幻想 .psd”。

图 9.79　添加图层蒙版

步骤 2　添加高山和白云的背景

（1）打开本案例素材图“素材 2.jpg”，将“素材 2.jpg”中的图像拖拽到“幻想 .psd”中，生成“图层 1”层，调整“图层 1”层位置至“图层 0”层下方，适当上调云层位置，如图 9.80 所示。

图 9.80　将“素材 2.jpg”中的图像拖拽到“幻想 .psd”中

（2）单击去掉“图层 0”层左侧的眼睛，隐藏“图层 0”层。

（3）打开本案例素材图“素材 3.jpg”，将“素材 3.jpg”中的图像拖拽到“幻想 .psd”中，生成“图层 2”层，适当下调图像位置，如图 9.81 所示。

图 9.81　将“素材 3.jpg”中的图像拖拽到“幻想 .psd”中

（4）单击“图层”调板底部的“添加图层蒙版”按钮 ，设置前景色为 **#000000**，背景色为 **#FFFFFF**，选择“渐变工具” ，设置工具选项栏：前景到背景，线性渐变。按住 Shift 键，按如图 9.82 所示拖动鼠标。

图 9.82　添加图层蒙版

注意

填充渐变后如果效果不对，可尝试在工具选项栏中选中“反向”。

步骤 3 添加星球和天使

（1）打开本案例素材图“素材 4.jpg”，选择“椭圆选框工具” ，按住 Shift 键，沿星球轮廓绘制一个圆形选区，如图 9.83 所示。

（2）羽化选区，设置半径为 5 像素。按 Ctrl+C 组合键复制选区图像。

（3）选中“幻想 .psd”为当前编辑状态，按 Ctrl+V 组合键，粘贴已复制的图像，再将图像等比例缩小并移动到适当位置，如图 9.84 所示。

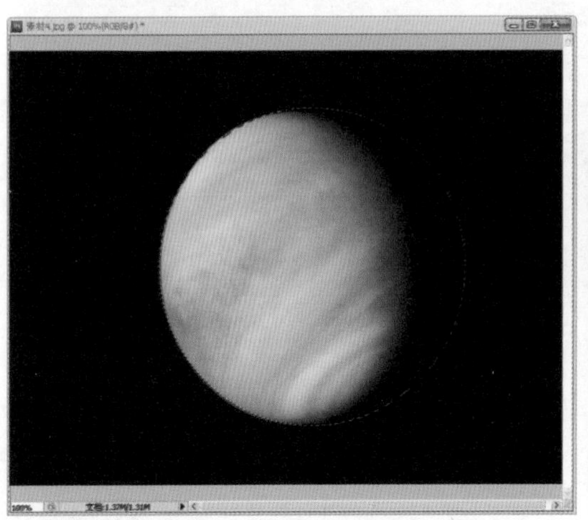

图 9.83 绘制圆形选区

图 9.84 调整图像

(4）按 Ctrl+M 键，弹出“曲线”对话框，调整曲线形状，如图 9.85 所示，单击“确定”按钮。

图 9.85 调整星球的对比度

（5）打开本案例素材图“素材 5.jpg”，选中“绿”通道，按住 Ctrl 键，单击“绿”通道，将通道作为选区载入，如图 9.86 所示。

图 9.86　将通道作为选区载入

（6）按 Ctrl+C 组合键复制选区图像。选中“幻想 .psd”文件为当前编辑状态，按 Ctrl+V 组合键粘贴已复制的图像，生成“图层 4”层；选择“椭圆选框工具”，绘制一个较大的椭圆将天使选中，按 Shift+Ctrl+I 组合键反向选择，再羽化选区，设置羽化半径为 30 像素，如图 9.87 所示。

图 9.87　羽化天使图像的边缘

（7）按两次 Delete 键，删除选区内容，按 Ctrl+D 组合键取消选择，效果如图 9.88 所示。

（8）按 Ctrl+T 组合键，在工具选项栏设置水平缩放比例为 40%，垂直缩放比例为 40%，并调整位置，如图 9.89 所示，按 Enter 键应用变换。

图 9.88　删除选区内容

图 9.89　在选项栏设置缩放比例

（9）设置“图层 4”层的混合模式为“强光”，效果如图 9.90 所示。

图 9.90　设置“图层 4”的混合模式

（10）选择“图层 1”层，按 Ctrl+U 组合键弹出“色相 / 饱和度”对话框，设置色相为 -24，产生偏绿的效果，如图 9.91 所示，单击“确定”按钮。

图 9.91　调整“图层 1”的色相

（11）选择“图层 2”层，按 Ctrl+U 组合键弹出“色相 / 饱和度”对话框，设置色相为 -20，饱和度为 -19，产生偏绿的效果，如图 9.92 所示，单击“确定”按钮。

图 9.92　调整“图层 2”的色相 / 饱和度

（12）单击“图层 0”层左侧的眼睛，显示“图层 0”层。

步骤 4 添加文字

（1）选择“直排文字工具” ，设置“字符调板”：字体为“宋体”，字体大小为 14 点，颜色为 **#FFFFFF**，消除锯齿方法为“浑厚”，选择“仿粗体”，在图像右下角输入文字“幻想”。

（2）单击“图层”调板底部的“添加图层样式”按钮 ，选择“描边”，设置大小为 1 像素，颜色为 **#5DCEDA**，单击“确定”按钮，最终效果如图 9.93 所示。

图 9.93 最终效果

实战案例

实战案例 1——魔法水晶球（上）

需求描述

在网络上或生活中经常看到一些海报，像魔戒、哈利波特等，其中 Photoshop 的特效为海报增色不少。下面将使用“素材 1”、“素材 2”完成一张魔戒的海报，完成效果如图 9.94 所示。在本练习中先完成背景和水晶球的制作。

图 9.94　完成效果

素材准备

素材如图 9.95 所示。

素材1.jpg

素材2.jpg

图 9.95　素材图

技能要点

- “钢笔工具”。
- 图像调整。
- “扭曲”滤镜组、“模糊”滤镜组。
- “羽化”命令。

实现思路

根据理论课讲解的技能知识，分三个阶段完成如图 9.94 所示的案例效果，第一阶段先实现的是处理素材和制作水晶球的初步效果，从以下几点予以考虑。

- 新建文件，处理素材。
  - 新建文件“魔法水晶球 .psd”，将背景填充为 #000000。
  - 将“素材 1”拖拽到“魔法水晶球 .psd”中，改图层名为“人物”。
  - 用“钢笔工具”抠出“素材 2”中的魔戒轮廓，将其复制粘贴到“魔法水晶球 .psd”中，并调整大小和位置。
- 制作水晶球。
  - 在“人物”层中绘制椭圆选区作为水晶球轮廓，复制选区内容到新建图层中，作为水晶球的实体。
  - 复制“人物”层作为水晶球的虚体，应用“扭曲”滤镜组、“模糊”滤镜组制作水晶球的玻璃反光效果，并删除多余的图像。

难点提示

- 用“钢笔工具”抠出“素材 2”中的魔戒轮廓，注意设置工具选项栏为路径，重叠路径区域除外，如图 9.96 所示。

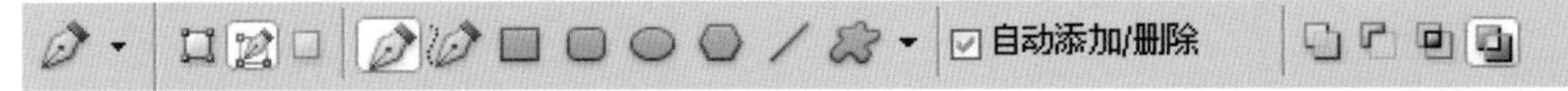

图 9.96 “钢笔工具”选项栏

- 在“人物”层中绘制椭圆选区作为水晶球轮廓时，注意将选区羽化 5px。
- 复制“人物”层作为水晶球的虚体时，选择菜单“滤镜”→“扭曲”→“旋转扭曲”，设置角度为 -750，单击“确定”按钮应用效果；选择菜单“滤镜”→“模糊”→“高斯模糊”，设置半径为 3 像素，单击“确定”按钮应用效果，结果如图 9.97 所示。

图 9.97 应用滤镜效果

实战案例 2——魔法水晶球（中）

需求描述

接着前面的练习，在本练习中完成水晶球高光的制作。

技能要点

- 图层组。
- 图层蒙版。
- “模糊”滤镜组。

实现思路

第二阶段要实现的是进一步处理水晶球的细节，从以下几点予以考虑。

- 绘制“水晶球”的底色，调整图层顺序。
- 新建图层“高光”，用渐变工具以及图层蒙版制作高光。
- 绘制高光点并模糊。

难点提示

- 绘制“水晶球”的底色时，选区边缘无须羽化，填充色为 #D79C3D。
- 制作高光的渐变效果时，设置前景色为 #FFFFFF，渐变方式为前景到透明，线性渐变，并选中“透明区域”，如图 9.98 所示。

图 9.98　“渐变工具”选项栏

效果如图 9.99 所示。

图 9.99　渐变填充选区

- 给“高光”层添加图层蒙版，选择“渐变工具”，设置工具选项栏为黑色、白色，径向渐变，选择“反向”，如图 9.100 所示。

图 9.100　“渐变工具”选项栏

➢ 按住鼠标左键从戒指内边缘到外边缘的位置拖拽出渐变，位置如图 9.101 所示。
➢ 完成效果如图 9.102 所示。

图 9.101　拖拽渐变效果

图 9.102　添加图层蒙版效果

实战案例 3——魔法水晶球（下）

需求描述

接着前面的练习，在本练习中添加文字效果的制作。

技能要点

➢ 文字工具。
➢ “模糊”滤镜组、“风格化”滤镜组。
➢ 图层样式。

实现思路

第三阶段要实现的是添加文字效果，从以下几点予以考虑。

➢ 输入文字”Power Can Be Help In The Smallest of Things”。
➢ 复制文字层副本并栅格化，使用“模糊”滤镜组和“风格化”滤镜组处理文字效果。
➢ 添加图层样式。
➢ 给文字副本层添加图层样式“颜色叠加”。
➢ 给文字层添加图层样式“外发光”。

难点提示

- 输入文字时，选择“横排文字工具” T，设置工具选项栏：字体为 Arial Black，文字大小为 24 点，居中对齐文本，文本颜色为 #FFFFFF，如图 9.103 所示。

图 9.103 “横排文字工具“选项栏

- 处理文字副本层的效果时，选择菜单“滤镜”→“模糊”→“动感模糊”，设置角度为 0，距离 43 像素，单击“确定”按钮应用效果；按同样的方法再次使用“动感模糊”滤镜，设置角度为 -90，距离 12 像素，单击“确定”按钮应用效果，效果如图 9.104 所示。
- 选择菜单“滤镜”→“风格化”→“风”，设置方法为风，方向从右，单击“确定”按钮应用效果；按同样的方法再次使用“风”滤镜，设置方法为风，方向从左，单击“确定”按钮应用效果，效果如图 9.105 所示。

图 9.104 应用“动感模糊”滤镜

图 9.105 应用“风”滤镜

本章总结

- “模糊”滤镜组可柔化选区或整个图像，这对于修饰图像非常有用。
- “渲染”滤镜组可以在图像中创建三维形状、云彩图案和三维光照效果。
- “纹理”滤镜组用于使图像产生深度感外观或添加纹理化外观。
- “扭曲”滤镜组是一种破坏性滤镜，它以几何方式扭曲图像，创建新效果。
- “画笔描边”滤镜组使用不同的画笔和油墨描边效果创造出绘画效果的外观。
- “风格化”滤镜组在图像上产生绘画或印象派效果。
- “杂色”滤镜组在图像中增加或减少杂点。
- “像素化”滤镜组能实现类似于平面设计中色彩构成的效果。
- “艺术效果”滤镜组主要用于表现不同的绘画艺术效果。
- 通道是存储不同类型信息的灰度图像。
- 通道是选区的一个载体，也是选区的提供者。
- 可以将选区存储为一个 Alpha 通道，也可以将 Alpha 通道载入成为一个选区。
- 利用滤镜、图像调整命令和绘图工具都可以编辑通道。

学习笔记

本章作业

选择题

1. （　　）滤镜只对RGB色彩模式和灰度模式的图像起作用，使用这组滤镜会为图片添加绘画的美术效果。

A. 素描　　B. 艺术效果
C. 纹理　　D. 像素化

2. “模糊”滤镜组中（　　）是沿指定方向，以指定强度进行模糊。此滤镜的效果好像是在用固定的曝光时间给一个移动的对象拍照。

A. 高斯模糊　　B. 动感模糊
C. 方框模糊　　D. 形状模糊

3. 下列（　　）滤镜使图像变得柔和。

A. 模糊　　B. 杂色
C. 风格化　　D. 扭曲

4. 以下不属于Photoshop常用通道的是（　　）。

A. 颜色信息通道　　B. Alpha通道
C. 专色通道　　D. 路径通道

5. Alpha通道最主要的用途是（　　）。

A. 保存图像色彩信息　　B. 创建新通道
C. 存储和建立选择范围　　D. 为路径提供的通道

简答题

1. 如果给一幅图像制作下雨和下雪的场景，会用到哪些滤镜？
2. 如果一幅图像是CMYK色彩模式，哪些滤镜将不能起作用？
3. 请简要说明Alpha通道与选区的关系。
4. 尝试绘制蓝天白云，完成效果如图9.106所示。

图 9.106　完成效果

- 先使用云彩滤镜和分层云彩（云彩随机产生，每次都不一样）滤镜。
- 选择菜单“图像”→“调整”→“曲线”，调整图像的对比度。
- 选择菜单“滤镜”→“风格化”→“凸出”，设置凸出效果。
- 选择菜单“滤镜”→“模糊”→“高斯模糊”，设置云彩模糊效果。
- 设置图层的混合模式。

5. 尝试制作“冰酷奇异果”的特效。素材如图9.107所示，完成效果如图9.108所示。

“素材 1.jpg”

“素材 2.jpg”

图 9.107　素材图

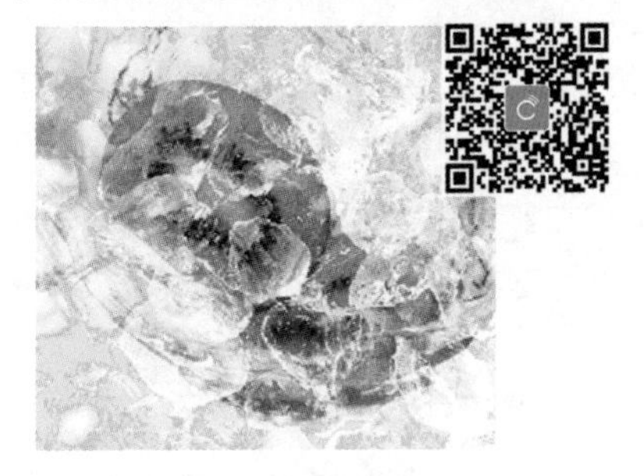

图 9.108　完成效果

参考 9.2.1 中演示案例——冰酷火龙果。

作业讨论区

访问课工场UI/UE学院：kgc.cn/uiue（教材版块），欢迎在这里提交作业或提出问题，你将有机会跟课工场的专家以及共同学习本书的小伙伴一起探讨切磋！

图标设计

本章目标

完成本章内容以后，您将：

- 深入了解图标的概念。
- 了解图标的设计原则和常用技巧。
- 会根据不同的项目设计制作适用于项目的图标。

本章素材下载

- 请访问课工场UI/UE学院：kgc.cn/uiue（教材版块）下载本章需要的案例素材。

本章简介

提起图标，大家并不陌生，它充斥在我们生活的方方面面，除了文字，它是另一种重要的图形化的语言，在人与人交流的过程中起着重要作用。在网页设计中，icon 的作用同样重要。设计优秀的 icon 不仅可以吸引用户的注意力、突出重点，而且可以使网站的整体效果锦上添花，起到画龙点睛的作用。纵观如今的主流网站，都有大量风格统一和设计优美的 icon 元素，所以学好网页的图标设计，对未来设计优秀的网站至关重要。

理 论 讲 解

10.1 设计制作漂亮的下载图标

完成效果

完成效果如图 10.1 所示。

图 10.1 下载图标

案例分析

如今各大网站上都有丰富的资源可供大家下载使用，那么一个漂亮的下载图标，会使一个网站增色不少。根据前面学过的“选区”“自由变换”等工具，就可以来制作一个下载图标。但究竟什么是图标？图标都有哪些形式和尺寸等特殊要求？下面将带着这些问题进入本章学习。

10.1.1 初识icon

在现实生活中，到处都可以见到图标的身影。如图 10.2 所示就是最常见的图标。而从 Windows 系统到应用软件，从 MP3 到手机和掌上电脑，甚至在电视节目及平面领域都能见到以各种面孔出现的图标。既然图标这么流行，那么图标到底有什么作用呢？首先，一个效果绚丽的图标能够吸引用户的注意力；其次，在图形化越来越流行的今天，设计优秀的图标可以跨越语言的障碍，不需要用文字去描述就能让人们理解它的含义，更好地实现人机交互。

icon 的中文意思是图标，顾名思义，就是图形化的标示，而图标在学习中随处可见。如图 10.3 所示为一组系统图标。

图 10.2　卫生间图标

图 10.3　系统图标

1. 图标的尺寸

根据应用领域的不同，图标的尺寸设定有一定的区别。目前比较常用的尺寸为：128 像素 ×128 像素；48 像素 ×48 像素；32 像素 ×32 像素；16 像素 ×16 像素。如图 10.4 所示，是同一组图标为在不同场合应用而做的不同尺寸效果。当然，根据具体需要的不同，也有一些特殊尺寸的图标。

2. 图标的色彩数量

图标的颜色有两种表达方法：颜色数和颜色位数。图标一般颜色数有 2 色、16 色、256 色和真彩色等。

➢ 真彩色是指像素中每个像素值都分成 R、G、B 三个基础色分量，是目前显示器屏幕支持的最高级别的颜色模式，它拥有 32 位色深，具有最真实和丰富的表现力，如图 10.5 所示。

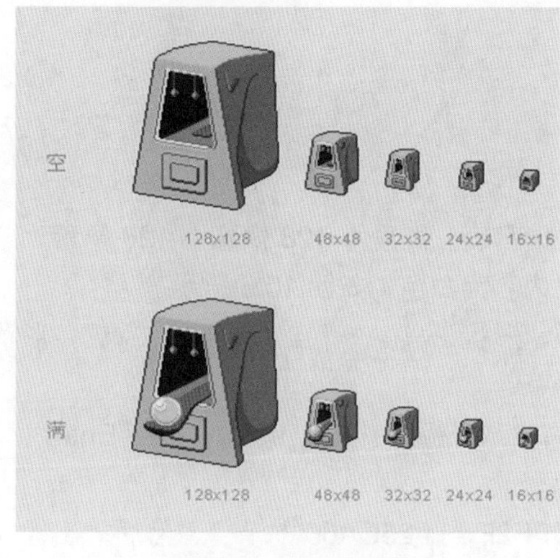

图 10.4　icon 的大小

图 10.5　真彩色图标

- 256 色就是显示模式为 8 位显示模式，即在该模式下只能显示 256 种颜色。
- 16 色就是显示模式为 4 位显示模式，即在该模式下只能显示 16 种颜色。
- 2 色图标就是黑白色的图标。

不难想象，颜色越多，图标包含的信息越多，文件大小就越大。对一些需要严格控制大小的图标，也会出现只有几种颜色的情况。所以常常要在图标大小和美观上寻找一个平衡点。

3. 图标的格式

Windows 系统用的图标标准后缀为 .ico 格式。根据需求的不同，一些常见的格式也是可以的。网页中，比较常见的 icon 后缀为 .gif 和 .jpg 格式。

10.1.2 实现案例——设计制作漂亮的下载图标

完成效果

完成效果如图 10.1 所示。

思路分析

- 箭头的绘制可以利用“钢笔工具”、“形状工具”和“多边形锁套工具”等方法，本课使用了图形工具绘制的方法。
- 圆形的绘制需要借助辅助线来定位圆心，定位圆心后按 Shift+Alt 键绘制圆形选区。
- 图层样式的应用，可以得到大部分常见的效果，本课的效果都是由图层样式的应用来达到的，学习实现步骤的同时可以考虑变换图层样式而得到更多的效果。
- 注意椭圆选区需要按住 Shift 键才能选取正圆形状和灵活使用图层属性功能，并要注意图标的特定尺寸与色彩模式。

实现步骤

步骤 1 绘制箭头部分

（1）选择菜单“文件”→“新建”，设置文档宽度、高度为 128 像素 ×128 像素，分辨率为 72 像素 / 英寸，颜色模式为 RGB，背景内容为白色，如图 10.6 所示。

（2）新建图层，名称修改为“形状”。选择“形状工具”→“自定义形状工具”，形状选择为“箭头”，绘制出箭头的形状，如图 10.7 所示。

（3）按 Ctrl+T 键选择“自由变换”工具，右击选择顺时针旋转 90 度，按下 Enter 键。再按 Ctrl+Enter 键把路径转为选区，如图 10.8 所示。

（4）选择“渐变工具”，颜色设置为从 #CCFF2F 到 #25CA00 的渐变，然后拉出径向渐变。按 Ctrl+D 组合键取消选区，如图 10.9 所示。

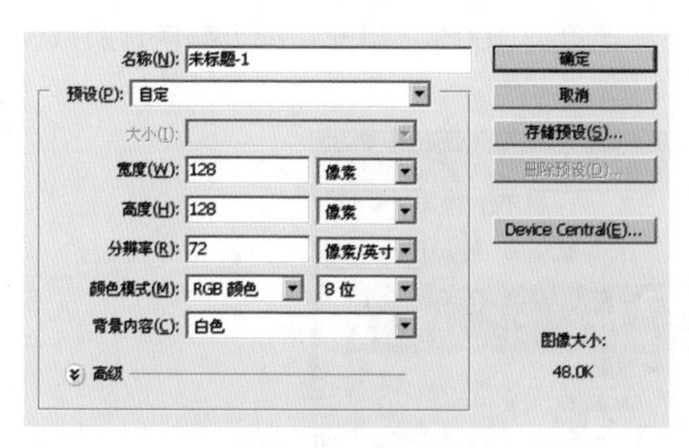

图 10.6　新建文件

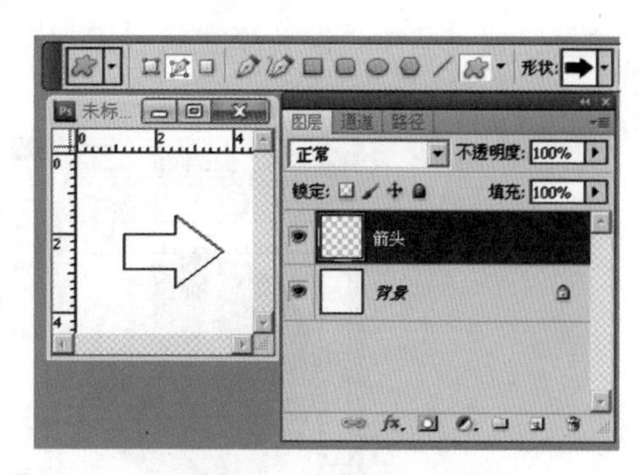

图 10.7　绘制箭头形状

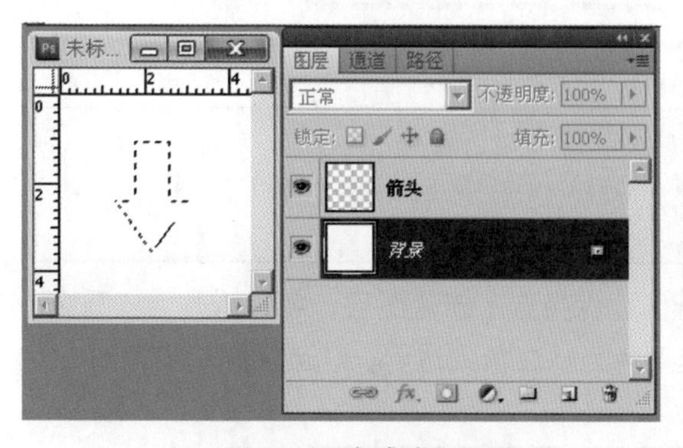

图 10.8　完成选区

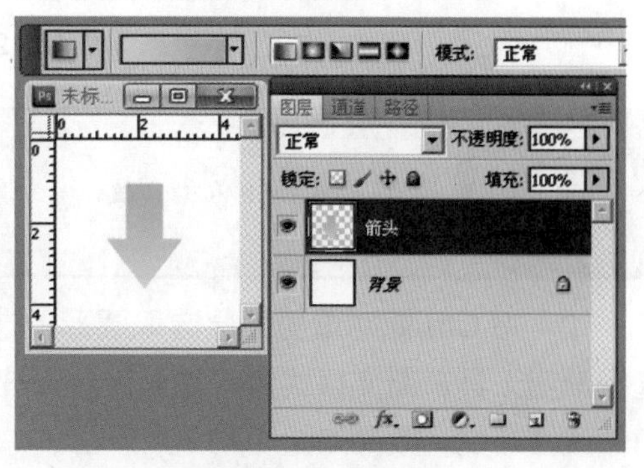

图 10.9　完成上色

（5）按 Ctrl+T 组合键对图层箭头进行外形的调整，如图 10.10 所示。

（6）对图层“箭头”应用图层样式。描边大小设置为 2；位置设置为外部；混合模式为“正常”；不透明度为 100%；填充类型为颜色，颜色设置为 #165701，效果如图 10.11 所示。

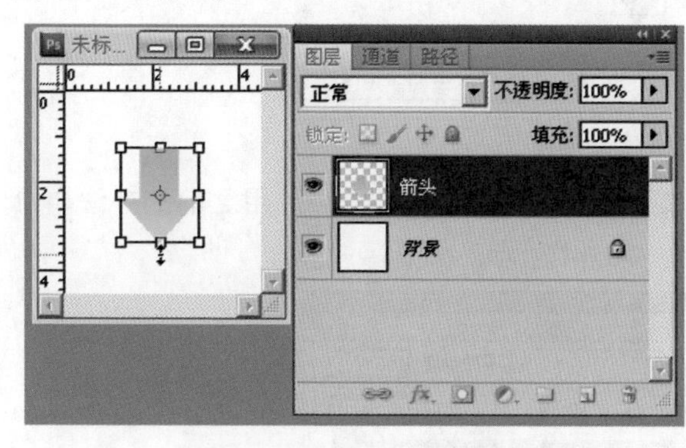

图 10.10　箭头外形调整

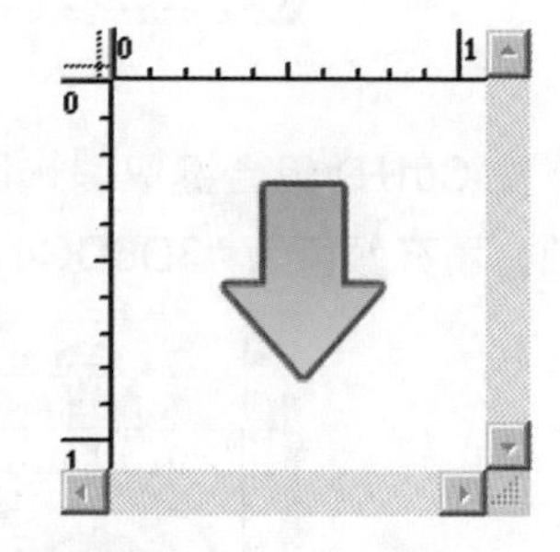

图 10.11　完成箭头

步骤 2　绘制圆形底盘

（1）绘制背景。新建图层，名称修改为“圆 1”，选择椭圆选区工具，按住 Shift+Alt 键选取一个正圆。颜色填充为 #5F5F5F。对图层“圆 1”应用图层样式描边：大小设置为

3；位置设置为居中；混合模式为“正常”；不透明度为 100%；填充类型为颜色，颜色设置为 #444444，如图 10.12 所示。

图 10.12　绘制正圆

按住 Shift 和 Ctrl 键以后，鼠标指针的起始位置应该在辅助线的中心点。

（2）按 Ctrl 键并单击图层选取圆形的选区，保持选区新建图层，名称修改为“圆 2”，选择渐变工具，渐变模式为线性渐变，渐变颜色为从白色到透明。从选区的左上角到右下角做线性渐变，效果如图 10.13 所示。

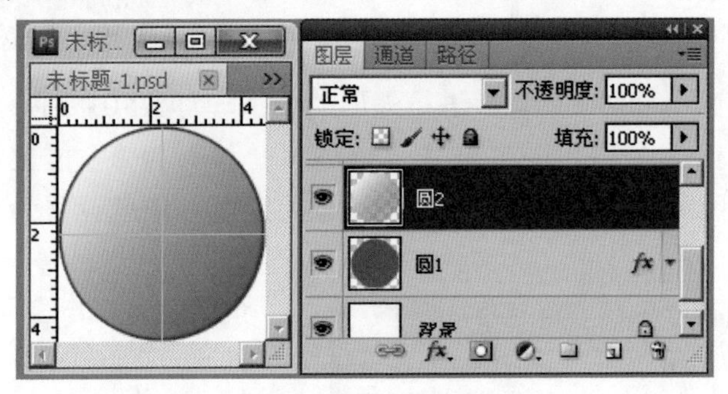

图 10.13　完成渐变

（3）按 Ctrl+D 组合键取消选区，新建图层，名称修改为“圆 3”，用之前的办法再画一个小圆，填充颜色为 #3D6DC4，效果如图 10.14 所示。

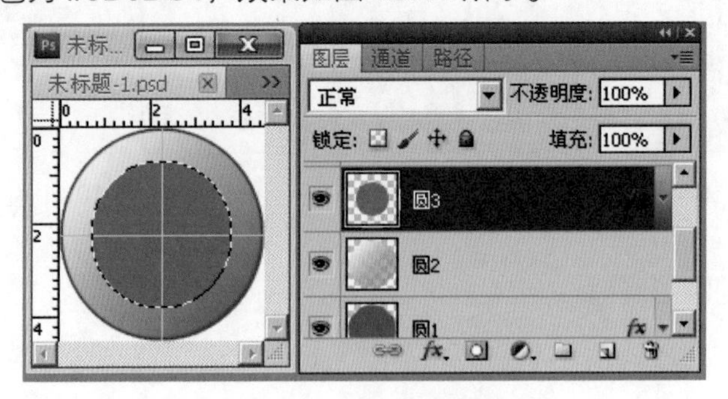

图 10.14　完成小圆并且填色

（4）保持选区，新建图层，名称修改为“圆 4”，描边 2 像素，然后对图层“圆 4”添加一个图层样式：渐变叠加，颜色从黑色到白色，如图 10.15 所示。

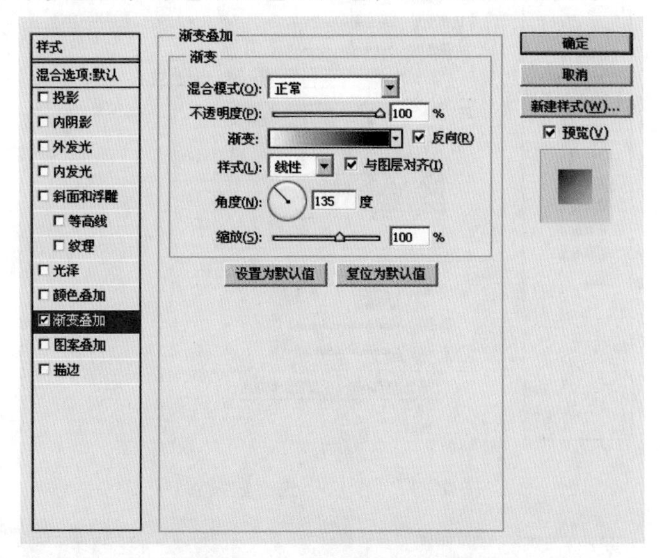

图 10.15　渐变叠加参数设置

（5）完成描边后，得到了图层“圆 4”的凹凸效果，如图 10.16 所示。

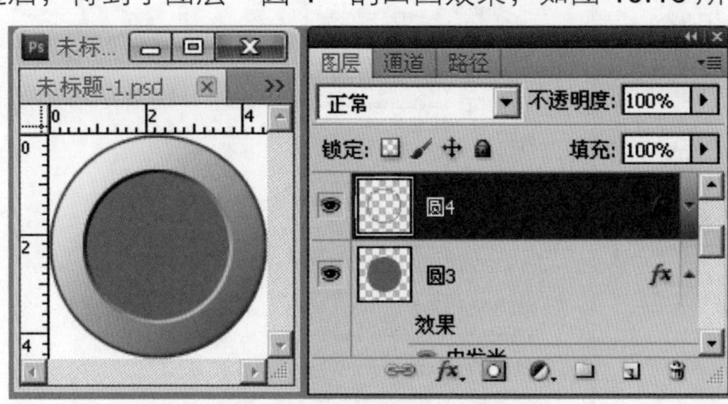

图 10.16　完成凹凸效果

步骤 3　完成半透明效果

（1）做最后的效果，对图层“圆 3“应用图层样式。“内发光”设置为混合模式正片叠底；不透明度为 75%；杂色为 0%；发光颜色为渐变颜色，颜色为橙、黄、橙渐变；方法设置为柔和；源设置为边缘；范围设置为 50%。“内发光”的渐变颜色为系统预设的渐变颜色，单击选取即可，如图 10.17 所示。

（2）“斜面和浮雕”设置如图 10.18 所示。

（3）在图层样式设置中，颜色叠加模式设置为正片叠底，颜色为 #018AFE。渐变叠加模式设置为正常，颜色从 #D7D6D6 到白色渐变。

至此完成了圆形背景的制作，效果为具有金属质感的圆形，如图 10.19 所示。

（4）把箭头图层置顶，完成最终效果，如图 10.20 所示。

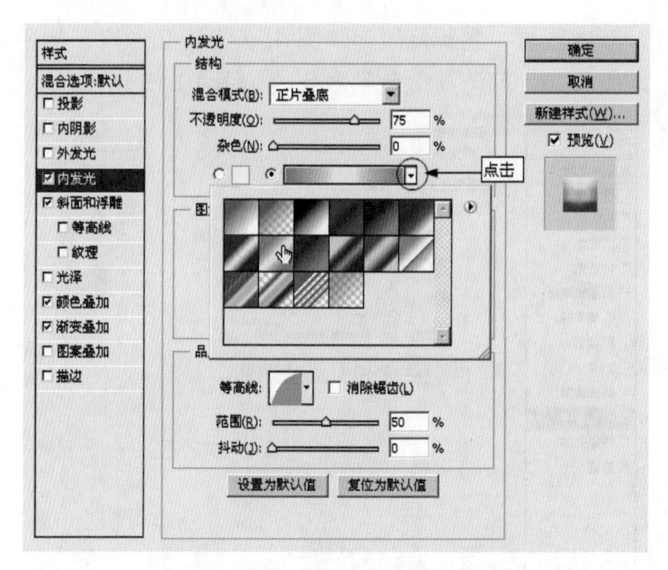

图 10.17　图层样式参数设置

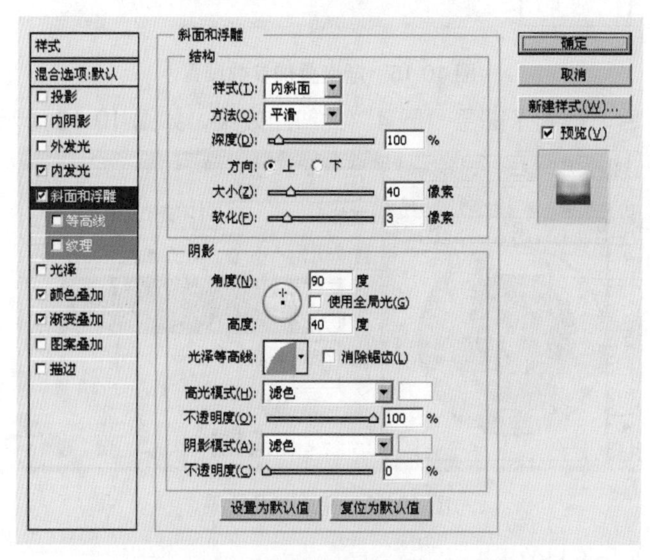

图 10.18　“斜面和浮雕”参数设置

图 10.19　圆形完成

图 10.20　完成效果

10.2 自制收藏夹图标

完成效果

完成效果如图 10.21 所示。

案例分析

收藏夹的图标，是浏览网站比较常见的图标。如图 10.21 所示，不难发现，该案例主要是利用“形状工具”“图层样式”“文字变形”来实现此效果的。观察此图标和前面的绘制的下载图标有个很大的不同，也就是它除了图像还有文字部分。那么到底图标都有哪些形式？接下来的内容将会对此逐一进行分析。

收藏夹

图 10.21　收藏夹图标

10.2.1 图标的表现形式

图标的表现形式一般分为三种：图形方式、文字方式和综合方式。

- 图形方式：是很常见的图标表现形式，通过简洁明了的图形来准确反映所要表达的含义，如图 10.22 所示。
- 文字方式：是以文字或者文字变形为表现形式，因为文字本身就代表一定的意义，因此在映射关系上非常明了，如图 10.23 所示。

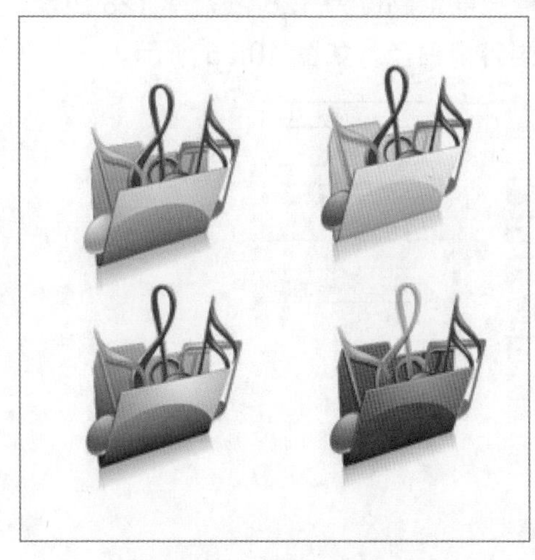

图 10.22　图形方式图标

图 10.23　文字方式图标

- 综合方式：图形与文字一起使用，这种方式可以最直观地让用户了解到图标的含义，是目前最常见的表现方式，如图 10.24 所示。

图 10.24　综合方式图标

现在就不难发现，本案例出现的收藏夹图标为综合方式的图标。

10.2.2　自制收藏夹图标

完成效果

完成效果如图 10.21 所示。

思路分析

➢　五角星的形状可以通过“形状工具”现实。

➢　文字的透视效果可以通过“文字变形工具”实现。

➢　图层的效果可以通过调整“图层样式”实现。

实现步骤

步骤 1　绘制五角星背景

（1）选择菜单“文件”→“新建”，设置文档宽度、高度为 128 像素 ×128 像素，分辨率为 72 像素 / 英寸，颜色模式为 RGB，背景内容为白色，如图 10.25 所示。

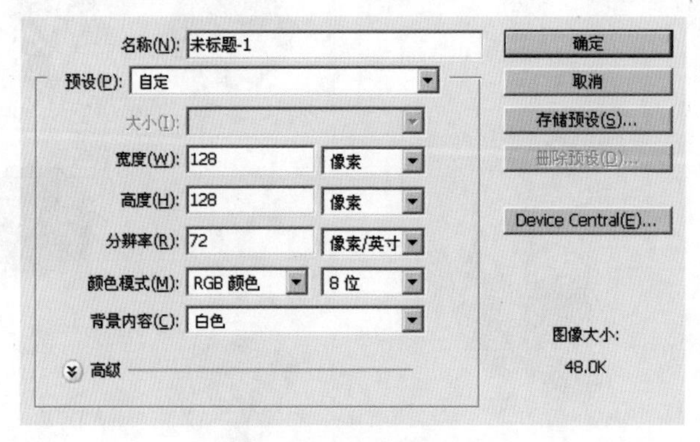

图 10.25　新建文件

（2）新建图层，名称修改为“星星”，选中该层，选择“自定义形状工具”，设置工具选项栏：等待创建的形状为五角星。按住 Shift 键绘制出一个正五角星轮廓，如图 10.26 所示。

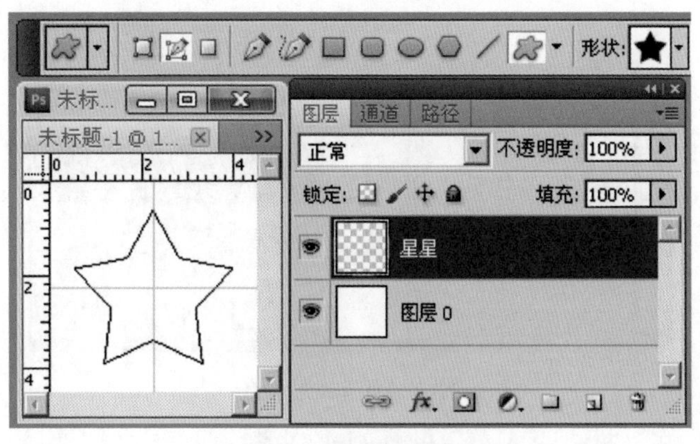

图 10.26　绘制五角星形状

（3）选择“直接选择工具” ，配合 Alt 键确认锚点，如图 10.27 所示。

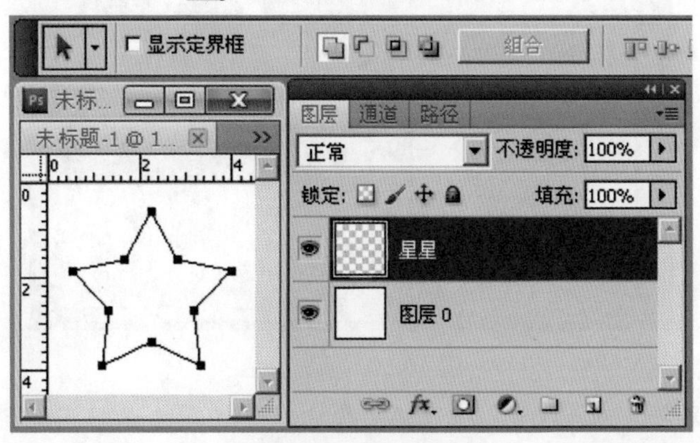

图 10.27　确认锚点

（4）按住 Ctrl 键，调整锚点的位置，得到变形后的五角星，如图 10.28 所示。

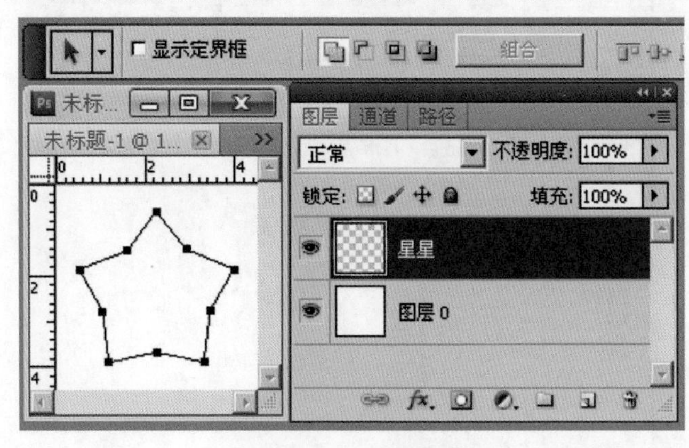

图 10.28　五角星变形

（5）按 Ctrl+Enter 组合键，把路径转为选区，如图 10.29 所示。

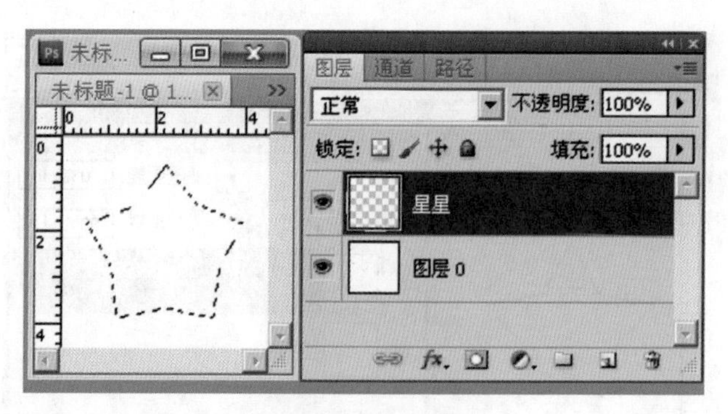

图 10.29　转为选区

（6）设置前景色为 #646464，按 Alt+Delete 组合键，使用前景色填充选区，然后按 Ctrl+D 组合键，取消选区，效果如图 10.30 所示。

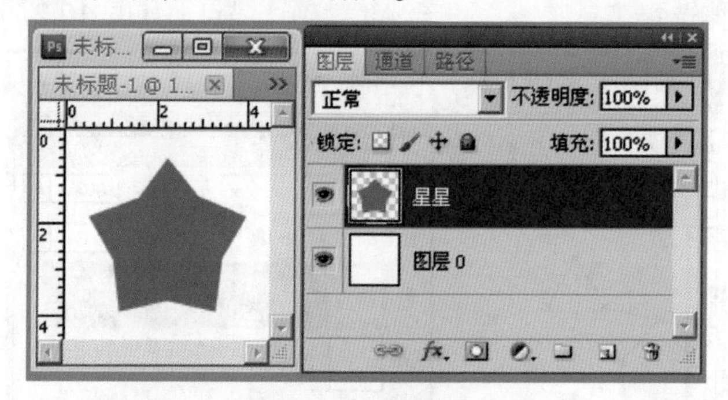

图 10.30　填充颜色

（7）对图层“星星”应用图层样式：渐变叠加设置为颜色从 #B5B5B5 到白色渐变，角度为 90 度，其他保持默认值，如图 10.31 所示。

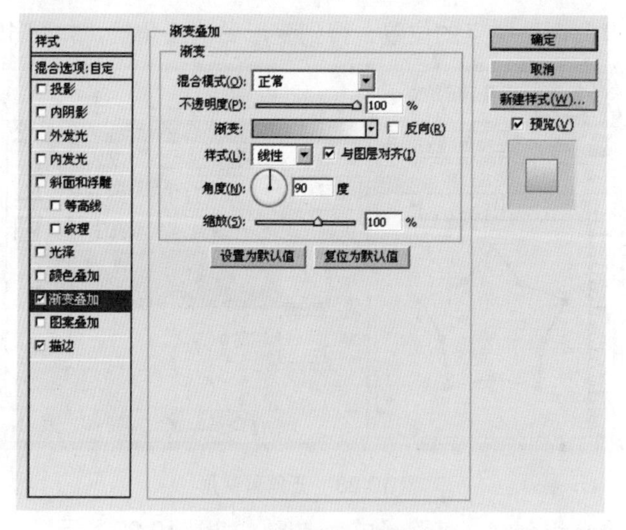

图 10.31　渐变叠加参数设置

（8）“描边”设置：大小 4 像素；位置居中；颜色设置 #666666，如图 10.32 所示。得到五角星背景的效果，如图 10.33 所示。

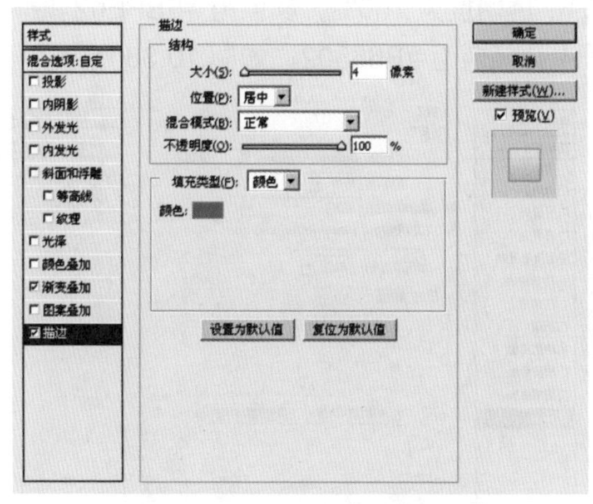

图 10.32　“描边”参数设置

图 10.33　五角星背景效果

步骤 2　绘制小五角星

（1）新建图层，名称修改为“小星星”，按住 Shift 键绘制出一个小正五角星轮廓，如图 10.34 所示。

（2）按 Ctrl+Enter 组合键，把路径转为选区，如图 10.35 所示。

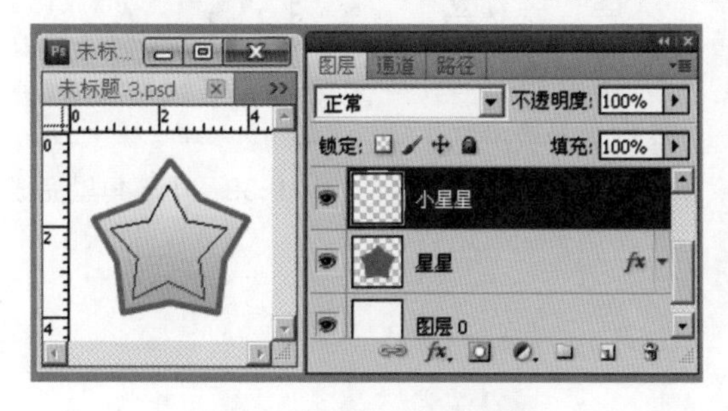

图 10.34　小五角星形状

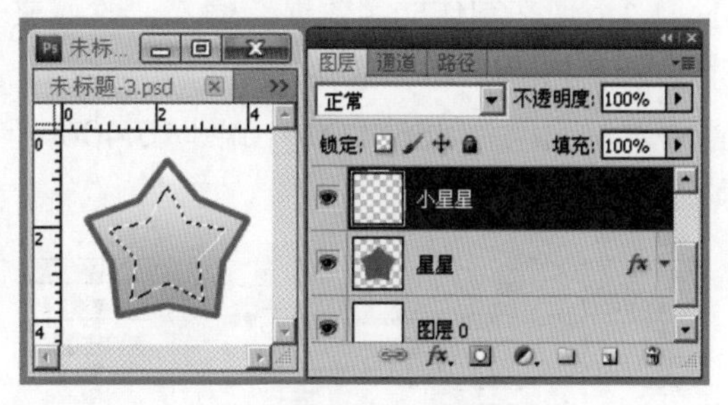

图 10.35　转为选区

（3）设置前景色为白色，按 Alt+Delete 组合键，使用前景色填充选区，然后按 Ctrl+D 组合键，取消选区，如图 10.36 所示。

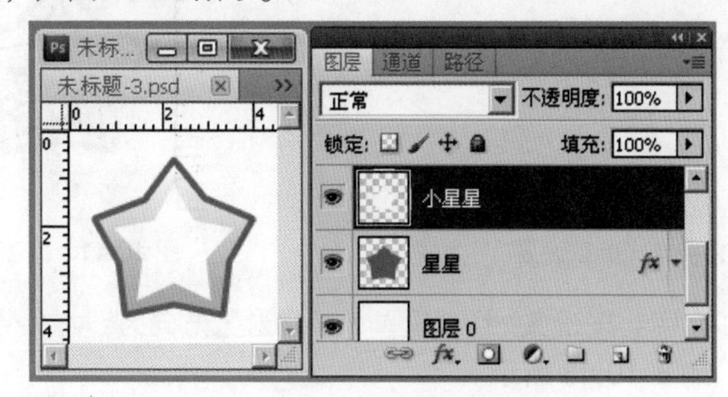

图 10.36　填充选区

（4）对图层“小星星”应用图层样式：斜面和浮雕，设置如图 10.37 所示。

（5）设置颜色叠加，混合模式为“正常”，不透明度为 100%，颜色为 #FBFE02。

（6）设置描边样式，大小 3 像素，位置居中，颜色为 #B66302，如图 10.38 所示。

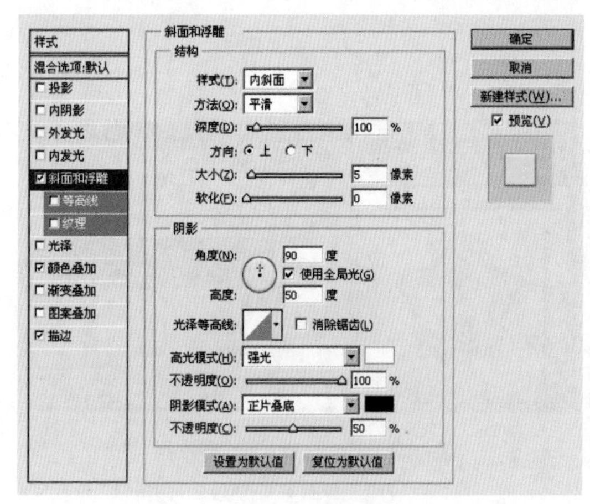

图 10.37 “斜面和浮雕”参数设置

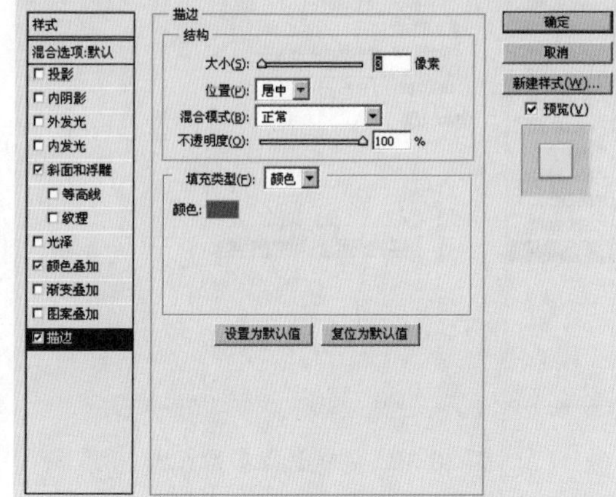

图 10.38 “描边”参数设置

（7）完成上述操作后，效果如图 10.39 所示。

图 10.39 小五角星完成

步骤 3 绘制文字部分

（1）现在制作文字效果。输入“收藏夹”三个字，字体为隶书，颜色为白色，应用图层样式为描边：大小 3 像素，位置外部，颜色为 #666666，如图 10.40 所示。得到文字效果，如图 10.41 所示。

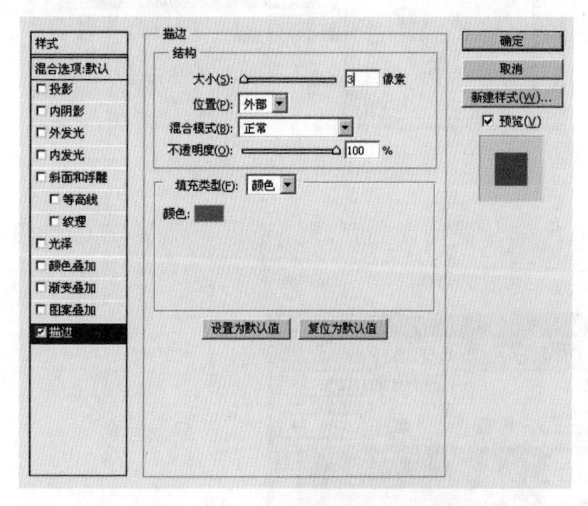

图 10.40 文字样式参数设置

图 10.41 文字效果

（2）选择“变形文字”按钮，样式设置为“扇形”，方向为“水平”，如图 10.42 所示。得到文字变化效果，如图 10.43 所示。

（3）调整文字的位置，得到最终效果，如图 10.44 所示。

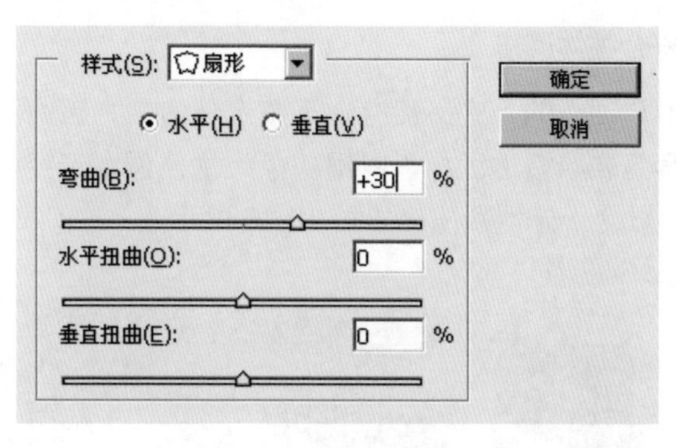

图 10.42　文字变化参数设置

图 10.43　文字变化效果

图 10.44　完成效果

10.3　自制网络文件夹图标

完成效果

完成效果如图 10.45 所示。

案例分析

文件夹的图标是比较常见的图标。无论是系统还是软件，或者是网站中，都经常出现文件夹的图标。要制作文件夹图标，主要是利用选区、自由变换和图层属性等工具。

图标设计也不是随心所欲、按照感觉来做的。一般的图标都是一类或者一套图标一起应用，所以设计图标时，还是要注意一定的原则。

图 10.45　透明质感文件夹

10.3.1　图标的设计原则

Icon 的设计原则大体分为四个方面。

1. 设计图标时要符合整体风格

任何一个图标都不是独立的，它必然存在于整个环境中，因此图标的风格要与整体大环境相协调。例如一套金属风格的图标，以银灰色为主色调，若突然插入了一个鲜艳颜色的图标，会使整个画面显得十分地别扭，如图 10.46 所示。

图 10.46 某个图标与整体风格不符

2. 设计图标时所映射的关系要尽量简单和直接

“映射”就是两个元素之间互相“对应”的关系。一目了然的设计才是最方便用户使用的，不要让用户在图标所代表的含义上浪费时间才是优秀的图标设计。如图 10.47 所示图标代表的含义十分清晰，“SOLD OUT”的中文意思就是“售光”，这样的图标不会让用户花费脑筋去思考图标的意义。

3. 设计图标时每个图标所指向的映射关系应该是唯一的

图标所代表的含义不要引起歧义或同时代表多种含义，否则会让用户摸不着头脑。如图 10.48 所示的图标虽然美观，但是映射关系过多，让用户不知道是什么意思，这就是比较失败的图标设计。

图 10.47 含义清晰的图标

图 10.48 映射关系过多的图标

4. 设计图标时同一组图标的设计风格应该保持一致

设计一组图标时，整体的设计风格要保持一致。这种一致性具体表现在：映射关系要一致和图像风格要一致。如图 10.49 所示，图中图标都很精致，但是图标和图标之间的设计风格反差很大。

图 10.49　同一组风格不统一的图标

10.3.2　自制网络文件夹图标

完成效果

完成效果如图 10.45 所示。

思路分析

- 矩形可以使用“矩形选区工具”绘制。
- 渐变过渡和边缘清晰的效果可以通过调整图层样式实现。
- 白纸的角度可以通过自由变换来调整实现。
- 前面文件夹的透明效果可以利用透明度调节。

实现步骤

步骤 1 绘制文件夹底图

（1）选择菜单“文件”→“新建”，新建一个文件，设置文档宽度、高度为 128 像素 ×128 像素，分辨率为 72 像素 / 英寸，颜色模式为 RGB，背景内容为白色，如图 10.50 所示。

（2）新建图层，名称修改为“文件夹”，然后使用“钢笔工具”并且利用辅助线画出一个文件夹的形状，如图 10.51 所示。

（3）按 Ctrl+Enter 组合键把路径转为选区。选择图层“文件夹”填充颜色为黑色。对图层“文件夹”，应用图层样式如下：渐变叠加为从颜色 #FFD27A 到颜色 #FFB912；描边大小为 1 像素，位置为外部，颜色为 #C07C33；内发光混合式为“正常”，颜色为 #FFFFFF，阻塞为 100%，大小为 1 像素，得到的效果如图 10.52 所示。

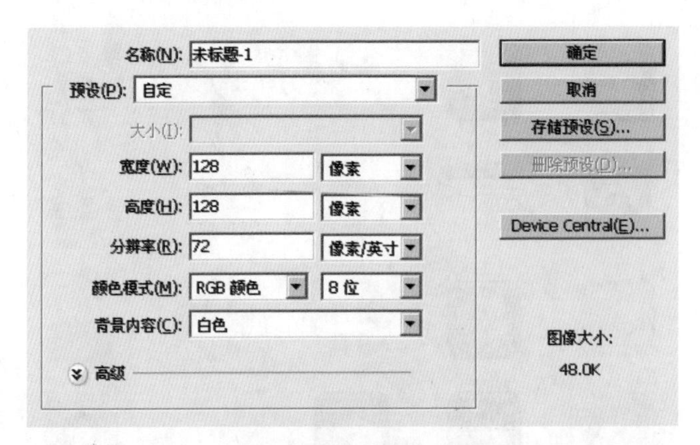

图 10.50　新建文件

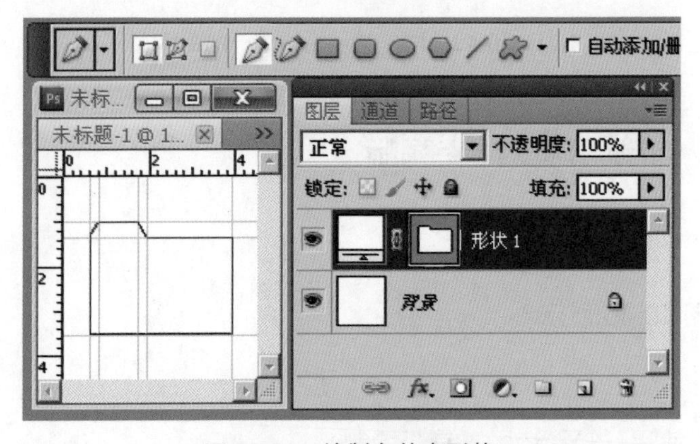

图 10.51　绘制文件夹形状

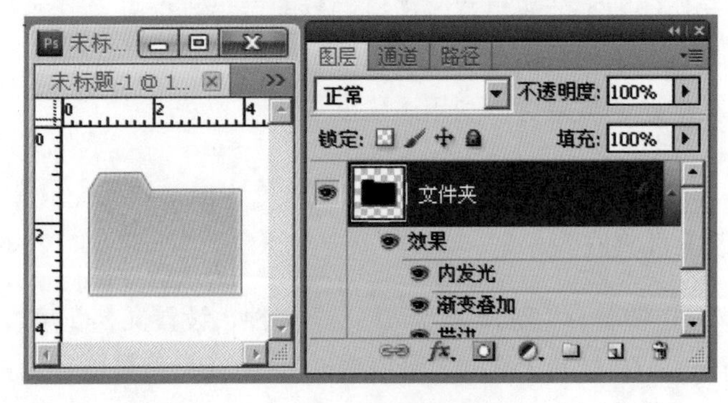

图 10.52　设置图层样式

步骤 2 制作打开效果

（1）复制“文件夹”图层。需要对刚做出来的文件夹进行自由变换，从而得到一个透视的角度。按 Ctrl+T 组合键进行自由变换，然后右击文件夹，在弹出的快捷菜单中选择透视模式，把文件夹的顶部向左右两方向拉伸，如图 10.53 所示。

（2）把复制的“文件夹”图层利用“自由变换命令”向下缩小一点，让它看起来像 3D 的打开文件夹，如图 10.54 所示。完成上述步骤后，得到文件夹效果，如图 10.55 所示。

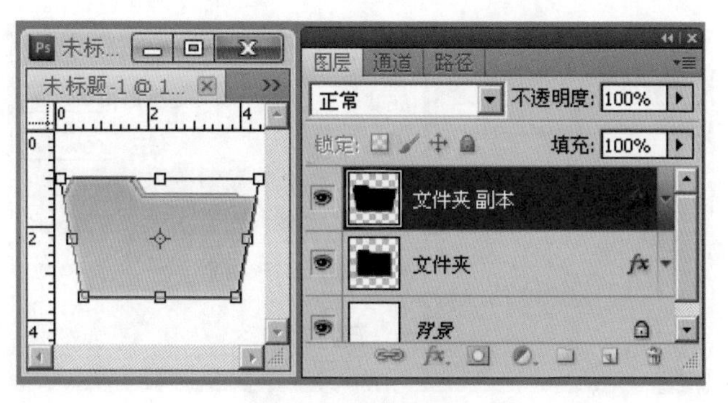

图 10.53　自由变换

自由变换中的透视工具，是在可以保持一边不变化的情况下，对另外一边进行拉伸和缩进的工具，制作透视的效果非常好用。

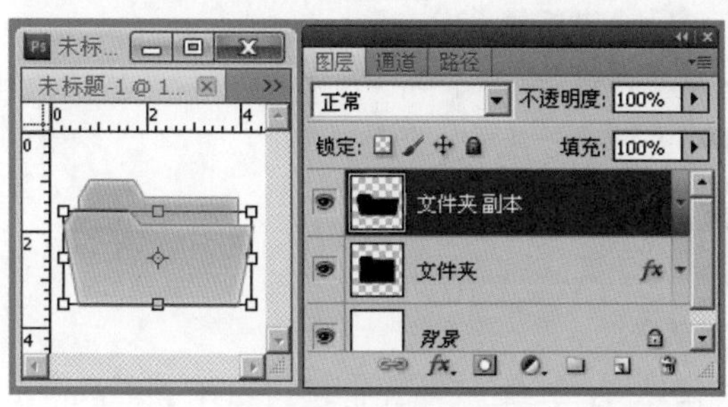

图 10.54　向下缩小

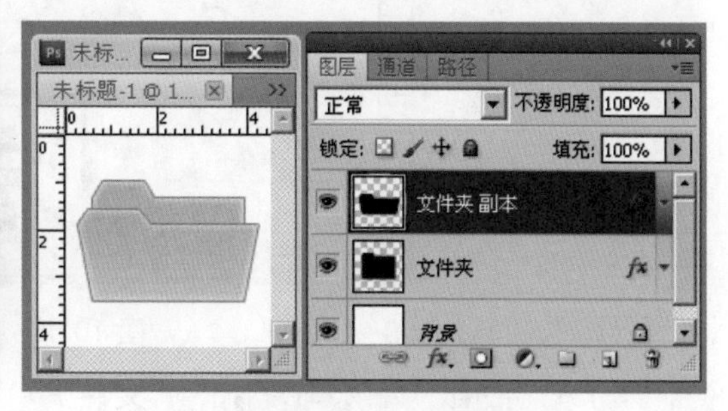

图 10.55　完成文件夹

步骤 3 绘制文档效果

（1）增加在文件夹里放上一张纸的效果。新建一个图层，名称修改为“白纸”，选择“矩形选区工具” ，绘制一个矩形选区，填充为白色，如图 10.56 所示。

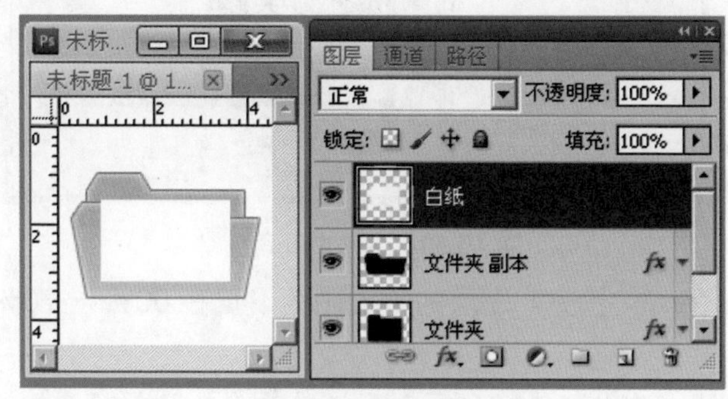

图 10.56　绘制白纸

（2）进行图层样式设置。渐变叠加：不透明度 10%、从颜色 #000000 到颜色 #FFFFFF 渐变、角度为 50 度；描边大小为 1 像素、位置为“外部”、颜色为 #D6D6D6，如图 10.57 所示。

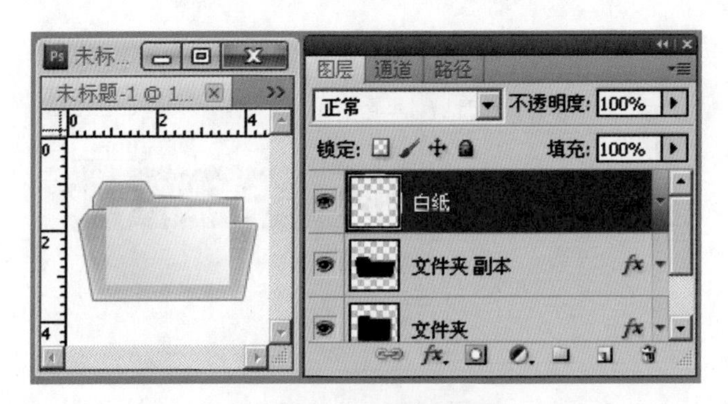

图 10.57　设置图层样式

（3）将这张纸进行自由变换，旋转 30°，如图 10.58 所示。

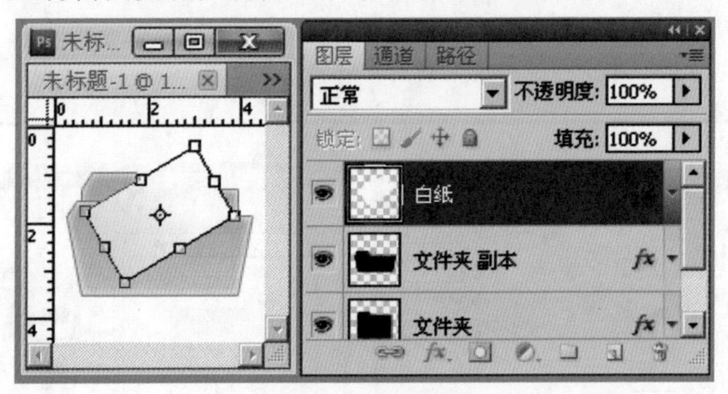

图 10.58　旋转白纸

（4）把“白纸”图层与复制的“文件夹”图层位置互换,从而让进行过自由变换的“文件夹”图层遮盖住“白纸”图层，如图 10.59 所示。

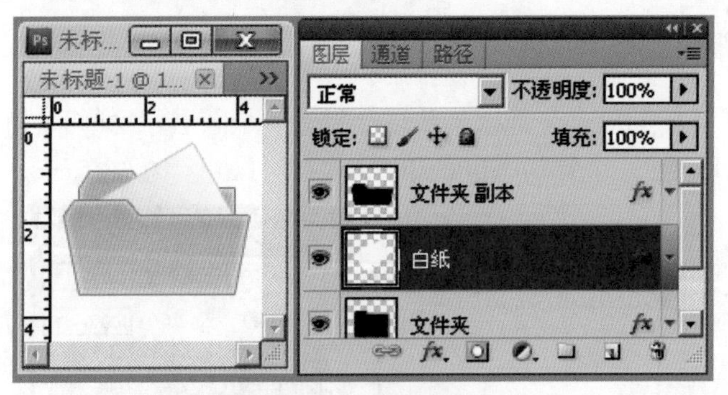

图 10.59　调整白纸角度

（5）遮盖住白纸的“文件夹”图层的不透明度设置在 60% ~ 70%，得到如图 10.60 所示的效果。

（6）获得最终效果，如图 10.61 所示。可以根据个人喜好，增加一些细节作为修饰，如图 10.62 所示。

至此，完成了文件夹图标的制作。

相同的手法，还可以自制很多不同的效果，可以在文件夹中放各种素材，从而得到不同的 icon。例如：在文件夹里放入地球的素材，再制作一个倒影效果，就会得到一个全新效果的 icon，如图 10.63 所示。这样做的好处是，这些图标可以基本保持同一个风格，具有一定整体性。可以自己多多尝试，制作心仪的图标。

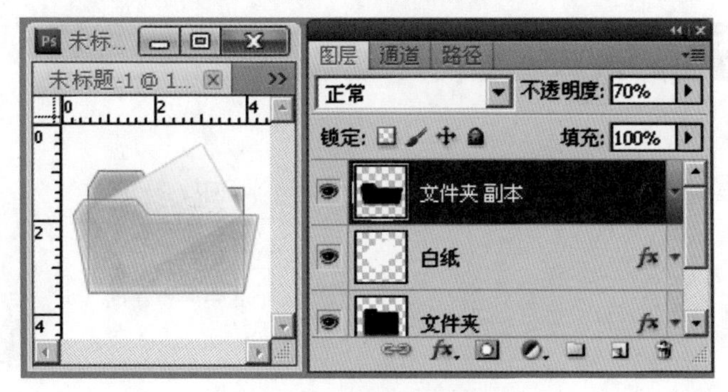

图 10.60　透明参数设置

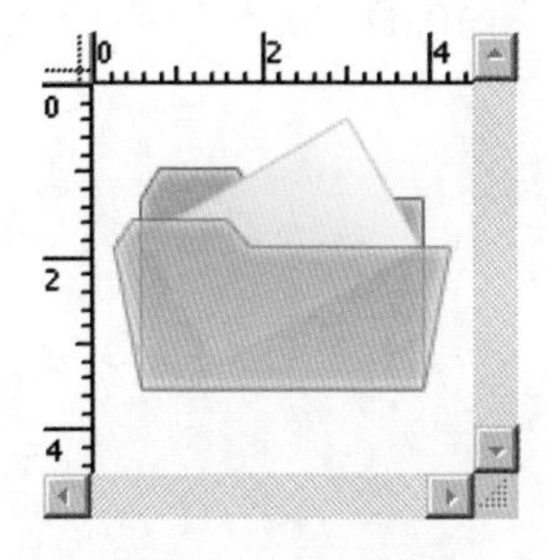

图 10.61　完成效果

图 10.62　修饰后的文件夹

图 10.63　其他效果的文件夹

实战案例

实战案例 1——制作上传图标

需求描述

设计一个上传图标，如图 10.64 所示。

图 10.64　案例 1 的完成效果

技能要点

- 学会使用“圆形选区工具”。
- 学会使用“图形工具”。
- 学会使用“钢笔工具”。
- 学会使用图层样式。

实现思路

- 利用“圆形选区工具”绘制正圆形。
- 利用“图形工具”绘制箭头。
- 利用“钢笔工具”绘制高光。
- 利用图层样式描边和实现颜色变化。

难点提示

- 利用“钢笔工具”绘制高光的时候注意线条不要太生硬。
- 利用“形状工具”绘制例如箭头、三角形、五角星等常见图案更加省时省力。

实战案例 2——银灰色渐变 IE 浏览器图标

需求描述

设计一个银灰色渐变 IE 浏览器图标，如图 10.65 所示。

技能要点

- 学会使用栅格化文字功能。
- 学会使用“钢笔工具”绘制自己想要的形状。
- 学会使用滤镜中的“模糊工具”。

图 10.65　案例 2 的完成效果

实现思路

- 利用栅格化功能绘制字母形状的图形。
- 利用“钢笔工具”和选区工具随意制造自己想要的形状。
- 利用“自由变换”调整角度。

➢ 利用“渐变工具”和滤镜工具制作自己想要的颜色和效果。

难点提示

利用“椭圆形选区工具”制作环绕效果的时候，要注意按住 Alt 键去除已经存在的选区中的部分选区。

实战案例 3——绘制精美的可回收图标

需求描述

设计一个可回收图标，如图 10.66 所示。

图 10.66　案例 3 的完成效果

技能要点

➢ 学会使用“圆角矩形工具”。
➢ 学会使用“图层蒙版工具”。

实现思路

➢ 利用“圆角矩形工具”绘制圆角正方形。
➢ 利用“渐变工具”制作渐变颜色的边框。
➢ 利用蒙版工具制作倒影。

难点提示

➢ 利用蒙版工具时要理解蒙版的原理，只有被蒙版中颜色遮盖的地方，在画面中才能显示出来。
➢ 活用从颜色到透明的渐变，制作倒影效果。

本章总结

- 图标的常见格式为 .ICO。
- 依据应用的平台不同，图标的大小也不一样，目前比较常用的尺寸为：128 像素 ×128 像素、48 像素 ×48 像素、32 像素 ×32 像素、16 像素 ×16 像素。
- 图标的颜色有两种表达方法：颜色数和颜色位数。图标一般颜色数有 2 色、16 色、256 色和真彩色等。
- 图标的表现形式一般分为三种：图形方式、文字方式和综合方式。

参考视频
扁平化图标——长阴影风格

参考视频
扁平化图标——折纸风格

参考视频
扁平化图标——IOS 风格

参考视频
拟物化图标——日历图标

参考视频
拟物化图标——抽屉邮件

参考视频
拟物化图标——相机图标

学习笔记

本章作业

选择题

1. 根据需求不同，对图标的色彩数量的要求也会不同，图标常用的色彩数量是（　　）。
   A. 真彩色　　B. 256色
   C. 16色　　D. 32色
2. 常见的图标尺寸单位是（　　）。
   A. 毫米　　B. 厘米
   C. 英寸　　D. 像素
3. 图标在现实生活中非常普遍，在 Windows 系统中，标准的图标后缀名称是（　　）。
   A. jpg　　B. bmp
   C. gif　　D. ico
4. Icon 的中文意思是（　　）。
   A. 图标　　B. 图片
   C. 图形　　D. 图像
5. 图标是用图形来代表某种意义，反映着（　　）。
   A. 某种映射关系　　B. 某种程度
   C. 某个物品　　D. 以上都不是

简答题

1. 简述图标的常见规格，并举例说明。
2. 简述图标的常见表现形式，并举例说明。
3. 简述图标的设计原则。
4. 根据所学知识，制作如图10.67所示的信息图标。

图 10.67　信息图标

> 使用圆角矩形工具绘制外形。
> 使用渐变工具填色。
> 使用自由变换工具调整角度。

5. 根据所学知识，制作如图10.68所示的蓝精灵图标。

图 10.68　蓝精灵图标

> 使用圆角矩形工具绘制外形。
> 使用钢笔工具绘制高光和表情。
> 利用图层样式实现效果。

作业讨论区

访问课工场UI/UE学院：kgc.cn/uiue（教材版块），欢迎在这里提交作业或提出问题，你将有机会跟课工场的专家以及共同学习本书的小伙伴一起探讨切磋！

按钮设计

● 本章目标

完成本章内容以后，您将：

- ▶ 了解按钮的设计原则。
- ▶ 会分析判断按钮的优劣。
- ▶ 会使用Photoshop临摹优秀按钮。

● 本章素材下载

- ▶ 请访问课工场UI/UE学院：kgc.cn/uiue（教材版块）下载本章需要的案例素材。

本章简介

按钮在现代人们的生活中随处可见，而在计算机领域中，按钮的应用就更为广泛——无论是硬件还是软件、操作系统还是应用程序，按钮可以说是联系人与计算机的纽带，实现人机交互的重中之重！在网页设计中，按钮更是一个重要环节。那么，什么是按钮？按钮又有什么作用呢？一个按钮至少应该具备两个条件：首先，它代表了某种功能，并且通过某种形式将它所代表的功能表示出来；其次，人们通过这个按钮可以产生人机互动，来实现其所代表的功能。简而言之，按钮就是人机互动的桥梁，实现其所代表的功能。

理 论 讲 解

11.1 设计制作 Download 按钮

完成效果

完成效果如图 11.1 所示。

图 11.1 完成效果

案例分析

本案例将介绍非常实用的按钮制作方法。如图 11.1 所示按钮的特点是：圆角矩形、黑色的边框、上部的高光以及渐变反光，采用的是文字表现形式。效果图看上去比较简单，不过还是有很多细节需要用心去处理，如按钮的高光及倒影部分。教程只是一个提示，学会了就可以制作其他类似的效果。

制作如图 11.1 所示的按钮，将用到以下知识点。

- “路径工具”。
- “文字工具”。
- 图层蒙版。
- 图层样式。

在制作这个案例之前，先要对按钮的基本常识以及按钮的常用表现形式有一些了解，相关理论讲解如下。

11.1.1　按钮的基本常识

1. 状态

一个制作精良的按钮一般是由几张（个）有着显著区别的图片（动画）所组成的。每一张（个）图片（动画）代表按钮的一种状态，而这几张（个）图片（动画）的显著区别就是为了区分按钮的不同状态。根据软件的要求不同，对按钮的状态需求也不尽相同，有的需要两种状态，有的需要四种状态甚至更多。一般的按钮有三种状态：正常状态、鼠标经过状态、按下状态，如图 11.2 所示。

图 11.2　一般按钮的三种状态

2. 格式

根据应用软件的需求不同，对于按钮图片的格式也有一定的要求。应用程序常用的按钮图片扩展名有 .bmp、.gif、.png、.jpg 等。网页制作中常用按钮图片扩展名有 .gif、.png、.jpg、.swf 等，具体的格式可以根据具体需求进行调整。

11.1.2　按钮的表现形式

1. 图形方式

以图形的方式来表现按钮的功能，这点与图形方式表现的 ICON 非常相似，如图 11.3 所示。甚至有些按钮本身就是 ICON，这在许多移动电子设备上很常见。例如：现在手机的操作界面上许多功能按钮就是以 ICON 的形式表现的。这种表现形式的按钮可以生动地反映出按钮所具有的功能，但是一些难以通过简单图形表现的功能不建议使用纯粹的图形方式。

2. 文字方式

以文字方式来表现按钮的功能，这种表现形式的按钮在应用软件中也是屡见不鲜的。例如：Windows 系统的“是”和“否”按钮，如图 11.4 所示。其最大的好处就是能准确地反映出按钮的功能。但是，纯粹用文字方式表现的按钮不够生动，在儿童使用的软件中应尽量避免。

图 11.3 图形方式的按钮

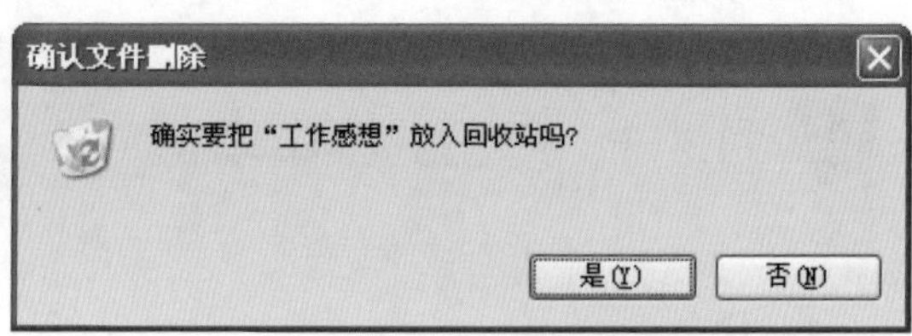

图 11.4 文字方式的按钮

3. 动画方式

可以动画的形式表现出按钮的某个状态或按钮状态之间的切换。在 Flash 大行其道的今天，这种按钮已经随处可见了。例如 RK Launcher 软件的按钮，鼠标经过的状态为按钮由小变大的动画，如图 11.5 所示。这种按钮一般由 Flash 制作而成，在静止元素较多的页面中可以有效地吸引用户的注意力。

4. 综合方式

综合以上任意两种或两种以上方式可以更加生动、准确地表现按钮的功能。例如：Windows 系统的“注销”和“关机”按钮,如图 11.6 所示。无论是图文并茂还是动静结合，都可以避免按钮不够生动、功能表达不够准确等弊端。但是，由于按钮的设计必须符合整体风格，因此，图文的匹配以及与整体风格的匹配都是需要注意的问题。

图 11.5 动画方式的按钮

图 11.6 综合方式的按钮

11.1.3 实现案例——设计制作Download按钮

完成效果

完成效果如图 11.1 所示。

思路分析

- 绘制按钮图形，添加图层样式制作效果。
- 添加文字并制作效果。
- 制作倒影。

实现步骤

步骤 1 绘制图形

（1）新建文件，设置文档宽度、高度为 120 像素 ×50 像素，色彩模式为 RGB，分辨率为 72 像素 / 英寸，背景内容为背景色，并设置背景色为 #838383。

（2）选择“圆角矩形工具” ，设置工具选项栏为：形状图层，半径为 10px，颜色为 #111111，然后拖曳出一个大小适当的圆角矩形，位置偏上（因为最后将添加投影），如图 11.7 所示。

图 11.7　绘制圆角矩形

（3）双击“图层”调板中自动生成的形状图层“形状 1”，弹出“图层样式”调板，选中“投影”，设置混合模式为“正片叠底”，角度为 90 度，距离为 2 像素，扩展为 55%，大小为 2 像素，如图 11.8 所示。

（4）选中“内发光”，混合模式为“正常”，不透明度为 20%，颜色为 #FFFFFF，大小为 1 像素，如图 11.9 所示。

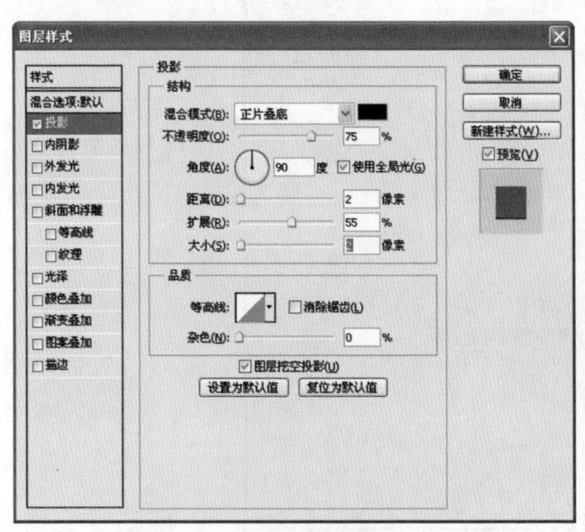

图 11.8　设置“投影”参数

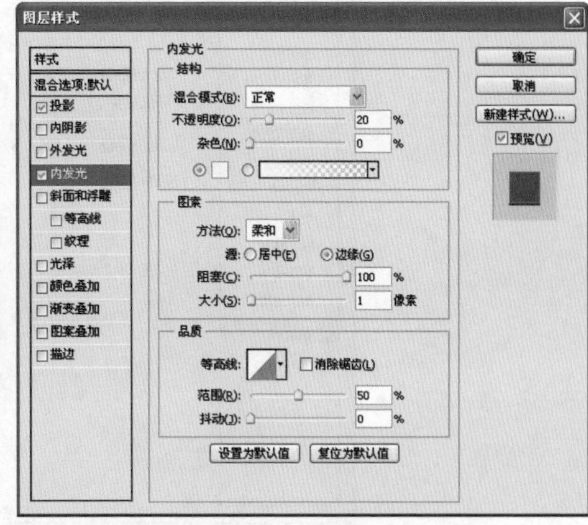

图 11.9　设置“内发光”参数

（5）选中“斜面和浮雕”，设置样式为“内斜面”，角度为 90 度，高光的不透明度为 17%，阴影的不透明度为 32%，如图 11.10 所示。

（6）选中“渐变叠加”，设置混合模式为“正常”，不透明度为 22%，如图 11.11 所示。

（7）选中“描边”，设置大小为 1 像素，颜色为 #000000，如图 11.12 所示。

（8）单击“确定”按钮，效果如图 11.13 所示。

（9）新建图层，修改图层名称为“高光”；选择“铅笔工具” ，设置铅笔大小为 2 像素，前景色为 #EEE1CD，按住 Shift 键在“高光”层中绘制一条高光线，如图 11.14 所示。

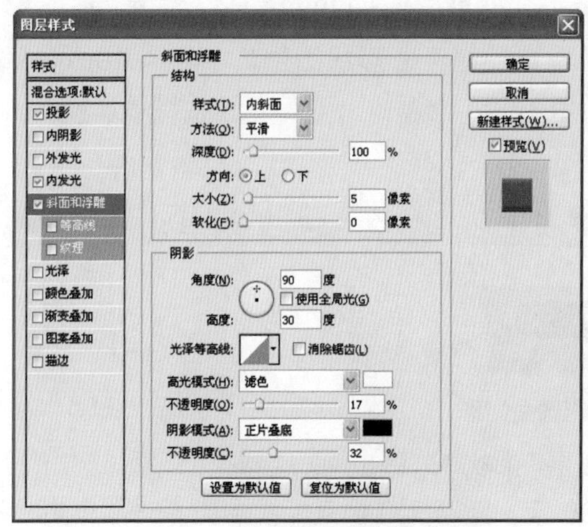

图 11.10　设置“斜面和浮雕”参数

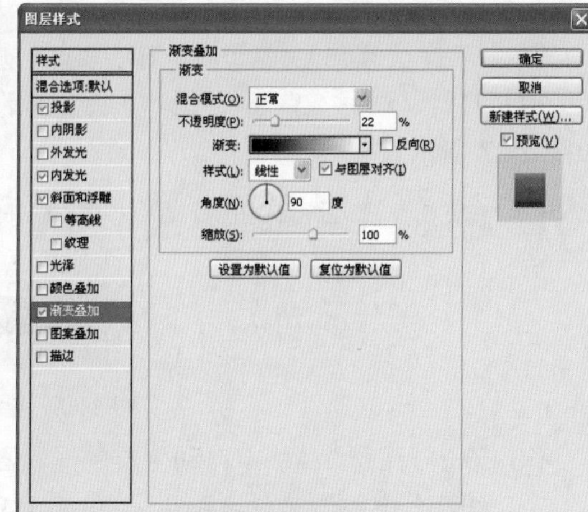

图 11.11　设置“渐变叠加”参数

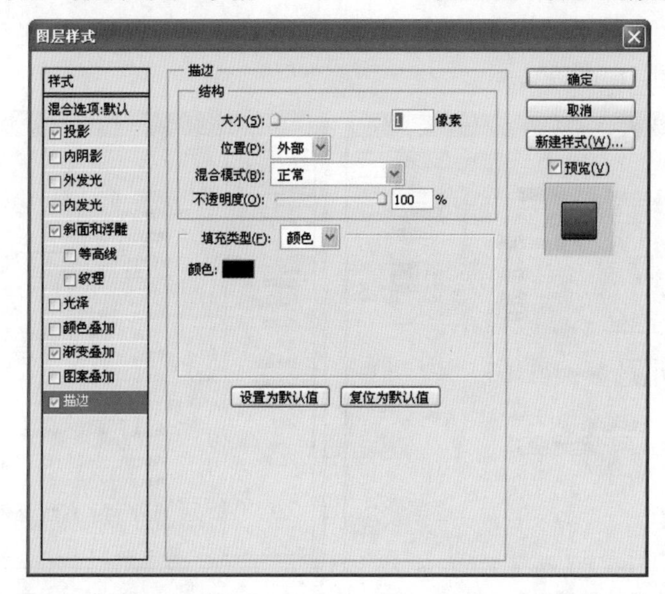

图 11.12　设置“描边”参数

图 11.13　设置图层样式后的效果

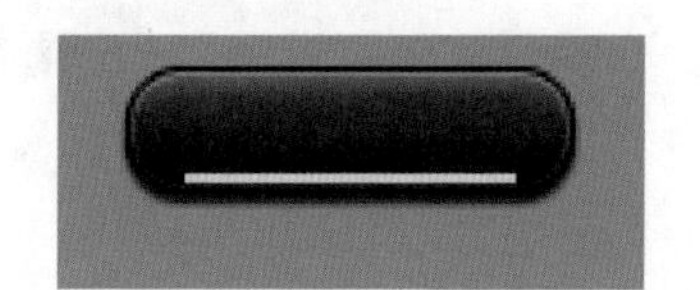

图 11.14　绘制高光线

（10）双击“高光”层，弹出“图层样式”调板，选中“内阴影”，设置混合模式为“叠加”，角度为 90 度，距离为 1 像素，阻塞为 0，大小为 1 像素，如图 11.15 所示。

（11）选中“外发光”，设置混合模式为“正常”，不透明度为 100%，颜色为 #F38D07，如图 11.16 所示。

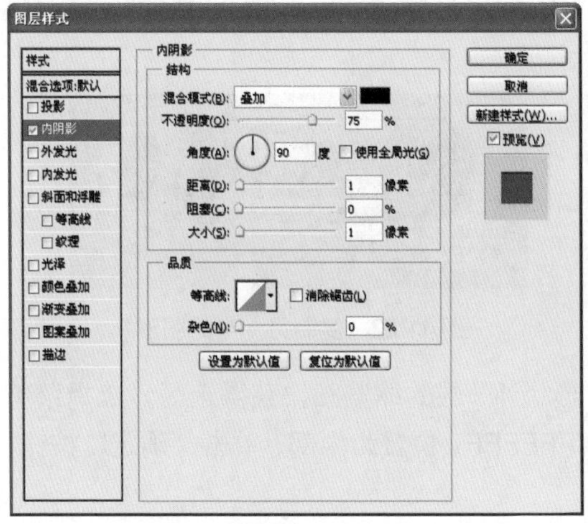

图 11.15　设置“内阴影”参数

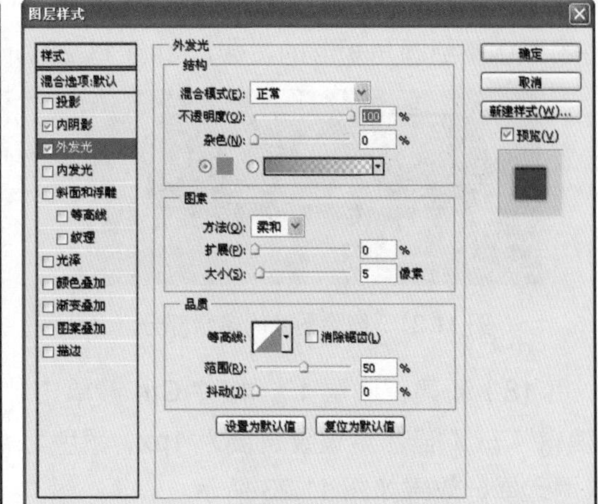

图 11.16　设置“外发光”参数

（12）单击“确定”按钮，效果如图 11.17 所示。

（13）保持选中“高光”层，单击“图层”调板下方的“添加图层蒙版”按钮，选择“渐变工具”，设置工具选项栏为：黑、白渐变，对称渐变，选中“反向”。按住 Shift 键，由中间向左拉出渐变，效果如图 11.18 所示。

图 11.17　设置“高光”层的图层样式

图 11.18　添加图层蒙版

（14）选择“钢笔工具”，在工具选项栏中单击“形状图层”按钮，设置颜色为 #000000，绘制如图 11.19 所示的梯形。图层调板中自动生成“形状 2”图层，将其栅格化。

（15）选择菜单“滤镜”→“模糊”→“高斯模糊”，设置半径为 0.6 像素，单击“确定”按钮，效果如图 11.20 所示。

图 11.19　绘制梯形

图 11.20　应用“高斯模糊”滤镜效果

（16）按住 Ctrl 键，单击“形状 1”层的缩览图，此时出现形状 1 的选区，按 Ctrl+Shift+I 组合键反向选择，然后按 Delete 键删除“形状 2”图层的多余部分，取消选择，效果如图 11.21 所示。

（17）选中“形状 2”图层，按住鼠标左键拖拽到“图层”调板底部的“创建新图层”

按钮上，生成“形状 2 副本”，选择菜单“编辑”→“变换”→“水平翻转”，按→键将图形调整到圆角矩形的右端，如图 11.22 所示。

图 11.21　删除图像的多余部分

图 11.22　复制另一半的图形

（18）新建“图层 1”，按住 Ctrl 键单击“形状 1”层的缩览图，获得选区，选择菜单“编辑”→“描边”，设置宽度为 1px，颜色为 #FFFFFF，位置为内部，单击“确定”按钮，取消选择，效果如图 11.23 所示。

（19）单击“图层”调板下方的“添加图层蒙版”按钮，选择“渐变工具”，设置工具选项栏为：黑、白渐变，对称渐变，选中“反向”。按住 Shift 键，由中间向下拉出渐变，效果如图 11.24 所示。

图 11.23　添加描边效果

图 11.24　添加图层蒙版

（20）将“图层 1”的不透明度改为 55%，效果如图 11.25 所示。

步骤 2　文字及倒影的制作

（1）选择“横排文字工具”，设置工具选项栏：字体为“Franklin Gothic Heavy”，大小为 12 点，颜色为 #E7E7E7，输入“Download”，如图 11.26 所示。

图 11.25　更改图层的不透明度

图 11.26　输入文字

（2）双击文字层，添加图层样式。选中“渐变叠加”，设置混合模式为“正常”，不透明度为 21%，渐变为黑、白渐变，角度为 90 度，如图 11.27 所示。

（3）选中“描边”，设置大小为 1 像素，位置为“外部”，混合模式为“正常”，不透明度为 39%，填充类型为黑、白渐变，选中“反向”，角度为 90 度，如图 11.28 所示。

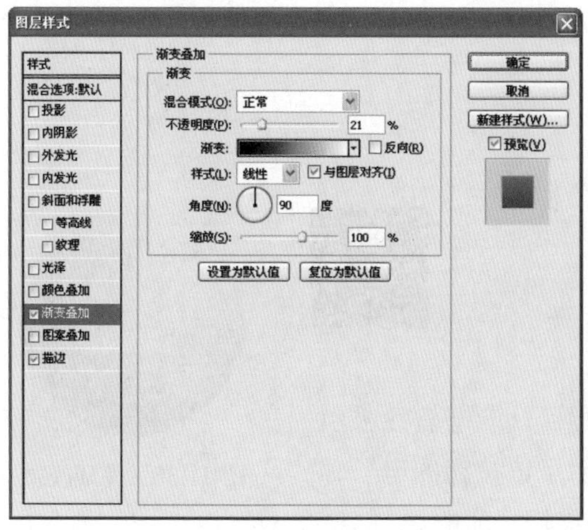

图 11.27　设置“渐变叠加”参数

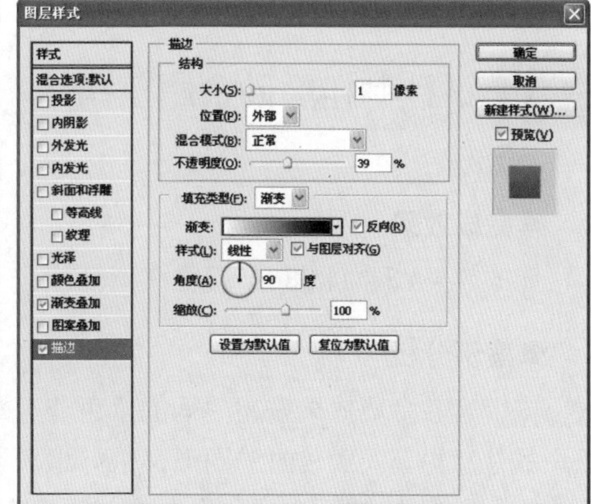

图 11.28　设置“描边”参数

（4）单击“确定”按钮，效果如图 11.29 所示。

（5）按住 Ctrl 键，逐一单击除文字层（因为今后可能需要重新编辑文本的内容）和背景层以外的所有图层，使它们同时被选中，按 Ctrl+E 键合并被选中的图层，将图层名称改为“按钮”。

（6）将“按钮”层拖拽到“图层”调板底部的“创建新图层”按钮 上，生成“按钮 副本”，选择菜单“编辑”→“变换”→“垂直翻转”，将翻转过的图像移动到如图 11.30 的位置。

图 11.29　添加图层样式

图 11.30　翻转并移动图像

（7）选中“按钮 副本”层，添加图层蒙版；选择“渐变工具” ，设置工具选项栏为：黑、白渐变，线性渐变，选中“反向”。按住 Shift 键，由上向下拉出渐变，效果如图 11.31 所示。

（8）设置“按钮 副本”层的不透明度为 76%，最终效果如图 11.32 所示。最后保存文件。

图 11.31　添加图层蒙版

图 11.32　最终效果

11.2 设计制作磨砂金属按钮

完成效果

完成效果如图 11.33 所示。

图 11.33　完成效果

案例分析

这个磨砂金属效果按钮中间的蓝色非常醒目，能够有效吸引用户的注意力，同时信封的图形又很好地表明了该按钮的电子邮件功能。这个按钮是通过图形化的方式来表现按钮功能的。

制作这个磨砂金属效果按钮，将用到以下知识点。

- 选区工具。
- 路径工具。
- 渐变填充。
- 色相 / 饱和度。
- 滤镜。

与 ICON 图标一样，按钮的设计也要符合一定的原则，否则，制作出来的东西可能徒有华丽的外表，却并不能被用户所接受和认可。为了避免出现这种情况，将对按钮的设计原则进行介绍。相关理论讲解如下。

11.2.1　按钮的设计原则

- 醒目引人注意。作为人机交互的纽带，按钮在设计上需要一目了然，让用户可以在第一时间内了解到什么是可以操作的部分。因此，可以通过以下方法来达到这种效果。
  - 使用醒目的颜色（按钮的颜色可以与整体颜色不同，但是配色一定要和谐）。不同的颜色可以吸引用户的视线，赋予其醒目的视觉效果，有助于用户识别，方便操作，如图 11.34 所示。
  - 加大按钮大小。因为面积较大的物体更能吸引人的注意力。
  - 调整按钮的位置。人的注意力不是平均分布在整个可视范围内，而是有侧重点的，因此将按钮放置在视线的侧重点位置上，将能达到醒目的作用，如图 11.34 所示。

图 11.34　醒目的颜色使播放键引人注目

- 准确反映功能。这一点与 ICON 的设计较为相似。按钮是人机互动的桥梁，如果按钮的设计不能准确而直观地表现其代表的功能，就可能会使用户对按钮功能产生误解，进而引发错误操作，产生不良后果。因此，在设计按钮时，无论是采用哪种表现形式，都必须能准确反映出按钮的功能，不能产生歧义，如图 11.35 所示。
- 符合整体风格。无论是设计网站页面还是设计软件 UI，按钮都不是独立存在的。因此，按钮的风格必须与整个 UI 风格相一致。这一点与按钮设计要醒目的原则看似矛盾，其实完全可以通过对色彩、图形及特效风格的控制达到风格一致又引人注目的目的，如图 11.36 所示。

图 11.35　生动的图形表明按钮的功能

图 11.36　按钮与整体风格相统一

11.2.2　设计制作磨砂金属按钮

完成效果

完成效果如图 11.33 所示。

思路分析

- 使用“椭圆选框工具”和“渐变工具”绘制按钮底图。
- 使用滤镜制作磨砂效果。
- 添加信封图形，修饰细节。

实现步骤

步骤 1 绘制图形

（1）新建文件，设置文档宽度、高度为 300 像素×300 像素，色彩模式为 RGB，分辨率为 72 像素 / 英寸，背景内容为白色。

（2）新建图层，修改名称为“底层”，选中该层，选择“椭圆选框工具”，按住 Shift 键绘制出一个圆形选框，如图 11.37 所示。

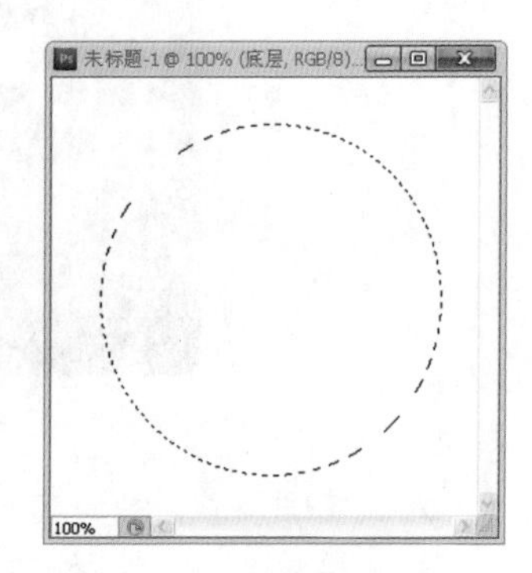

图 11.37 绘制圆形选框

（3）设置前景色为 #FFFFFF，背景色为 #525252，选择“渐变工具”，设置工具选项栏：前景到背景，径向渐变，如图 11.38 所示。

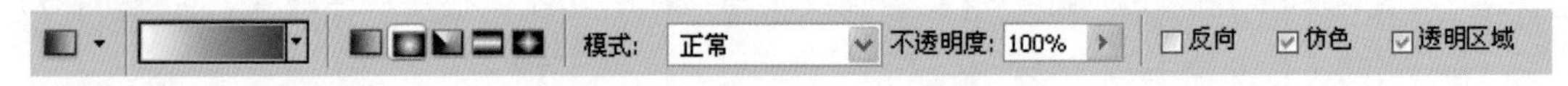

图 11.38 设置“渐变工具”选项栏

（4）将选区填充为如图 11.39 所示的效果。

（5）单击“图层”调板底部的“添加图层样式”按钮，选择“投影”，设置不透明度为 50%，距离为 0 像素，大小为 10 像素，如图 11.40 所示。单击“确定”按钮，应用图层样式。

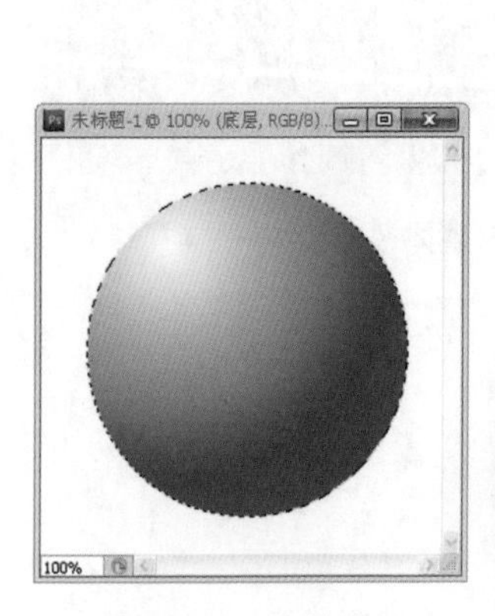

图 11.39 渐变填充

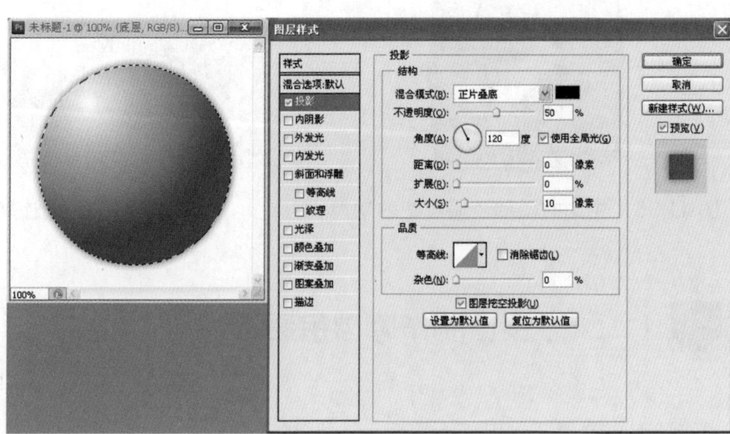

图 11.40 设置“投影”参数

（6）新建图层，修改名称为“中层”；选中该层，选择菜单“选择”→“变换选区”，按住 Alt+Shift 键以参考点为圆心等比例缩小选区，按 Enter 键确认，如图 11.41 所示。

（7）选择“渐变工具” ，从选区右下向左上拖拽，效果如图 11.42 所示。

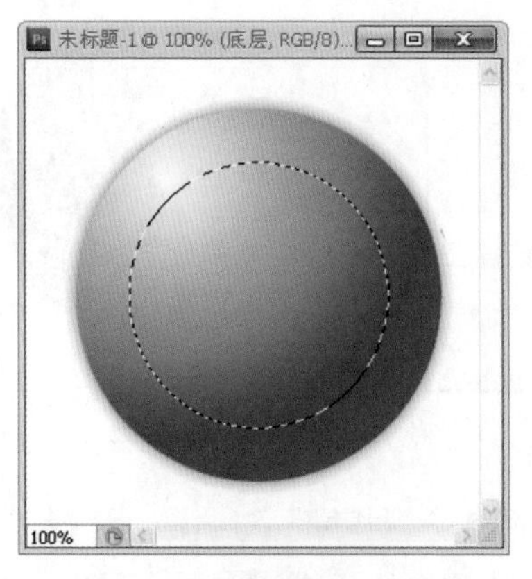

图 11.41　绘制中层圆形选区

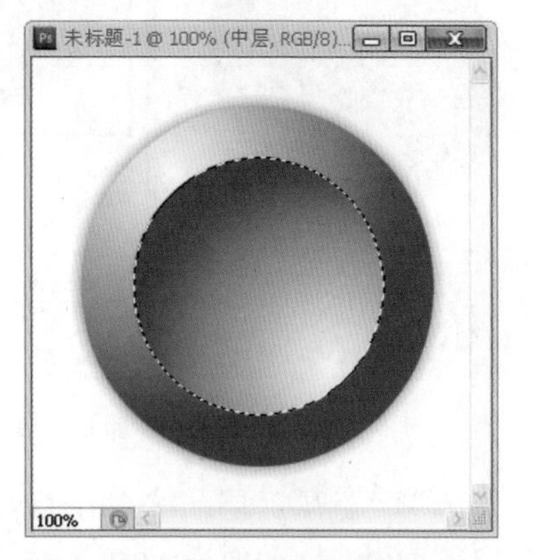

图 11.42　渐变填充

（8）新建图层，修改名称为“上层”；选中该层，选择菜单“选择”→“修改”→“收缩”，设置收缩量为 2 像素，单击“确定”按钮，如图 11.43 所示。

（9）选择“渐变工具” ，从选区左上向右下拖拽，效果如图 11.44 所示。

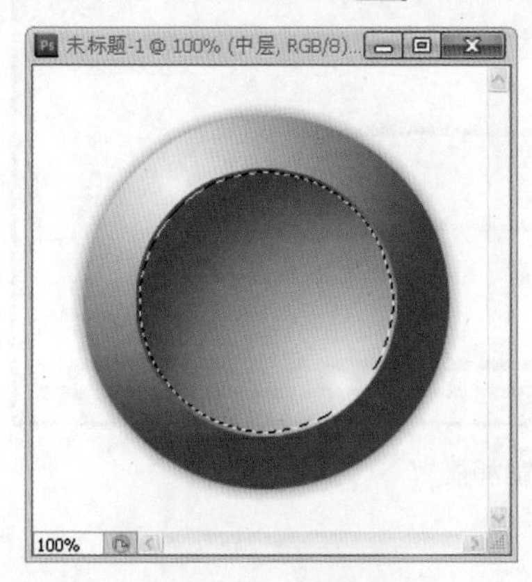

图 11.43　收缩选区

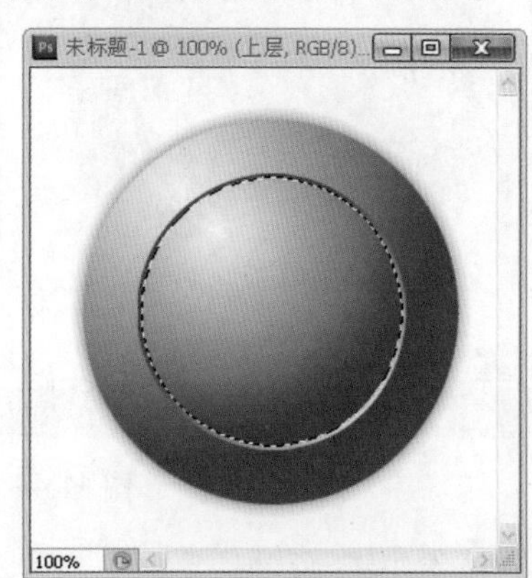

图 11.44　渐变填充

步骤 2　制作磨砂效果

（1）在“图层”调板中选中“上层”层,选择菜单“滤镜”→“杂色”→“添加杂色”，设置数量为 10%，选择“高斯分布”，选择“单色”，如图 11.45 所示。单击“确定”按钮应用效果，并取消选择。

（2）选中“底层”层，选择菜单“滤镜”→“杂色”→“添加杂色”，设置数量为 3%，选择“高斯分布”，选择“单色”，单击“确定”按钮应用，效果如图 11.46 所示。

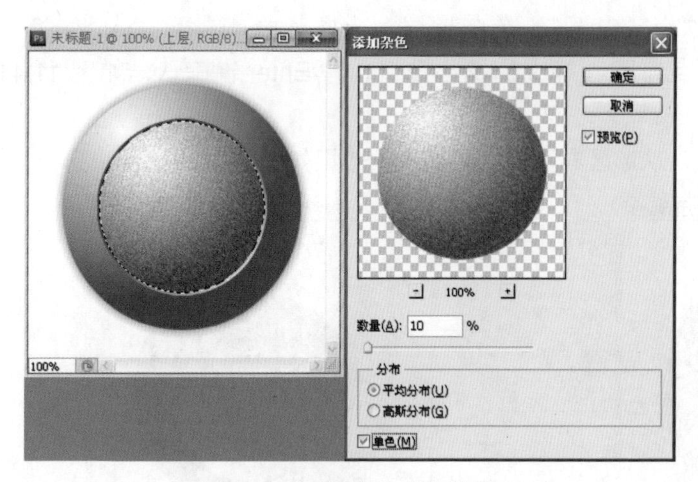

图 11.45 “添加杂色”设置

图 11.46 对“底层”添加杂色

（3）选中“上层”层，按 Ctrl+U 组合键调出“色相 / 饱和度”对话框，选择“着色”，设置色相为 +200，饱和度为 +50，明度为 0，如图 11.47 所示。单击“确定”按钮应用效果。

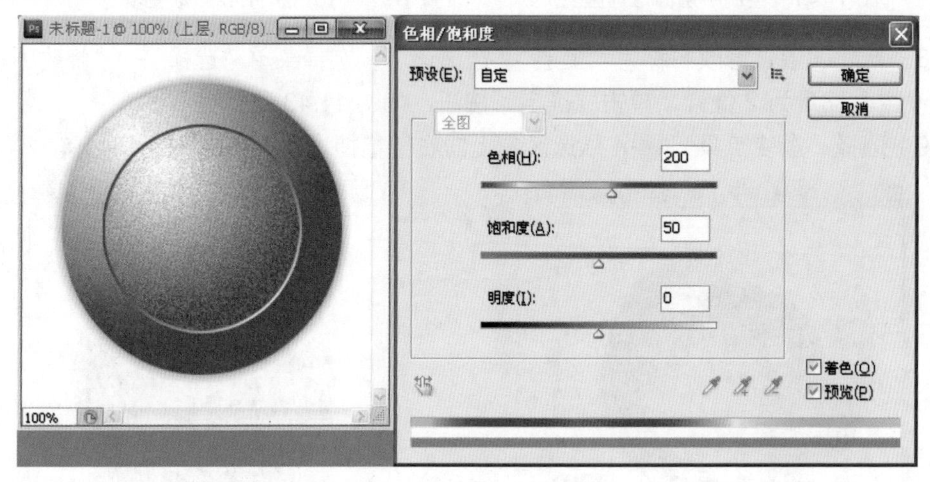

图 11.47 设置“色相 / 饱和度”

步骤 3 最终修饰

（1）新建图层，名称修改为“信封”；选中该层，选择“自定形状工具”，设置工具选项栏：路径，待创建形状为，如图 11.48 所示。

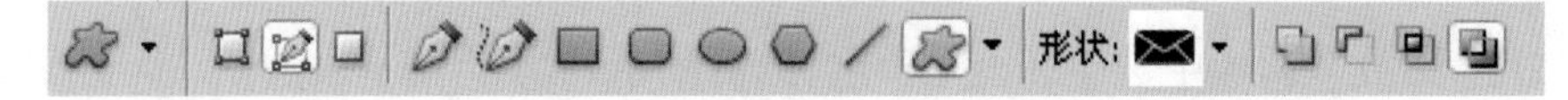

图 11.48 “自定形状工具”的设置

（2）按住 Shift 键在画布中央绘制出一个信封的路径，按 Ctrl+Enter 组合键将路径转化为选区，并将选区填充为前景色，取消选择，效果如图 11.49 所示。

图 11.49　绘制信封

（3）选中“底层”层，选择“自定形状工具” ，设置工具选项栏：路径，待创建形状为 ，如图 11.50 所示。

图 11.50　“自定形状工具”设置

（4）按住 Shift 键在画布中央绘制出一个太阳的路径，按 Ctrl+Enter 组合键将路径转化为选区，如图 11.51 所示。

图 11.51　绘制太阳选区

（5）按 Ctrl+J 组合键复制选区内容并自动新建图层粘贴，将新图层名称修改为“花纹”，单击“图层”调板底部的“添加图层样式”按钮 ，选中“斜面和浮雕”，设置方向为下，大小为 2 像素，去掉对“投影”的选中，如图 11.52 所示。

（6）单击“确定”按钮应用图层样式，最终效果如图 11.53 所示。最后保存文件。

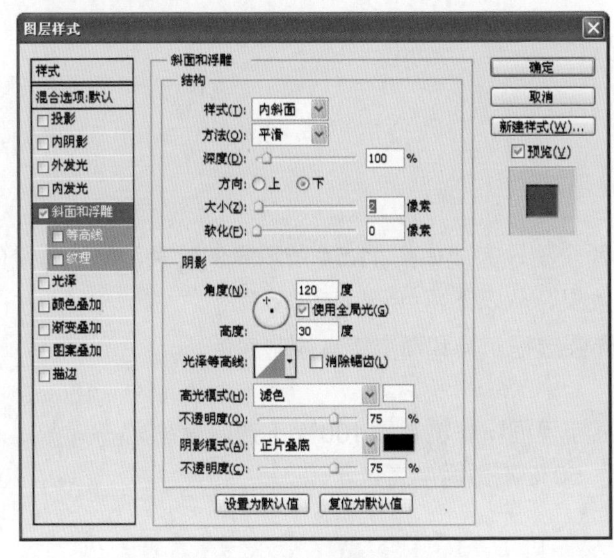

图 11.52　添加图层样式

图 11.53　最终效果

实战案例

实战案例 1——疑问的红（上）

需求描述

制作立体感强烈的红色帮助按钮，在本练习里先完成底色和高光的制作，如图 11.54 所示。

图 11.54　完成效果

技能要点

- 选区工具。
- “渐变工具”。
- “钢笔工具”。
- 图层样式。
- 高斯模糊。

实现思路

根据理论课讲解的技能知识，分两个阶段完成如图 11.54 所示案例效果，第一阶段先实现的是绘制按钮的底色和制作高光效果，从以下两点予以考虑。

- 绘制底色。新建文件，使用椭圆选框工具和渐变工具绘制底色。
- 制作高光。
    - 使用椭圆选框工具和“高斯模糊”滤镜制作 100% 不透明度高光。
    - 使用钢笔和渐变工具制作 50% 不透明度高光。

难点提示

- 制作 50% 不透明度高光时，使用钢笔工具绘制出高光外形的路径，如图 11.55 所示。

➢ 按 Ctrl+Enter 键将路径转换为选区，设置前景色为 #FFFFFF，选择“渐变工具”，设置工具选项栏：前景到透明，按住 Shift 键，从选区上部向下拖拽，取消选择，效果如图 11.56 所示。

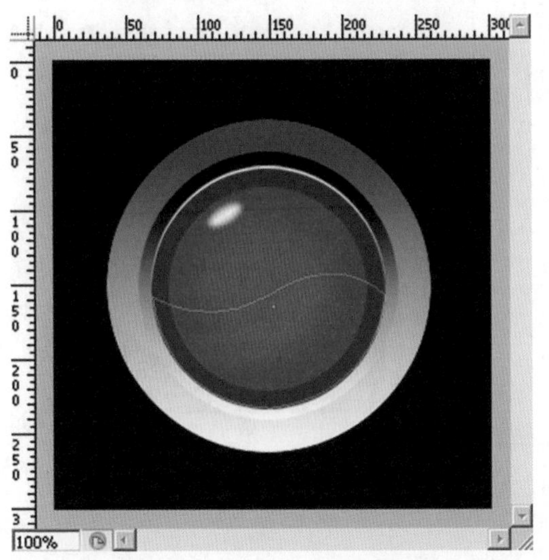

图 11.55　绘制高光的外形路径

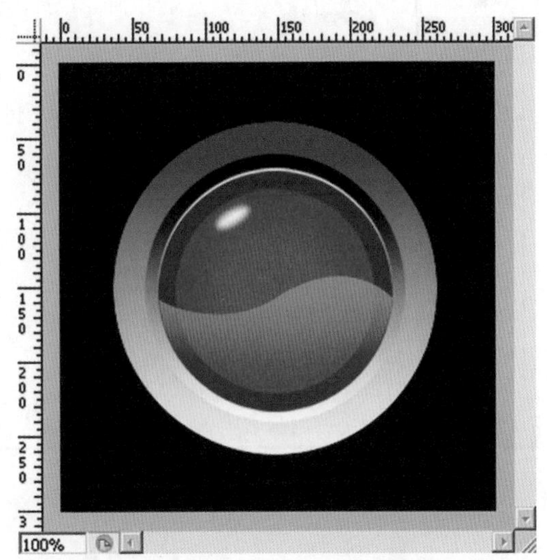

图 11.56　渐变填充

实战案例 2——疑问的红（下）

需求描述

接着上面的练习，完成细节的处理，如图 11.54 所示。

技能要点

➢ 选区工具。
➢ 形状图层。
➢ 图层样式。

实现思路

第二阶段先实现的是进一步处理按钮的细节，从以下两点予以考虑。

➢ 使用“自定形状工具”绘制问号，添加图层样式制作效果。
➢ 使用画笔工具修饰亮部和暗部。

难点提示

使用“自定形状工具”绘制问号，添加图层样式，选择“内阴影”，设置距离为 0 像素，大小为 5 像素，如图 11.57 所示。单击“确定”按钮，效果如图 11.58 所示。

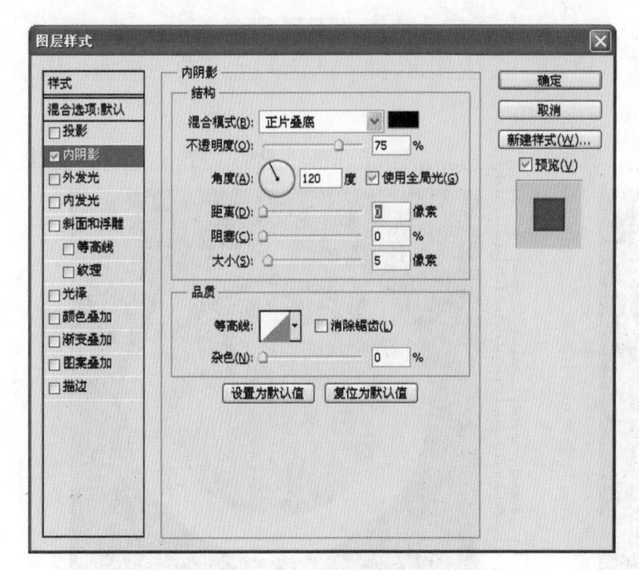

图 11.57　设置“内阴影”参数

图 11.58　应用图层样式

本章总结

- 按钮是人机交互的纽带，一个按钮至少有两个作用：首先，它代表了某种功能，并且通过某种形式将它所代表的功能表示出来；其次，人们通过这个按钮可以产生人机互动，来实现这个按钮所代表的功能。
- 按钮一般分为三种状态：正常状态、鼠标经过状态、按下状态。
- 按钮的表现形式分为：图形方式、文字方式、动画方式和综合方式。
- 设计按钮的原则：要醒目引人注意，要准确反映功能，要符合整体风格。

参考视频
网页按钮制作

学习笔记

本章作业

选择题

1. 网页中常用的按钮扩展名有（　　）。

   A. gif　　B. jpg

   C. png　　D. swf

2. 一般情况下按钮的三种状态是（　　）。

   A. 正常状态　　B. 鼠标经过状态

   C. 关闭状态　　D. 按下状态

3. 想制作磨砂效果，可以使用的滤镜是（　　）。

   A. 风　　B. 像素化

   C. 添加杂色　　D. 高斯模糊

4. 按钮的作用是（　　）。

   A. 人机互动的桥梁，实现自己的功能

   B. 吸引用户的注意力

   C. 锻炼使用鼠标的熟练度

   D. 美化界面

5. 纯粹用（　　）表现的按钮不够生动，在儿童使用的软件中应尽量避免。

   A. 图形方式　　B. 文字方式

   C. 动画方式　　D. 综合方式

简答题

1. 简述按钮的常见表现形式，并列举各表现形式的特点。
2. 简述按钮的设计原则。
3. 通过哪几种方式可以使按钮更加醒目引人注意?
4. 尝试制作玻璃球翻页按钮。素材如图11.59所示，完成效果如图11.60所示。

图 11.59　素材 1

图 11.60　习题 4 的完成效果

- 先使用选区工具和渐变工具画出按钮底图。
- 使用渐变工具和钢笔工具及图层蒙版刻画高光和反光等细节。
- 使用“自定形状工具”绘制翻页图标，并添加图层样式。

5. 尝试完成如图11.61所示的水晶按钮。

图 11.61　习题 5 的完成效果

- 先使用圆角矩形工具及图层样式制作按钮底图。
- 使用渐变工具填充颜色。
- 添加图层样式以调整细节。

作业讨论区

访问课工场UI/UE学院：kgc.cn/uiue（教材版块），欢迎在这里提交作业或提出问题，你将有机会跟课工场的专家以及共同学习本书的小伙伴一起探讨切磋！

第12章

Logo设计

本章目标

完成本章内容以后，您将：

- 了解Logo对企业的重要性，掌握Logo设计的理论知识。
- 掌握Logo设计的表现方法。
- 能够进行普通Logo的绘制。

本章素材下载

- 请访问课工场UI/UE学院：kgc.cn/uiue（教材版块）下载本章需要的案例素材。

本章简介

本章将学习标志（Logo）在平面设计中的重要意义和 Logo 的绘制。本章首先介绍设计 Logo 的理论知识，接着学习 Logo 设计的表现方法。

在科技飞速发展的今天，随着传播方式的多样化，Logo 在人们的观念中不再是简单的符号，而是一种浓缩的语言，是企业理念与精神的载体，象征着一种文化传播。Logo，作为人类最直观联系的特殊方式，越来越显示出其重要的独特作用。

本章将学习 Logo 的理论知识，包括 Logo 的特点、Logo 的作用、Logo 的设计流程和设计理念，并通过使用 Photoshop 制作 Logo 来掌握 Logo 设计的通用方法。

理 论 讲 解

12.1 制作宝马汽车 Logo

完成效果

完成效果如图 12.1 所示。

图 12.1　宝马汽车 Logo 完成效果

案例分析

宝马公司的 Logo 采用了图形与文字相结合的表现方式。内圆的圆形蓝白间隔图案，表示蓝天、白云和运转不停的螺旋桨，创意非常新颖；既体现了该公司悠久的历史，显示了公司过去在航空发动机技术方面的领先地位，又象征公司的一贯宗旨和目标：在广阔的时空中，以最新的科学技术、最先进的观念，满足顾客的最大愿望，反映了公司蓬勃向上的精神和日新月异的面貌。

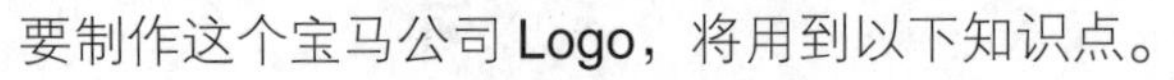

要制作这个宝马公司 Logo，将用到以下知识点。

- 选区工具。
- 路径与文字工具。
- 渐变填充。
- 图层样式。

本案例就通过制作著名汽车品牌——宝马汽车的 Logo，来深入了解 Logo，学习 Logo 的制作方法。相关理论讲解如下。

12.1.1　Logo的概念特征

翻开字典，我们可以找到这样的解释："Logo：标识语"。在电脑领域而言，Logo是徽标的意思。

网络中的Logo主要是各个网站用来与其他网站链接的图形Logo，代表一个网站或网站的一个版块。

那么，究竟什么是Logo呢？Logo的作用又是什么呢？下面将介绍Logo的概念和作用。

1. Logo的定义

Logo是用一种特殊文字或图像组成的大众传播符号，以精炼之形传达特定的含义和信息，是人们相互交流，传递信息的视觉语言。

2. Logo的特征

- 识别性。识别性是企业标志重要功能之一。市场经济体制下，竞争不断加剧，公众面对的信息纷繁复杂，各种标志更是数不胜数。只有特点鲜明、容易辨认和记忆、含义深刻、造型优美的标志，才能在同业中突显出来。它能够区别于其他企业、产品或服务，使受众对企业留下深刻印象，从而提升了标志设计的重要性。
- 领导性。标志是企业视觉传达要素的核心，也是企业开展信息传播的主导力量。在视觉识别系统中，标志的造型、色彩、应用方式，直接决定了其他识别要素的形式，其他要素的建立都是围绕着标志而展开的。标志的领导地位是企业经营理念和活动的集中体现，贯穿于企业所有的经营活动中，具有权威性的领导作用。
- 同一性。标志代表着企业的经营理念、文化特色、价值取向，反映企业的产业特点、经营思路，是企业精神的具体象征。大众对企业标志的认同等同于对企业的认同，标志不能脱离企业的实际情况，违背企业宗旨。只做表面工作，标志就会失去本身的意义，甚至对企业形象造成负面影响。
- 涵盖性。随着企业的经营和企业信息的不断传播，标志所代表的内涵日渐丰富，企业的经营活动、广告宣传、文化建设、公益活动都会被大众接受，并通过对标志符号的记忆刻画在脑海中，经过日积月累，当大众再次见到某个标志时，就会联想到曾经购买的产品、曾经接受的服务，从而将企业与大众联系起来，成为连接企业与受众的桥梁。
- 革新性。标志确定后，并不是一成不变的，随着时代的变迁、历史潮流的演变，以及社会背景的变化，原先的标志，可能已不适合现在的环境。"壳牌石油"、"百事可乐"标志的演变都是生动的例子。企业经营方向的变化、接受群体的变化也会使标志产生革新的必要。总之，标志总是适合企业的，并紧密结合企业经营活动的重要元素。

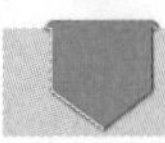

12.1.2 Logo的格式

1. Logo 的输出格式

根据用途的不同，Logo 图像的输出格式也有着一定的区别。一般来说在印刷、平面方面的 Logo 图像，要以保证质量为前提，为了方便以后进行放大缩小不失真而采用矢量图形，储存扩展名一般为 .ai、.cdr、.eps 等。而在网络宣传的 Logo 图像的扩展名为 .jpg、.gif、.png，目的是控制图像大小，减少用户等待网页刷新的时间。

2. Logo 的国际标准

为了便于 Internet 上信息的传播，需要有一个统一的 Logo 国际标准。实际上已经有了这样的一整套标准。其中关于网站的 Logo，目前有以下三种规格。

- 88×31（PX）：这是互联网上最普遍的 Logo 规格。
- 120×60（PX）：这种规格用于一般大小的 Logo。
- 120×90（PX）：这种规格用于大型 Logo。

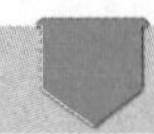

12.1.3 实现案例——制作宝马汽车Logo

完成效果

完成效果如图 12.1 所示。

思路分析

- 建立合理的参考线可以准确地定位 Logo 的位置和 Logo 包含元素的位置。
- 圆形的绘制需要借助辅助线来定位圆心，定位圆心后按 Shift+Alt 键绘制圆形选区。
- 图层样式的应用，可以得到大部分常见的效果，本课的效果都是由图层样式的应用来达到的。

实现步骤

步骤 1 绘制图形

（1）新建文件。选择菜单“文件”→“新建”，设置文档宽度、高度为 500 像素×500 像素，颜色模式为 RGB，分辨率为 300 像素 / 英寸，背景内容为白色。

（2）建立参考线。按 Ctrl+R 组合键显示标尺，选择菜单“视图”→“新建参考线”，取向为垂直，位置为 250px，在横向 250px 处建立一条垂直参考线。用相同的方法，在纵向 250px 处建立一条水平参考线，如图 12.2 所示。

图 12.2　建立参考线

（3）绘制“大圆”。新建图层，名称修改为“大圆”，选中该层，设置前景色为#C9C9C9，背景色为#000000，选择“椭圆选框工具”，设置工具选项栏：样式为正常，按住Alt+Shift组合键，以两条参考线的交点为圆心绘制一个圆形选区，选择“渐变工具”，设置工具选项栏：前景到背景，径向渐变，从选区左上向右下拖拽，如图12.3所示。

（4）设置图层样式。单击“图层”调板底部的“添加图层样式”按钮，添加“投影”效果，“投影”参数设置如图12.4所示。

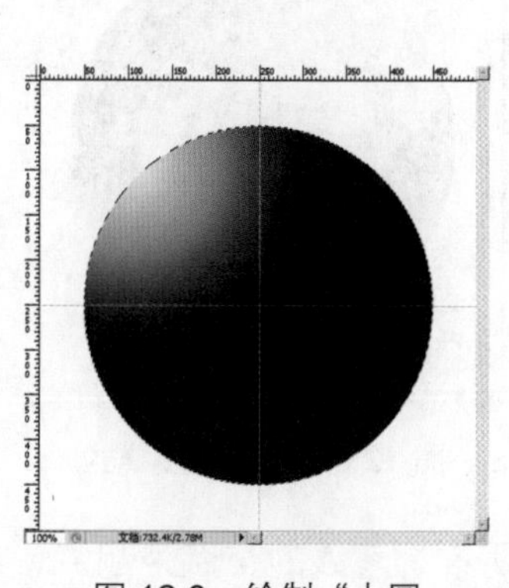

图 12.3　绘制“大圆

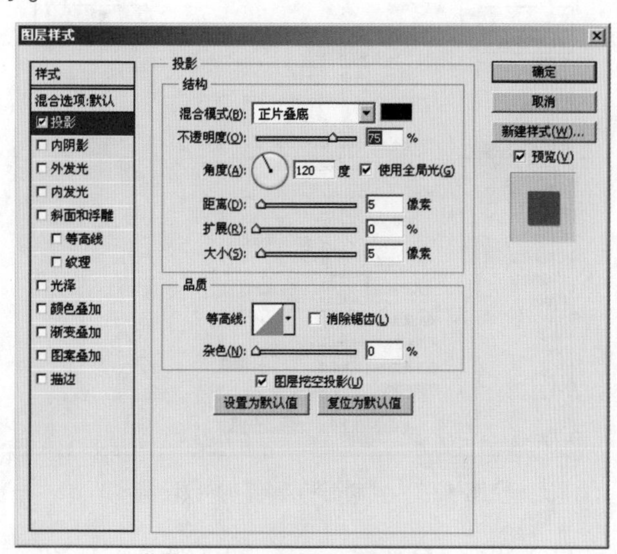

图 12.4　投影参数设置

（5）绘制“白色圆”。新建图层，名称修改为“白色圆”，选中该层，选择菜单“选择”→“变换选区”，设置工具选项栏：水平缩放为 65%，垂直缩放为 65%，按 Enter 键确认，设置前景色为 #FFFFFF，按 Alt+Delete 键使用前景色填充，效果如图 12.5 所示。

（6）绘制“蓝色圆”。新建图层，名称修改为“蓝色圆”，选中该层，设置前景色为 #68B9DE，背景色为 #006699。选择“渐变工具”，设置工具选项栏各项分别为：前景到背景，径向渐变，从选区左上向右下拖拽，效果如图 12.6 所示。

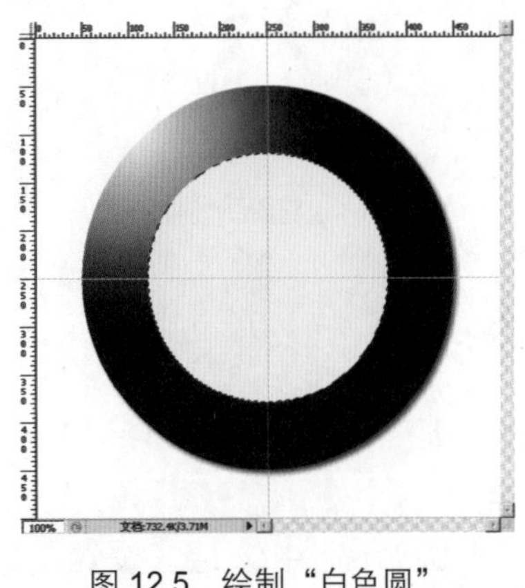

图 12.5　绘制“白色圆”

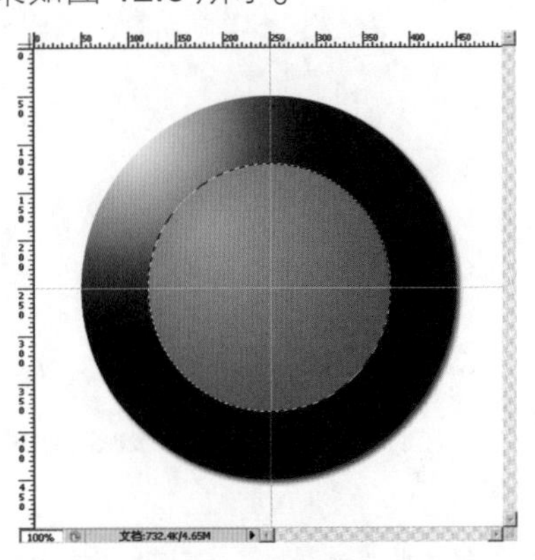

图 12.6　绘制“蓝色圆”

（7）设置图层样式。单击“图层”调板底部的“添加图层样式”→“斜面和浮雕”，设置样式为“枕状浮雕”，参数设置如图 12.7 所示。

（8）单击“确定”按钮应用图层样式，按 Ctrl+D 键取消选择，效果如图 12.8 所示。

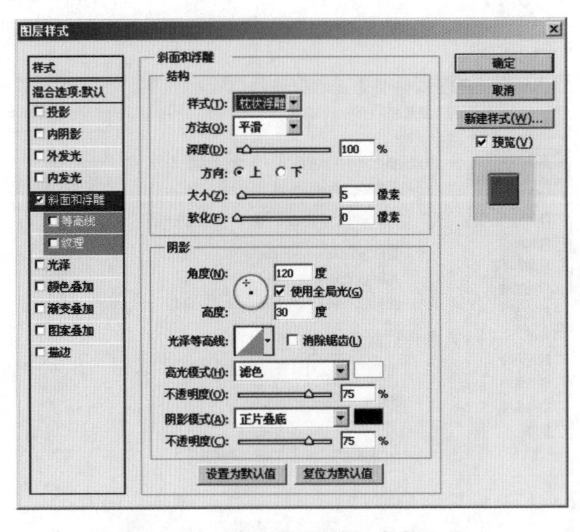

图 12.7　“斜面和浮雕”参数设置

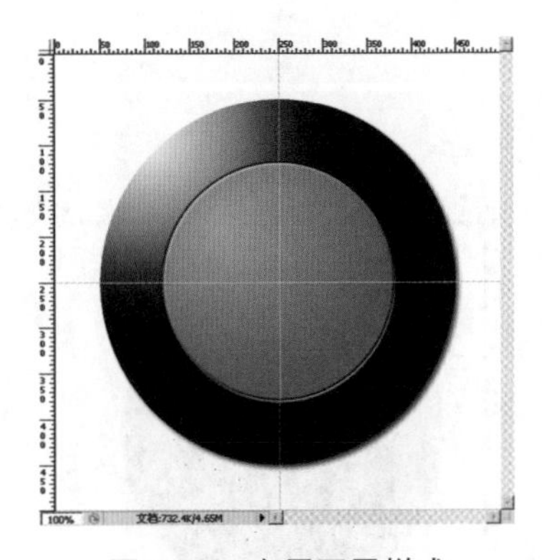

图 12.8　应用图层样式

（9）删除多余部分。选择“矩形选框工具”，以两条参考线的交点为起点，向右上角拖拽鼠标，绘制一个矩形选区，按 Delete 键删除右上的 1/4 个蓝色圆，按 Ctrl+D 键取消选择，效果如图 12.9 所示。

（10）用同样方法删除左下 1/4 个蓝色圆，效果如图 12.10 所示。

（11）拷贝图层样式。在“图层”调板右击“蓝色圆”图层，在弹出的快捷菜单中选择“拷贝图层样式”，右击“白色圆”图层，在弹出的快捷菜单中选择“粘贴图层样式”。如图 12.11 所示。

（12）删除多余部分。选中“白色圆”图层，按住 Ctrl 键，单击“图层”调板中“蓝色圆”图层左侧的图层缩览图，载入“蓝色圆”图层的选区，按 Delete 键删除选区内容。按 Ctrl+D 键取消选择，效果如图 12.12 所示。

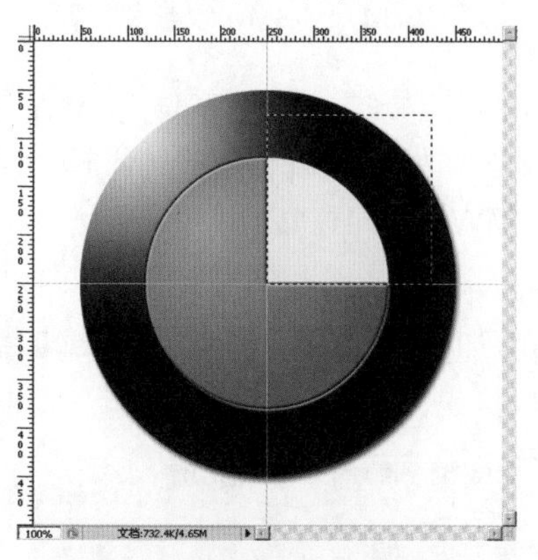

图 12.9　删除右上 1/4 蓝色圆

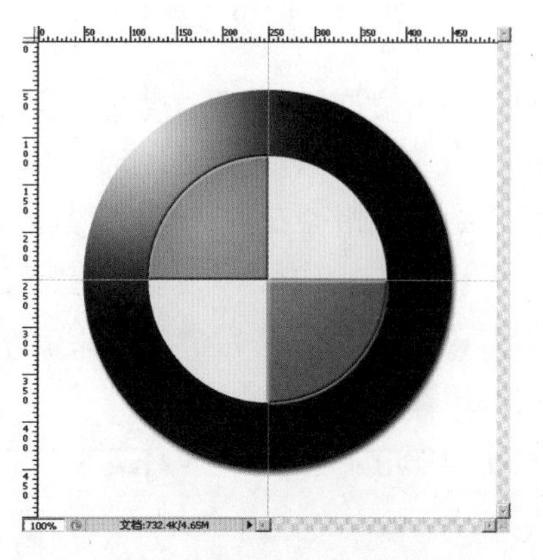

图 12.10　删除左下 1/4 蓝色圆

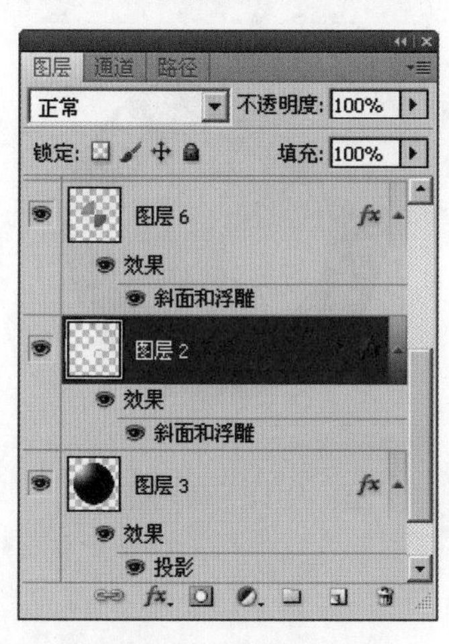

图 12.11　拷贝图层样式

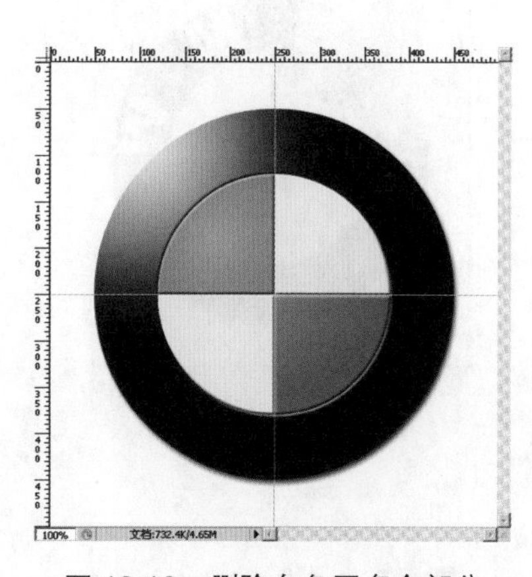

图 12.12　删除白色圆多余部分

步骤 2 编辑文字

（1）绘制路径。选择“椭圆工具” ，按住 Alt+Shift 组合键，以两条参考线的交点为圆心绘制一个比蓝色圆稍大一点的圆形路径，效果如图 12.13 所示，并将其设置为“BMW 文字路径”，如图 12.14 所示。

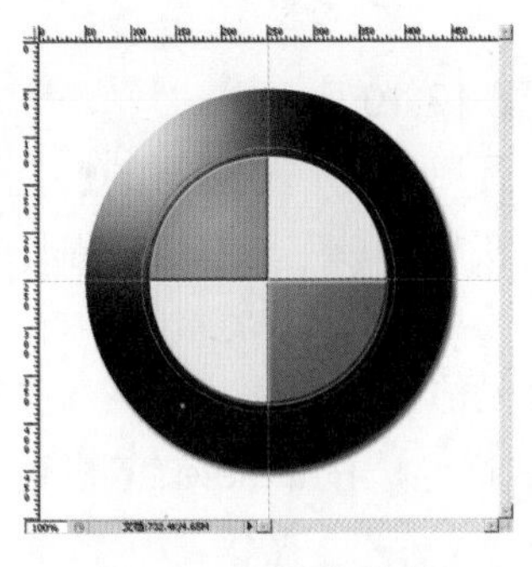

图 12.13　文字路径

图 12.14　“BMW 文字路径”

（2）输入文字。选择“横排文字工具” ，设置工具选项栏：字体为 Arial Black，字体大小为 18px，消除锯齿的方法为平滑，文本颜色为 #FFFFFF，如图 12.15 所示。将指针移动到圆形路径左上部附近，单击输入文字“BMW”，如图 12.16 所示。

（3）调整文字位置。选择“直接选择工具” ，将指针移动到文字附近，当指针形状改变为 时按住鼠标左键拖动来调整文字位置到中间。按 Ctrl+H 键隐藏参考线与路径，最终效果如图 12.17 所示。

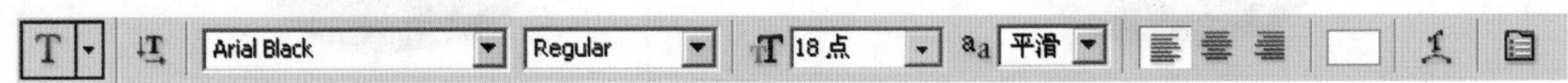

图 12.15　字体设置

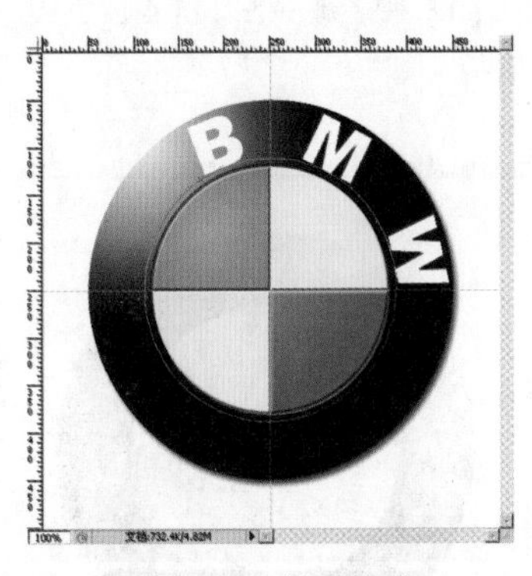

图 12.16　输入文字

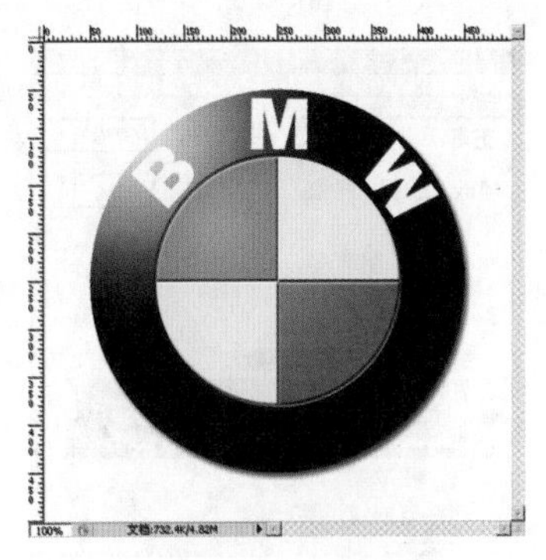

图 12.17　最终效果

12.2　制作 ATI 公司 Logo

完成效果

完成效果如图 12.18 所示。

图 12.18　ATI 公司 Logo 完成效果

案例分析

ATI 是世界著名的显示芯片生产商。公司的 Logo

采用了文字表现方式：简单的几个圆角矩形和圆构成了 ATI 公司 Logo 的主形象，以最直观的方式给人们展现了公司名称（Array Technology Industry）。

制作 ATI 公司 Logo, 将用到以下知识点。

- 选区工具。
- 路径与文字工具。
- 渐变填充。
- 图层样式。

本案例通过制作 ATI 公司的 Logo，来深入学习 Logo 的制作方法。相关理论讲解如下。

12.2.1 Logo的设计原则

Logo 的设计原则如下。

1. 符合企业的文化、精神、产品

Logo 代表了一个企业的形象，它必须符合企业的文化、精神以及企业的产品特点。因此，在 Logo 的设计上应该考虑到这些问题。只有充分了解了企业的这些情况，才能对症下药，设计出的图形、文字以及颜色，才能真正反映所在行业以及企业自身的特点，而这个 Logo 也必然是能够体现出企业的文化、精神及产品。只有这样，才能真正体现企业的形象，给企业宣传带来正面效应，如图 12.19 所示。

2. 应该具有较强的时代感

时代是发展的，企业也会随着时代的发展而发展。在这个过程中，企业的文化、精神甚至产品都有可能随着企业的发展而产生变化。因此，代表着企业形象的 Logo 也会产生相应的变化。变化后的 Logo 将能更好地表现当前时代下的企业形象。所以，Logo 并非永远不变的，它会跟随企业的发展趋势、经营方向的变化而变化。这与 Logo 的准确性并不冲突。一个 Logo 在一定时间内是稳定不变的，在这段时间内，Logo 必须保持它的准确性，如图 12.20 所示。

3. 简洁易懂，富有美感

Logo 的主要作用是为了更好地宣传企业、让企业形象留给客户更深的印象。因此，无论采用哪种表现形式，Logo 的设计都应该尽可能地简洁易懂，并且符合大众的审美观。简洁是指图像或文字精良简单，这样方便记忆、传播；易懂是指 Logo 所体现的含义尽量容易理解，让人没有障碍地了解到企业的文化、精神，加深印象；富有美感是为了让人对 Logo 产生好感，对企业的宣传起到推动作用，如图 12.21 所示。

图 12.19　雪铁龙汽车 Logo

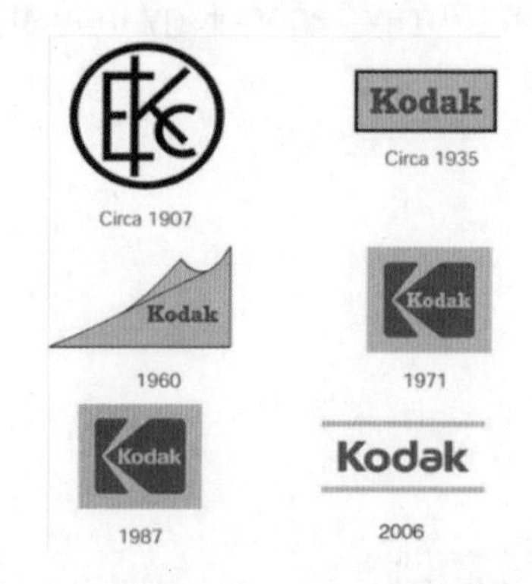

图 12.20　柯达公司 Logo 的发展

图 12.21　国家电网 Logo

12.2.2　Logo的表现形式

1. 图形方式

以具体或抽象图形的方式作为公司的 Logo。例如：苹果公司的 Logo，是以被咬了一口的苹果作为公司 Logo，如图 12.22 所示，其品牌核心概念是“不同凡响 think different”。苹果在圣经中是智慧的象征，当初亚当和夏娃就是吃了苹果才变得有思想，而这个 Logo 图形借助这个神话充分体现了其“不同凡响 think different”的核心概念，表明了他们勇于向科学进军、探索未知领域的理想。以图形方式表现的 Logo 一般来说都很生动，便于记忆。

2. 文字方式

以文字、缩写或字母变形的方式作为公司的 Logo。例如：德国大众公司的 Logo 是一个圆形中嵌套了 V、W 两个字母，如图 12.23 所示，其中 V、W 就是两个德文单词：Volks Wagen“大众化车”的字首，图案简洁、大方、明了。以文字为表现方式的 Logo 一般都与该公司有着较为密切的关系，便于理解。

3. 综合方式

结合以上两种方式，既有图形又有文字的方式作为公司的 Logo。例如：奥迪（Audi）轿车 Logo 是四个连环圆圈及 Audi 的字样，如图 12.24 所示，4 个圆环表示当初是由霍赫、奥迪、DKW 和旺德诺四家公司合并而成的。每一环都是其中一个公司的象征。半径相等的四个紧扣圆环，象征公司成员平等、互利、协作的亲密关系和奋发向上的敬业精神，Audi 字样表明了名称。以综合方式表现的 Logo 可谓集以上两种方式之所长，既生动又便于理解、记忆。

图 12.22　苹果公司 Logo

图 12.23　大众汽车 Logo

图 12.24　奥迪汽车 Logo

12.2.3　实现案例——制作ATI公司Logo

完成效果

完成效果如图 12.18 所示。

思路分析

➢ 使用“钢笔工具”绘制反光效果的大背景。
➢ 绘制字母，再通过路径工具进行相应的变形。
➢ 调整图像大小、形状可以通过自由变换进行调整。

实现步骤

步骤 1 绘制背景

（1）新建文件。选择菜单“文件”→“新建”，设置文档宽度、高度为 500×400 像素，颜色模式为 RGB，分辨率为 300 像素 / 英寸，背景内容为白色。

（2）在“图层”调板中创建“图层 1”，并填充为红色，色值为 #FE0000，如图 12.25 所示。

（3）使用“矩形工具”，创建一个矩形选区，大小比例如图 12.26 所示。

（4）在“图层”调板中创建“图层 2”，设置前景色为黑色，并使用“渐变工具”，线性渐变，在选区中创建一个黑色到透明的渐变效果，如图 12.27 所示。

（5）在菜单栏中选择菜单“编辑”→“变换”→“变形”命令，然后调整各个调整点，直至如图 12.28 所示的效果为止，按下 Enter 键确认变换。

（6）在“图层”调板中创建“图层 3”，使用“钢笔工具”在图中创建路径，如图 12.29 所示。

（7）将绘制好的路径转换为选区，设置前景色为白色，并使用“渐变工具” 创建一个由白色到透明的渐变效果，按 Ctrl+D 组合键取消选择，如图 12.30 所示。

图 12.25　填充红色背景

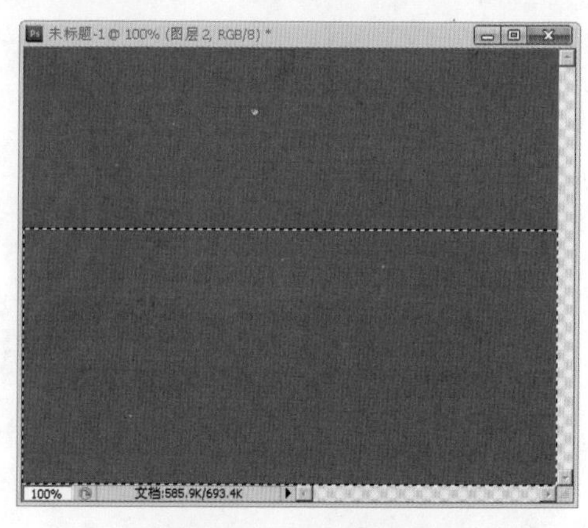

图 12.26　创建矩形选区

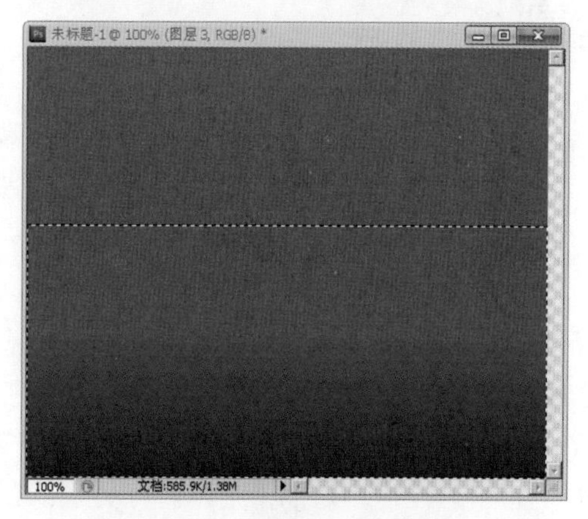

图 12.27　创建黑色渐变

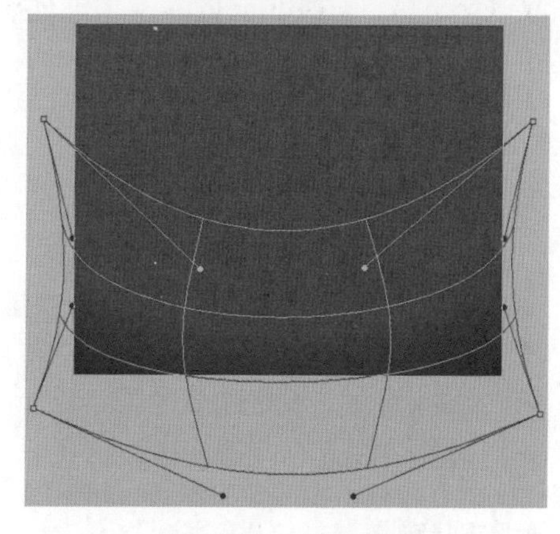

图 12.28　渐变变形

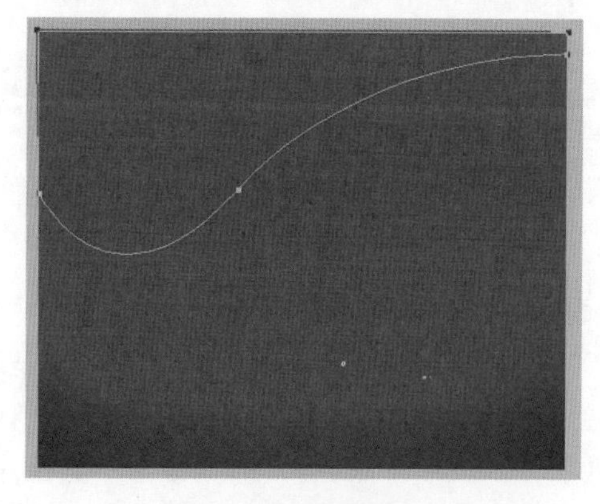

图 12.29　创建路径

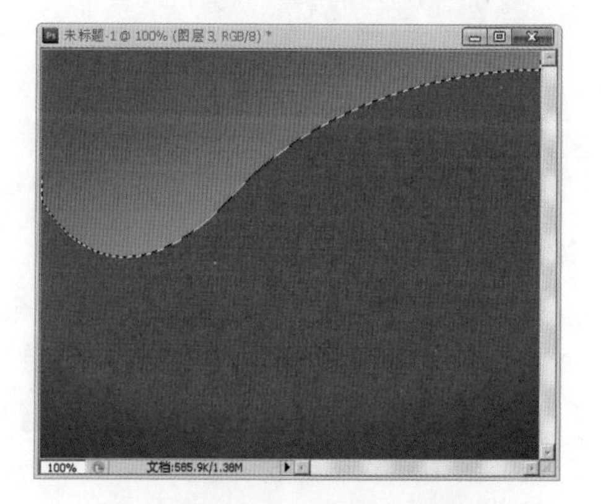

图 12.30　填充白色到透明渐变

（8）在“图层”调板下，同时选择已建立的层（按住 Ctrl 键单击相应图层），按住左键拖拽到“图层”调板“新建图层组”按钮 上，建立图层组“组 1”并双击“组 1”

改名称为“Logo 背景”。

步骤 2 绘制Logo

（1）建立参考线。按 Ctrl+R 组合键显示出标尺，选择菜单“视图”→“新建参考线”，取向“垂直”，位置为 63px，再建立一条取向“垂直”，位置为 434px 的参考线；在纵向 110px、285px 处建立两条水平参考线，如图 12.31 所示。

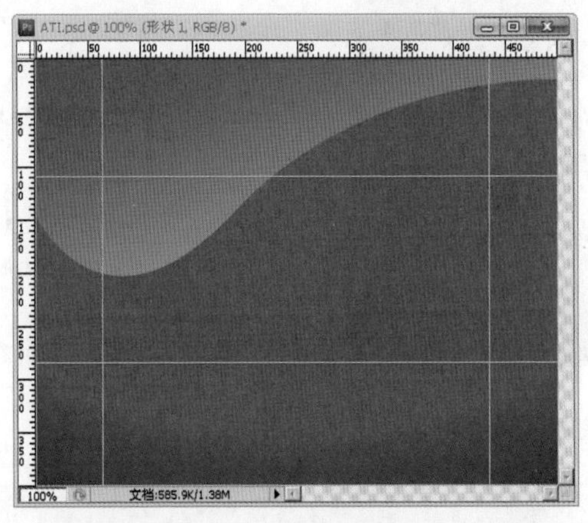

图 12.31 建立参考线

（2）绘制“ATI”中“A”字符。

1）在横向 194px、238px 处建立两条取向“垂直”的参考线。

2）前景色设置为白色，选择“圆角矩形工具”，选项栏中选中“形状图层”按钮，设置半径为 25px，如图 12.32 所示。

图 12.32 选项栏设置

3）以 194px 和顶部的两条参考线的交点为起点，向右下拖拽鼠标，绘制圆角矩形路径，路径宽度为 44px，高度为 176px，绘制时打开“信息”调板（F8）可看到参数。绘制好后在“图层”调板中将该层改名为“A1”，如图 12.33 和图 12.34 所示。

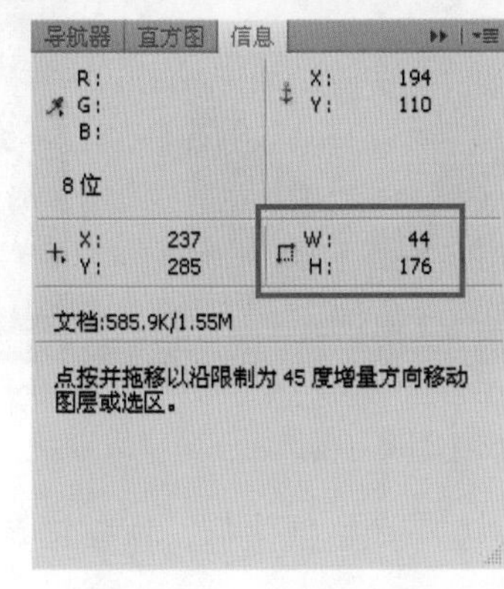

图 12.33 “信息”调板

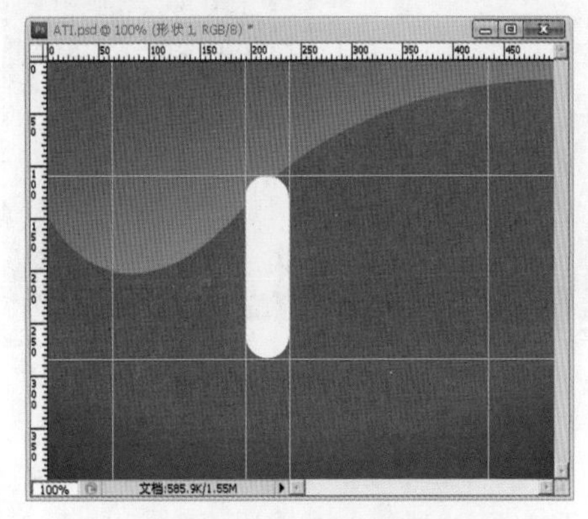

图 12.34 绘制圆角矩形

4）按 Ctrl+J 组合键复制图层“A1”，将复制出的图层重命名为“A2”。按 Ctrl+T 组合键，对“A2”层进行“自由变换”，在选项栏里设置旋转角度为 45 度。按 Enter 确认变换，效果及图层面板分别如图 12.35 和图 12.36 所示。

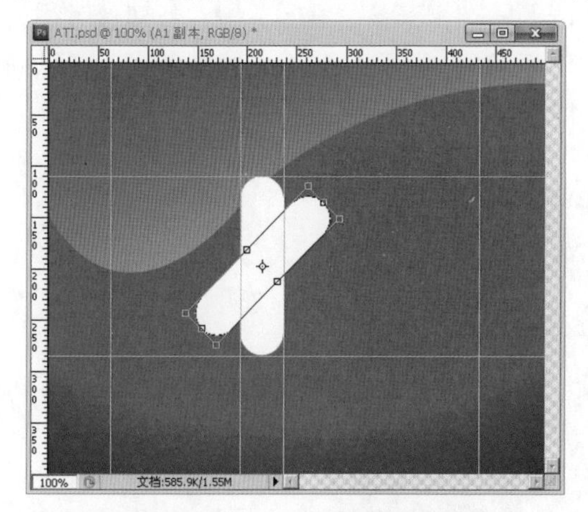

图 12.35　自由变换 45 度角

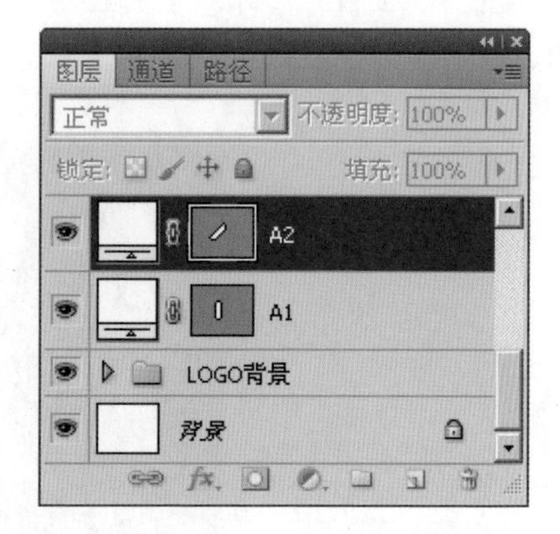

图 12.36　“图层”面板

在使用“自由变换”工具时，按住Shift键的同时，鼠标左键在变形框外拖动变换区域，区域是以15°增量旋转角度。

5）选择“选择工具”，移动图层位置，使图层右上角边缘与参考线相切，如图 12.37 所示。

6）选择“直接选择工具”，按住鼠标左键，拖拽鼠标，框选图层左下角半圆的路径锚点，如图 12.38 所示。

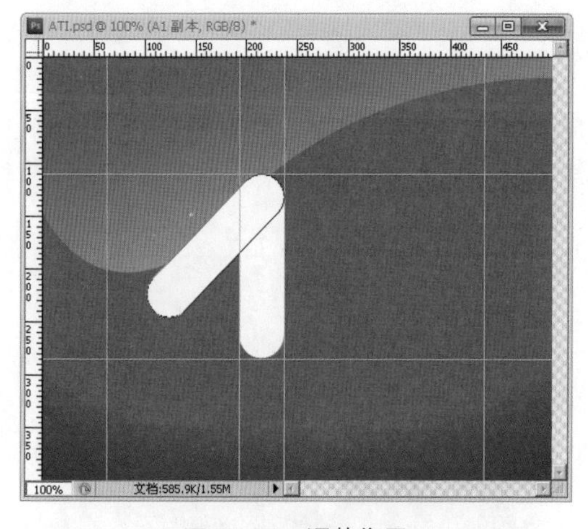

图 12.37　调整位置

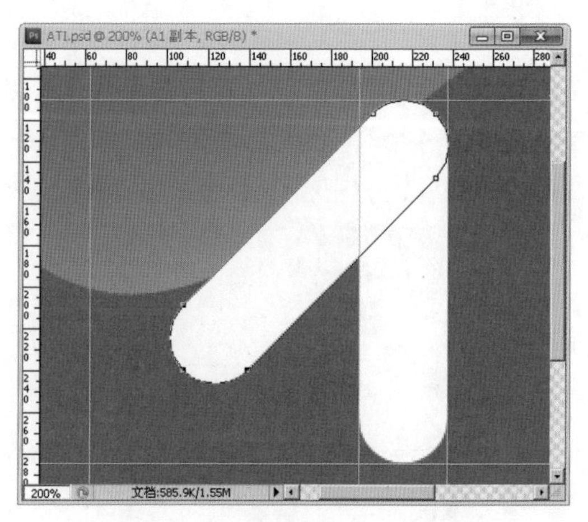

图 12.38　框选左下角半圆锚点

7）在锚点上按住鼠标左键，同时按住 Shift 键，向左下角拖拽鼠标，调整锚点位置到左下角半圆的边缘与参考线相切，如图 12.39 所示。

8）选择“椭圆工具”，按住 Shift 键，在字母“A”的三角区域绘制一个正圆，并调整位置，如图 12.40 所示。

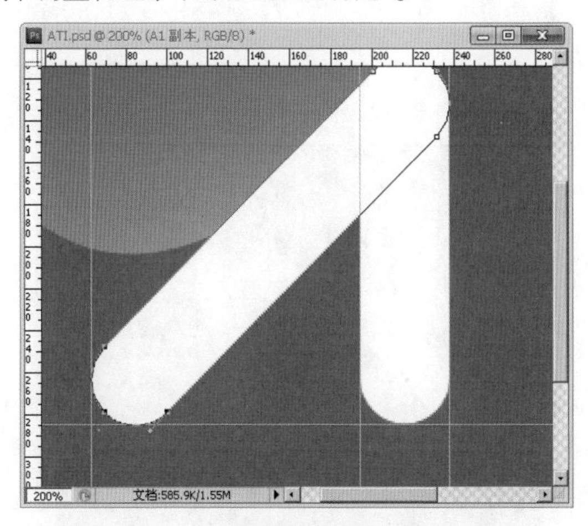

图 12.39　调整左下角半圆锚点位置

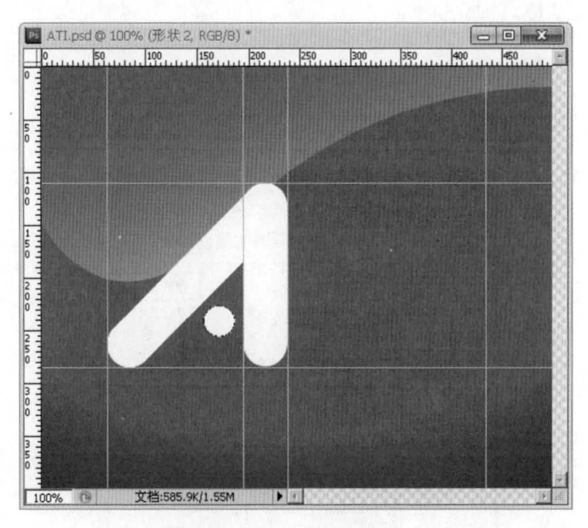

图 12.40　绘制圆点

（3）绘制“ATI”中“T”字符。

1）在横向 335px、291px 处建立两条取向“垂直”的参考线。

2）按 Ctrl+J 组合键复制图层“A1”，将复制出的图层重命名为“T1”。选择“选择工具”，按住 Shift 键，并按住左键向左拖动图层，将图层“T1”移动至新参考线“搭建”的框架中，如图 12.41 所示。

3）在横向 247px、379px 处建立两条取向“垂直”的参考线。

4）按 Ctrl+J 组合键复制图层“T1”，将复制出的图层重命名为“T2”。按 Ctrl+T 键，对“T2”层进行“自由变换”，右击“自由变换”区域，在弹出的快捷菜单中选择“旋转 90 度（顺时针）”。按 Enter 确认变换，效果及图层面板分别如图 12.42 和图 12.43 所示。

5）用“选择工具”移动图层“T2”，图层左边缘与 247px 处的参考线相切，顶部边缘与上边参考线相切，如图 12.44 所示。

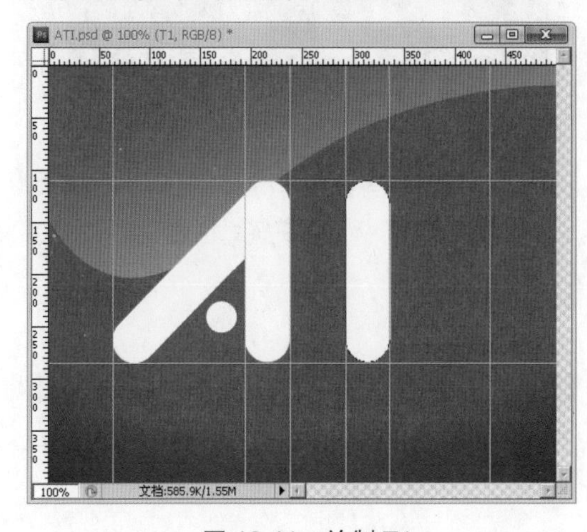

图 12.41　绘制 T1

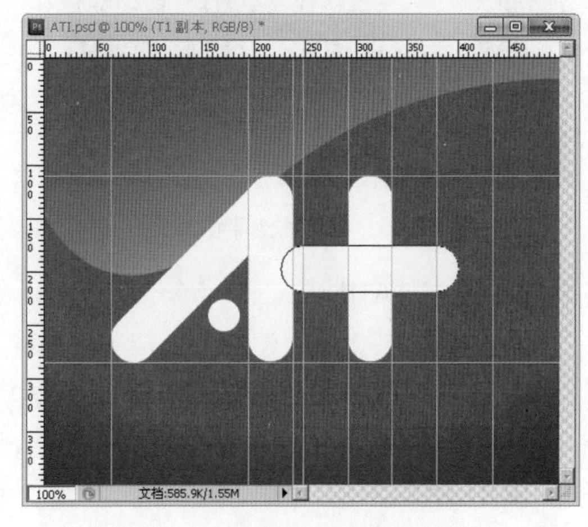

图 12.42　自由变换

在使用“选择工具”时，按键盘方向键可以微调选中的图层位置。

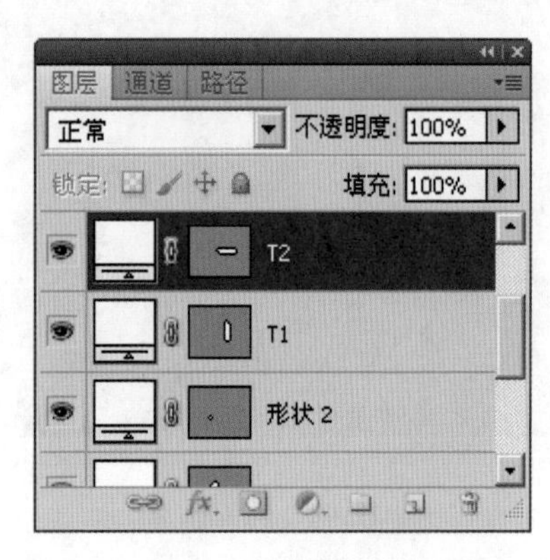

图 12.43 自由变换图层面板

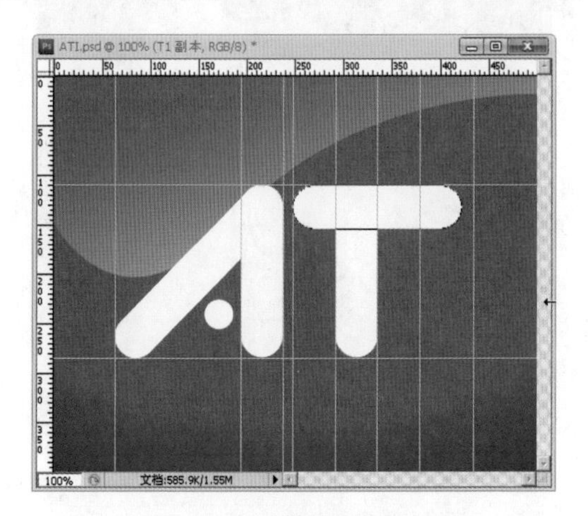

图 12.44 调整 T2 图层位置

6)选择“直接选择工具”，按住鼠标左键，拖拽鼠标，框选图层右边半圆的路径锚点，如图 12.45 所示。

7 ）按键盘方向键左键，调整锚点位置到右边边缘与 379px 处的参考线相切，如图 12.46 所示。

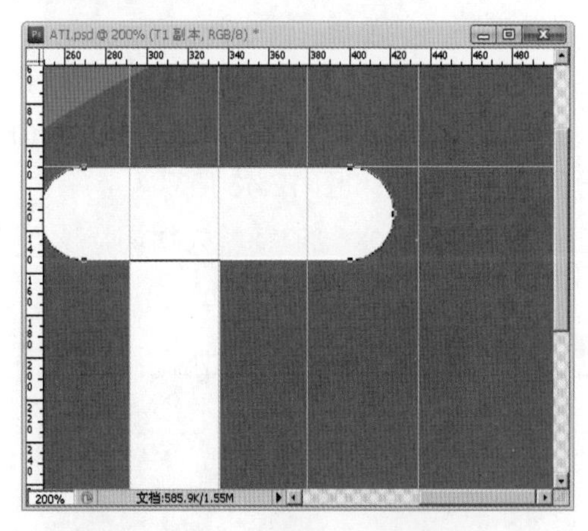

图 12.45 框选右边半圆锚点

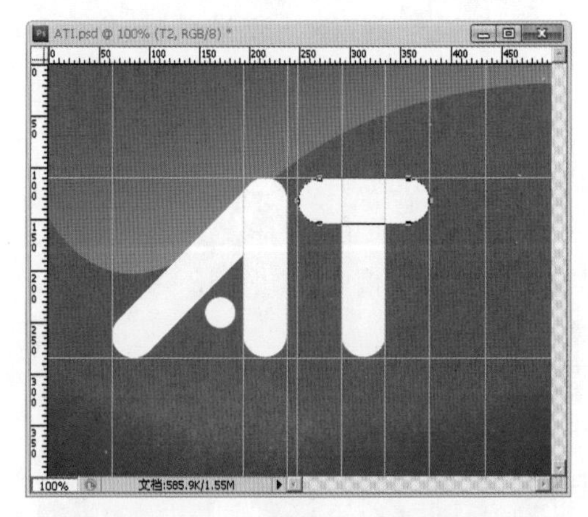

图 12.46 调整锚点位置

（4）绘制“ATI”中“I”字符。

1 ）在横向 390px 处建立一条取向“垂直”的参考线。

2 ）选中“T1”图层，按 Ctrl+J 组合键复制图层，重命名为“I”。选择“选择工具”，按住 Shift 键，并按住左键向右拖动图层，将图层“I”移动至新参考线“搭建”的框架中，如图 12.47 所示。

3）选择“椭圆工具” ，在选项栏设置中选择“减去” 按钮。在图层“I”的形状区域里绘制一个高、宽均为 30px 的正圆，如图 12.48 所示。

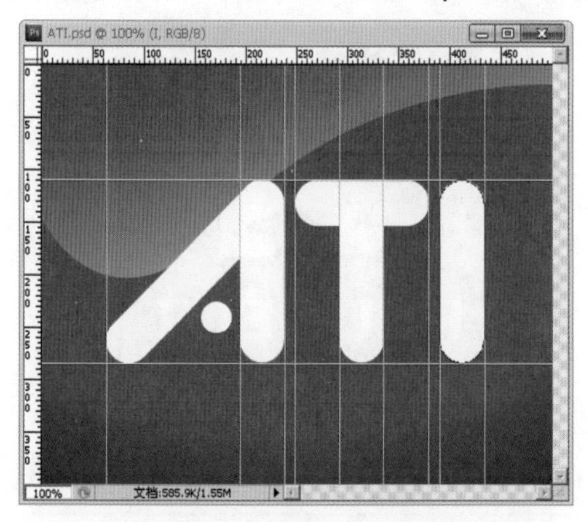

图 12.47　调整 I 图层位置

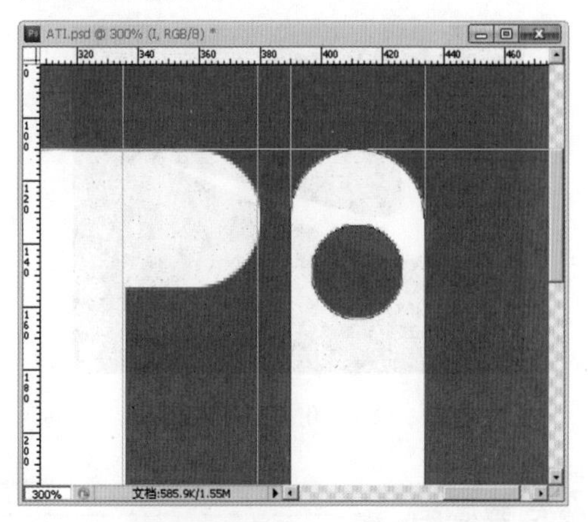

图 12.48　绘制正圆

4）选择“直接选择工具” ，按住 Shift 键，选择构成正圆的四个锚点，按键盘的方向键调整正圆的位置，如图 12.49 所示。

5）按 Ctrl+H 组合键隐藏参考线，最终效果如图 12.50 所示。

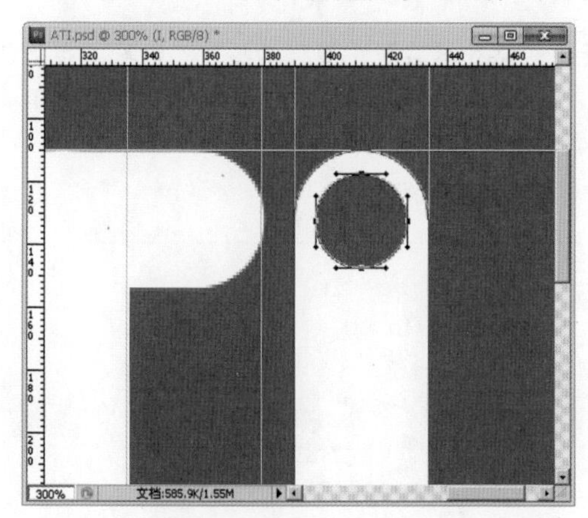

图 12.49　调整正圆位置

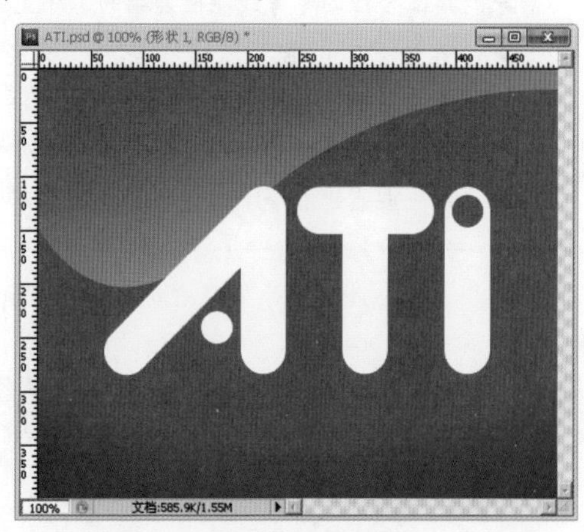

图 12.50　最终效果

12.3　优秀 Logo 赏析

耐克公司的 Logo 是一个对勾的形状，如图 12.51 所示，简洁又方便记忆，流畅的线条富有动感。对勾表示正确，给人自信，激励人奋勇向前。另一方面，耐克代表希腊胜利女神，而对勾象征着胜利女神的翅膀，包含着给运动员带来胜利的意义。

标致汽车的 Logo 是一头站立的狮子，如图 12.52 所示，这头狮子出现在标致产品上已有 150 年。狮子代表标致的三种品质：经久耐用——像狮子的牙齿一样；柔韧性——像狮子的脊柱；速度——像狮子一样迅捷。狮子的姿态咄咄逼人，增添了标致汽车的独特个性。

图 12.51　耐克公司 Logo

图 12.52　标致汽车 Logo

经验总结

在临摹Logo时，合理的逻辑顺序能减少许多不必要的麻烦。

- 首先分析该Logo的形式和结构。
- 其次考虑好绘制Logo的顺序。
- 建立合理的参考线能使复杂的工序变简单。
- 在绘制Logo时，常常会使用“选区工具”“路径工具”“形状工具”“钢笔工具”等来绘制Logo形状。
- 给Logo填充颜色时，常常会用到“渐变工具”和图层样式为Logo添加效果。
- 用一些滤镜能给绘制好的Logo润色不少，如光照效果等。

实战案例

实战案例 1——制作中国银行 Logo

需求描述

制作以综合形式为表现方式的 Logo——中国银行 Logo。中国银行 Logo 行标从总体上看是古钱形状代表银行；“中”字代表中国；外圆表明中国银行是面向全球的国际性大银行。完成效果如图 12.53 所示。

技能要点

- “椭圆选框工具”。
- “矩形选框工具”。
- “圆角矩形工具”。
- 将路径转换为选区。

实现思路

根据理论课讲解的技能知识，完成如图 12.53 所示案例效果，应从以下几点予以考虑。

- 如何建立参考线?
    - 对 Logo 进行结构分析后有助于建立参考线。
    - 逐步建立参考线对制图更有条理性。
- 应该从什么开始入手绘制?
    - 首先应该绘制最大的红色圆形。
    - 然后绘制白色的中间圆形。
- 如何对图层进行位置微调?
    - 对图层的图像进行位置微调应该选择哪个工具?
    - 对图层的图像进行位置微调应该使用键盘的哪些键?

难点提示

- 建立基础参考线。在一个 500 像素 ×500 像素的画布上，在横向 50px、450px 处建立两条取向为垂直的参考线；在纵向 50px、450px 处建立两条取向为水平的参考线。
- 绘制白色小圆。新建图层，选择“椭圆选框工具”，以左上角新建的两条参考线的交点为起点，以右下角新建的两条参考线的交点为终点，按住 Shift 键拖拽鼠标，绘制一个正圆选区，填充颜色色值为 #FFFFFF，如图 12.54 所示。

图 12.53　中国银行 Logo 完成效果

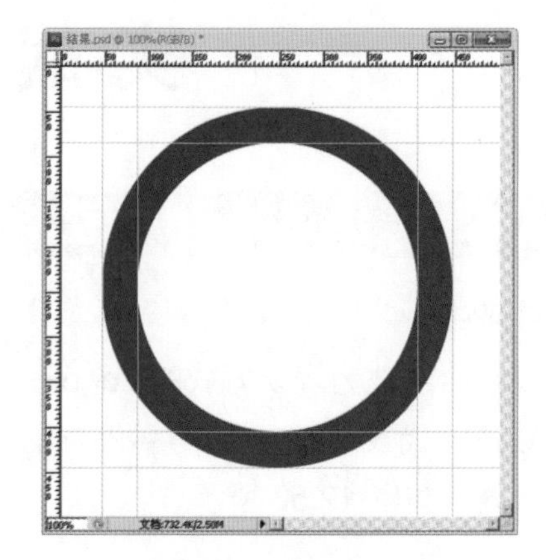

图 12.54　绘制白色小圆

- 绘制中间“竖”形。新建图层，选择“矩形选框工具”，绘制一个宽度、高度为 40 像素 ×398 像素的矩形选区，填充颜色色值为 #AA0033。在图层面板中同时选择该层和“背景”层，选择菜单“图层”→“对齐”→“垂直居中”，再选择菜单“图层”→“对齐”→“水平居中”，如图 12.55 所示。
- 绘制圆角矩形。新建图层，选择“圆角矩形工具”，设置选项栏半径为 35px 半径: 35 px，绘制一个宽度、高度为 200 像素 ×160 像素的圆角矩形。在图层面板中同时选择该层和“背景”层，选择菜单“图层”→“对齐”→“垂直居中”，再选择菜单“图层”→“对齐”→“水平居中”，如图 12.56 所示。

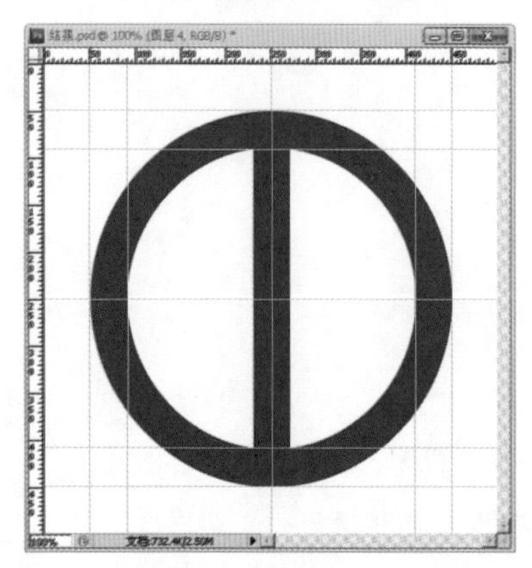

图 12.55　绘制“竖”形

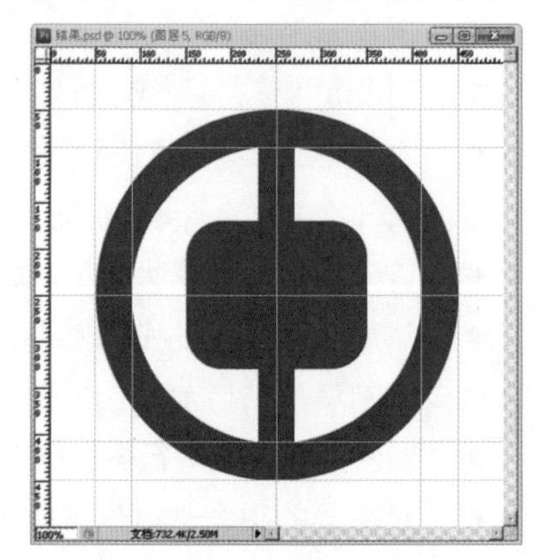

图 12.56　绘制圆角矩形

实战案例 2——制作大众汽车 Logo

需求描述

制作以文字形式为表现方式的 Logo——大众汽车 Logo。大众汽车 Logo 中采用了叠加的 VW 字样，VW 是德文 Volks Wagen（大众化车）的缩写，Logo 形似三个“V”字，表示大众公司及产品“必胜——必胜——必胜”，完成效果如图 12.57 所示。

技能要点

图 12.57　大众 Logo 完成效果

- “椭圆选框工具”。
- “渐变工具”。
- “直接选择工具”。
- 图层样式。

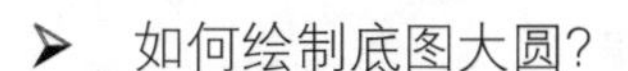

实现思路

根据理论课讲解的技能知识，完成如图 12.57 所示案例效果，应从以下几点予以考虑：

- 如何绘制底图大圆？
  - 绘制底图大圆需要用到哪个工具？
  - 如何让大圆居中于背景？
- 如何绘制同心圆？绘制同心圆需要注意哪些问题？
- 如何用路径工具编辑路径？
  - 编辑路径需要用到哪些工具？
  - 用“直接选择工具”编辑路径时需要注意哪些问题？

难点提示

- 建立参考线。在横向 50px、250px、450px 处建立三条取向为垂直的参考线；在纵向 50px、250px、450px 处建立三条取向为水平的参考线。
- 描边蓝色大圆。按住 Ctrl 键，在“图层”调板单击“蓝色大圆”图层，载入大圆选区。新建图层，选择菜单“编辑”→“描边”，参数设置为“居外”描边，描边宽度为 10px，色值为 #999999，效果如图 12.58 所示。
- 制作“VW”字样。思路是做三个叠加的“V”。选择字体 Lucida sans unicode，然后写一个 V，选项栏设置样式为浑厚。按 Ctrl+T 键简单做一些变形。然后将该层复制两次，将三个“V”字呈金字塔形排放，如图 12.59 所示。

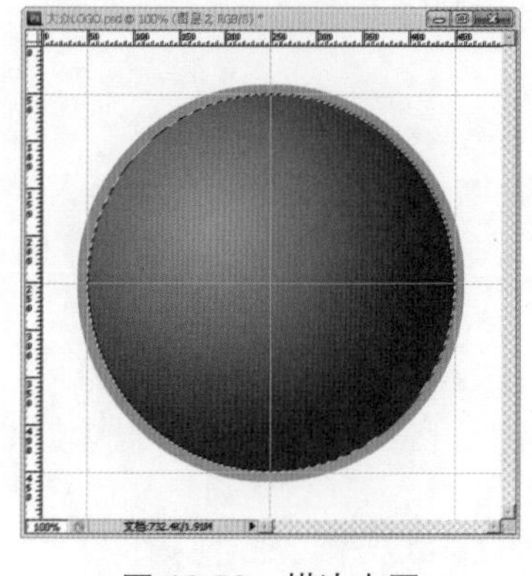

图 12.58　描边大圆

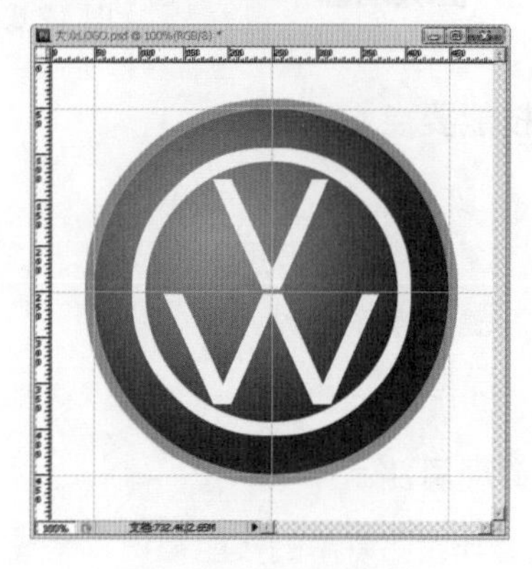

图 12.59　VW 字样

➢ 填补 VW 字样。选中“V”字样的三个图层，按 Ctrl+E 组合键合并图层。使用“钢笔工具”将 VW 字样缺失的部分勾画出来，然后填充为白色，如图 12.60 所示。

➢ 制作光影效果。在“图层”调板里，将除了“蓝色大圆”以外的层全部选中，然后合并图层，在“图层”调板底部单击“混合选项”按钮，选择“投影”，设置不透明度为 50%。选择菜单“滤镜”→“渲染”→“光照效果”，如图 12.61 所示。

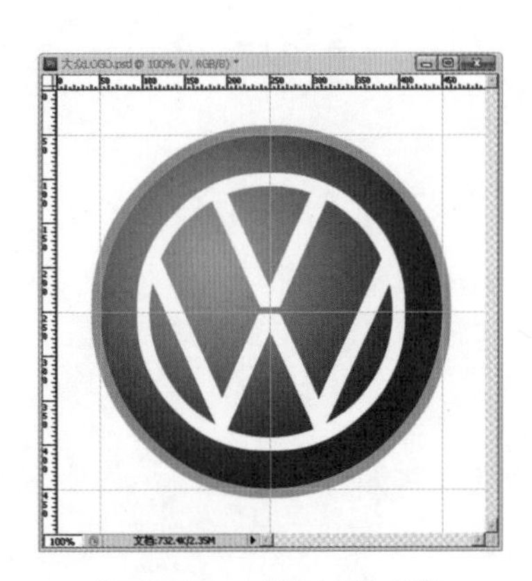

图 12.60　填补 VW 字样

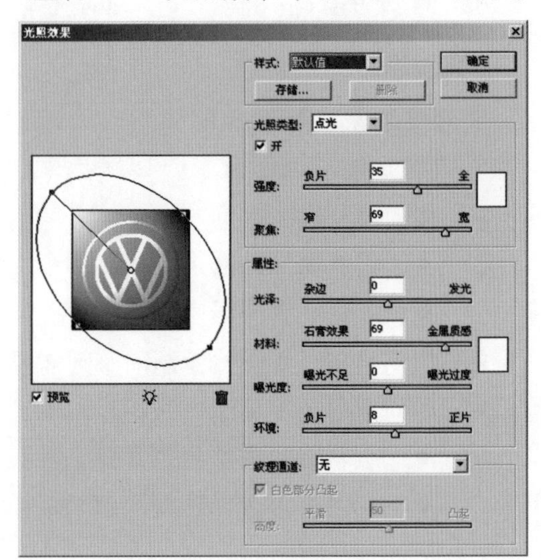

图 12.61　光照效果

实战案例 3——DIY 制作个人 BLOG Logo

需求描述

制作以文字变形为表现形式的个人 BLOG Logo，如图 12.62 所示。

图 12.62　JENFY BLOG Logo

技能要点

➢ “文字工具” T 的使用。

➢ 图层样式的使用。

➢ 混合模式的使用。

➢ 蒙版的使用。

实现思路

根据理论课讲解的技能知识，完成如图 12.62 所示的案例效果，应从以下几点予以考虑。

➢ 添加图层样式。

➢ 添加混合模式效果。
➢ 添加蒙版。

难点提示

➢ 新建文件。选择菜单“文件”→“新建”，设置文档宽度、高度为 600 像素×150 像素，颜色模式为 RGB，分辨率为 300 像素 / 英寸，背景内容为白色。
➢ 输入文字。设置前景色为黑色，选择“文字工具”，选择较美观的字体，输入文字。这里以“JENFY BLOG”做示例，输入文字“JENFY BLOG”，文字大小为 18 点，如图 12.63 所示。

图 12.63　输入文字

➢ 栅格化文字。右击“图层”调板的文字图层，在弹出的快捷菜单中选择“栅格化文字”。
➢ 设置图层样式。
  ◆ 单击“图层”调板底部的“添加图层样式”→“投影”，设置不透明度为 45%，距离为 0 像素。
  ◆ 选择“渐变叠加”，单击渐变色框，设置左标色值为 #004AA6，右标色值为 #26B0FF，单击“确定”按钮，具体设置参数如图 12.64 和图 12.65 所示。

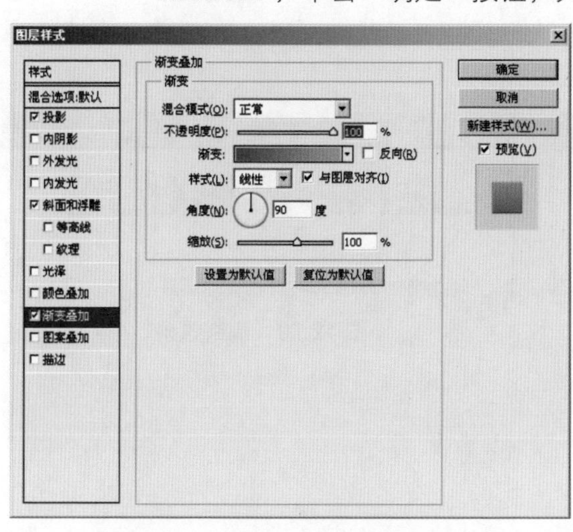

图 12.64　设置“渐变叠加”参数

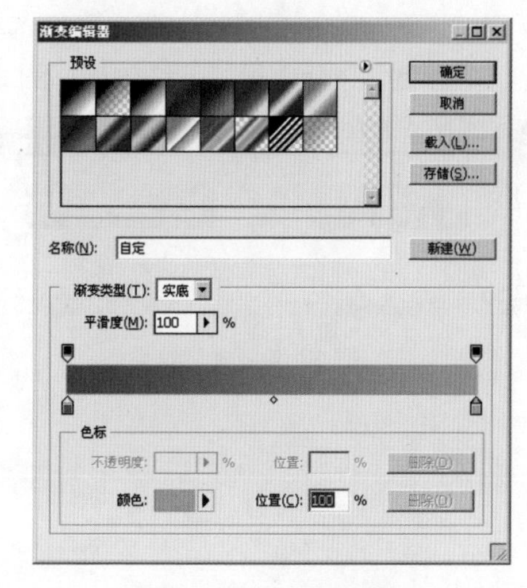

图 12.65　渐变编辑器

  ◆ 选择“斜面与浮雕”，设置样式为“浮雕效果”，深度为 1%，大小为 0 像素，软化为 0 像素，高光模式不透明度为 25%，阴影模式不透明度为 60%。

◆ 单击“确定”按钮，效果如图 12.66 所示。

图 12.66　设置图层样式效果

➢ 制作高亮效果。

◆ 新建图层，选择“椭圆选区工具”，绘制一个宽度、高度为 540×40 像素的椭圆选区，如图 12.67 所示。

◆ 设置前景色为 #717171，背景色为 #EDEDED，选择“渐变工具”，设置工具选项栏：前景到背景，线性渐变，从选区上方向下拖拽，按 Ctrl+D 键取消选择，如图 12.68 所示。

图 12.67　绘制椭圆选区

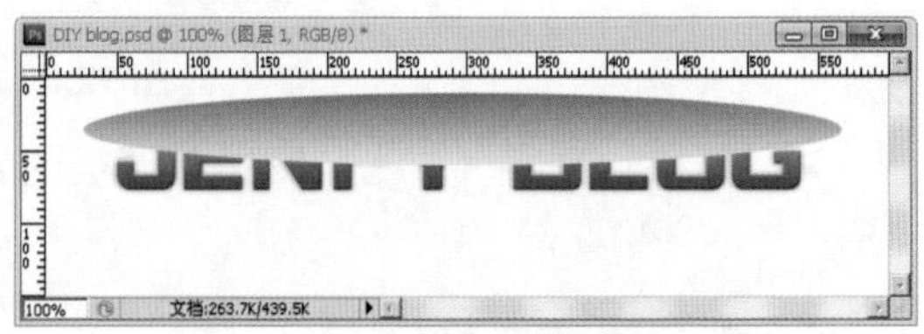

图 12.68　渐变填充椭圆选区

◆ 在“图层”调板顶部选择图层混合模式为“柔光”，如图 12.69 所示。

➢ 制作倒影。复制前面做好的“JENFY BLOG”层，按 Ctrl+T 组合键，执行“自由变换”命令，右击变换区域，在弹出的快捷菜单中选择“垂直翻转”。调整位置到 Logo 下方，在“图层”调板底部选择“添加蒙版”，线性渐变，由下往上拖拽鼠标，制作蒙版效果，最终效果如图 12.70 所示。

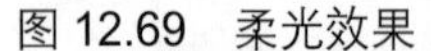

图 12.69　柔光效果

图 12.70　最终效果

本章总结

- Logo 就是一个企业的标志，代表着该企业的形象。
- Logo 一般具有准确性、独立性的特点。
- Logo 图片的格式根据用途不同而不同。网络上应用的 Logo 图像扩展名一般用 .jpg、.gif、.png 等，平面媒体上应用的 Logo 扩展名一般采用 .ai、.cdr、.eps 等。
- Logo 的表现形式分为：图形方式、文字方式和综合方式。
- 设计 Logo 的原则是要符合企业文化、精神、产品，要具有较强的时代感，要简洁易懂、富有美感。

参考视频
LOGO 的创意方式

学习笔记

本章作业

选择题

1. 网页中常用的Logo扩展名有（　　）。

   A. .gif　　B. .jpg

   C. .png　　D. .eps

2. Logo具有的特点是（　　）。

   A. 准确性　　B. 排斥性

   C. 协调性　　D. 独立性

3. Logo的主要作用是（　　）。

   A. 宣传企业形象　　B. 加深用户对企业的印象

   C. 打击竞争对手　　D. 帮助竞争对手

4. 临摹一个Logo之前，首先要（　　）。

   A. 直接在画布上画　　B. 分析Logo的形式、结构

   C. 画一步算一步　　D. 建立参考线

5. 使用（　　）可以通过调整锚点改变路径的形状。

   A. “路径选择工具”　　B. “椭圆工具”

   C. “直接选择工具”　　D. “自定形状工具”

简答题

1. 简述Logo是什么。
2. 简述Logo的常见表现形式，并列举各表现形式的特点。
3. 简述Logo的设计原则。
4. 根据所学知识，制作FIAT公司Logo，如图12.71所示。

图 12.71　习题 4 的完成效果

- 利用矩形选区工具、钢笔工具绘制图形，渐变编辑器编辑颜色，渐变填充。
- 输入文字设置图层样式。
- 制作图层组，复制图层组，修改文字内容，排列位置。

5. 根据所学知识，制作Skype公司Logo，如图12.72所示。

图 12.72　习题 5 的完成效果

- 形状图层绘制形状。
- 利用图层样式中的渐变叠加制作颜色。
- 倒影制作利用图层蒙版。

作业讨论区

访问课工场UI/UE学院：kgc.cn/uiue（教材版块），欢迎在这里提交作业或提出问题，你将有机会跟课工场的专家以及共同学习本书的小伙伴一起探讨切磋！

特效字设计

● 本章目标

完成本章内容以后，您将：

- 了解特效字的作用及设计原则。
- 会分析判断特效字的优劣。
- 会使用Photoshop临摹制作优秀的特效字。

● 本章素材下载

- 请访问课工场UI/UE学院：kgc.cn/uiue（教材版块）下载本章需要的案例素材。

本章简介

特效字就是通过艺术手法，进行一定修改与美化后产生特殊效果的文字。特效字的使用可以起到突出主题、吸引浏览者注意力、增强画面视觉冲击力等作用。因此，在日常生活中，无论是平面媒体、电视媒体还是网络媒体，只要有文字出现的地方，几乎都少不了特效字的身影。

在网页设计中，适当适量地使用特效字，不仅能够给网页增色不少，同时也能有效地吸引人们的眼球。随着 Photoshop 软件的不断升级，制作特效字也变得更加便捷。

理 论 讲 解

13.1 天空之城特效字

素材准备

“素材 - 天空之城 .jpg”如图 13.1 所示。

图 13.1　素材 - 天空之城

完成效果

完成效果如图 13.2 所示。

图 13.2　完成效果

案例分析

如图 13.2 所示，这幅广告中的文字既有变化，又与画面所体现的浪漫自由的主题相符合，充分吸引了浏览者的注意力，并把所要表达的内容第一时间传达给浏览者。

制作如图 13.2 所示的特效文字，需要用到以下知识点。

- “文字工具”。
- “路径工具”。
- 路径与选区互换。
- 图层样式。

在制作这个案例之前，先要对文字的基本常识以及特效字的常用表现形式有一些了解，相关理论讲解如下。

13.1.1　文字常识

文字是人类用来记录思想、语言、情感的符号，是人与人之间相互交流的重要手段。文字属性主要包括字体、字号、颜色及特殊属性。

- 字体。文字是蕴含情感的，而文字的情感不光通过文字所表达的意义来体现，还可以通过文字的字体来表现。例如黑体刚健稳重、草书飘逸灵动、大篆古朴典雅等。当所要表达的内容与字体所蕴含的情感相符合时，会给人相得益彰的视觉效果，否则会让人觉得不伦不类。如图 13.3 所示体育海报中，“双雄”二字使用了黑体字体，突出运动员奋勇顽强的拼搏精神，充分而恰当地表达了画面主题。

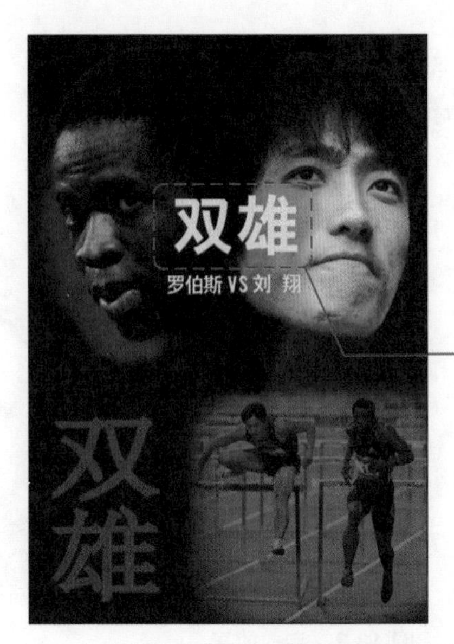

图 13.3　字体表现画面情感

- 字号。字号表示文字的大小，从视觉上来说，较大的文字相对于较小的文字更容易吸引人们的注意力，但是较小的文字给人精致的感觉。通过文字大小的对比，可以给人不同的感受，这种对比法在文字设计中随处可见。有一点需要注意的就是文字大小是相对而言的，但是再小也要保证能让浏览者看清楚 , 如图 13.4 所示。
- 颜色。不同的颜色也有不同含义。例如红色代表乐观、活跃、热情、危险，紫色代表灵性、王权、神秘、财富，绿色代表天然、康复、希望、稳定，蓝色代表宁静、智慧、协调、信任等。
- 特殊属性。文字中的粗体及斜体可称为文字的特殊属性。这些特殊属性的少量运用也可以产生较明显的对比，从而达到吸引浏览者注意的效果，如图 13.5 所示。

图 13.4　文字大小对比法设计

图 13.5　文字的特殊属性运用效果

13.1.2 特效字的常用表现形式

特效字的常用表现形式有：文字笔划的变形、文字的变化与对比、文字的特殊材质以及综合形式。

- 文字笔划的变形。在特效文字处理中，对文字笔划进行变形是一种常见的处理手法。根据文字本身内在的涵义，或是使用文字衬托画面的内容，对文字笔划进行拉伸或扭曲的形变，得到理想的效果，如图 13.6 所示。在 Photoshop 中要对文字形变，通常用文字工具结合路径工具来实现。
- 文字的变化与对比。文字的变化与对比是指通过对所强调的文字的字体、颜色、大小等进行设置，使其与非强调部分产生显著的对比，从而产生较强的视觉冲击力，吸引注意力或更准确地表达设计主题。如图 13.7 所示的新年贺卡封面，“谨贺新年”的文字特效中，将“贺”字加粗加大，颜色加深，突出了欢庆、吉祥的节日气息，准确表达了贺卡的主题。

图 13.6 文字笔划的变形

图 13.7 文字的变化与对比

- 文字的特殊材质。在制作文字特效时，可以将文字做出不同材质的效果，如金属、木纹、塑料等，如图 13.8 所示。要表现温馨、卡通的效果，可以制作出塑料材质的文字；要表现高贵、典雅的效果，可以制作出水晶材质的文字；要表现冰冷、速度、科技等效果，可以用金属材质的文字渲染气氛。

➢ 综合形式。综合形式是指综合以上几种特效字的表现形式，达到想要表现的效果。如图 13.9 所示，“变形金刚”四个字使用粗壮有力的字体并以金属材质进行装饰，文字大小的不同产生对比，无论是从文字本身还是与画面主题所要表现的重点都是相辅相成的。

图 13.8　文字的特殊材质

图 13.9　综合形式

13.1.3　实现案例——制作天空之城特效字

素材准备

“素材 - 天空之城 .jpg”如图 13.1 所示。

完成效果

完成效果如图 13.2 所示。

思路分析

➢ 使用路径工具给文字笔划变形。
➢ 添加图层样式处理文字效果。

操作步骤

步骤 1 输入文字“天空”

（1）打开本案例素材图“素材 - 天空之城 .jpg”。

（2）选择“横排文字工具” T，打开“字符”调板，设置字体为“经典粗宋简”，字体大小为 32 点，字距为 100，选择“仿宋体”，消除锯齿方法为“浑厚”，颜色为 #1BBAD8，在图像中间偏左的位置输入文字“天空”，如图 13.10 所示。

步骤 2 对“天”字笔划变形

（1）按住 Ctrl 键，单击文字层“天空”左侧的缩览图，将文字载入选区，如图 13.11 所示。

（2）打开“路径”调板，单击底部的“从选区生成工作路径”按钮，将选区转换为路径；选择“钢笔工具”，按住 Ctrl 键，单击“天”字，效果如图 13.12 所示。

图 13.10　输入文字“天空”

图 13.11　载入选区

图 13.12　选区转换为路径

如果文字“天空”在“字符”调板中没有选择仿粗体，可以直接右击“天空”层，从弹出的快捷菜单中选择“创建工作路径”。

（3）按住 Ctrl 或 Alt 键，通过方向点、方向线调整路径锚点位置，对“天”字笔划变形，如图 13.13 所示。

（4）新建图层，名称修改为“变形后天空”，按 Ctrl+Enter 组合键，将文字“天空”变化后的路径轮廓转换为选区；设置前景色为 #1BBAD8，按 Alt+Delete 组合键，用前景色填充选区，如图 13.14 所示。取消选择，单击“天空”层左侧的眼睛图标，隐藏该图层。

图 13.13　笔划变形

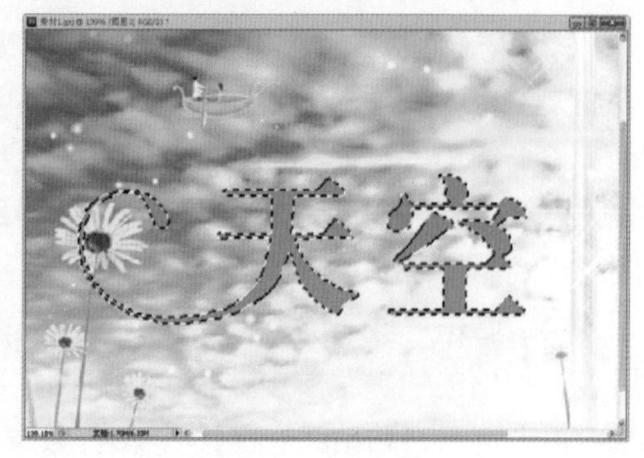

图 13.14　填充选区

步骤 3 对“之”字笔划变形

（1）选择“横排文字工具” T，在文字“天空”右下方输入“之”字，设置字体为“经典粗宋简”，字体大小为 22 点，如图 13.15 所示。

（2）参考步骤 2 的（1）~（4），对“之”字笔划做变形处理，效果如图 13.16 所示。

图 13.15 输入“之”字　　图 13.16 “之”字笔划变形处理

步骤 4 添加图层样式处理“城”字效果

（1）选择“横排文字工具” T，在文字“之”右上方输入“城”字，设置字体为“汉仪菱心体简”，字体大小为 48 点，颜色为 #2A6A17，取消“仿粗体”，如图 13.17 所示。

图 13.17 输入“城”字

（2）选择“城”层，单击“图层”调板底部的“添加图层样式”按钮，选中“描边”，设置大小为 3 像素，位置为居中，修改颜色为 #FFFFFF，如图 13.18 所示。

（3）选中“斜面和浮雕”，设置方法为“雕刻柔和”，深度为 195%，大小为 6 像素，软化为 6 像素，角度为 122 度，高度为 42 度，如图 13.19 所示。单击“确定”按钮应用图层样式。

（4）右击“城”层，在弹出的快捷菜单中选择“拷贝图层样式”，右击“变形后天空”层，在弹出的快捷菜单中选择“粘贴图层样式”，右击“变形后之”层，在弹出的快捷菜单中再次选择“粘贴图层样式”，最终效果如图 13.20 所示。最后保存文件。

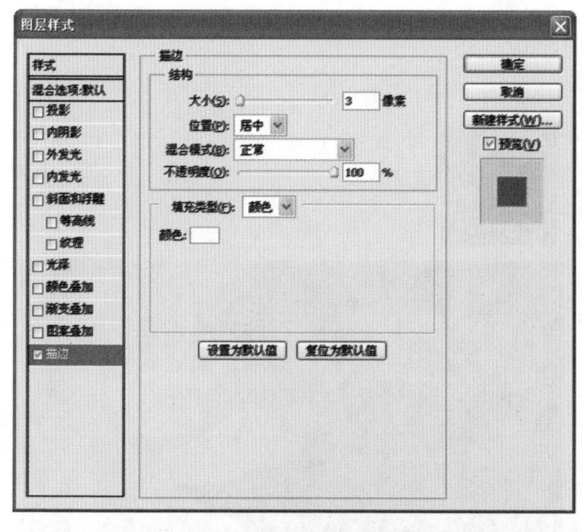

图 13.18　设置“描边”参数

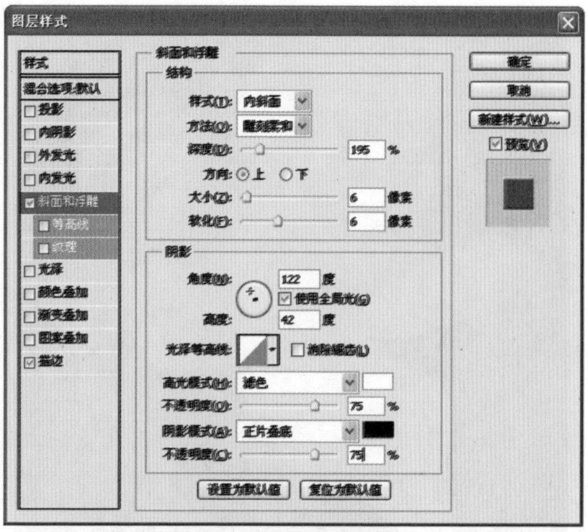

图 13.19　设置“斜面和浮雕”参数

图 13.20　最终效果

13.2　制作梦幻琉璃特效字

素材准备

“素材 - 琉璃 .jpg”如图 13.21 所示。

完成效果

完成效果如图 13.22 所示。

图 13.21　素材 - 琉璃 .jpg

图 13.22　完成效果

案例分析

作为琉璃工艺品的海报，一定要将主题明确地表现出来。所以，制作一个梦幻琉璃文字的特效，既符合画面整体风格，又富有视觉冲击力，可以达到引人注目、突出主题的目的。

制作如图 13.22 所示的特效字效果，将用到以下知识点。

- 文字工具。
- 通道。
- 滤镜。
- 图层样式。
- 图层蒙版。

在制作这个案例之前，首先对特效字的设计原则要有一定了解，相关理论讲解如下。

13.2.1　特效字的设计原则

1. 符合整体风格

特效字是为整个画面服务的，因此，不能把它单独划分出来进行评价。在设计手法上，通过字体、颜色、字号等属性的选择，或对文字笔划进行变形，或进行其他一些特别处理，让文字的风格符合整幅图像的设计风格，并且能增加图像的感染力和冲击力，就可以说这个特效字的应用是成功的。如图 13.23 所示的是一幅卡通风格的电影海报，讲述的是海底生物的故事。画面中的文字下面添上了波浪的效果，又将字母“O”中心的空白变成了鱼的形状，增加了趣味性，使特效文字符合画面的整体风格。

2. 引人注意、突出主题

每个设计者都希望自己的作品能给人留下深刻印象，通过鲜明的对比来吸引人的眼球是一种很好的方法。如图 13.24 所示，黑白画面中的红色文字，颜色对比非常鲜明，而且文字笔划的端点部分基本都是尖锐的三角形，象征着尖刀，而尖锐的形状预示着在突击中产生事半功倍的效果。通过这两个字的效果，整体画面让人联想到特种部队惊心动魄、势如破竹的突击行动，有效地突出了主题。

3. 字体的选择符合文字的情感

在文字常识部分提到了字体也是文字表达情感的一种方式。因此，设计特效字时，字体的选择很有讲究，笔划粗重有棱角的字体给人稳重可信赖的感觉，笔划纤细平滑的字体给人轻快活泼的感觉。而在不同的画面中选择适当的字体，有助于作者情感的诠释以及气氛的渲染。

图 13.23　符合整体风格的海报文字

图 13.24　引人注意突出主题的书籍封面

13.2.2 实现案例——制作梦幻琉璃特效字

素材准备

“素材 - 琉璃 .jpg” 如图 13.21 所示。

完成效果

完成效果如图 13.22 所示。

思路分析

- 先用文字工具结合通道、滤镜、图层样式制作文字特效。
- 再用图层蒙版处理素材图。

操作步骤

步骤 1 制作文字特效

（1）新建文件“未标题 -2.psd”，设置文档宽度、高度为 1000 像素 ×500 像素，色彩模式为 RGB，分辨率为 72 像素 / 英寸，背景内容为白色。

（2）设置前景色为 #000000，将画面填充为前景色。选择“横排文字工具” T，设置工具选项栏：字体为“方正水柱简体”，字体大小为 120 点，消除锯齿方法为“锐利”，颜色为 #FFFFFF，输入文字“梦幻琉璃”，如图 13.25 所示。

（3）打开“图层”调板，按住 Ctrl 键单击文字层左侧的缩览图，将文字载入选区；打开“通道”调板，单击下方的“创建新通道”按钮，新建“Alpha 1”通道，如图 13.26 所示。

图 13.25　输入文字

图 13.26　创建“Alpha 1”通道

（4）选中“Alpha 1”通道，设置前景色为 #FFFFFF，填充选区，如图 13.27 所示。然后取消选择。

（5）选择菜单“滤镜”→“模糊”→“高斯模糊”，设置半径为 4 像素，如图 13.28 所示，单击“确定”按钮应用效果。

图 13.27　填充选区

图 13.28　应用滤镜效果

（6）按住 Ctrl 键，单击“Alpha 1”通道获得选区；打开“图层”调板，新建“图层 1”，设置前景色为 **#FFFFFF**，填充选区，再关闭文字层左侧的眼睛图标，如图 13.29 所示。然后取消选择。

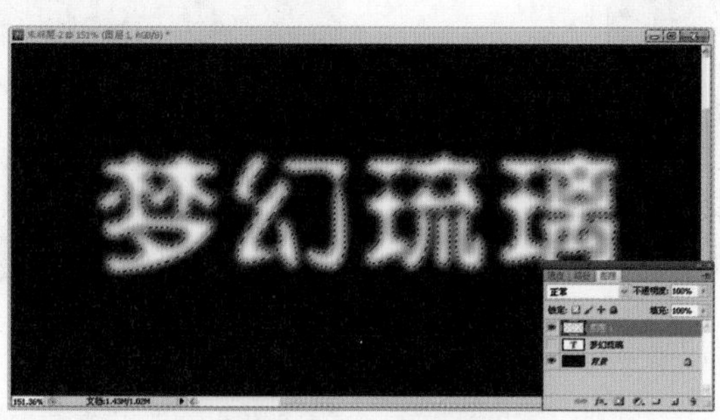

图 13.29　填充选区

保留文字层是为了以防万一有修改；如果确定将来无需修改文字，可将文字层删除。

（7）新建“图层 2”，选择菜单“滤镜”→“渲染”→“云彩”，制作出云彩效果，如图 13.30 所示。

（8）将“图层 2”的混合模式设置为“正片叠底”，云彩的效果便附着在文字上了，如图 13.31 所示。

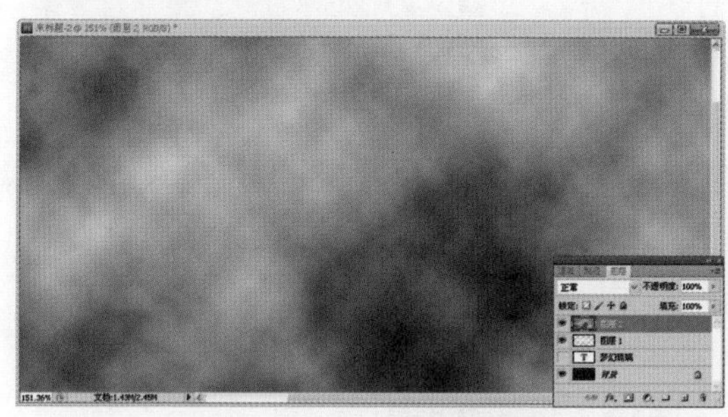

图 13.30　制作云彩效果

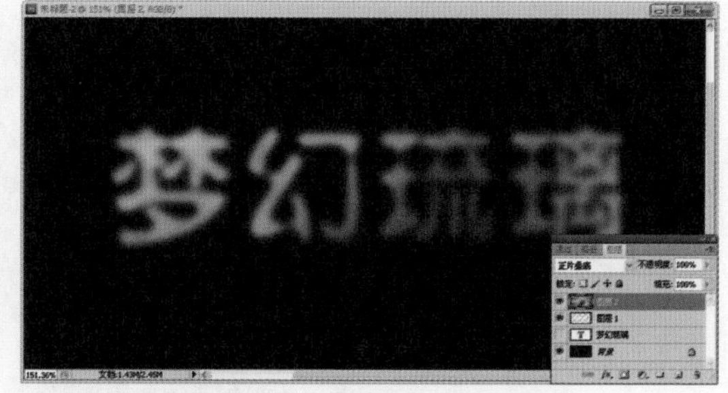

图 13.31　设置图层的混合模式

（9）按 Ctrl+Shift+E 组合键合并所有可见图层，选择菜单“滤镜”→“风格化”→“照亮边缘”，设置边缘宽度为 1，边缘亮度为 20，平滑度为 5，如图 13.32 所示。单击“确定”按钮应用效果。

（10）按住 Ctrl 键，在“通道”面板中单击“Alpha 1”通道获得选区；在“图层”调板中新建“图层 1”，填充为前景色 **#FFFFFF**，如图 13.33 所示。然后取消选区。

（11）双击“图层 1”为其添加图层样式：选中“投影”，设置距离为 5 像素，扩展为 0%，大小为 5 像素，如图 13.34 所示。

（12）选中“斜面和浮雕”，设置大小为 10 像素，软化为 0 像素，其他设置如图 13.35 所示。

（13）选中“等高线”，设置范围 30%，其他设置如图 13.36 所示。

图 13.32　应用滤镜效果

图 13.33　填充选区

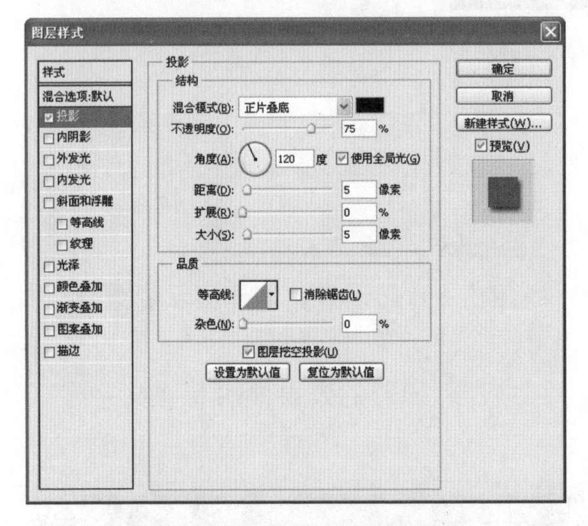

图 13.34　设置“投影”参数

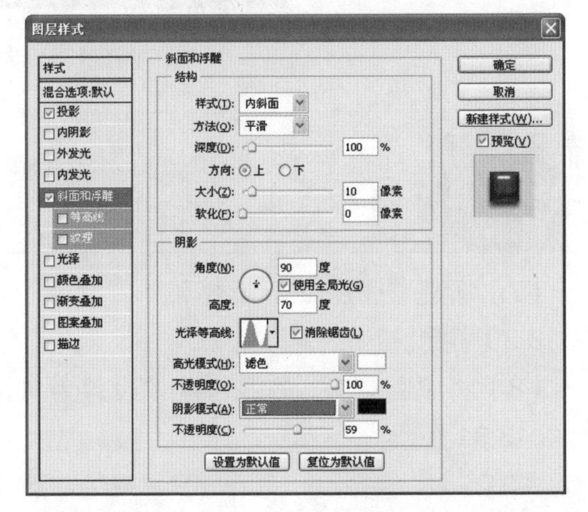

图 13.35　设置“斜面和浮雕”参数

（14）选中“光泽”，设置混合模式为“滤色”，不透明度为 100%，角度为 135 度，其他设置如图 13.37 所示。

（15）选中“渐变叠加”，设置混合模式为“正常”，渐变为黑、白渐变，角度为 90 度，样式为“对称的”，如图 13.38 所示。

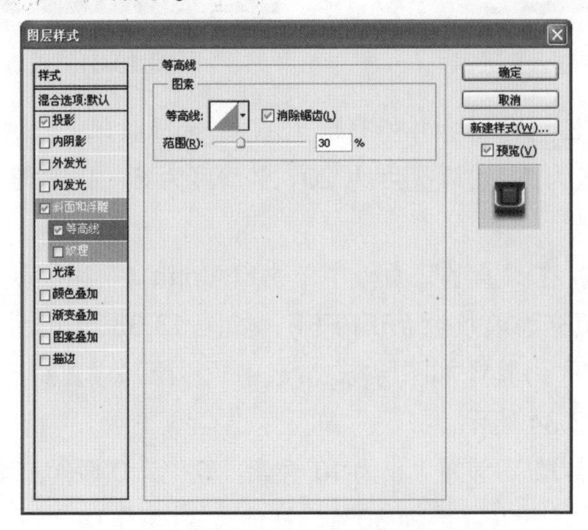

图 13.36　设置“等高线”参数

在给文字添加图层样式时，巧妙设置等高线，可以让文字更具质感。

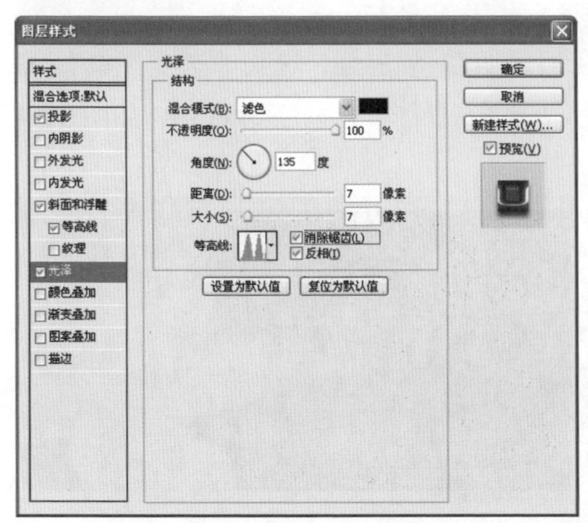

图 13.37　设置“光泽”参数

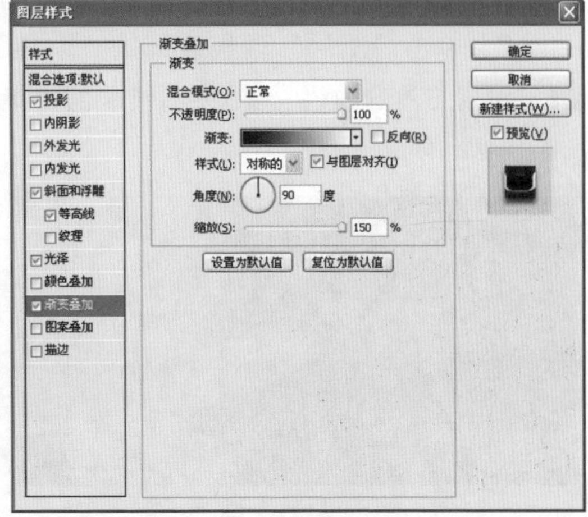

图 13.38　设置“渐变叠加”参数

（16）单击“确定”按钮，效果如图 13.39 所示。

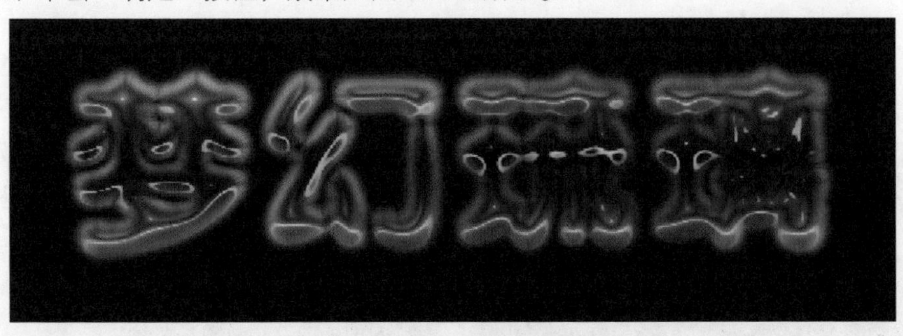

图 13.39　添加图层样式效果

（17）新建“图层 2”，使用“渐变工具”拉出一条红、黄、白的渐变，如图 13.40 所示。

（18）将“图层 2”的图层混合模式改为“叠加”，效果如图 13.41 所示。至此字体特效制作完成。

图 13.40　渐变填充

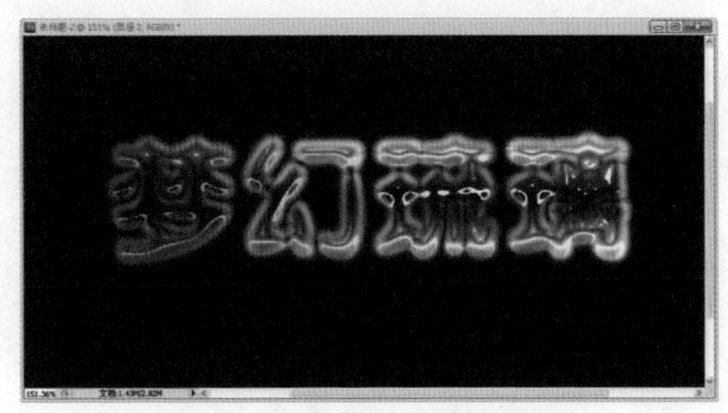

图 13.41　更改图层的混合模式

步骤 2 处理素材

（1）按 Ctrl+Shift+E 组合键合并所有可见图层。打开本案例素材图“素材 - 琉璃 .jpg”，选择“移动工具”，将“素材 - 琉璃 .jpg”中的图像拖拽到“未标题 -2.psd”中，生成“图层 1”，按 Ctrl+T 组合键调整图像的大小和位置，如图 13.42 所示。

（2）单击“图层”调板底部的“添加图层蒙版”按钮，选择“渐变工具”（G），设置工具选项栏：黑、白渐变，线性渐变，选中“反向”，按住 Shift 键，如图 13.43 所示拖动鼠标。

图 13.42 拖拽图像并调整大小和位置

图 13.43 添加图层蒙版

（3）关闭“图层 1”左侧的眼睛图标，选择“矩形选框工具”，选中“背景”层，框选文字，如图 13.44 所示。

（4）开启“图层 1”左侧的眼睛图标，仍然选择“背景”层，按 Ctrl+T 组合键调整文字的大小和位置，最终效果如图 13.45 所示。最后保存文件。

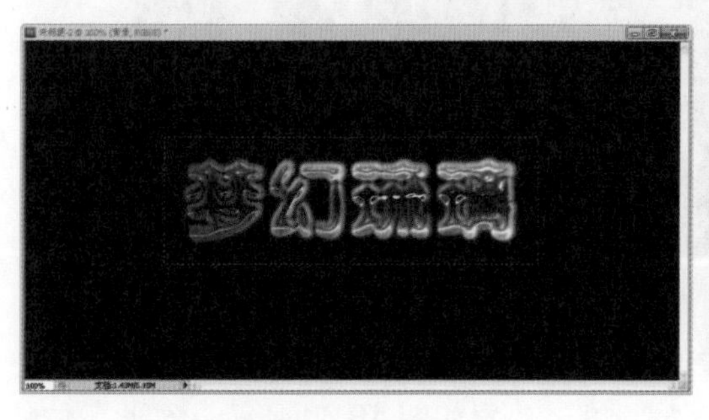

图 13.44 框选文字

图 13.45 最终效果

实战案例

实战案例 1——制作饼干特效字

需求描述

制作饼干质感的特效字，如图 13.46 所示。

素材准备

素材如图 13.47 所示。

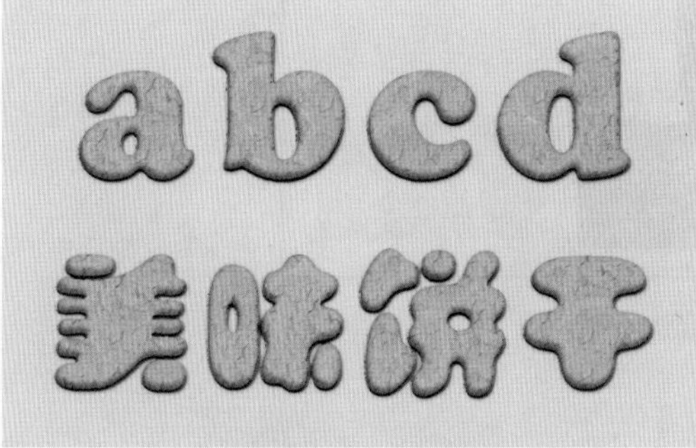

图 13.46　完成效果

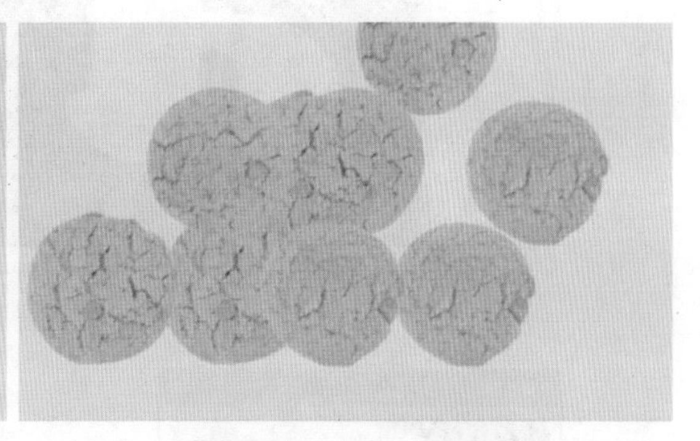

图 13.47　素材 - 饼干

技能要点

- 文字工具。
- 图层蒙版。
- 滤镜。
- 图层样式。

实现思路

要制作如图 13.50 所示的饼干特效文字，应从以下三点予以考虑。

- 将文字覆盖饼干纹理。
- 将文字边缘处理为饼干效果的不规则边缘。
- 添加图层样式，增强饼干的立体感和质感。

其中有些步骤可以反复微调，以达到满意效果为止。

难点提示

- 将饼干纹理层置于文字层之上，获取文字选区，为饼干纹理层添加图层蒙版，使文字覆盖饼干的纹理。可隐藏文字层，以便在制作过程中观察效果。

➢ 处理文字的不规则边缘效果时，选择饼干纹理层的图层蒙版缩览图，添加“喷色描边”滤镜，设置描边长度为 12，喷色半径为 0，描边方向为“垂直”，如图 13.48 所示。添加“高斯模糊”滤镜效果，设置半径为 2（视字体大小而定），效果如图 13.49 所示。执行“色阶”命令，色阶参数分别设置为 100、1.00、150，效果如图 13.50 所示。

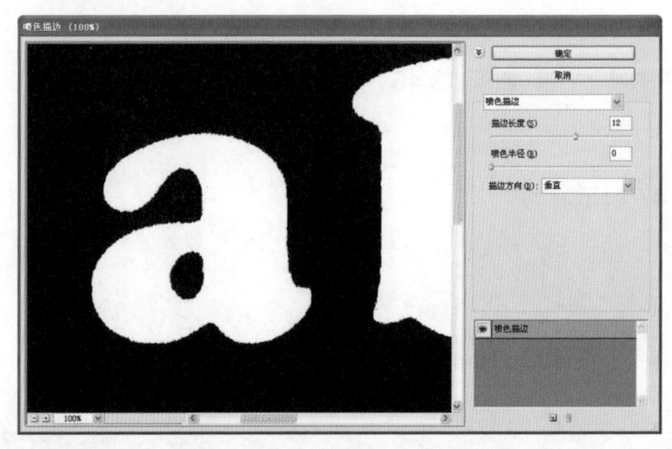

图 13.48　“喷色描边”对话框

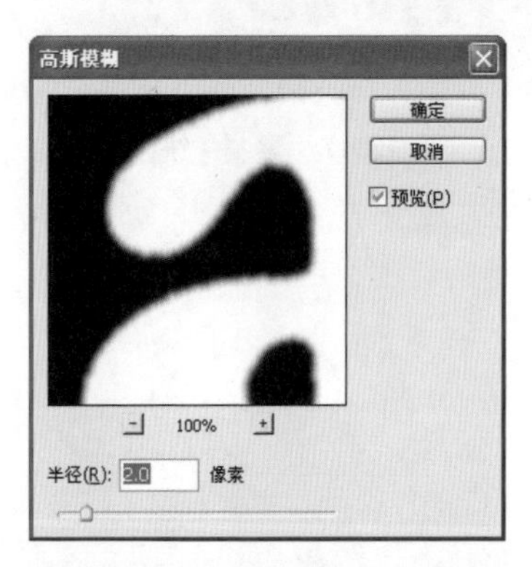

图 13.49　“高斯模糊”对话框

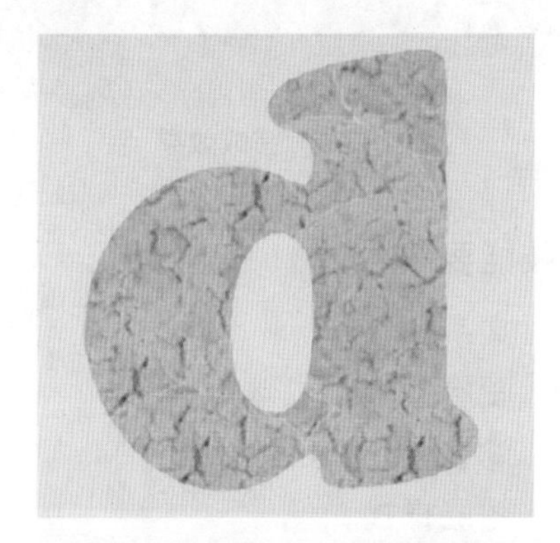

图 13.50　调整“色阶”后的效果

难点提示第 2 点的操作，首先是通过“喷色描边”让文字的边缘变得不规则，接着通过“高斯模糊”让过去锐利的不规则边缘柔和一点，最后再通过“色阶”调整让它清晰、干净。

前面的那些设置值如果效果不明显，可以根据字体的具体尺寸对滤镜设置做调整。

➢ 制作饼干的立体感和质感时，新建“图层 1”，按住 Ctrl 键单击饼干纹理层的图层蒙版缩览图，获取更改后的不规则边缘的选区，填充任意颜色（因为最终会将图层的填充设置为 0%），并为图层添加“内阴影”“内发光”和“投影”的图层样式；其中“内发光”设置颜色为 #9E6261，如图 13.51 所示。将“图层 1”的填充值更改为 0%，效果如图 13.52 所示。

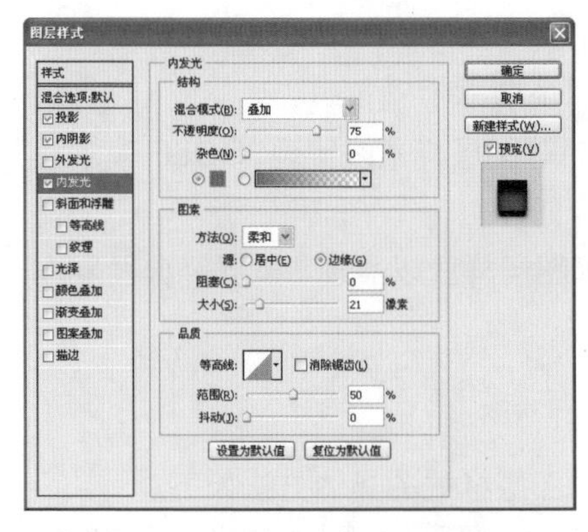

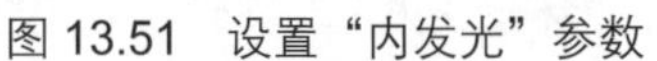
图 13.51　设置“内发光”参数

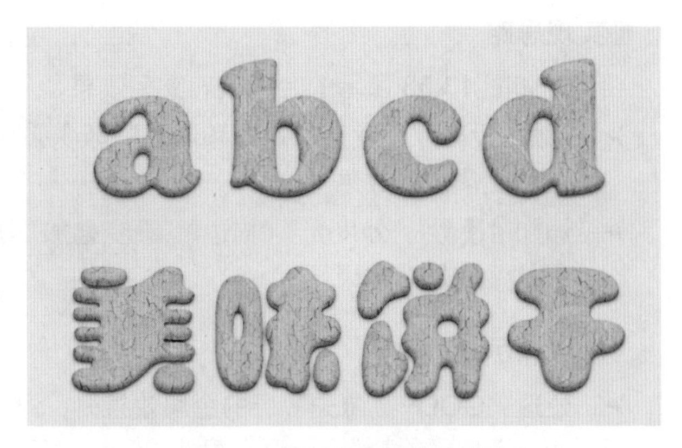

图 13.52　添加图层样式后的效果

➢ 复制“图层 1 副本”，取消“图层 1 副本”图层样式中的阴影效果，保留其他效果。这样立体感和质感又一次增强。

实战案例 2——制作金属质感文字

需求描述

配合海报整体氛围，制作高尔夫汽车海报的特效字，如图 13.53 所示。

素材准备

“素材 - 金属质感文字 .jpg”如图 13.54 所示。

图 13.53　完成效果

图 13.54　素材 - 金属质感文字

技能要点

➢ 文字工具的使用。
➢ 图层样式的设置。

实现思路

要实现如图 13.53 所示的金属质感文字效果，从以下两点予以考虑。

- 添加“投影”“外发光”“斜面和浮雕”“渐变叠加”等图层样式以实现“GOLF 高尔夫”层的金属质感效果；
- 添加“投影”“外发光”“描边”“渐变叠加”等图层样式以实现“世界经典两厢车”层的金属质感效果。

难点提示

- 处理“GOLF 高尔夫”层的金属效果时，添加图层样式的具体方法如下。
  - 选中“投影”，设置角度为 90 度，等高线为“环形 - 双”，其他参数设置如图 13.55 所示。
  - 选中“外发光”，设置混合模式为“正常”，不透明度为 40%，颜色为 #000000，大小为 8 像素，等高线为“锯齿 1”，如图 13.56 所示。

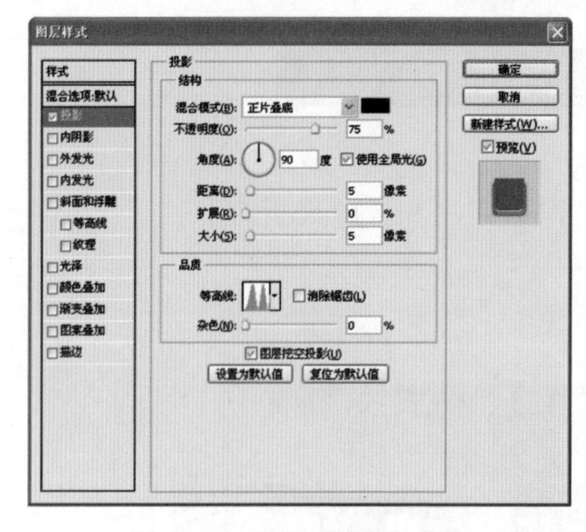

图 13.55　设置“投影”参数

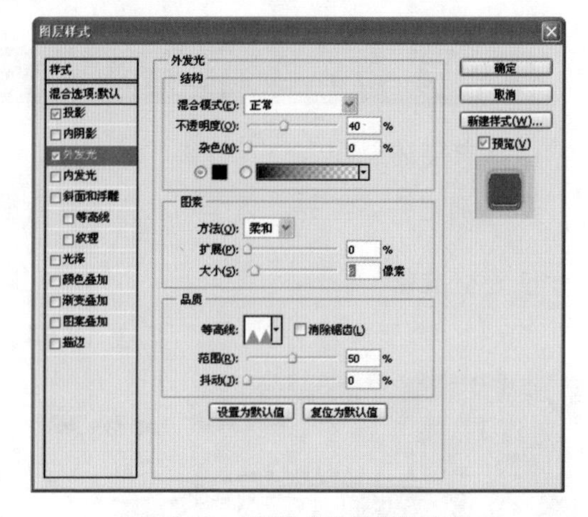

图 13.56　设置“外发光”参数

  - 选中“斜面和浮雕”，设置样式为“外斜面”，深度为 225%，角度为 90 度，高度为 32 度，阴影模式颜色为 #1A2E98，如图 13.57 所示。
  - 选中“渐变叠加”，设置缩放为 87%，如图 13.58 所示；单击“渐变”后的“可编辑渐变”，调整可编辑渐变色标，设置如图 13.59 所示。
  - 应用效果如图 13.60 所示。
- 处理“世界经典两厢车”层的金属效果时，添加图层样式的具体方法如下。
  - 勾选“投影”，设置角度为 90 度，不透明度为 33%，其他参数使用默认值。
  - 选中“外发光”，设置混合模式为“正常”，不透明度为 100%，颜色为 #000000，扩展为 48%，等高线为“锥形 - 反转”，其他参数使用默认值，如图 13.61 所示。
  - 选中“描边”，设置大小为 2 像素，颜色为 #FFFFFF，其他参数使用默认值，如图 13.62 所示。

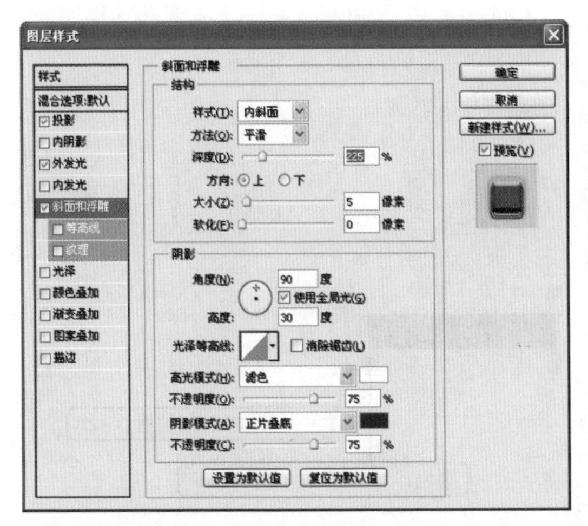

图 13.57 设置“斜面和浮雕”参数

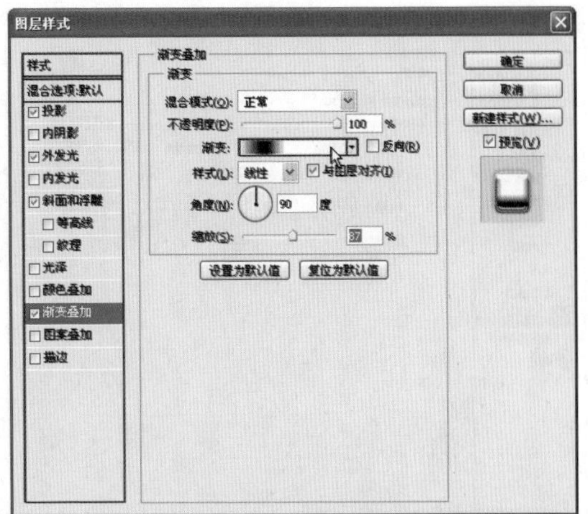

图 13.58 设置“渐变叠加”参数

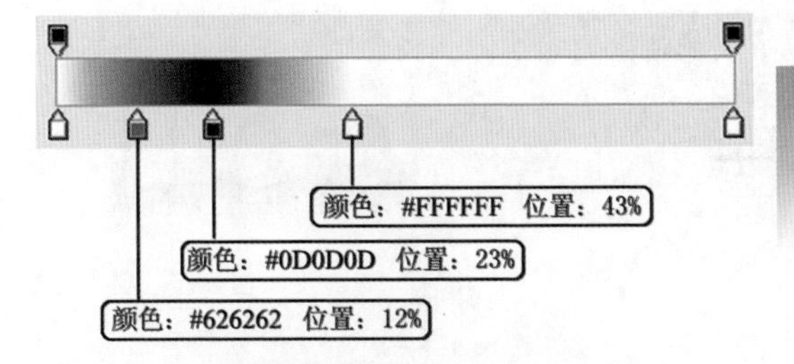

图 13.59 设置“可编辑渐变”

图 13.60 应用图层样式效果

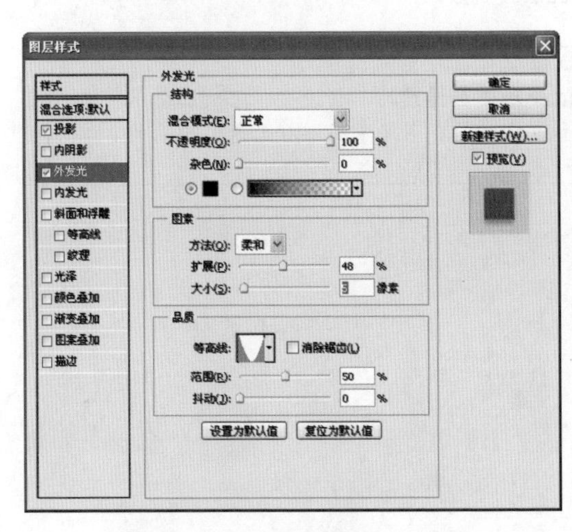

图 13.61 设置“外发光”参数

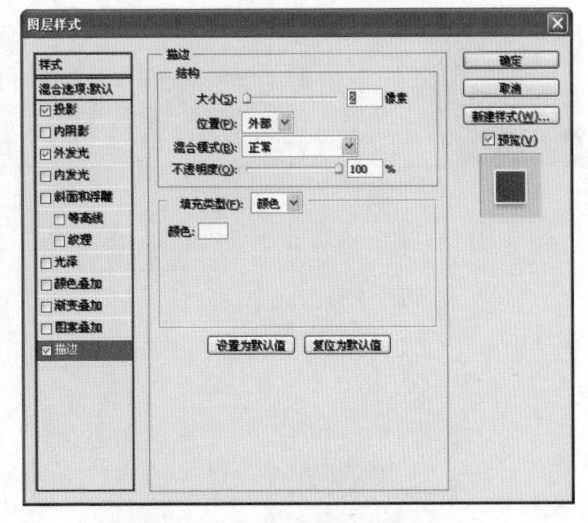

图 13.62 设置“描边”参数

◆ 选中“渐变叠加”，设置不透明度为 63%，如图 13.63 所示，单击“渐变”后的“可编辑渐变”，调整可编辑渐变色标，设置如图 13.64 所示，应用效果如图 13.65 所示。

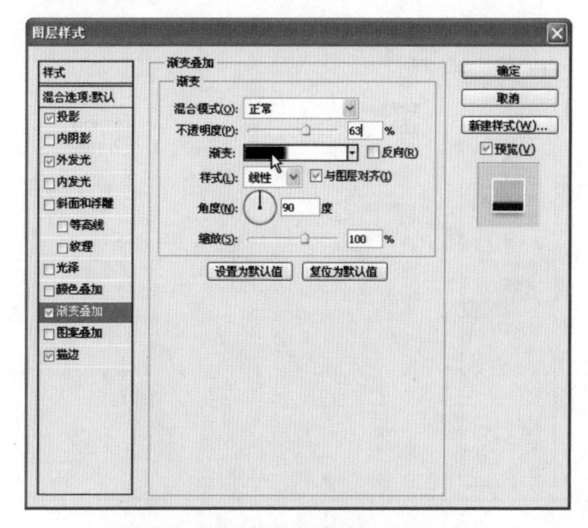

图 13.63　设置“渐变叠加”参数

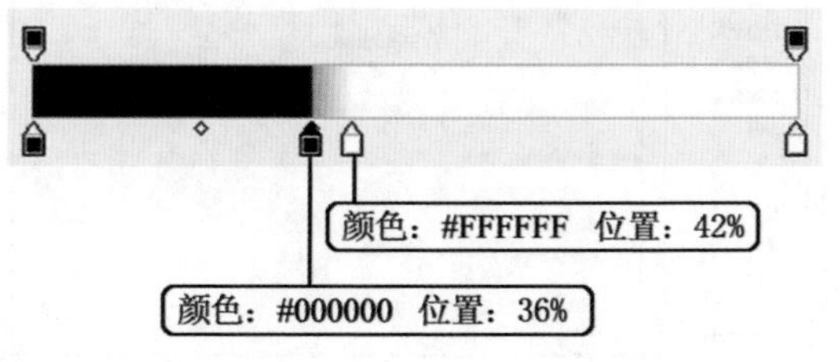

图 13.64　设置“可编辑渐变”

图 13.65　应用图层样式效果

在制作特效字的过程中，对于滤镜和图层样式的参数设置，可大胆尝试，多多创新，很多时候一些优秀的特效和创意都是在不经意间歪打正着做出来的。

本章总结

- 优秀的特效字在画面中可起到画龙点睛的作用。
- Photoshop 中的文字工具、路径工具、图层样式等功能可以帮助设计者实现丰富多彩的文字效果。
- 特效字的常用表现形式有：文字笔划的变形、文字的变化与对比、文字的特殊材质以及综合形式。
- 特效字的设计原则：符合整体风格、引人注意、突出主题、字体的选择符合文字的情感。

学习笔记

本章作业

选择题

1. 制作特效字的常用工具有（　　）。

   A. “文字工具”　　B. “路径工具”

   C. “红眼工具”　　D. “图层样式”

2. 在（　　）中可以设置文字的消除锯齿方法。

   A. “文字工具”选项栏　　B. “字符”调板

   C. “段落”调板　　D. “文件”菜单

3. 调整路径锚点位置时结合的快捷键是（　　）。

   A. Shift键　　B. Alt键

   C. Ctrl键　　D. Tab键

4. 在给文字添加图层样式时，（　　）可以让文字更具质感。

   A. 正确设置投影　　B. 对文字进行描边

   C. 巧妙设置等高线　　D. 添加外发光样式

5. 在（　　）中可以调整文字的字间距。

   A. “文字工具”选项栏　　B. “段落”调板

   C. “字符”调板　　D. “编辑”菜单

简答题

1. 简述特效字的常见表现形式，并列举各表现形式的特点。
2. 简述特效字的设计原则。
3. 文字主要包括哪几种属性?
4. 尝试制作木纹特效字。素材如图13.66所示，完成效果如图13.67所示。

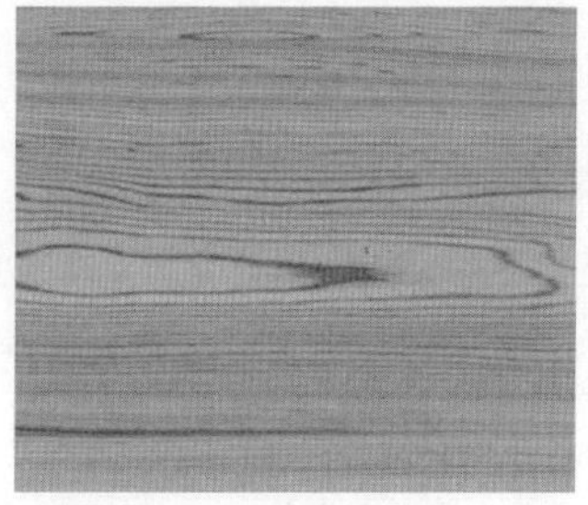

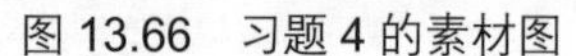

图 13.66　习题 4 的素材图

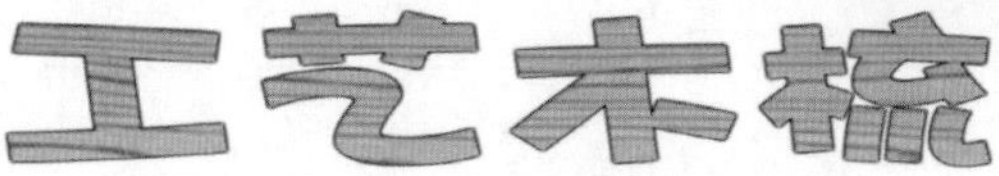

图 13.67　习题 4 的完成效果图

- 字体选用华康海报体。
- 使用剪贴蒙版给文字增加木纹材质。

5. 尝试制作水晶特效字。素材如图13.68所示，完成效果如图13.69所示。

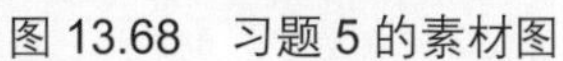

图 13.68　习题 5 的素材图

图 13.69　习题 5 的完成效果图

- 字体选用“方正卡通简体”。
- 使用“斜面和浮雕”和“描边”图层样式处理文字效果。

作业讨论区

访问课工场UI/UE学院：kgc.cn/uiue（教材版块），欢迎在这里提交作业或提出问题，你将有机会跟课工场的专家以及共同学习本书的小伙伴一起探讨切磋！

第14章

创意的概念

本章目标

完成本章内容以后，您将：

- 了解设计的概念。
- 了解创意的概念。
- 掌握创意的特点。

本章素材下载

- 请访问课工场UI/UE学院：kgc.cn/uiue（教材版块）下载本章需要的案例素材。

本章简介

通过对 Photoshop 的学习，大家已经对创意的重要性有了一定的认识，而经常和创意一起出现的概念，就是设计。

“设计创意”“创意设计”等可能对于大多数人来说都不是陌生的词汇，但是设计为什么需要创意，创意在设计过程中发挥着怎么样的作用，可能多数人都无法迅速给出答案。

本章就是针对这一问题，结合有趣的案例来解释一些概念性问题。例如，什么是设计，什么是创意，创意的特点和要素是什么。下面就和小乐一起，进入他的入职培训课寻找答案吧。

故事背景

小乐顺利进入 HY 广告公司之后，感觉什么都是新鲜的，新鲜的人、新鲜的办公桌、新鲜的工作方法。不过还没习惯没多久，小乐就被人事部通知去参加公司的入职培训了。在培训课上，小乐将会遇到哪些新问题呢？又会有哪些新收获呢？

理 论 讲 解

14.1 设计是什么

第一天的培训内容就是设计的概念。毕竟这里是设计公司。上课时间一到，只见一个带着黑框眼镜的老师走上台来，先俯视了一下屋里 40 多个来参加培训的新员工，之后扶了扶眼镜，自我介绍道：“上午好！我叫刘森，大家称呼我的外号‘刘教授’就好。既然大家都来自平面设计部门和策划部，那我先问大家一个问题。”说完，刘教授在黑板上写下了 5 个大字“什么是设计”。台下本来交头接耳，等刘教授转过身来，就立刻安静了。小乐也陷入深思里。对啊，自己从进入设计学院开始，对设计这个词已经听过、说过，甚至写过不知道多少遍了。但是什么是设计呢？大家都疑惑地看着刘教授。

刘教授停顿了一分钟，之后微笑道：“可能有的同志一下子被问蒙了。其实这是一个最简单又最复杂的问题，先听我来讲讲我的理解。”

14.1.1 设计的含义

在我们的工作生活中，会多次提到设计这个词语，也常常听到说某某的头衔是某某设计师。那究竟什么是设计呢？还是先来看一组图片。如图 14.1 所示为一块距今 250 万年的打制石器，而图 14.2 则是 Apple 公司推出的 iPhone 4 手机。它们哪个算是设计的产物呢？先别急于回答。

图 14.1　打制石器

图 14.2　iPhone 4 手机

提到设计，很多人会联想起酷、美、新奇、眼前一亮等，这大概也是人们对设计的普遍理解。它常常被等同于美的外观，如漂亮的标志、包装、家居等。设计也常常意味着高附加值和较高的价格，如有着优良设计的宝马跑车总是价格不菲。

其实这一切都是设计，但是又不是确切的设计的概念。改变产品、品牌的外在形象等都是设计的理论能立刻展现出来的地方。外形上的美是人们可以一下子发现的，它和产品的质量一起成为了产品成功的必要条件。但是，设计不仅仅是这些。如图 14.3 所示为在生活中常见的各式各样的刷子，有的可能好看，有的则很简陋，还有一些的颜色很土，但它们都算人类的优秀的设计。

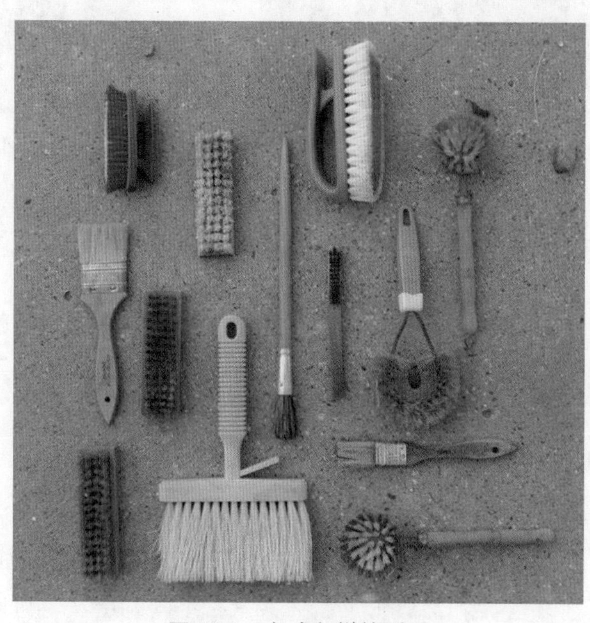

图 14.3　各式各样的刷子

英国《牛津大辞典》将设计的意义分为动词和名词两大部分。作为名词，设计可以是心理计划的意思，指思维中形成并准备实现的计划；作为动词，设计一词来源于拉丁语 Designare，可以是艺术中的计划，指草图和效果图，意味着做记号和制订计划。

因此不难发现，设计天生就要有目的性，设计必然有意图。对于针对图 14.1 和图 14.2 提出的问题，现在就不难回答了，其实两者都是设计，都是为了达到一定目的而进行的创造或者改造。曾有学者对设计的本质进行过阐述：设计是人类一种本质性特征，它来源于但又有别于自然世界的其他部分。经过设计的客观事物可以传达某种特定的理念，实现某种功能，以及体现特定的价值，这就使得它有别于自然界。但是设计的思想来源于自然界，或者是经过人类改造的自然世界，它不是凭空产生的。因此，人、自然和设计三者密不可分，相互间产生巨大的作用和影响。常说的绿色设计、人性化设计、原生态设计等新型设计理念就是基于这一关系提出来的。如图 14.4 和图 14.5 所示都是优秀的设计产物，因为它们都很好地处理了这三者的关系提出来的。图 14.4 有效利用了植物的特点，拼成一个天然的广告，而图 14.5 则是仿照蒲公英造型设计出的漂亮手提袋。

图 14.4　绿色设计

图 14.5　仿生设计

14.1.2　设计的要素

设计是一门独立的艺术学科，其研究内容和服务对象有别于传统的艺术门类。设计的核心是一种蕴含创意的行为，也是一种聪明地解决问题的方式，这也是其区别于艺术门类的主要特征。其独创性的要素可以从 3 方面来表现。

1. 第一要素是新

香港的刘东利先生曾说过：“设计就是创新。如果缺少发明，设计就失去价值；如果缺少创造，产品就失去生命。”设计其实就是追求新的可能。因此，新是设计的第一要素。设计要求求异、求变、求差异。而这个“新”又有着不同的层次，可以是创新，也可以是改良。如图 14.6 所示为可口可乐公司的一款有新意的海报。

图 14.6　可口可乐海报设计

2. 第二要素是合理

一个设计之所以被称为设计，是因为它解决了问题。设计不可能独立于社会和市场存在，最终是要为人服务的。如果设计师不能为企业带来利益，相信世界上就不可能有设计这个行业了。也就是说，一个漂亮的设计不见得就是一个好的设计，或者可能就不是一个设计。因为最好的设计师追求的是那些合理的，能适合企业、适合产品的设计。如图 14.7 所示，把插线板设计成三角状，可以方便地放在墙角，而不占用过多空间，这就是一个很合理的设计。

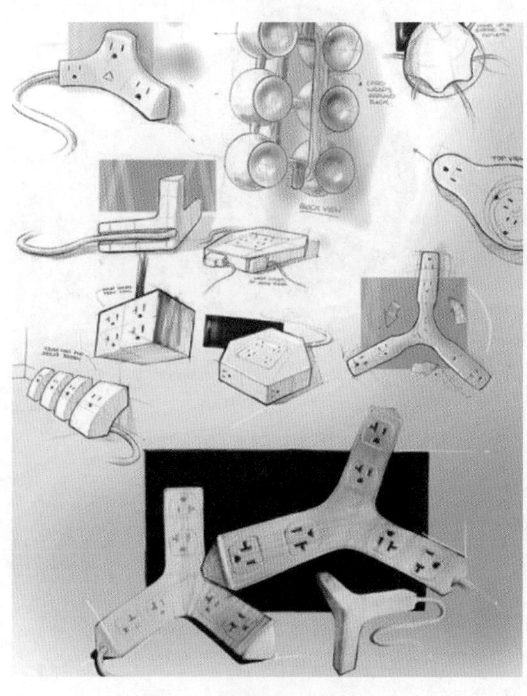

图 14.7　合理的插座设计

3. 第三要素是人性

在市场经济条件下，要求设计去迎合商品的同时，设计者也不应该忘记设计的初衷，即交流和沟通。因此设计的最后一个要素是人性。人作为社会的主体，控制着世界的走向，因此作为设计者，不应该忽视人的细节因素。设计归根结底是为人的生产、生活服务的。意大利前卫设计集团孟菲斯小组创始人索托萨斯说过，设计对其而言，就是一种探讨生活的方式，它是一种探讨社会、政治、爱情、食物，甚至设计本身的一种方式。因此，设计是满足人类物质需求和心理欲望的富有想象力的开发性活动，它具有生活化、人性化的特点。如图 14.8 所示为人们在倾倒油漆时常遇到的问题，而如图 14.9 所示，经过设计师的一个创意想法改良后，油漆桶变得更加人性化。

图 14.8 常见油漆桶

作为设计核心的创意，其实也应该从以上 3 个要素出发，从而实现其应有的价值。

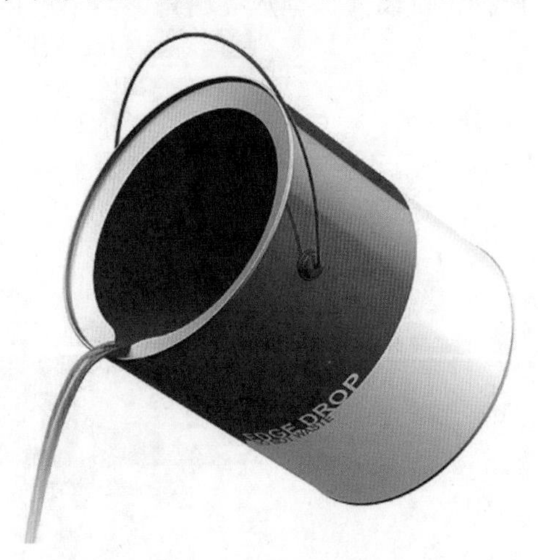

图 14.9 改良后的油漆桶

14.1.3 平面设计的特征

刘教授停下了，让大家再细致回味一下。接着，他又说道："到目前，大家对设计的理解都有了一个概念。可以说，设计在我们身边的各个地方，存在于不同的领域。大家知道设计是如何划分吗?

小乐想了想，举手站起来说道："这个在学校里学过，按照领域划分，设计有不同的种类，如平面设计、产品设计、建筑设计、服装设计、动画设计等，甚至还有比较抽象的概念设计和项目设计等。”

刘教授点点头说："对。小乐同志已经概括的差不多了。我们是一个广告公司，所以在这里我们只是针对平面设计和其相关的知识进行培训。小乐，你再来说说，什么是平面设计呢？”“这个？”小乐支吾起来，“平面设计应该就是在二维的面上进行的任何设计的统称吧。”说完挠挠头，自己也不好意思地笑了。

刘教授笑了一下，“那还是我从理论的角度再和大家分享一下。”

在现实生活中，我们几乎每天都在接触与感受着平面设计，如逛街、阅读、上网等。当那些精致的广告深深吸引读者的时候，这就是平面设计的魅力，它能把一种理念、一种思想通过创意和精美的构图、版式与色彩表达出来。

平面设计源于英文单词 graphic design，据说最早用来描述书籍的装帧设计。当然，现在的平面设计概念已经远远超出了书籍装帧的领域。

平面设计是通过图案、文字、插图及摄影等表现方式来表达作品的内容与意念的，并被广泛应用于商业上，主要表现在标志、传单、包装、杂志、DM、海报等。如图 14.10 所示的简历，也属于平面设计。

作为实用艺术的平面设计，实用和审美相统一的本质特征决定了平面设计需要以预期产生的效益为目标，以时代变革的步伐为节奏，以社会整体的审美素质为参考，以大众的心理定向为前提，使视觉传达得以突破一般性视觉习惯。平面设计尝试着用各种视觉要素，如符号、色彩、图形、影像、文字等去影响人们的生活，同时通过其创意灵魂直达大众的内心深处，以最终完成其目的。

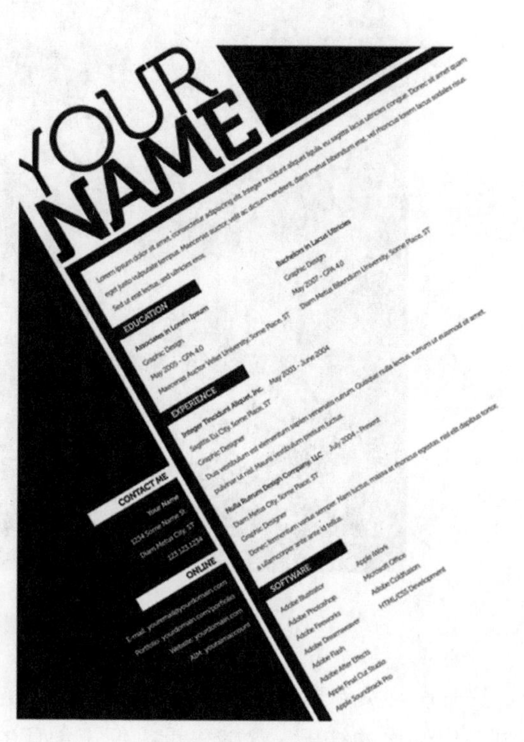

图 14.10　简历设计

14.2　创意的概念

课间休息后，刘教授擦掉了黑板上的字，又重新写了一个问题："什么是创意？”之后他依然笑眯眯地看着大家。教室里面一片议论声，但是没有人敢站起来回答。最终还是小青嘟囔了一句："创意太神秘了，应该是天生的一种能力吧。“刘教授听完，笑了一下，之后清了一下嗓子，说道："嗯，很多人都觉得自己没创意，没天赋，究竟创意是怎么出现的呢，还是先给大家讲一个故事吧。”

14.2.1 创意的出现

对于创意的由来，最著名的一个解释是魔岛理论。该理论是由詹姆斯·韦伯·扬提出的，意思是说，灯泡一亮，灵感一来，创意于是诞生。在古代的水手传说中认为有一种魔岛存在。他们说，根据航海图的指示，这一带明明应该是一片汪洋大海，却突然冒出一道环状的海岛。更神奇的说法是，水手在入睡前，海上还是一片汪洋，第二天早上醒来，却发现周围出现了一座小岛，大家称之为魔岛，如图 14.11 所示。创意的产生，有时候也像魔岛一样，在人的脑海中悄然浮现，神秘而不可捉摸。这种方式产生的想法会稍纵即逝，所以应该随时将想法记录下来。可能随手写下来的东西就会成为改变人生的创意源泉。

图 14.11　魔岛理论

后来有相关专家研究发现，魔岛实际上是无数的珊瑚在海中长年累月地生长，在最后一刻升出海面的结果。这就告诉人们，创意的产生也需要经过足够的前期积累才有可能。对于平面设计的创意来说，主要来源于对素材和生活经验的积累。真正的创意是经过 99% 的努力得来的。

当然，魔岛理论主要谈的是“发明”，也就是著名管理学家德鲁克讲的“聪明的创意”，它是生成的、独创的，然而人们生活中大部分的创意并不是“发明”，而是“有效的模仿”“改良性的主意”或者“拼凑式的创造”，这一类“不聪明的创意”有时候可以通过读书、研究得到预期的结果。

由此可见，创意不是什么神秘的东西，是有一定的规律和章法的。只要掌握和勤加练习，虽然可能达不到“发明”的高度，但是对于一般的创意设计还是游刃有余的。

14.2.2 创意的含义

创意的概念其实很简单，创意是创造新意，即使设计达到其设计目的的创造性主意。创意是寻求新颖、奇妙、独特的某种构思、主意和意念。通俗地说，创意就是对某一主题表现的奇特想法。

“创”就是创造、独创，“意”就是意念。因此，创意是一种创造性的活动。好的创意是创造出与众不同的、出类拔萃的构想。

创意原是一个外来词汇，是根据英语 creative idea 翻译而来的，这个词可以直接翻译成“具有创造性的意念”，简称创意，也十分贴切。

从静态的角度来看，创意是指创造性的意念、奇妙的构想、好主意、好点子；而从动态的角度来讲，创意是指创造性的思维活动，是人们从事创新活动的过程。如图 14.12 所示，由创意带来的一个创新设计，就有效地改变了充电器充电时电线乱糟糟的情况。

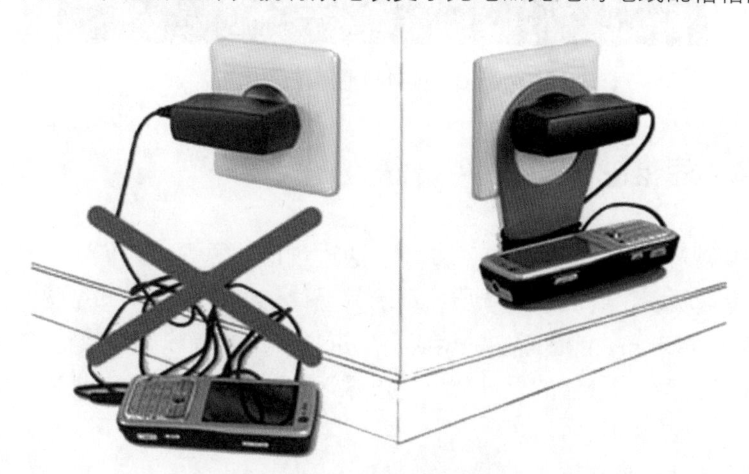

图 14.12　创意手机架

14.2.3 创意的本质

常常听到有人说自己的创意被偷走了，自己创意用完了。其实这些都是一种不恰当的说法。因为，创意的本质是一种创造性的思维、一种联想和想象的能力。这种属于自己的东西怎么会被窃取呢？你也许没有英语基础，也许对 Illustrator 软件掌握得不熟练，但是只要有一颗热爱思考的脑子，其实就已经掌握了创意的本质。

创意的根本，就是改变，甚至是颠覆。创意首先是发现，创意需具备的素质是叛逆，但叛逆并不等于创意。创意需要叛逆及挑战的精神，也同样需要悟性。

门德来教授在阐述创意本质的时候说过，创意要善于以所要表达的意来联想，善于在看似毫无关系的事物之间选择某种可以连接它们的因素，即相似性，这些因素可以是相似的关系也可以是相似的形态，然后利用设计议案把它表现出来。联想有时是有意识的，有时是无意识的。有意识在很多方面都是反映的是无意识的东西，而无意识的思想可以形成有意识的理念。有意识的形成是以一种无意识的积累方式完成的，因为人们的意识总是摆脱不了过去的经验、印象、感觉、记忆所带来的潜意识心理影响。如图 14.13 所示，创意和思维密切相连，不同的人因为有不同的思维能力，所以创意也不尽相同。

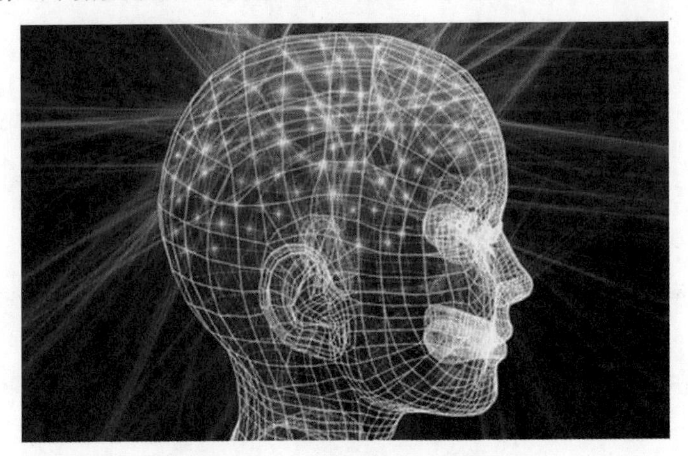

图 14.13　创意和思维密切相连

14.2.4　思维的概述

创造性思维是人类思维能力的最高体现。通过创造性思维，人们可以在现有科学成果的基础上，揭示客观事物或现象的本质特征及其规律，形成新的认知结构，并使认识超出现有水平，达到探索未知，创造新知的境界。创造性思维是指以新颖独特的方法解决问题，并产生首创的、具有社会价值的思维成果的思维活动。创造性思维活动的基本过程大体都包含 4 个阶段，如图 14.14 所示。

创造性思维有以下 4 个特点。

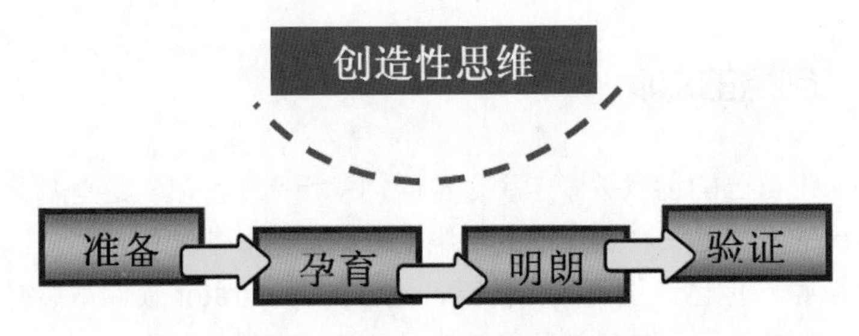

图 14.14　创造性思维活动的基本过程

1. 新颖性

与一般思维活动相比，创造性思维最突出的特征往往是与创造性活动联系在一起的，其思维结果既具有新颖性，即创造性思维不仅要遵循一般思维活动的规律，而且要另辟路径，超越甚至否定传统思维活动模式，冲破原有观念的束缚，提出具有重大社会价值、前所未有的独特的思维成果。对于相同的事物，不同的人会有不同的思维内容，如图 14.15 所示。

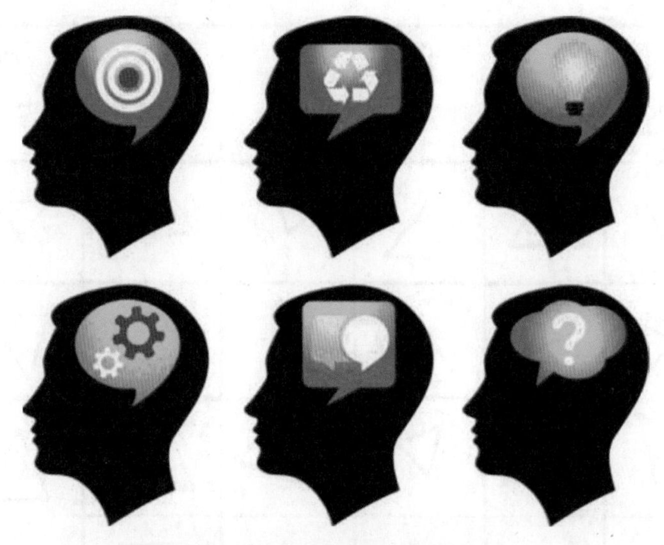

图 14.15　创造性思维的独特性

2. 发散性思维与聚合性思维的有机统一

创造性思维要解决的是没有现成答案的问题。由于发散性思维具有变通性、流畅性和独特性的特点，可以打破原有思维活动模式，拓宽思路，产生新颖独特的观念和思想，因而是创造性思维的主要心理组成成分。而聚合性思维是把广阔思路聚集成一个焦点的方法，是一种有范围、有条理的思维收敛。将发散性思维和聚合性思维有机结合，就能产生无限创造力。

3. 思维与想象的有机统一

创造性思维是在现成资料的基础上，进行想象加以构思得以实现的。创造想象的积极参与是创造性思维的重要环节。

4. 有灵感状态出现

灵感状态是创造性思维活动的典型特征之一。灵感是指人在创造性活动过程出现的认识飞跃的一种心理状态。灵感一般是由对疑难问题的百思不解转化为对某种新形象、新概念、新思想的顿悟而突然产生的心理状态。灵感是人集中全部精力解决问题时，由于偶然因素的触发而突然出现的顿悟现象。

创意练习

“说了不少东西。下面大家来做一个小训练吧。”刘教授说完，便把训练题发给了大家。

如图 14.16 所示，题目是“百变三角形”。题目给出了 30 个不同形式的三角形，要求以其为原型，进行设计创作，组成 30 个不同的图案或者物品。

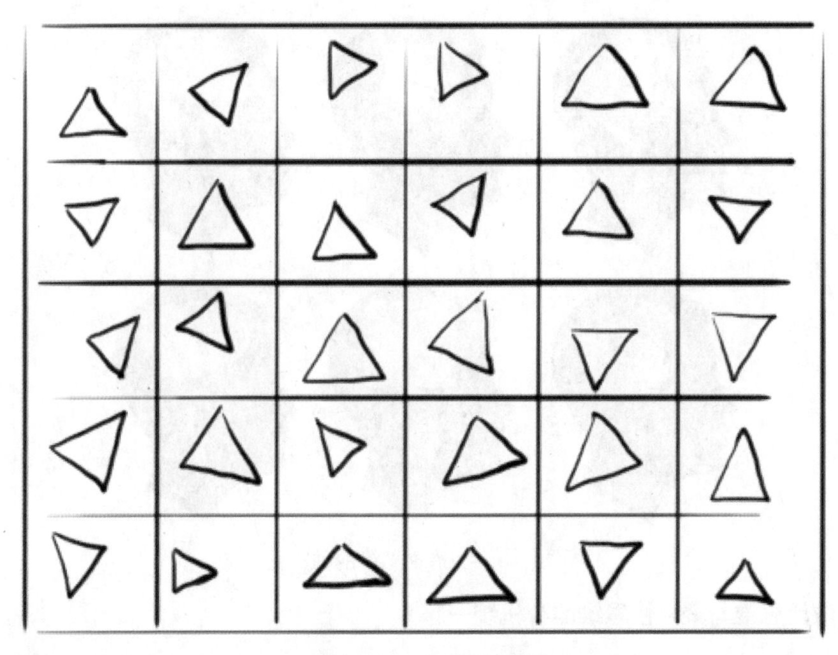

图 14.16　三角形原型

小乐看到这个案例，特别开心，因为画画一向是他的专长。利用半节课的时间，小乐便完成了这个思维训练，而且一连画了两张图，让小青崇拜不已。其效果如图 14.17 和图 14.18 所示。

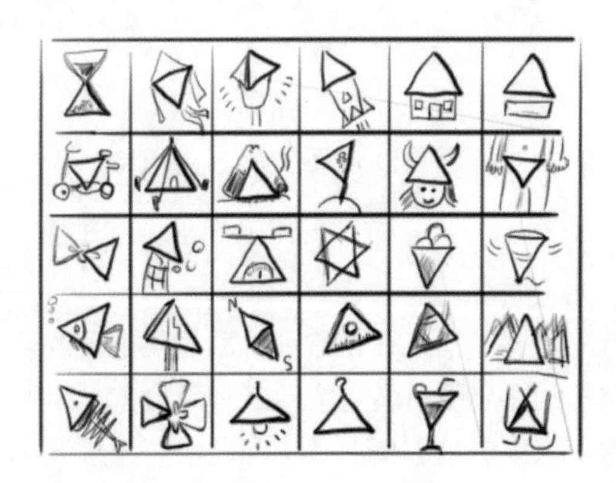

图 14.17　百变三角形效果（1）

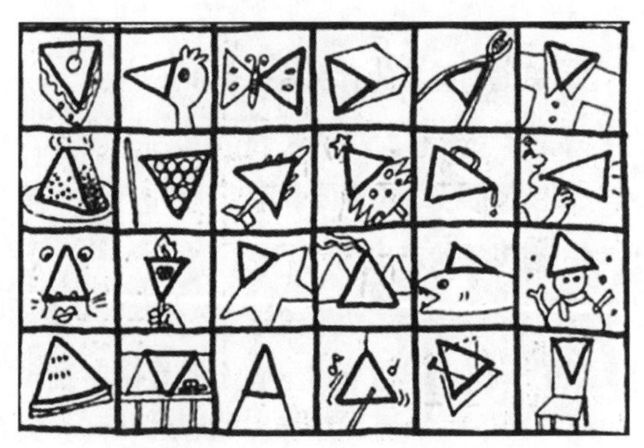

图 14.18　百变三角形效果（2）

14.3　创意的特点及要素

培训课结束后，小乐觉得听得意犹未尽，于是在回家的路上，就通过手机浏览器收集和学习了一些关于创意的知识，并对创意的特点和要素进行了总结。

14.3.1 创意的特点

1. 相关性

创意与品牌或者产品血肉相连，即创意一定要基于一定元素，最终回归要表现的元素。如图 14.19 所示为著名 Apple 公司的前 CEO 乔布斯去世后，有人为其设计的纪念海报。整个海报非常简洁。从 Apple 公司的 Logo 开始，把乔布斯的头像融进 Logo，最终还是回到了 Apple 公司的“咬了一口的苹果”的 Logo 形态上，从而很好地表现了乔布斯对 Apple 公司的巨大贡献和作用。如果乔布斯的剪影不是和苹果结合，或者乔布斯的剪影不是存在于缺口的位置，就不能很好地突出创意的相关性特点，从而达不到如此简洁而有感染力的作用。

图 14.19　纪念乔布斯的创意 Logo

2. 原创性

原创性是指概念、手法、媒介运用、策略等的原创。如图 14.20 所示的钻戒宣传海报，在表现上有一定的视觉冲击力，但是创意不足，就是因为它只是使用了常用的心形和星空等元素，没有原创性。

图 14.20　钻戒海报

3. 冲击性

冲击性能强化记忆力，其带来的意外的效果能引起人的思考和讨论。如图 14.21 和图 14.22 所示，两张海报都是要宣传啤酒的自然而鲜美。两者的不同之处是，图 14.21 使用了直白的方式，直接把啤酒放到了花蕊的位置，表现其优质与新鲜；而图 14.22 则把啤酒的形态融入到了一幅大自然的高山流水图像中，当看出来之后带来的冲击和意外会让人印象非常深刻。对比起来，创意使后者远远优于前者。

图 14.21　啤酒海报（1）

图 14.22　啤酒海报（2）

4. 单纯性

所有元素都应该为了成全一个核心想法而存在，没有第二个想法需要被顾及。如图 14.23 所示为设计师对一款纸巾的创意广告设计。很明显，该广告通过使用纸巾吸收洒在地上的牛奶从而绘画的场景，表现了该款纸巾的吸水性好。所有的元素都是在表现纸巾的吸水性快，并没有再融入其他特点，从而保证了创意的纯粹性。

5. 延续性

创意会给人留下思考与联想空间。如图 14.24 所示的祛皱产品广告，就很好地利用了创意的这个特点。整个画面简洁，但是从图形和文字两个角度，都留给了消费者足够的想象空间。它是想表现出，如果有皱纹时，所谓的美丽，也只能是加一个引号的“美丽”，使用了这款产品之后，就可以变成真正的美丽了。

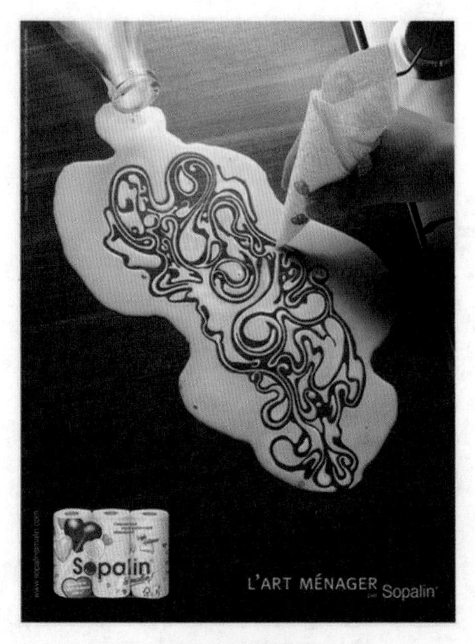

图 14.23　创意纸巾广告

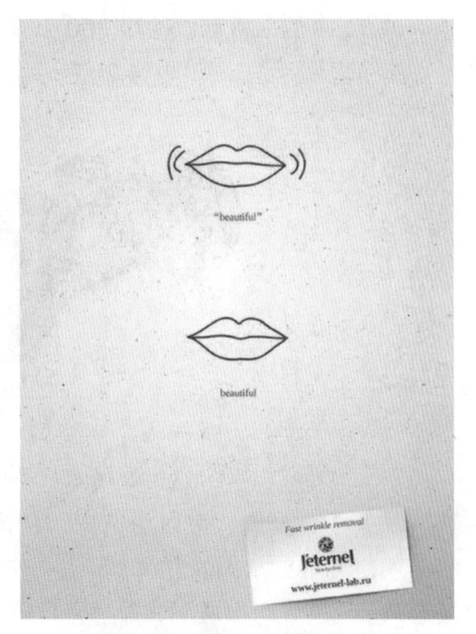

图 14.24　除皱产品创意海报

14.3.2　创意三要素

创意三要素产生新的构想要有一个思考逻辑，任何“新构想”并非突如其来的念头，任何一个感觉上突如其来的东西，其实都需要经过很长时间的累积。所以，人们必须在传统的工作中，随时质疑，锻炼逻辑思维，促进创意的产生。

创意有 3 个非常重要的元素。

1. 构思概念

构思概念就是指创意要有一个思考构建的过程，不可能有突然出现的创意。有的时候是因为思考了很久，创意已经存在于潜意识里，然后突然出现在眼前，但这不代表创意不需要构思。

2. 选择素材

选择素材就是寻找适当的工具来表达概念。例如，有人构思了一个创意——字典可不可以讲话？得到这个构想之后，他就要找一个素材来表现，那就是语言学习机。当然，也可以有另外一种工具，如找一个专业翻译。

3. 表现手法

相同的素材还会有不同的表现手法，自然也会产生不同的效果。以前人们都用照相机照相，那么手机可不可以照相？可以，于是手机增加了一项功能——拍照。一开始，手机像素比较低，所以拍出来的照片效果不是很好，这就是表现手法不够好；但是现在，手机像素越来越高，有的手机可以拍摄 300 万像素甚至更高，已经跟一般的数码相机差不多了，这就是提高了表现手法，如图 14.25 所示。

图 14.25　手机功能表现的提升

基于以上 3 个要素，可以总结出，创意的作用主要有 3 个，第一个作用是为了引起别人的注意，吸引更多人的注意；第二个作用是为了包装信息，把一个很好的信息通过创意包装起来，让别人可以看到、理解并且使用；第三个作用是为了给别人留下深刻的印象。

14.3.3　缺乏创意的原因

“为什么会没有创意呢？”培训课结束后，小乐在回家的路上开始进行自我反省，最终确定了 4 个方面的原因。回到家后，小乐赶忙将自己的想法记录下来。

1. 习惯性

习惯是创新的手。如果在整个设计的生涯里，一直是在使用软进行设计，不会也不习惯进行创意性思考，那么对于设计师来说是很悲哀的事情。

所以，要学着打破习惯，实践创意。如图 14.26 所示的是一个典型的没创意的例子，想到跑车，只想到速度和常规通过虚化背景表现速度的方法，已经陷入了习惯性思维的圈子里。

图 14.26　跑车海报

2. 没机会

进行设计的时候，有些事情是不需要创意的，只需要进行设计的执行和重复性工作。如果总是参与此类工作，时间长了，就会逐渐失去创意的思维。所以在进行设计工作时，要努力争取机会去参与有创意的设计工作。

3. 脑子空

进行设计的时候，如果脑子里空，也就是平时的积累少，看的东西少，完成的设计就会显得单薄无力，缺乏想象力。

4. 无分辨能力

没有分辨是非的能力，便无法区分好设计和坏设计。在这种情况下，就很难进行创意设计。因此，需要多看、多思考，才能培养自己的分辨和鉴赏能力。

创意练习

在互联网上，小乐遇到了一个很有意思的题目——绘制玻璃杯的用途。如图 14.27 所示，常见的玻璃杯有多少功能呢？通过创意的几个特点和要素进行发散性分析，从而得到答案。小乐觉得通过这个练习可以练习自己的手绘能力，更能锻炼创意意识，所以就连忙把它抄下来，准备练习一下。最终，用了一晚上时间，小乐完成了自己的作品，如图 14.28 所示。

图 14.27　玻璃杯的用途　　图 14.28　玻璃杯的用途发散性思维

实 战 案 例

实战案例 1——百变圆形

需求描述

以圆为原型，进行创意发散练习，绘制不少于 20 个相关的图形，形式不限。参考图如图 14.29 所示。

图 14.29　参考图

技能要点

- 创意概念的理解。
- 发散性思维的练习。
- 手绘能力。

实现思路

根据理论课讲解的技能知识，结合个人的特点，完成如图 14.29 所示的案例效果，应从以下 3 点予以考虑。

（1）进行思维发展。

（2）绘制相关图形。

（3）对版面进行处理，清晰展示思维过程。

难点提示

保持头脑活跃。

实战案例 2——创意变脸

需求描述

以给出的愤怒的男孩头像为原型，进行创意发散，绘制与其相关能联想到的具体图像，形式不限。参考图如图 14.30 所示。

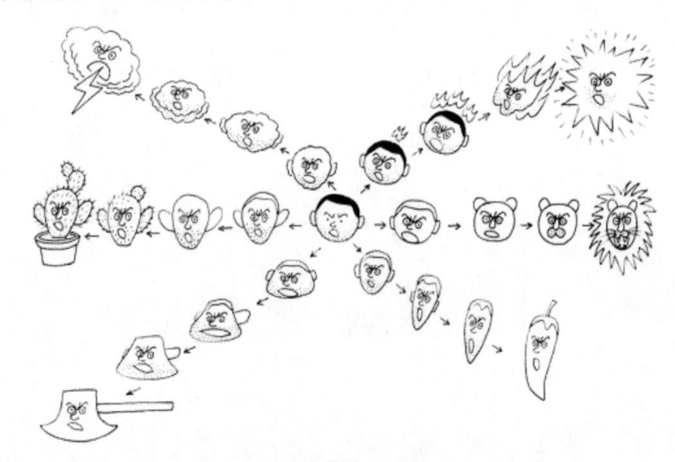

图 14.30 参考图

素材准备

素材如图 14.31 所示。

图 14.31 愤怒的男孩

技能要点

➢ 创意概念的理解。
➢ 发散性思维的练习。
➢ 手绘能力。

实现思路

根据理论课讲解的技能知识，结合个人的特点，完成如图 14.31 所示的案例效果，应从以下 3 点予以考虑。

（1）观察素材，进行联想。

（2）绘制想到的图形，可以先进行局部变换。
（3）完成思维的跨越性创意。

难点提示

如果手绘能力较弱，可以使用电脑软件进行绘画。

本章总结

- 魔岛理论用以解释创意的产生。创意构建在既有经验、知识积累上，才会在某一时刻突然出现。
- 创造性思维的特点有新颖性、发散性思维与聚合性思维的有机统一、思想与想象的有机统一、有灵感状态出现。
- 创意的特点是相关性、原创性、冲击性、单纯性和延续性。
- 创意的三要素是构思概念、选择素材和表现手法。

参考视频
聪明的创意

学习笔记

本章作业

选择题

1. 以下关于创意的描述，正确的是（　　）。

A. 通常的设计创意都有规律　　B. 好的创意都没有规律

C. 所有创意都有方法　　D. 创意和思维紧密相连

2. 以下属于创意的特点的是（　　）。

A. 天马行空　　B. 一个创意包含多个想法或概念

C. 有冲击力　　D. 原创性

3. 因为（　　），所以常常没有创意。

A. 脑子里没东西　　B. 从事的工作具体不需要思考

C. 只喜欢按照习惯做事　　D. 重复使用现有素材

4. 以下属于创意的三要素的是（　　）。

A. 概念　　B. 表现形式

C. 方法　　D. 刺激

5. 以下（　　）行业最需要创意。

A. 平面设计师　　B. 饭店服务生

C. 美工人员　　D. 项目策划人员

简答题

1. 简述魔岛理论及其给人们的启示。
2. 简述创意的本质。
3. 简述创意的特点。
4. 如图14.32所示，通过自己的创意，利用Illustrator软件对字母M进行变形，要求变形成其他的形式，方案不少于10种。参考图如图14.33所示。

图 14.32　M 图形　　图 14.33　M 图形的创意变形

5. Google公司著名的Logo涂鸦是一个非常有创意的想法。如图14.34所示为Google公司近些年来推出的涂鸦Logo，请在图中找出灵感，并根据中国传统的剪纸、鞭炮等元素设计两个庆祝中国最重要的节日——春节的Logo。Google原始图标如图14.35所示，最终的参考效果图如图14.36所示。

图 14.34　Google Logo 节日涂鸦　　图 14.35　Google 图标

图 14.36　中国元素的 Google 图标

作业讨论区

访问课工场UI/UE学院：kgc.cn/uiue（教材版块），欢迎在这里提交作业或提出问题，你将有机会跟课工场的专家以及共同学习本书的小伙伴一起探讨切磋！

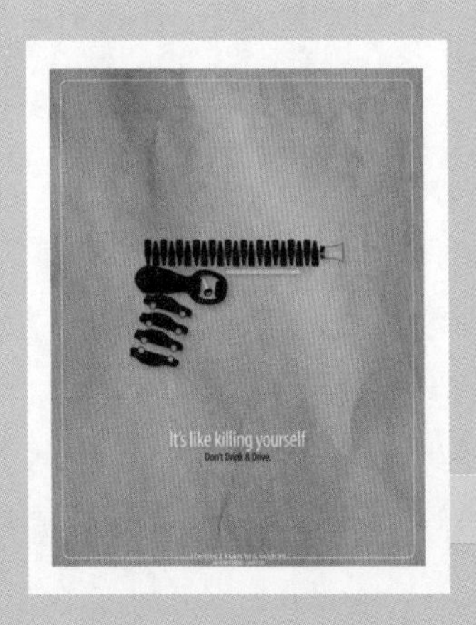

第15章

阶段项目

● 本章目标

完成本章内容以后，您将：

- 系统掌握创意设计的思维方法。
- 能够区分并鉴赏好的创意设计。
- 学会使用软件进行创意设计制作。

● 本章素材下载

- 请访问课工场UI/UE学院：kgc.cn/uiue（教材版块）下载本章需要的案例素材。

本章简介

本章将通过小乐的团队完成的一个完整的设计案例，综合运用学过的有关创意的知识与方法，实现平面设计表现的突破。跟随小乐的脚步，创意设计其实就是这么简单。当然，除了小乐团队的方案，学过本章后，也需要自己设计属于自己的创意方案，并灵活运用于创意设计项目实践中。

故事背景

小乐经过自己的努力，凭借自己不断地思考创新的精神和超强的学习能力引起了设计主管武姐的关注。这不，半年后调级定岗，武姐和小乐聊过之后，提拔他为平面设计一组组长。小乐别提多开心了。

小乐当上组长之后，一直在做一些项目，但都是零零散散的任务。这不，终于有大项目落到了小乐身上，这让他激动不已。

项目实战
“禁止酒后驾车”宣传海报再设计

“酒后驾车”一直是一个严肃而让人痛心的社会话题。这不，B 市的某区政府部门委派 HY 广告公司为他们重新设计一张宣传“禁止酒后驾车”的海报。因为此次宣传主要针对辖区内的学校和居民区，所以要求一方面画面不要过于血腥，另一方面不能过于说教，要有创意，并主题深刻，给人留下深刻印象。这个任务就落到了平面设计一组，也就是小乐的小组身上。小乐不敢怠慢，赶紧组织组员开会讨论。

既然是重新设计，说明就已经有现有的方案。小乐把项目背景和大家说了一下之后，就把客户提供的已有的宣传海报拿了出来，如图 15.1 所示。

15.1 原有案例分析

1. 分析原有海报

要重新设计一张海报，需要对原有的海报进行深入分析，从而节约时间，少走弯路，同时能够更好地体会创意思维与软件表现对设计起到的重要作用。

图 15.1　原始宣传图

通过大家对原有海报的分析，小乐把大家的结论进行了总结。

（1）色彩使用不合理，太刺眼。

（2）酒杯太小，重点不突出。

（3）用红灯和酒家做比拟，有点牵强。

（4）红绿灯的影子没有什么意义，在这里干扰视线。

（5）宣传口号过于直白，不会给人留下深刻印象。

……

看到大家的激烈发言，小乐笑了："这幅作品就没有一点儿可取之处吗？呵呵，大家在批判别人的作品时都很积极嘛。为啥自己的作品却不希望别人来批斗呢？"

小青也笑道："这幅作品太业余啦，说明它的改进空间还很大。我觉得这幅作品最大的问题就是缺乏创意，或者说创意不够吸引人。"

"嗯。"小天也表示赞同，"其实所有的设计作品，只要是原创的都会有一定的创意成分存在，只是一个创意够不够或者好不好的区别。人家这个作品，也是花了心思做的，起码没有出现什么血腥场景，也没直接使用汽车形象，所以还是有值得肯定的地方的。"

2. 必要要素总结

接下来大家根据此海报，再结合客户的需求描述，进行了项目需求总结。

（1）宣传海报尺寸为 A3，竖版和横版都可以，分辨率为 300dpi。

（2）宣传海报应该由图像和文案两部分构成。

（3）画面不能过于血腥。

（4）画面不能过于直接，要有创意，让人印象深刻。

（5）严禁酒后驾车的主题突出。

15.2　技术要点

设计这款海报，都需要用到哪些技术呢？小乐带领大家进行技术要点分析。大家又七嘴八舌说起来，最终小乐进行了总结。

（1）使用头脑风暴的方法来进行创意发散和收集。针对酒后驾车相关的几个关键词，进行头脑风暴和创意点收集。

（2）应用创意产生的五步曲进行创意酝酿。使用创意的方法，针对收集到的创意，进行孵化，并让其具体化，落实到可实现的点上。

（3）注意画面的合理用色和颜色之间的搭配。在案例制作阶段，则需要运用艺术手段和设计方法，对画面的配色与布局进行调整。

15.3 案例分析

1. 头脑风暴

休息了片刻，小乐又把大家召集到了一起，说道："下面进行的是一个激动人心的环节——头脑风暴！哈哈，我最喜欢玩这个游戏。你们呢？"大家也都表示赞同。让大脑无所限制地畅游，胡思乱想，谁不喜欢呢？小乐接着在白板上写下了项目的几个关键词"酒""车""危险""生命"。"一共 4 个关键词，大家开始发动我们的创意大脑吧！一个一个来。"

结果如图 15.2 ~ 图 15.5 所示。

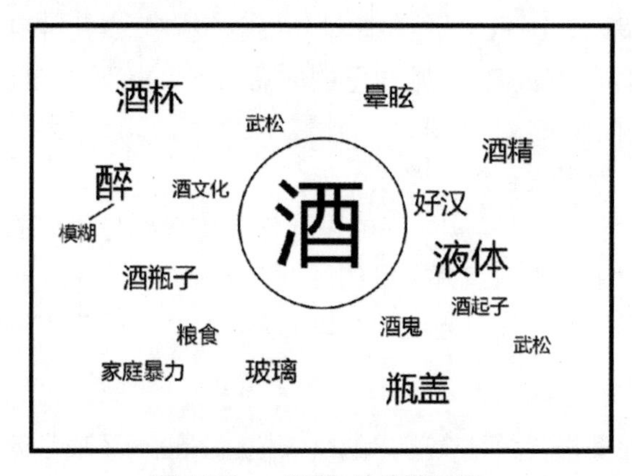

图 15.2　"酒"的头脑风暴

图 15.3　"车"的头脑风暴

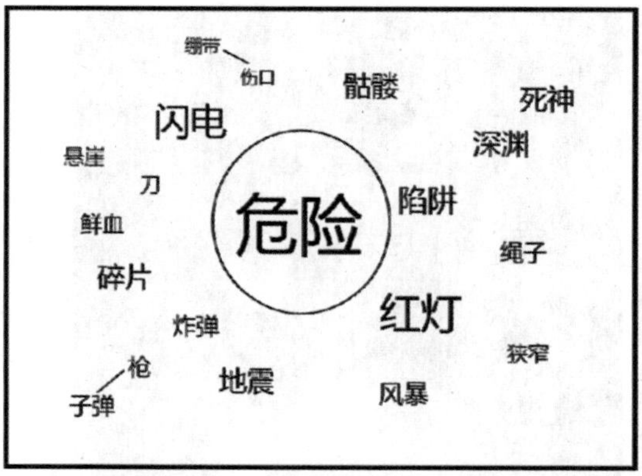

绷带
伤口
骷髅
死神
闪电
深渊
悬崖
刀
危险
陷阱
鲜血
绳子
碎片
红灯
炸弹
狭窄
枪
子弹
地震
风暴

图 15.4 “危险”的头脑风暴

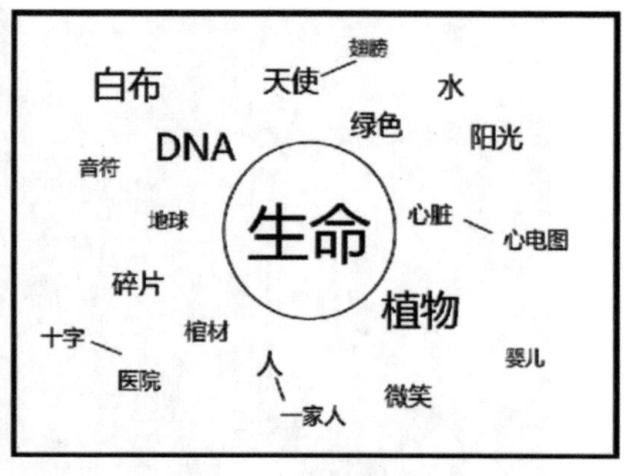

图 15.5 “生命”的头脑风暴

看到大家的踊跃发言和白板上的各种想法，小乐很开心：“大家都把思路打开了，头脑风暴的意义是让我们从不同的角度去审视这个设计需求，从而用不同的方式来反映这样的一个主题。好了，下一个步骤，就是大家现在上网或者去公司的图书馆，把能看到的、能搜到的和这个设计需求有关的素材和资料都汇总起来吧。当然素材和资料的收集可以参考这个头脑风暴的结果。

2. 资料收集

首先对现有的一些其他相关主题海报进行收集和分析，借鉴好的元素并开拓思路。收集到的海报如图 15.6 ~图 15.11 所示。

图 15.6 参考图（1）

图 15.7 参考图（2）

图 15.8　参考图（3）

图 15.9　参考图（4）

图 15.10　参考图（5）

图 15.11　参考图（6）

小乐带领大家对找到的相关资料进行逐个分析鉴赏，并让大家分析它们分别的含义和创意点，以及优点与不足。

通过对多张海报的分析，大家的思路又打开了不少。“我脑子里似乎渐渐有了想法。”小天很是兴奋。“是啊。”小青说道，“做设计不能闭门造车，要勇于站在巨人的肩膀上。”“恩。”

小乐总结道，“多看看别人的作品，一方面可以避免类似的灵感撞车，另一方面也是对自己想法的一个引导和激发。”

图 15.12　借鉴其他公益海报

3. 素材收集

接下来，大家开始分头构思自己的思路，并寻找相关的素材。最后汇总在一起。

大家将找到的素材分成 3 大类。其中有由头脑风暴延伸的词汇的图片，有和海报相关的一些文案，还有其他不同主题的一些公益海报的版式与色彩。如图 15.12 所示为一个保护野生动物空间的公益海报，小乐觉得他的配色非常稳重大方，值得借鉴。通过对这些内容的收集，大家从原来的思维上，又跃升了一个等级。

4. 确定表现手法

在表现手法的确定上，小乐首先提出了自己的意见：“因为是一个公益海报，而且是比较严肃的酒驾问题，所以我觉得应该排除艺术化的表现形式。”大家纷纷表示赞同。“那就使用比喻的形式。”小天说道。“我觉得不妥。”小青皱了皱眉，表示反对，“这个海报是为了警示路人，应该一下子抓住人眼球，如果用太多的比喻，可能让人无法第一时间理解它传达的信息。如图 15.12 所示，也是一个反对酒驾的海报，可是它给人的第一印象无法起到警示的作用。他用酒瓶子上的纱布比喻酒驾的危害，这比喻有点儿太隐蔽了。所以还是用夸张的方式比较好一些。”小青的意见大家都没有异议。小飞补充道：“最好把酒驾后果夸张一下，引起大家的重视。”小乐很开心地笑着说：“对，大家说得对，而且还有一个细节，就是这个海报要用在居民区和学校附近，受众的年龄层次比较复杂，所以如果海报用比较深奥的比喻，可能有的人都看不懂呢，如图 15.13 所示。”

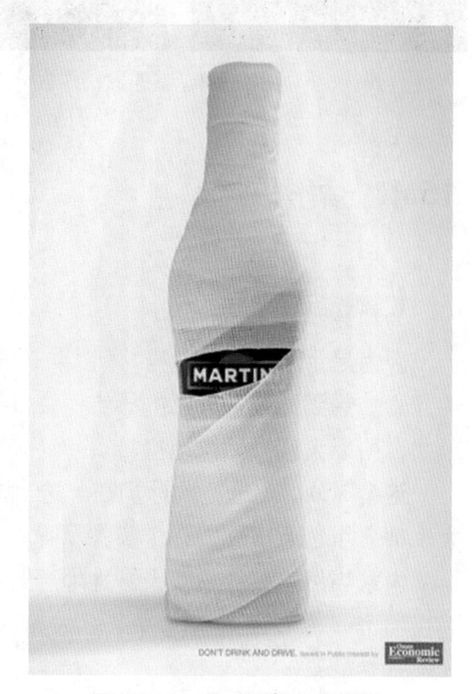

图 15.13　反对酒驾公益海报

5. 规划整体布局

已经确定了大体的表现手法，接下来小乐又召集大家确定一下整体的布局情况。“这个我来说！”小青自告奋勇，“因为是警示性公益海报，还不能出现血腥场面，所以应该用比较简洁的版式效果，如图 15.14 所示那样，而且要使用警示性的符号化形态。”“嗯，”小乐点点头，“但是也不能太抽象了，如图 15.15 所示那样，我觉得会有相当一部分人看不懂。”“另外一点，小天说道，“还要特别重视文案的作用。不能说得太死板，要形象而生动才好。”“这就要让你这个大才子出马啦！”小青看了小天一眼，调侃道。

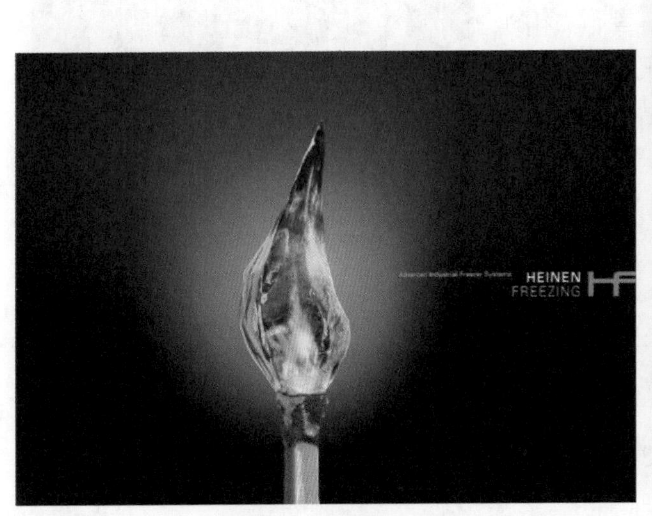

图 15.14 某速冻剂广告

图 15.15 超简洁的设计

15.4 案例制作

1. 确定元素

因为是诉说酒驾的危害，所以要以酒为中心。同时围绕着“酒”，要有“车”和“危险”的元素。想到这儿，大家的思维有点卡壳。因为要表现的元素太多了，而又要求是简洁的版式，所以大家开始原地打转。

这个时候，小乐把鼠标扔在一边，说道，“走，咱们去休息室喝茶去，聊会儿别的话题。大家都忘了创意出现的几个步骤了吗？我们应该把思考交给潜意识去做。”

大家当然高兴了，欢天喜地地离开了办公室。

沏上了一壶上好的龙井茶。大家开始聊现在热播的连续剧《男人帮》。等茶沏好了，大家开始品茶。

端着还很烫的茶杯，小天突然灵光一闪，大声喊道：“我想到啦！其实酒和危险可以合二为一！悲剧啊杯具！”开始大家没有明白怎么回事，后来忽然恍然大悟，都兴奋不已开始夸赞小天的灵感。小天也很兴奋，说道，“是啊，这灵感来得也太快了点儿吧。我这还没喝呢，还是赶紧回去先把这个创意完成！”

于是大家都回到了岗位上，开始完善小天的这个创意。
“酒杯”，酿成“悲剧”。
如何酿成呢?
“悲剧应该就在杯具里。”小乐淡淡地说道，仿佛说禅一般。
至此，所有的元素确定。
酒杯里面有酒，有出车祸的车。

2. 确定素材

首先收集啤酒杯相关的素材，如图 15.16 所示。
之后收集汽车的素材，尤其是撞坏的车，如图 15.17 所示。

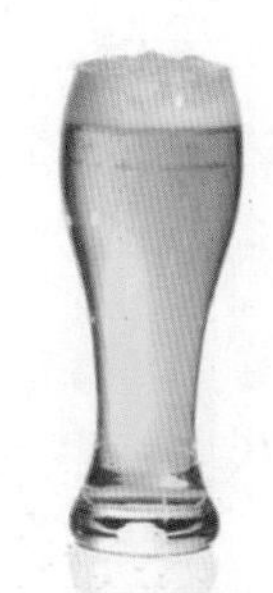

图 15.16　啤酒杯素材

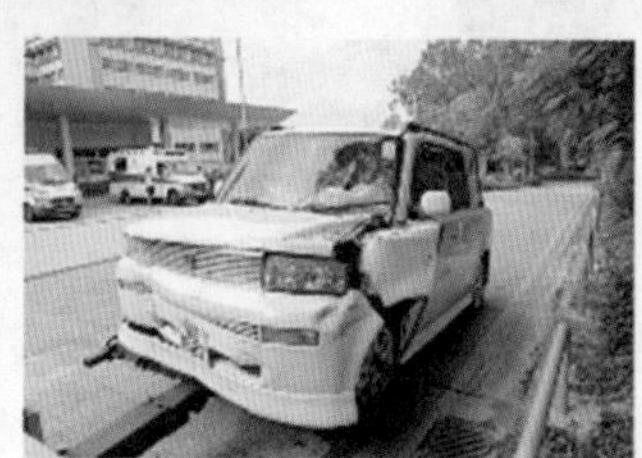

图 15.17　汽车素材

3. 确定色调

“我们应该用什么作为主色调呢？”小乐开始询问大家。因为酒杯有白色的，有黄色的，还有绿色的，如图 15.18 所示。“酒的代表颜色应该是白色或者黄色吧，还是用酒的颜色作为主色调。小天说道："我觉得就用黄色吧，一方面，黄色有很强的警示作用，作为主色调最合适；另一方面，黄色里面可以掺杂一定的红色，这样还可以更加强调危害，喝酒就像喝血一样。""好恶心……"小青做呕吐状。不过小天的建议大家都同意了。

图 15.18　确定色调

4. 版面制作

（1）处理素材。首先使用 Photoshop 软件抠图，将需要的素材抠出来，如图 15.19 和图 15.20 所示。

图 15.19　酒杯

图 15.20　撞坏的汽车

由于个人习惯和一些操作顺序等问题，可能完成的效果会和最终结果有一定的偏差，这就需要再进行整体调整。

（2）进行大体版面制作，如图 15.21 所示。

（3）修饰细节。进行细节修饰，从而让画面更真实，效果更突出，如图 15.22 所示。

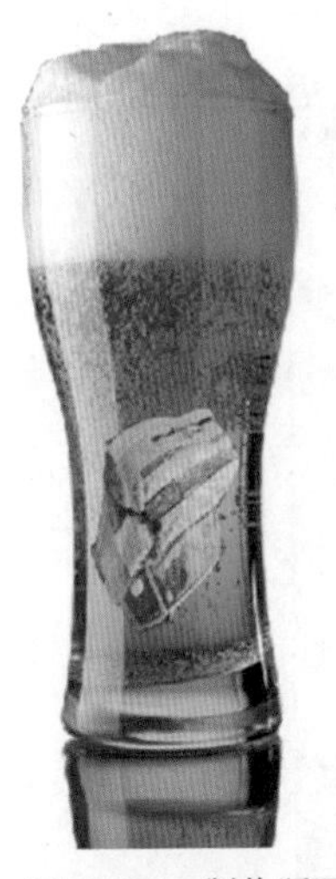

图 15.21　制作版面

图 15.22　修饰细节

5. 确定文案

文案在创意的表现上也起着重要作用。小乐的团队经过讨论之后，最终确定了海报的文案，如图 15.23 所示。

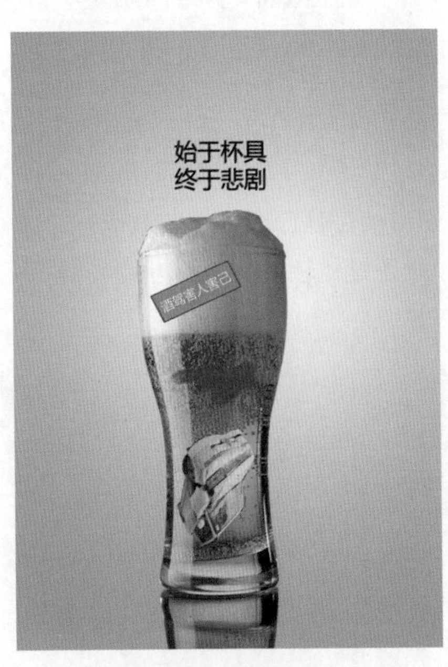

图 15.23　最终文案

6. 细节修饰

小乐最后告诫大家，往往需要给客户提供不止一套方案，所以最好从多方面入手，能够有更多的设计方案，这样一方面给客户更多的选择，另一方面也会深刻地挖掘客户的需求，从而最大化发挥自己的设计水平。如图 15.24 所示就是小组做的另一个思路的方案。

这个方案是从瓶盖入手进行的创意表现，同样是一个精彩的海报。

图 15.24　另一个方案

15.5 案例总结

通过“禁止酒驾”宣传海报的设计，小乐的团队受到了客户和公司的一致好评。小组的成员们都非常开心，但是小乐还是比较清醒，没被胜利冲昏头脑。这不，他又开始总结了。

创意设计的步骤如下。

（1）收集用户信息。

（2）明确主题。

（3）确定主色调。

（4）收集素材。

（5）进行版面布局。

（6）进行设计工作。

（7）修饰细节。

（8）多做几个方案。

其实这么看起来，好的设计有时候是这么简单。通过几个步骤，激发出灵感来，再进行合理的表现，就能在诸多平庸的作品中脱颖而出。跟随小乐的团队，你学会了吗?

项目综合案例

本章目标

完成本章内容以后，您将：

- 熟悉网站的布局图。
- 掌握网站页面设计全流程。
- 把握当今流行的设计元素。
- 注重细节设计。

本章素材下载

- 请访问课工场UI/UE学院：kgc.cn/uiue（教材版块）下载本章需要的案例素材。

本章简介

前 15 章学习了 Photoshop 的基本操作，在实际工作中，要把这些知识贯穿起来灵活运用才能够设计出精美的作品。本章将通过临摹艾尔之光官方网站的首页来对之前所学的知识进行综合运用。

项目实战

16.1 制作“艾尔之光”官方网站首页

素材准备

素材图如图 16.1 所示。

图 16.1 素材图

完成效果

完成效果如图 16.2 所示。

巨人网络
艾尔之光
ELSWORD
首页
新闻
资料
图片
视频
下载
论坛
相关新闻
玩家文章
资料站
漫画站
游戏截图
游戏下载
账号注册
激活游戏
新手引导
游戏工具TOOLS
艾尔之光在线答题
艾尔之光IQ测试
艾尔之光加点模拟器
游戏百科
艾尔之光视频
艾尔之光辩论话题
职业育成PROFESSIONAL
艾索德（ELSWORD）
爱莎（AISHA）
蕾娜（RENA）
精美壁纸Wallpapers
游戏截图Screenshots
上海巨人科技网络有限公司

图 16.2　完成效果图

案例分析

游戏官方网站作为展示游戏形象的一个平台。用户通过对网站的浏览，对游戏有一个初步的印象。本章任务是综合利用以前学过的知识，临摹如图 16.2 所示的网站。

16.2 理论概要

1. 网站设计的理念

网站按照主体性质不同分为政府网站、企业网站、商业网站、教育科研机构网站、个人网站、其他非营利机构网站以及其他类型等。

（1）产品（服务）查询展示型网站

本类网站的核心目的是推广产品（服务），是企业的产品“展示框”，如图 16.3 所示。利用网络的多媒体技术、数据库存储查询技术、三维展示技术，配合有效的图片和文字说明，将企业的产品（服务）充分展现给新老客户，使客户能全方位地了解公司产品。与产品印刷资料相比，网站可以营造更加直观的氛围，加强产品的感染力，促使商家及消费者对产品产生采购欲望，从而促进企业销售。

图 16.3　马自达网站

（2）品牌宣传型网站

本类网站非常强调创意设计，但它不同于一般的平面广告设计，如图 16.4 所示。网站利用多媒体交互技术、动态网页技术，配合广告设计，将企业品牌在互联网上发挥得淋漓尽致。本类型网站着重展示企业 CI、传播品牌文化、提高品牌知名度。对于产品品牌众多的企业，可以单独建立各个品牌的独立网站，以便市场营销策略与网站宣传统一。

图 16.4　美的网站

（3）企业涉外商务网站

通过 Internet 对企业各种涉外工作提供远程、及时、准确的服务，是本类网站的核心目标，如图 16.5 所示。本网站可实现渠道分销、终端客户销售、合作伙伴管理、网上采购、实时在线服务、物流管理、售后服务管理等，它将更进一步地优化企业现有的服务体系，实现公司对分公司、经销商、售后服务商、消费者的有效管理，加速企业的信息流、资金流、物流的运转效率，降低企业经营成本，为企业创造额外收益，降低企业经营成本。

图 16.5　百度推广网站

（4）网上购物型网站

通俗地说，就是实现网上买卖商品，购买的对象可以是企业（B2B），也可以是消费者（B2C），如图 16.6 所示。为了确保采购成功，该类网站需要有产品管理、订购管理、订单管理、产品推荐、支付管理、收费管理、送发货管理、会员管理等基本系统功能。复杂的物品销售、网上购物型网站还需要建立积分管理系统、VIP 管理系统、客户服务交流管理系统，商品销售分析系统以及与内部进销存（MIS、ERP）打交道的数据导入 / 导出系统等。本类型网站可以开辟新的营销渠道，扩大市场，同时还可以接触最直接的消费者，获得第一手的产品市场反馈，有利于市场决策。

图 16.6 京东商城网站

（5）企业门户综合信息网站

本类网站是所有企业类型网站的综合，是企业面向新老客户、业界人士及全社会的窗口，是目前最普遍的形式之一，如图 16.7 所示。该类网站将企业的日常涉外工作上网，其中包括营销、技术支持、售后服务、物料采购、社会公共关系处理等。该类网站涵盖的工作类型多、信息量大、访问群体广，信息更新需要多个部门共同完成。企业综合门户信息网站有利于社会对企业的全面了解，但不利于突出特定的工作需要，也不利于展现重点。

图 16.7 阿里巴巴网站

（6）娱乐交互类网站

本类网站是近些年来新兴起的网站。以网站为载体，以交互为目的，为人们在网络上搭建起交互的平台。打破了人们传统的信件、电话、传真等交互模式，利用电子邮件、文件传递、语音、视频等多种通信交流手段，实现人与人之间互动的目的，如图 16.8 所示。该类网站用户群体庞大、目的性统一、信息传播迅速、跨行业跨地域，有利于当今社会的人际沟通和信息传播。

图 16.8　腾讯朋友网站

（7）政府门户信息网站

利用政务网（或称政府专网）和内部办公网络而建立的内部门户信息网，是为了方便办公区域以外的相关部门（或上、下级机构）互通信息、统一数据处理、共享文件资料而建立的，如图 16.9 所示。主要包括如下功能：提供多数据源的接口，实现业务系统的数据整合；统一用户管理，提供方便有效的访问权限和管理权限体系；可以方便建立二级子网站和部门网站；实现复杂的信息发布管理流程。

图 16.9　北京丰台区政府网站

本章要临摹的网站——艾尔之光官方网站属于产品（服务）查询展示型网站。游戏网站首页的设计要带有游戏行业的特点。作为游戏网站，内容上主要为了让外界了解游戏本身，树立良好的业界形象，提供全面的功能性服务。体现形式上要层次清晰、布局合理、结构性强、色彩明快、风格统一、多以高质量的图片来展示网站内容。

2. 网页的布局

（1）网页布局的基本概念

- 页面尺寸。页面尺寸和显示器大小及分辨率有关，网页的局限性就在于无法突破显示器的范围，而且因为浏览器也将占去不少空间，留下的页面范围变得更小。一般在显示器分辨率为 1024×768 的情况下，页面的显示尺寸为 1007 像素 ×600 像素；显示器分辨率为 800×600 的情况下，页面的显示尺寸为 780 像素 ×428 像素；而显示器分辨率为 640×480 的情况下，页面的显示尺寸为 620 像素 ×311 像素。从以上数据可以看出，分辨率越高页面的尺寸就越大，如图 16.10 和图 16.11 所示。同样的网页在不同分辨率的情况下显示有所不同。
- 页头。页头又称为页眉，页眉的作用是定义页面的主题。比如站点的名称多数都显示在页眉里。这样，访问者能很快知道这个站点是什么内容。页头是整个页面设计的关键，它将牵涉到下面的更多设计和整个页面的协调性。页头常放置站点名称的图片和公司标志以及旗帜广告，如图 16.12 所示为腾讯网网站的页头。
- 文本。文本在页面中都是以行或者块（段落）的形式出现，它们的摆放位置决定着整个页面布局的可视性。内容的宽度也应该有一个度，一般为 25 ~ 30 个汉字或是 40 ~ 45 个字母比较合适。过宽或过窄都会让阅读者产生视觉疲劳，如图 16.13 所示。

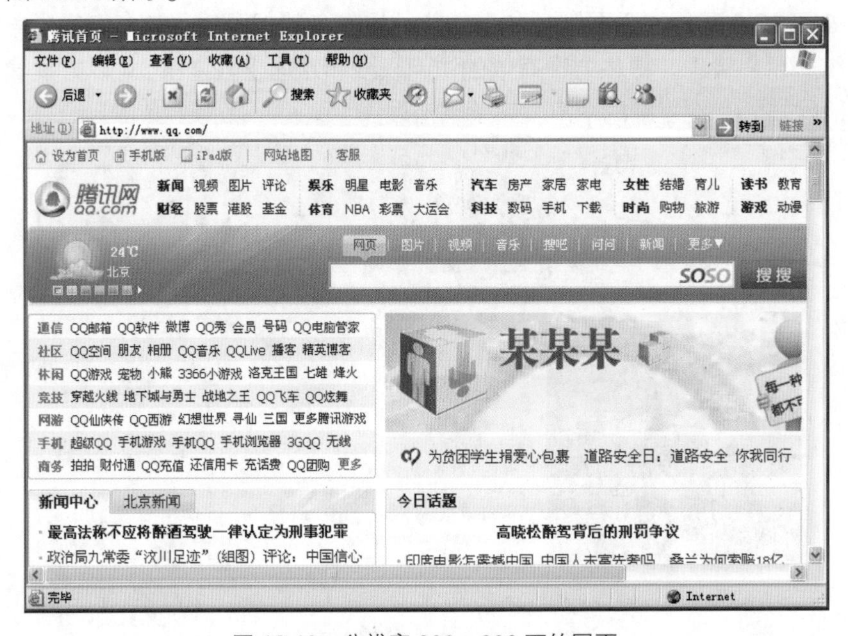

图 16.10 分辨率 800×600 下的网页

图 16.11 分辨率 1024×768 下的网页

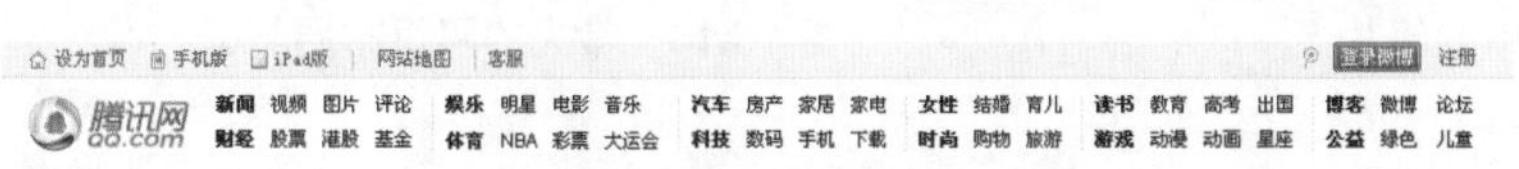

图 16.12 腾讯网网站的页头

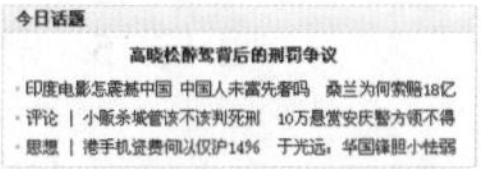

今日话题

高晓松醉驾背后的刑罚争议

· 印度电影怎震撼中国 中国人未富先奢吗 桑兰为何索赔18亿

· 评论 | 小贩杀城管该不该判死刑 10万悬赏安庆警方顿不得

· 思想 | 港手机资费何以仅沪14% 于光远：华国锋胆小怯弱

图 16.13 网页中的文本

➢ 页脚。页脚和页头相呼应。页头是放置站点主题的地方，而页脚是放置制作者或者公司信息的地方。许多制作信息都放置在页脚，如图 16.14 所示为腾讯网网页的页脚。

关于腾讯 | About Tencent | 服务条款 | 广告服务 | 商务洽谈 | 腾讯招聘 | 腾讯公益 | 客服中心 | 网站导航 | 版权所有

有害短信息举报 | 阳光·绿色网络工程 | 版权保护投诉指引 | 网络法制和道德教育基地 | 广东省通管局 | 新闻信息服务许可证 | 互联网出版许可证

粤府新函[2001]87号 文网文[2008]084号 网络视听许可证1904073号 增值电信业务经营许可证：粤B2-20090059 B2-20090028

Copyright © 1998 - 2011 Tencent. All Rights Reserved

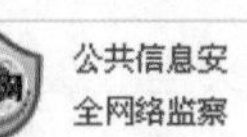

图 16.14 网页中的页脚

➢ 图片。图片和文本是网页的两大构成元素，缺一不可。如何处理好图片和文本的位置成了整个页面布局的关键，而布局思维也将体现在这里，如图 16.15 所示。

➢ 多媒体。除了文本和图片，还有声音、动画、视频等其他媒体。虽然不是经常使用，但随着宽带网的兴起，在网页布局上也将变得更重要。

（2）网页布局的类型

网页布局大致可分为：左右布局、左中右布局、上下布局、上中下布局。

根据这四种基本型布局，混合后又形成了很多新布局，目前最常见的布局类型称为“同”字型布局，是一些大型网站所喜欢的类型。“同”字型布局的结构是：最上面是网站的标题以及横幅广告条；接下来就是网站的主要内容；左右分列两小条内容；中间是主要部分；与左右一起罗列到底；最下面是网站的一些基本信息、联系方式、版权声明等。这种结构是在网上见得最多的一种结构类型。

常见的网页布局类型有 16 种，如图 16.16 所示。第 1 排是基本型布局，后三排是混合后的 12 种布局类型，其中用圆圈标记的布局类型就是“同”字型布局。

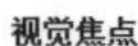

图 16.15　网页中的图片

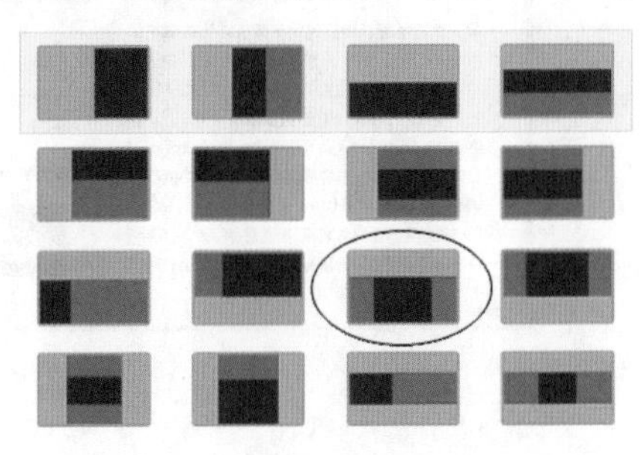

图 16.16　常见的网页布局类型

16.3 技术要点

- 使用参考线来准确划分页面结构。参考线在页面布局中的主要作用就是位置对齐，每个网站中大布局下，都分为很多子模块，子模块与子模块之间水平或者垂直地对齐，就要靠参考线来调整了。
- 合理使用图层及图层组，使图层结构清晰。使用 Photoshop 设计网页，使用的元素非常多，一个大型的网站，元素和图层会超过上千个。根据布局位置的不同，把同一布局位置的元素整理到统一图层文件夹里，会避免元素的混乱。
- 注意页面的合理用色和颜色之间的搭配。网页的用色分为主色、辅色和点睛色，若颜色搭配不合理，整个画面的效果就会大打折扣。其中尤其要注意冷暖色系的配比，以及点睛色的缓冲作用。
- 注意网页字与效果字的设置。页面的两大组成元素是文字和图片，处理好文字的效果，网站的设计就成功了一半。在设计中，所有起到总领、区域说明的文字，都应该设置一个文字效果，从而使这些有全局功能的文字更加明显。
- 注意图片在画面中的位置。图片的摆放，直接影响到一个网页的视觉效果，合理抓住主次关系，让图片的摆放做到层次鲜明，比例匀称。

16.4 思路分析

“艾尔之光”官方网站属游戏类运营网站，以介绍产品、宣传产品、提供服务为主要目的。

1. 页面布局

本案例采用的是“同”字型布局为主体的混合型布局。上半部分为“同”字型布局。中部为左右布局，下半部分为左窄右宽的布局。于是，我们做出了如图 16.17 所示的初步的布局。

根据完成图，继续细分每个模块，并使用不同明度的颜色绘出结构面，体现网页视觉层次，如图 16.18 所示。

图 16.17　初步布局

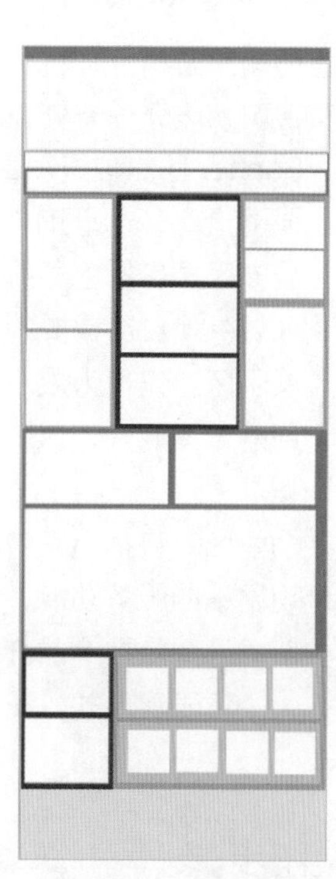

图 16.18　深入布局

2. 图像设计

以顶部的 Banner 为主图像，以绚丽的边框形式与里面的图像和文字相配，表现出游戏的活力。图像部分在视觉层次突出显示，要高于其他元素。画面中的图形和图像多是游戏中的人物造型，主题元素上更加地贴近游戏本身。

整体页面中，除了中部的新闻元素以外，其他模块都是以图片引领或者是以图片为主体。顶部的 Banner 为大张的游戏人物展示图片，是整个页面的焦点，通过人物纵深感觉的摆放，突出游戏的内容。其他区域的子模块图片，也都是游戏人物或者游戏内容，通过不同色彩搭配的边框，使整个页面变得生动。

3. 色彩运用

网页以蓝色为主色调，体现了生命力和互动的娱乐因素，符合年轻人的心态。辅色为浅紫色，与主色调的蓝色互相呼应，凸显神秘的感觉。点睛色为粉色，冲淡了蓝色和紫色偏冷的感觉，使整个页面视觉上更加柔和。

整个页面的主体，冷色系为主，无论是蓝色还是紫色，都是冷色系。冷色系在此页面中的作用，可以使页面更加神秘，更加玄幻，非常符合游戏的题材。但是过于偏冷的网站，会给人一种压抑的感觉，此时就需要一些暖色系来冲淡冰冷的感觉。粉色与紫色颜色相近，粉色又是标准的暖色系，在此页面中，用粉色来缓解冷色系对视觉的压抑感，非常合理。

4. 功能架构和版块结构

- 站点的功能架构：导航、图片展示、跳转、新闻。
- 主页按照功能划分为五个版块结构。
    - Banner 区。位于顶部的 Banner 区是打开页面第一眼看到的东西，是整个页面的灵魂，也是用户对整个网站的第一感觉。
    - 导航区。包括主导航条、副导航条，此模块是功能的索引区域，用户通过此区域寻找自己需要的功能模块。
    - 展示区。作用为展示图片，包括左上角的新闻幻灯片，中部的职业介绍，底部的截图照片，以图片为表现形式，让用户对页面宣传的产品有更直观的认识。
    - 功能区。包括所有游戏服务类功能，例如注册或者修改密码等，都是直接实现网站的服务功能，此区多为功能页面的跳转链接。
    - 新闻区。包括产品介绍、新闻、专题和版权信息，这些模块都是以文字说明为主体表现形式，统称新闻区。

16.5 操作步骤

步骤 1 新建文件

首页的宽度为 1003px，高度约三屏，暂定 2500px，在分辨率为 1024×768 的显示器上，这个宽度是不出现横向滚动条的最大尺寸。按 Ctrl+N 键新建文件，设置名称为 index，宽度、高度为 1003 像素 ×2500 像素，分辨率为 72 像素 / 英寸，颜色模式为 RGB，背景内容为白色，如图 16.19 所示。

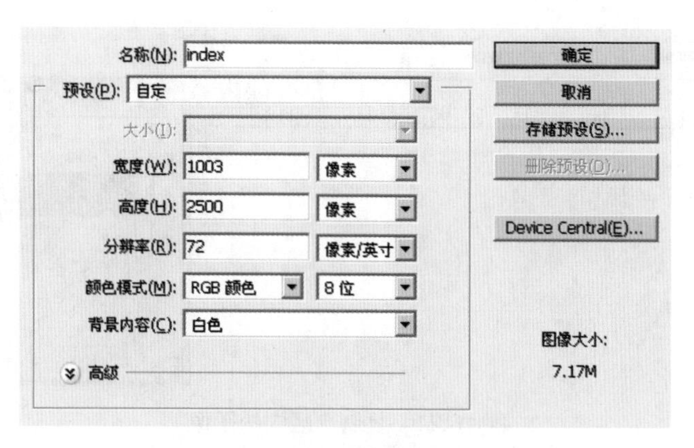

图 16.19　新建文件

对于分辨率为 1024×768 的 IE 浏览器，网页标准最大宽度是 1024-（16+4）=1004，滚动条的宽度是 16px，浏览器两边各有一个 1 像素的细边框和 1 像素的阴影共 4 个像素。当页面由 CSS+DIV 结构组成时，会自动生成 1 像素的边缘线，所以通用的网页标准最大宽度是 1003 像素。

步骤 2　制作首页整体背景

（1）打开本案例素材图“素材 1.jpg”，如图 16.20 所示。从完成效果图（图 16.2）来看，顶部和底部的背景是带云彩的天空，为了简略过程，所以直接给出素材图片。作为游戏网站，风格要绚丽活泼，传统的白底或灰底不适合作为页面的主题，所以直接采用带有游戏元素的背景图片。

图 16.20　素材

（2）制作顶部背景。按 Ctrl+A 组合键选择全部画面，按 Ctrl+C 组合键复制选区内的图像，切换文件到“index.psd”，按 Ctrl+V 组合键粘贴复制的图像。将图层移动到画面顶端的位置，如图 16.21 所示。

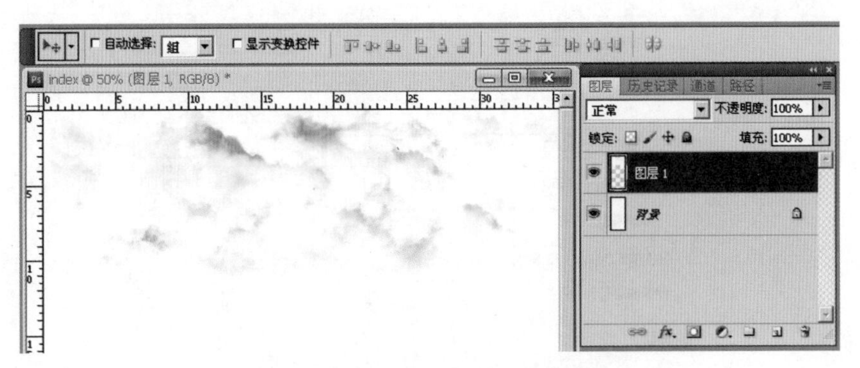

图 16.21　复制选区内的图像

当图像过大的时候，在整体布局或对比较大的模块进行布局操作时，可以将画面的大小调整到 50% 或者更小，能更加宏观地对画面整体进行判断。

（3）制作底部背景。底部背景与顶部用同一素材，只不过底部的素材云彩倒转了过来，按 Ctrl+J 组合键复制“图层 1”，按 Ctrl+T 组合键对复制的图层进行自由变换，右击图层，在弹出的快捷菜单中选择“垂直翻转”，按 Enter 键，然后将图层移到画面底端的位置，如图 16.22 所示。

（4）合并图层。整个背景为一个统一的部分，制作完成以后没有后续操作，所以要进行图层合并。按 Ctrl+Shift+E 组合键合并可见图层，将图层名称修改为“bg”，如图 16.23 所示。

图 16.22　自由变换

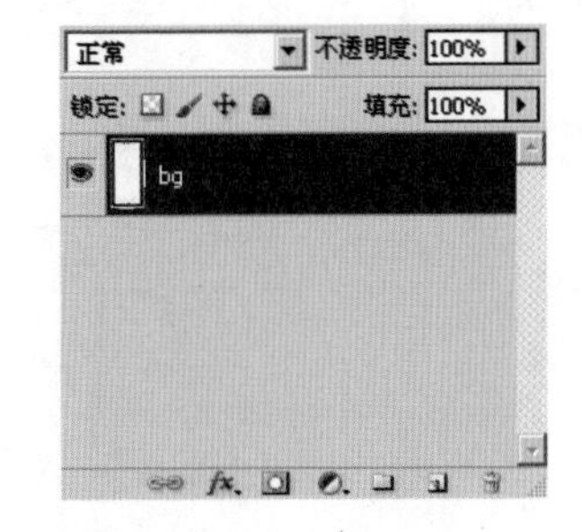

图 16.23　合并图层

步骤 3 制作页头

（1）制作页头背景。

1）新建图层，名称修改为“top”，拖拽一条水平辅助线在 1 厘米的位置，如图 16.24 所示。

2）选择“矩形选区工具”，参照辅助线绘制一个与文件等宽的矩形选区。选择“渐变工具”，设置前景色为 #0261A1，背景色为 #71C7FE，按 Shift 键从选区顶端向底端拖拽出渐变，按 Ctrl+D 组合键取消选区，效果如图 16.25 所示。

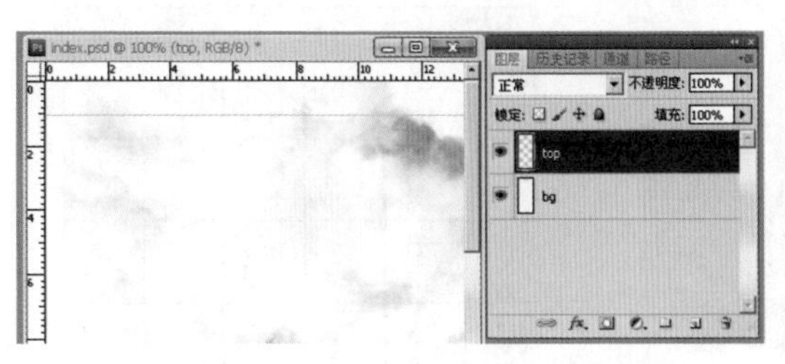

图 16.24　新建图层并拖拽辅助线

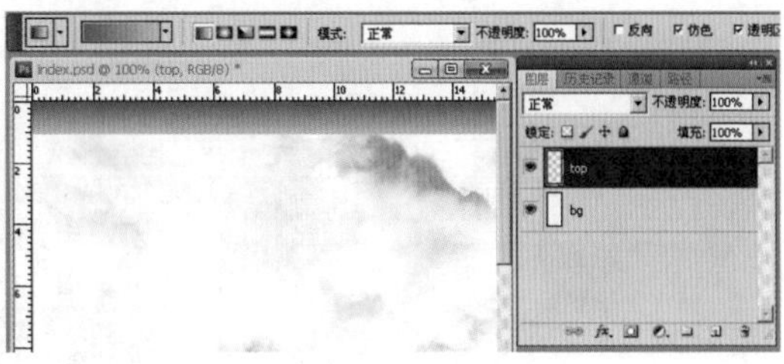

图 16.25　完成渐变

（2）制作页头内容。

1）绘制登录框的形状。新建图层，名称修改为“top-dl”，选择“矩形选区工具”（M），在页眉上绘制一个矩形选区，填充为白色，如图 16.26 所示。

2）为登录框增加阴影效果。选择“铅笔工具”，范围设定为 2px，在选区上部边缘和左部边缘绘制两条直线，颜色为 #B1B1B1B1，按 Ctrl+D 组合键取消选区，效果如图 16.27 所示。

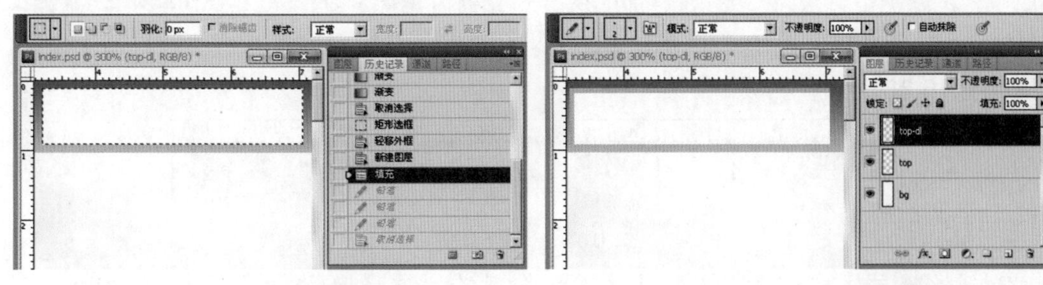

图 16.26　绘制登录框

图 16.27　绘制登录框阴影

3）制作另外一个登录框。按 Ctrl+J 组合键复制图层“top-dl”，将新复制图层水平右移，如图 16.28 所示。

4）制作“登录”按钮。观察效果图，“登录”按钮是规则的圆角矩形，所以需要用到“矩形路径工具”。新建图层，名称修改为“top-btn”，选择“圆角矩形工具”，绘制一个圆角矩形路径，效果如图 16.29 所示。

图 16.28　复制图层

图 16.29　绘制按钮形状

5）按 Ctrl+Enter 组合键转为选区，填充颜色为白色，按 Ctrl+D 组合键取消选区，效果如图 16.30 所示。

6）对图层“top-btn”应用预设图层样式：蓝色水晶效果，如图 16.31 所示。

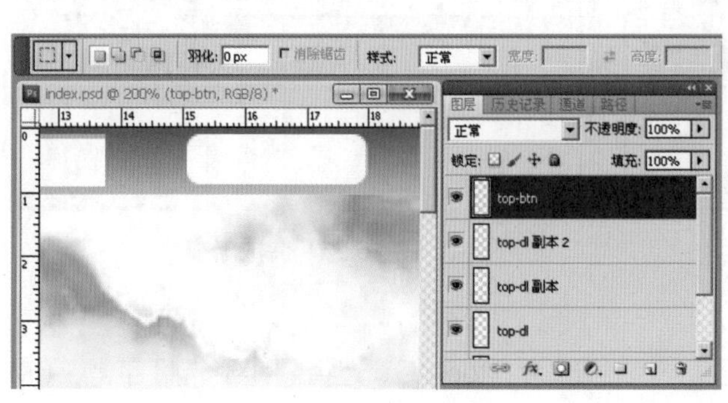

图 16.30 填充颜色

图 16.31 设置图层样式

（3）制作页头文字。

1）制作登录区文字：输入文字“账号、密码”。字体为“宋体”，大小为 12px，颜色为白色，消除锯齿方法为“无”，添加图层样式为描边 1 像素。输入文字“登录”，字体为“宋体”，大小为 14px，颜色为白色，消除锯齿方法为“无”，添加图层样式为描边 1 像素，效果如图 16.32 所示。

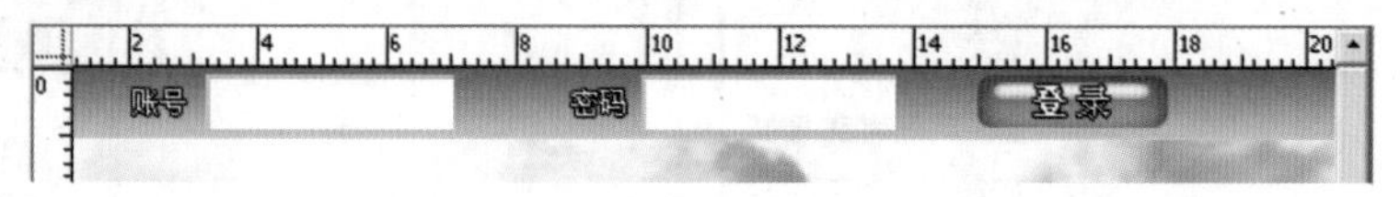

图 16.32 制作文字

2）制作公司名称，输入文字“巨人网络”，字体为“微软简综艺”，大小为 18px，颜色为白色，消除锯齿方法为“锐利”，如图 16.33 所示。

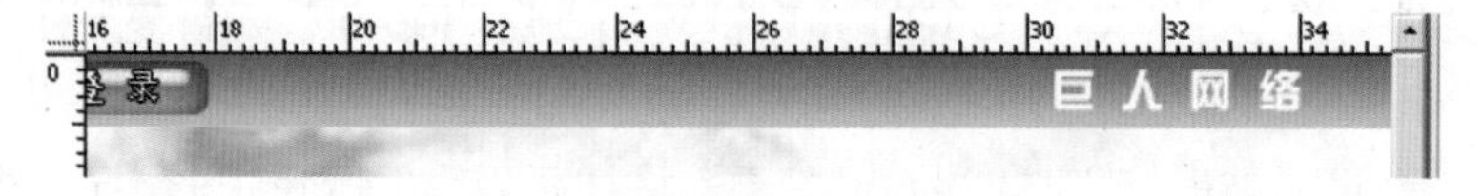

图 16.33 输入公司名称

（4）页头的全部内容制作完成了。本章内容较多，为了方便管理图层，每完成一个区块，将该区块的所有图层归入同一文件夹，以便以后管理和调用。新建一个图层文件夹，名称修改为“页头”，把所有页头的图层都移动到该文件夹下，如图 16.34 所示。

步骤 4 制作Banner

此步骤需要用到“素材 2.jpg”～“素材 6.jpg”，分别如图 16.35 ～图 16.39 所示。素材中的游戏人物图片都是白色背景，使用“魔棒工具”可以很方便地进行抠图，将游戏人物与白色背景分离之后，通过变大或缩小得到想要的尺寸，通过移动位置得到想要的布局。

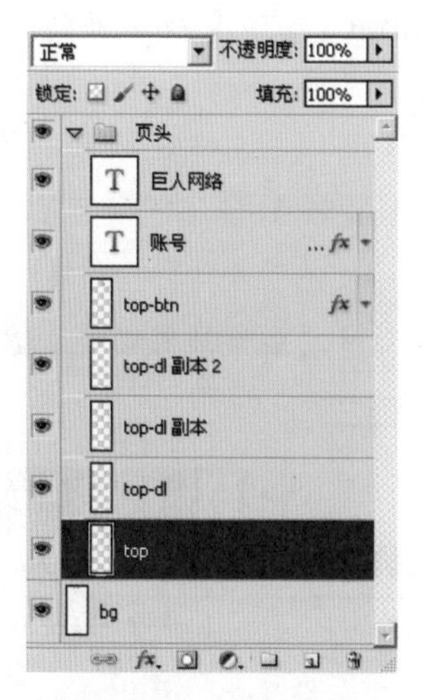

图 16.34　整理图层

图 16.35　素材 2.jpg

图 16.36　素材 3.jpg

图 16.37　素材 4.jpg

图 16.38　素材 5.jpg

图 16.39　素材 6.jpg

（1）新建图层。新建一个图层文件夹，名称修改为“Banner”，在文件夹下新建一个图层，名称修改为“banner-bg”，如图 16.40 所示。

（2）导入素材。

1）转换素材为可编辑状态。打开“素材 2.jpg”，双击背景图层，把锁定的图层转为可编辑图层，如图 16.41 所示。

图 16.40　新建图层

图 16.41　转换图层为可编辑状态

2）将素材人物和背景分离。选择“魔棒工具”，容差设置为“10”，选中“消除锯齿”和“连续”，如图 16.42 所示。

图 16.42　设置工具选项栏

3）单击背景中的白色部分，将所有白色背景用选区选中，按 Delete 键删除选区，如图 16.43 所示。

图 16.43　利用“魔棒工具”抠图

经验总结

当背景中颜色并不连续，无法一次选取时，则按 Shift 键增加选区来实现全部选取。

4）将素材人物复制到文件“index.psd”中。选择“矩形选区工具”，绘制一个矩形选区将人物全部选取，复制后切换到“index.psd”中，新建一个图层，将名称修改为“人物 1”，将复制的图像粘贴到图层“人物 1”中，如图 16.44 所示。

5）利用上述方法，继续将其他三个人物和一个 Logo 导入文件中，如图 16.45 所示。

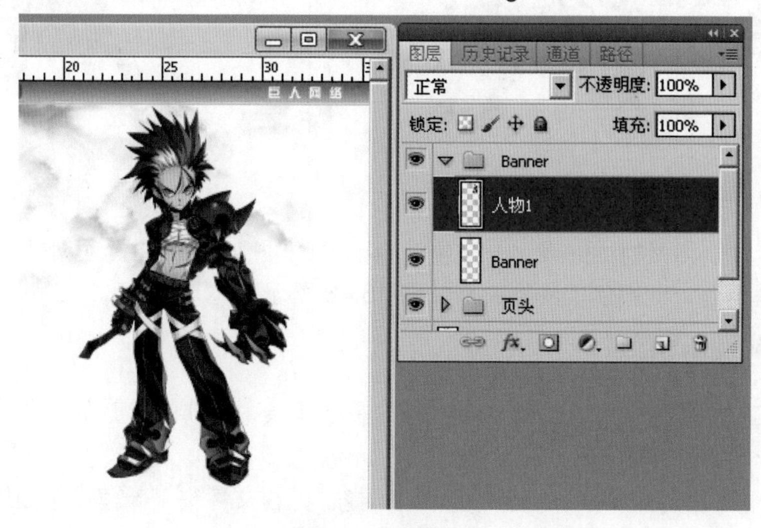

图 16.44　粘贴人物

（3）Banner 布局。对素材位置进行调整，实现 Banner 的布局。使用“移动工具”配合“自由缩放”命令（Ctrl+T）调整素材的大小和位置，并在“图层”调板中调整人物的前后顺序。在此过程中应注意以下几点。

图 16.45　导入素材

➢ 制作的时候，要注意空间感和层次感，不能平铺，使画面显得呆板，如图 16.46 所示。

➢ 对于 Logo，要保证始终在最上层，这是一个网站的标志。对于 Banner 中各个元素的摆放关系，要注意空间的延伸感觉和画面的前后层次感。在此案例中，可以根据人物的各种动作灵活布局，使画面生动活泼，如图 16.47 所示。

图 16.46　呆板的布局

图 16.47　合理的布局

➢ 在大量使用素材的时候，一定要注意图层的顺序，哪个在上面，哪个在下面，要思考清楚，此案例的图层关系如图 16.48 所示。

步骤 5 制作导航条

此案例的导航条有两个，上面的导航条为主导航条，下面的导航条为辅导航条。

（1）制作主导航条。

1）新建一个图层文件夹，名称修改为“导航”，在文件夹下新建一个图层，名称修改为“dh-up”，如图 16.49 所示。

图 16.48　图层关系

图 16.49　新建图层

2）在 10 厘米、12 厘米和 14 厘米位置新建三条水平辅助线，如图 16.50 所示。

3）建立好辅助线之后，绘制主导航条的背景。选择“矩形选区工具” ，绘制一个矩形选区，宽度为整个画面宽度，高度为从第 1 根辅助线到第 2 根辅助线，填充颜色为白色，取消选区，效果如图 16.51 所示。

图 16.50　新建辅助线

图 16.51　绘制导航

4）对图层“dh-up”应用图层样式设置。选中“内阴影”，设置混合模式为“正片叠底”，颜色为 #304B98，不透明度为 85%，角度为 90 度，不使用全局光，其他保持默认。“斜面和浮雕”“等高线”的设置分别如图 16.52 和图 16.53 所示。

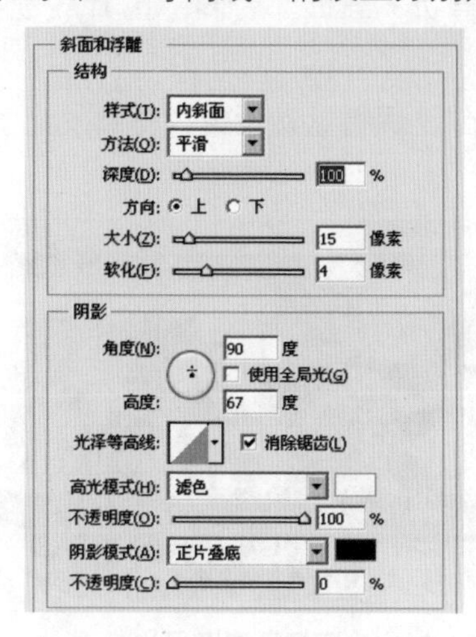

图 16.52　设置图层样式（1）

图 16.53　设置图层样式（2）

5）选中“光泽”，设置混合模式为“叠加”，颜色为 #60ACFF，角度为 90 度，距离为 51，大小为 51；选中“颜色叠加”，设置混合模式为“正常”，颜色为 #023A57，不透明度为 100%，如图 16.54 所示。

6）设置上述图层样式，得到如图 16.55 所示的效果。

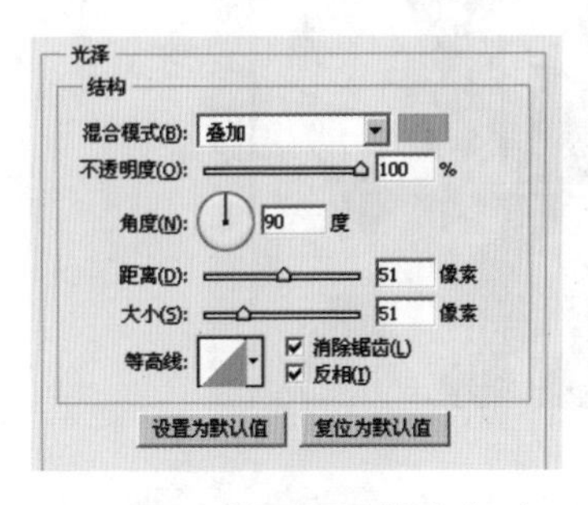

图 16.54　设置图层样式（3）

图 16.55　设置图层样式效果

7）设置完图层样式之后，按 Ctrl+T 键对图层进行自由变换，模式选择“透视”，把顶部的边缘向中央缩进，效果如图 16.56 所示。

8）按 Enter 键完成自由变换，如图 16.57 所示。

图 16.56　自由变换

图 16.57　完成自由变换

9）制作导航条文字。在导航条上输入文字“首页　新闻　资料　图片　视频　下载　论坛”，文字属性设置如图 16.58 所示。

10）对文字图层设置图层样式。设置为“外发光”，保持默认设置，得到发光字效果，如图 16.59 所示。

图 16.58　“字符”调板设置

图 16.59　对文字图层设置图层样式

（2）制作辅导航条。

1）绘制辅导航条背景。新建图层，名称修改为“dh-down”。选择“矩形选框工具”，参照第 2 条和第 3 条辅助线绘制一个矩形选区。选择“渐变工具”，按 Shift 键从上向下填充渐变，颜色为 #0261A1 ~ #71C7FE，如图 16.60 所示。

2）制作辅导航条文字。打开“字符”调板，设置字体为“宋体”，字号为 10，其他设置如图 16.61 所示。

图 16.60　填充渐变

图 16.61　设置“字符”调板

3）输入文字“专区首页　故事背景　游戏简介　游戏特色　游戏配置　市集系统　组队系统　PVP 系统　操作指南　人物介绍　专职介绍　技能介绍　觉醒介绍　强化系统　装备道具　界面一览　截图上传　玩家投稿”，排成等距的两行文字，完成了辅导航条的制作，效果如图 16.62 所示。

图 16.62　导航条完成

步骤 6　制作网站内容

此步骤需要用到“素材 7.jpg”～“素材 17.jpg”，如图 16.63 ~ 图 16.73 所示。

（1）对上部分内容进行布局。新建一个图层文件夹，名称修改为“内容”，把“素材 7.jpg”至“素材 9.jpg”导入，根据布局位置，建立辅助线，调整素材图片的位置，完成上部分的初步布局，效果如图 16.74 所示。

图 16.63　素材 7

图 16.64　素材 8

游戏百科　请输入关键词　搜索　提问

全部　推荐　已解决　专题　首页

144条 标题	回答数	状态
• 艾尔之光封测到什么时候，那个时	0	解决中
• 艾尔之光激活码谁能给我个啊?	3	解决中
• 压测码领取比率多少啊	3	解决中
• 艾尔之光封测到什么时候，那个时	0	已过期
• 艾尔之光那个职业最合适单练打副	2	已解决

[1]　[2]　[3]　[4]　[5]

图 16.65　素材 9

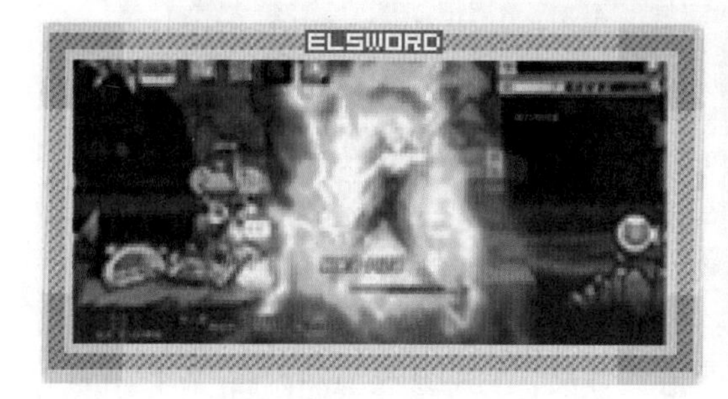

图 16.66　素材 10

图 16.67　素材 11

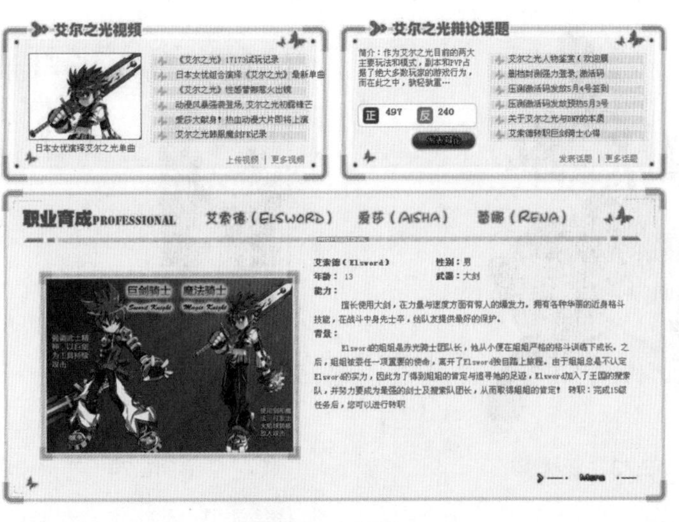

图 16.68　素材 12

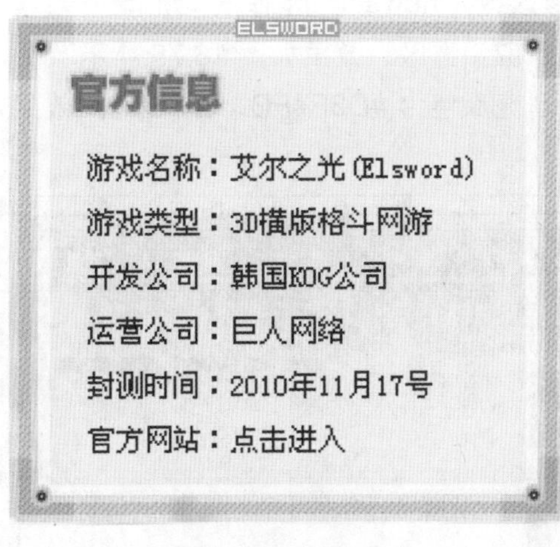

图 16.69　素材 13

图 16.70　素材 14

图 16.71　素材 15

图 16.72　素材 16

图 16.73　素材 17

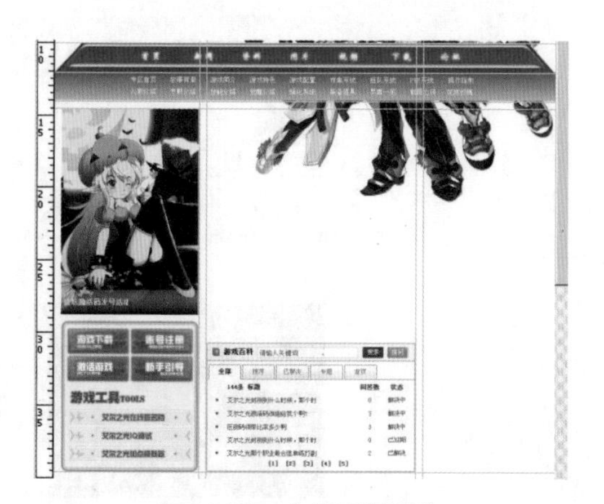

图 16.74　布局素材图片

（2）制作新闻区。

1）绘制新闻框背景。新建图层，名称修改为“news”。选择“矩形选区工具” ，绘制一个矩形选区，填充颜色为 #EFFAFE，取消选区，效果如图 16.75 所示。

2）继续绘制一个高度为 40px 的矩形选区，填充颜色为 #D3F4FD，取消选区，效果如图 16.76 所示。

图 16.75　绘制新闻区

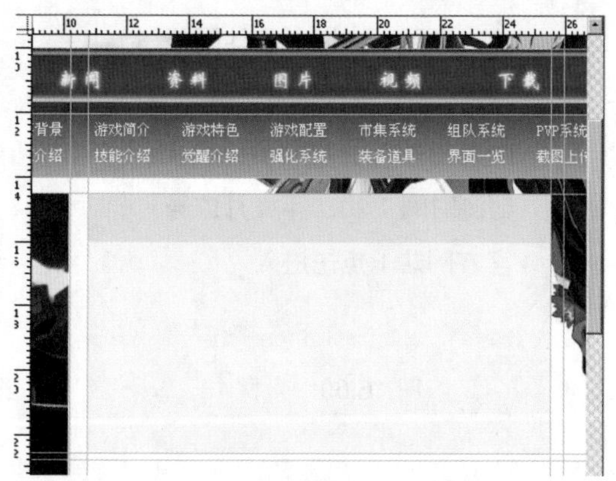

图 16.76　绘制新闻区顶部

3）为新闻背景添加修饰。选择“铅笔工具” ，设置颜色为 #87C9DB，笔尖大小为 3 像素，为顶部框画两个边线。笔尖调整为 5 像素，在顶框中部绘制一条横线，效果如图 16.77 所示。

4）选择“自定形状工具” ，形状设定为特殊箭头，绘制一个特殊箭头形状，转为选区，填充颜色为 #5C5CB8。按 Alt 键平移选区再复制一个，如图 16.78 所示。

5）制作标题文字。输入文字“相关新闻”，设置字号为 18，字体为“微软简综艺”，颜色为白色。应用图层样式：选中“描边”，设置颜色为黑色、外部、2 像素。选中“渐变叠加”，颜色为 #B1B1B1 到白色，如图 16.79 所示。

6）输入文字“[心情故事] 我是雷文，我很霸气，我就是传说

[官方活动] 删档压力测试，火热启动

[玩家新的] 艾尔之光与 DNF 的本质区别

[职业经验] 巨剑的王者之路

[职业经验] 爱莎连击技能全面解析

[综合经验] 老玩家给新手的一些打怪经验

[综合经验] 说说新手小常识”，颜色为 #024CA5，大小 14 号，宋体，效果如图 16.80 所示。

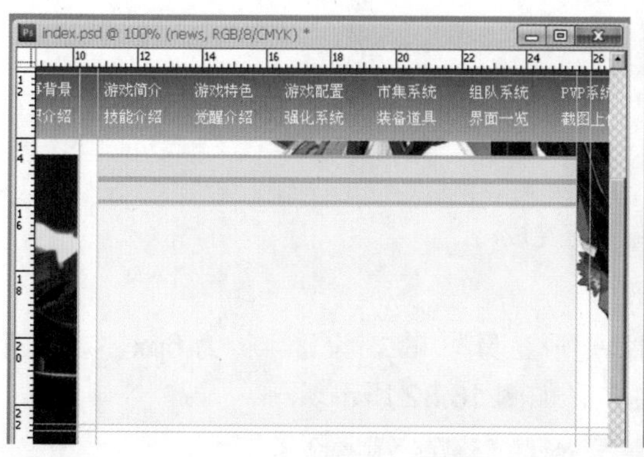

图 16.77　为新闻顶框绘制装饰线

图 16.78　修饰顶框

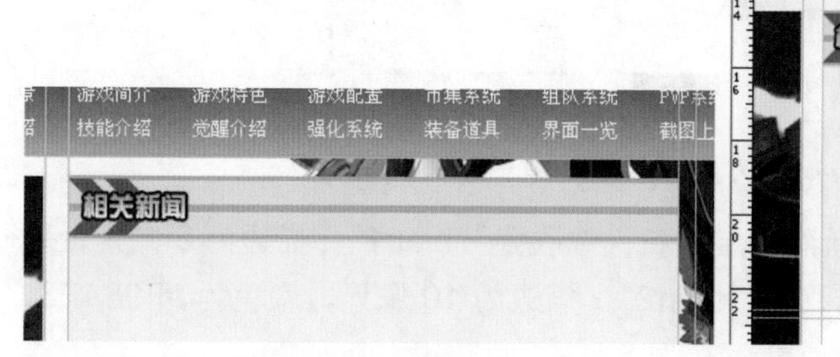

图 16.79　标题文字

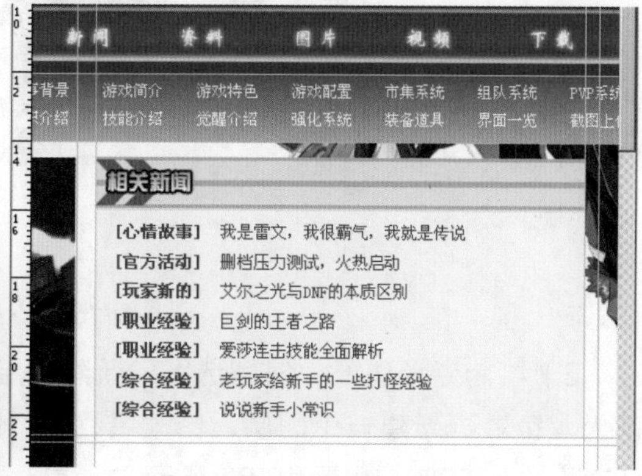

图 16.80　输入文字

7）再制作一个类似模块。使用同样的技巧，再制作下一块新闻区域，标题为“玩家文章”，颜色使用粉色系，输入文字“[05-09]24 级以前的怪物分布（图）

[05-09] 我的升级与赚钱心得，巨剑篇

[05-08] 你选对职业了么？谈当今职业选择的误区 [05-08] 暴强，全副第一的武器（图）

[05-07] 道具商城是喜是忧？谈收费道具

[05-06] 轻松组队过 35 级 BOSS

[05-06] 囧了，你们见过这样的事情么（图）”，颜色为 #9E3E98，效果如图 16.81 所示。

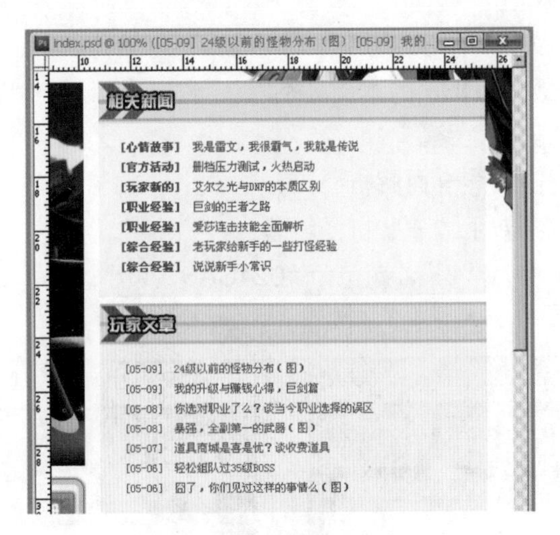

图 16.81　新闻区完成

（3）制作专题区。

1）绘制专题背景。新建图层，选择“圆角矩形工具”，设置半径为 6px，参照辅助线绘制一个圆角矩形，转换为选区，填充白色，如图 16.82 所示。

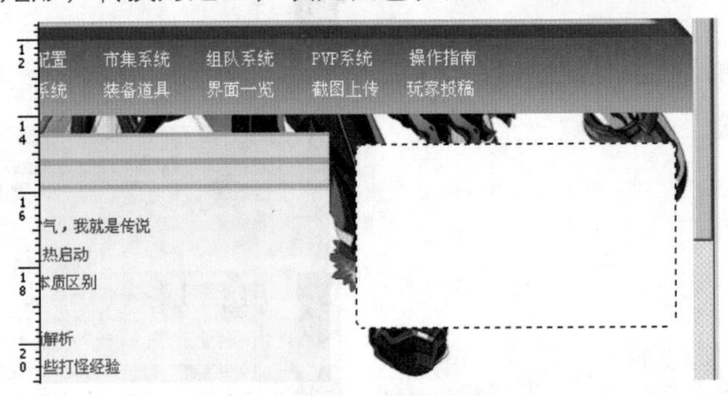

图 16.82　绘制专题区

2）绘制专题边框。保持选区，新建图层，名称修改为”bian1”，描边为 5 像素，颜色为黑色。再新建一个图层，修改名称为“bian2”，描边为 10 像素，颜色为 #F98AF3，填充设置为 50%。如图 16.83 所示。

3）选择“矩形选区工具”，使用“添加到选区”选项，分两次选择矩形边框交叉的两部分，形成一个十字形的组合选区，这样就选中了四个边缘线中间的部分，执行删除，效果如图 16.84 所示。

4）新建一个文件，宽度、高度为 100 像素 ×100 像素，颜色模式为 RGB，背景色为白色，填充颜色为 #F9CDE8，如图 16.85 所示。

5）绘制斜 45° 的线条，颜色为 #FFE7F6，如图 16.86 所示。

6）按 Ctrl+A 键选择整个画布，选择菜单“编辑”→“定义图案”，生成“图案 1”，如图 16.87 所示。

7）回到“index.psd”，对图层“bian2”应用图层效果，图案叠加，缩放 30%，效果如图 16.88 所示。

图 16.83　绘制边框

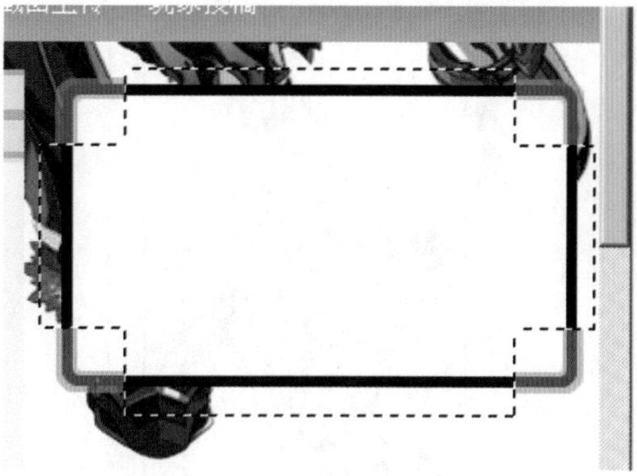

图 16.84　删除四个边缘线中间部分

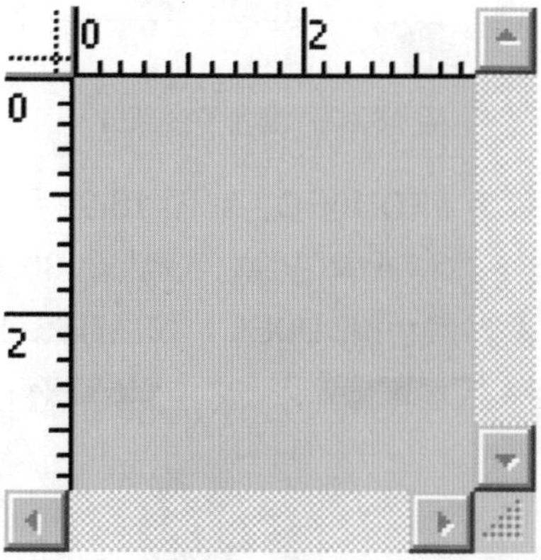

图 16.85 填充颜色

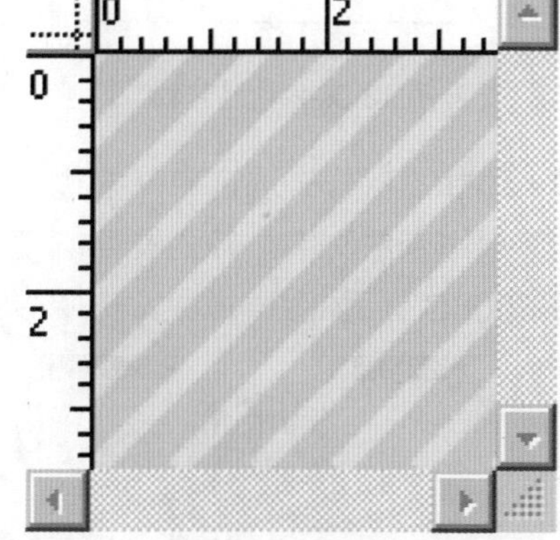

图 16.86　绘制斜线

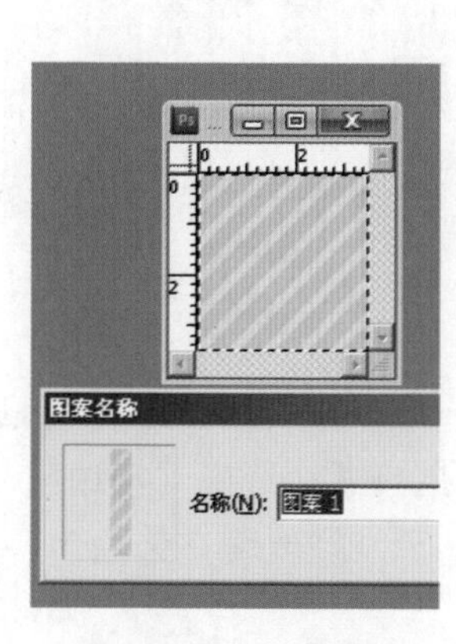

图 16.87　生成图案

图 16.88　图案叠加

8）应用素材。打开“素材 15.jpg”，抠出白色背景，全选画布，复制后粘贴到“index.psd”中，使用“自由变换工具”调整合适的大小，如图 16.89 所示。

9）使用“矩形选框工具”，选中需要留下的部分，然后按 Ctrl+Shift+I 组合键反选，执行删除，效果如图 16.90 所示。

图 16.89　粘贴素材

图 16.90　删除多余部分

10）添加图层样式。选中“描边”，3 像素，颜色为 **#FDD0EC**，如图 16.91 所示。

11）制作专题文字。输入文字“资料站”，设置字体“微软简综艺”，大小 36 号，颜色为 **#FF006C**；添加图层样式，选中“描边”，3 像素，颜色 **#DD0EC**，如图 16.92 所示。

图 16.91　添加图层样式

图 16.92　给文字添加图层样式

12）制作一个专题。用同样的办法，使用“素材 16.jpg”，再制作一个专题，最终效果如图 16.93 所示。注意其大小和风格与上一个专题要一致。

（4）制作截图区。

1）接下来按照顺序，开始绘制截图区背景。新建图层，选择“圆角矩形工具”，绘制截图区的轮廓，转为选区，颜色填充为 **#FF009D**；添加图层样式，选中“描边”，外部 1 像素，颜色为 **#FF006C**；绘制一个小一些的矩形，转为选区，颜色填充为白色，效果如图 16.94 所示。

2）导入素材和输入文字。使用之前的办法，把“素材 10.jpg”、“素材 11.jpg”导入画面中，输入文字“游戏截图”，字体设置为“微软简综艺”，效果如图 16.95 所示。

3）分别把“素材 12.jpg”、“素材 13.jpg”、“素材 17.jpg”导入画面，按照网站布局摆放，效果如图 16.96 所示。

图 16.93　专题完成

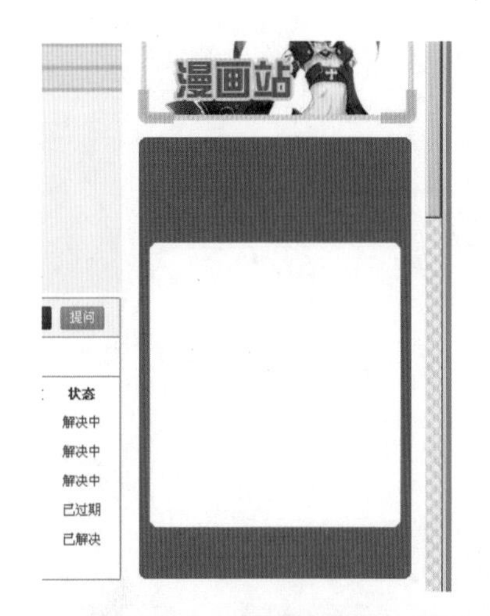

图 16.94　绘制截图模块

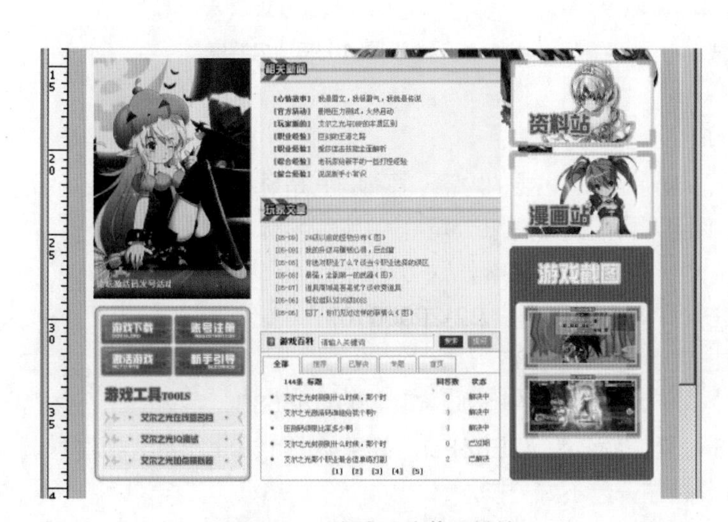

图 16.95　完成游戏截图模块

图 16.96　摆放素材

（5）使用之前讲解的技巧和“素材 16.jpg”，制作剩余部分。这里有一个温度计的效果，不做具体讲解，留给大家思考，实现思路为利用“圆角矩形工具” 绘制外形，利用“自由变换工具”调整外形的角度，利用颜色填充上色，结合前面讲解的技巧，思考一下如何实现；等距离排布三个展示框，要利用参考线来实现；文字的样式主要靠描边来实现，字体是“微软简综艺”，效果如图 16.97 所示。

到此完成了网站主要内容的临摹，效果如图 16.98 所示。

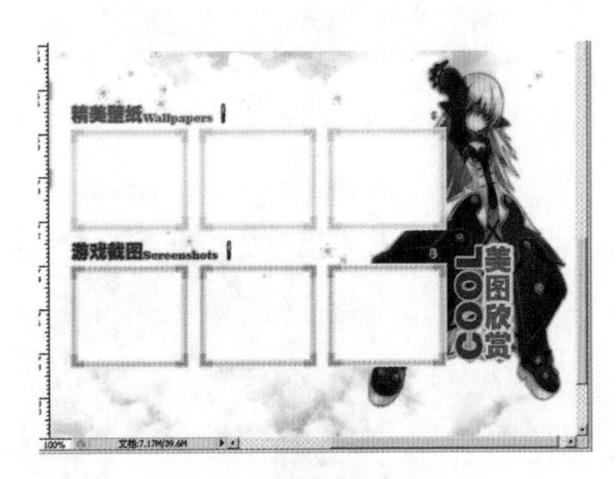

图 16.97　美图欣赏

图 16.98　内容完成

步骤 7 制作页脚

网站整体看起来还是有点空。因为还缺乏必要的内容：页脚，它是显示信息点的重要场所。

在页脚区域输入文字“上海巨人科技网络有限公司

《网络文化许可证》编号：文网文 [2008]139 号

《增值电信业务经营许可证》许可证编号：沪 B2-20050107

文网进字 [2010]027 号新出审字（2010）35 号

ISBN978-7-8899-122-3”，排列方式为居中排列，颜色为 #18558B，字体为“黑体”，消除锯齿模式“锐利”，描边 3 像素，颜色为 #8EF6FD，效果如图 16.99 所示。要注意调整其位置，不要过偏或者和背景融在一起不好分辨。

图 16.99　完成页脚

到此临摹“艾尔之光”游戏网站完成。最终效果如图 16.100 所示。

图 16.100　完成效果

由于个人习惯和操作顺序等的问题，可能完成的效果会和最终结果有一定的偏差，这就需要最后再进行一个整体调整。

16.6 案例总结

通过对“艾尔之光”游戏官方网站首页的临摹，更加熟练使用之前学过的技巧。深入了解了使用参考线来准确划分页面结构；合理使用图层及图层组，使图层结构清晰；页面的合理用色和颜色之间的搭配使网页更有效果；网页字与效果字的设置在页面中的作用；图片在画面中位置的合理摆放。对前面所学的知识融会贯通，学以致用。

在设计网站的时候，要分析网站的主题内容，选择符合主题表现形式的布局，采用搭配合理的色彩表现主体的风格，加上细心的构思和新颖的创意，必然可以设计出优秀的网站。